"十四五"职业教育国家规划教材

高等职业教育新业态新职业新岗位系列教材

三菱 FX$_{3U}$ PLC 应用实例教程
（第2版）

许连阁　赵新亚　胡国柱　编著

课程介绍

电子工业出版社

Publishing House of Electronics Industry
北京·BEIJING

内 容 简 介

本书共有 14 个编程项目，包括电动机控制程序设计、定时器应用程序设计、计数器应用程序设计、暂停控制程序设计、顺序控制程序设计、顺序功能图（SFC）程序设计、时钟控制程序设计、运算控制程序设计、数码显示程序设计、电梯程序设计、流程转移程序设计、PLC 控制变频器程序设计、FB 控制程序设计和 ST 语言控制程序设计。

本书突出编程实践，用实例来展示编程方法和技巧，程序范例具有典型性、示范性和普适性，同时还融入了多媒体教学。本书既适合高职学生选用，也可供相关专业工程技术人员参考。

未经许可，不得以任何方式复制或抄袭本书之部分或全部内容。
版权所有，侵权必究。

图书在版编目（CIP）数据

三菱 FX3u PLC 应用实例教程 / 许连阁，赵新亚，胡国柱编著. —2 版. —北京：电子工业出版社，2023.9 (2025.8 重印)
ISBN 978-7-121-46142-2

Ⅰ．①三… Ⅱ．①许… ②赵… ③胡… Ⅲ．①PLC 技术－教材 Ⅳ．①TM571.61

中国国家版本馆 CIP 数据核字（2023）第 153419 号

责任编辑：王昭松
印　　刷：三河市龙林印务有限公司
装　　订：三河市龙林印务有限公司
出版发行：电子工业出版社
　　　　　北京市海淀区万寿路 173 信箱　邮编 100036
开　　本：787×1092　1/16　印张：19.5　字数：499.2 千字
版　　次：2018 年 6 月第 1 版
　　　　　2023 年 9 月第 2 版
印　　次：2025 年 8 月第 6 次印刷
定　　价：58.00 元

凡所购买电子工业出版社图书有缺损问题，请向购买书店调换。若书店售缺，请与本社发行部联系，联系及邮购电话：(010) 88254888，88258888。
质量投诉请发邮件至 zlts@phei.com.cn，盗版侵权举报请发邮件至 dbqq@phei.com.cn。
本书咨询联系方式：(010) 88254015，wangzs@phei.com.cn。

前言

一、缘起

PLC 作为工业自动化核心设备，其应用极为广泛，可以说只要有工厂，有控制要求，就有 PLC 的应用，而 PLC 的应用关键在于编程，有不少读者学完 PLC 以后，在真正进行编程的时候往往觉得束手无策，不知如何下手，究其原因，是缺少一定数量的练习。如果只靠自己冥思苦想，往往收效甚微，而学习和借鉴别人的编程方法无疑是一条学习的捷径。本书编写的目的就是在读者已经掌握 PLC 基础知识的前提条件下，为读者提供一个快速掌握 PLC 编程方法的学习捷径。

二、结构

本书共有 14 个编程项目，包括电动机控制程序设计、定时器应用程序设计、计数器应用程序设计、暂停控制程序设计、顺序控制程序设计、顺序功能图（SFC）程序设计、时钟控制程序设计、运算控制程序设计、数码显示程序设计、电梯程序设计、流程转移程序设计、PLC 控制变频器程序设计、FB 控制程序设计和 ST 语言控制程序设计。针对编程内容不同，每个编程项目又包含若干个编程实例，本书共提供了 67 个编程实例。

编程实例由"设计要求"、"输入/输出元件及其控制功能"和"控制程序设计"三部分组成。其中：

- "设计要求"对本实例要解决的实际任务进行描述；
- "输入/输出元件及其控制功能"对本实例所涉及的硬件接口进行规划；
- "控制程序设计"对本实例所设计的程序进行解读。

三、特色

（1）本书大量融入热爱党、热爱国家、工匠精神、劳动精神等思政教育内容，全面贯彻落实党的二十大精神，加快推进党的二十大精神进教材、进课堂、进头脑。本书全面实施"名师+思政""德行+技能"的育人举措，在每个项目中，专门开设"思政元素映射"专栏，详细介绍了装备制造领域 14 个先进人物事迹，激励学生爱岗敬业、奋发学习，将来为国家多做贡献。

（2）本书是编者多年来从事教学研究和科研开发实践经验的概括和总结，书中所有程序实例都经过作者反复推敲、实践，并经多次修改而成，力求做到范例典型、启发深刻和适用广泛。

（3）编程方法和技巧是本书的核心内容，用实例来展示编程方法和技巧是本书的特点。正文中的【思路点拨】、【经验总结】、【错误反思】、【编程技巧】及【编程体会】大多针对编程中遇到的实际问题，具有很高的实用性，对提高读者的编程能力帮助很大。

（4）本书不仅包括基本指令的应用，更强化了功能指令的应用，从而帮助读者提高程序设计能力；每个实例都给出了多种不同的编程方法，以帮助读者比较不同指令的编程特点。

（5）本书着重介绍了结构化编程，通过 FB 和 ST 语言的实际应用，加强对读者 PLC 结构化、模块化、文本化等高级编程能力的培养。

（6）本书创新了编写形式，融入了大量动画、视频和微课等多媒体教学内容，不仅使学习变得生动有趣，还方便了读者自主学习。

四、使用

本书可满足自动化大类，尤其是电气自动化专业可编程技术课程的教学需要，也可供工控从业人员自学。

为了适应不同院校课程教学目标及课时要求，各校可根据实际情况选取部分项目灵活安排教学。

五、致谢

本书由辽宁机电职业技术学院和沈阳职业技术学院老师编写，其中许连阁编写了项目 2、项目 6 和项目 11，赵新亚编写了项目 5、项目 13 和项目 14，胡国柱编写了项目 1、项目 8、项目 9 和项目 10，马宏骞编写了项目 4，缴宇健编写了项目 3 和项目 7，牟迪编写了项目 12 和附录 A。

任何一本新书的出版都是在认真总结和吸收前人成果的基础上创新发展起来的，本书的编写无疑也参考和引用了许多优秀教材与研究成果的精华。在此向本书所参考和引用其作品的编著者表示最诚挚的敬意和感谢！

由于作者水平有限，书中不妥之处在所难免，敬请兄弟院校的师生给予批评和指正。请您把对本书的建议和意见告诉我们，以便修订时改进。所有建议和意见可发邮件至 zkx2533420@163.com。

编著者

目录

项目1 电动机控制程序设计 ·· (1)
    实例1-1　双按钮控制电动机启停程序设计 ··· (1)
    实例1-2　单按钮控制电动机启停程序设计 ··· (7)
    实例1-3　电动机"正-停-反"运行控制程序设计 ·· (13)
    实例1-4　电动机"正-反-停"运行控制程序设计 ·· (18)
    实例1-5　电动机运行预警控制程序设计 ··· (23)
    实例1-6　单按钮控制3台电动机顺启顺停程序设计 ································· (24)
    实例1-7　6个按钮控制3台电动机顺启逆停控制程序设计 ······················· (27)
    思政元素映射 ··· (30)

项目2 定时器应用程序设计 ·· (32)
    实例2-1　定时器控制频闪程序设计 ··· (32)
    实例2-2　定时器控制电动机正/反转程序设计 ·· (36)
    实例2-3　定时器控制电动机星/角减压启动程序设计 ······························· (40)
    实例2-4　用一个按钮定时预警控制电动机运行程序设计 ························ (41)
    实例2-5　定时器控制流水灯程序设计 ··· (42)
    实例2-6　定时器控制交通信号灯运行程序设计 ······································· (48)
    思政元素映射 ··· (61)

项目3 计数器应用程序设计 ·· (62)
    实例3-1　计数器控制频闪程序设计 ··· (62)
    实例3-2　计数器控制圆盘转动程序设计 ··· (66)
    实例3-3　计数器控制电动机星/角减压启动程序设计 ······························· (68)
    实例3-4　计数器控制小车运货程序设计 ··· (69)
    实例3-5　计数器控制流水灯程序设计 ··· (72)
    实例3-6　计数器控制交通信号灯运行程序设计 ······································· (77)
    思政元素映射 ··· (84)

项目4 暂停控制程序设计 ·· (86)
    实例4-1　用继电器实现暂停控制程序设计 ··· (86)
    实例4-2　用计数器实现暂停控制程序设计 ··· (88)
    实例4-3　用传送指令实现暂停控制程序设计 ··· (90)
    实例4-4　用跳转指令实现暂停控制程序设计 ··· (91)
    思政元素映射 ··· (92)

项目 5　顺序控制程序设计 …………………………………………………………………… (94)
　　实例 5-1　天塔之光控制程序设计 ……………………………………………………… (94)
　　实例 5-2　电动机星/角减压启动控制程序设计 ………………………………………… (98)
　　实例 5-3　小车定时往复运行控制程序设计 …………………………………………… (101)
　　实例 5-4　两台电动机限时启动、限时停止控制程序设计 …………………………… (103)
　　实例 5-5　洗衣机控制程序设计 ………………………………………………………… (105)
　　思政元素映射 ……………………………………………………………………………… (109)

项目 6　顺序功能图（SFC）程序设计 …………………………………………………… (111)
　　实例 6-1　8 个彩灯单点左右循环控制程序设计 ……………………………………… (111)
　　实例 6-2　3 条传送带顺序控制程序设计 ……………………………………………… (119)
　　实例 6-3　电动机"正-反-停"运行控制程序设计 ……………………………………… (122)
　　实例 6-4　交通信号灯控制程序设计 …………………………………………………… (124)
　　实例 6-5　小车 5 位自动循环往返控制程序设计 ……………………………………… (129)
　　思政元素映射 ……………………………………………………………………………… (134)

项目 7　时钟控制程序设计 ………………………………………………………………… (135)
　　实例 7-1　PLC 时钟设置程序设计 ……………………………………………………… (135)
　　实例 7-2　整点报时程序设计 …………………………………………………………… (137)
　　实例 7-3　电动机工作时段限制程序设计 ……………………………………………… (139)
　　实例 7-4　打铃控制程序设计 …………………………………………………………… (141)
　　实例 7-5　时间预设控制程序设计 ……………………………………………………… (143)
　　思政元素映射 ……………………………………………………………………………… (145)

项目 8　运算控制程序设计 ………………………………………………………………… (146)
　　实例 8-1　定时器控制电动机运行时间程序设计 ……………………………………… (146)
　　实例 8-2　转速测量程序设计 …………………………………………………………… (147)
　　实例 8-3　自动售货机控制程序设计 …………………………………………………… (149)
　　思政元素映射 ……………………………………………………………………………… (154)

项目 9　数码显示程序设计 ………………………………………………………………… (156)
　　实例 9-1　数字循环显示程序设计 ……………………………………………………… (156)
　　实例 9-2　电梯指层显示程序设计 ……………………………………………………… (157)
　　实例 9-3　抢答器程序设计 ……………………………………………………………… (161)
　　思政元素映射 ……………………………………………………………………………… (165)

项目 10　电梯程序设计 ……………………………………………………………………… (167)
　　实例 10-1　杂物梯程序设计 ……………………………………………………………… (167)
　　实例 10-2　客梯程序设计 ………………………………………………………………… (173)
　　思政元素映射 ……………………………………………………………………………… (188)

项目 11　流程转移程序设计 ………………………………………………………………… (190)
　　实例 11-1　电动机运行时间累计程序设计 ……………………………………………… (190)
　　实例 11-2　电动机正反转运行程序设计 ………………………………………………… (192)
　　实例 11-3　电动机星角启动和正反转控制程序设计 …………………………………… (194)
　　实例 11-4　急停控制程序设计 …………………………………………………………… (197)

实例 11-5　小车 5 位自动循环往返控制程序设计 ……………………………………（199）
　　实例 11-6　寻找最大数程序设计 …………………………………………………（204）
　　思政元素映射 …………………………………………………………………………（206）
项目 12　PLC控制变频器程序设计 ………………………………………………………（207）
　　实例 12-1　PLC 以开关量方式控制变频器运行程序设计 ………………………（207）
　　实例 12-2　PLC 以模拟量方式控制变频器运行程序设计 ………………………（209）
　　实例 12-3　PLC 以通信方式控制变频器运行程序设计 …………………………（213）
　　思政元素映射 …………………………………………………………………………（217）
项目 13　FB 控制程序设计 ………………………………………………………………（219）
　　实例 13-1　电动机"正-停-反"运行控制程序设计 ………………………………（219）
　　实例 13-2　定时器控制电动机正/反转程序设计 …………………………………（223）
　　实例 13-3　定时器控制 3 台电动机顺启顺停程序设计 …………………………（227）
　　实例 13-4　定时器控制流水灯程序设计 …………………………………………（229）
　　实例 13-5　定时器控制交通信号灯运行程序设计 ………………………………（234）
　　思政元素映射 …………………………………………………………………………（238）
项目 14　ST 语言控制程序设计 …………………………………………………………（240）
　　实例 14-1　双按钮控制电动机启停程序设计 ……………………………………（240）
　　实例 14-2　定时器控制电动机启停程序设计 ……………………………………（245）
　　实例 14-3　定时器控制电动机正/反转运行程序设计 ……………………………（247）
　　实例 14-4　定时器控制 3 台电动机顺启顺停程序设计 …………………………（251）
　　实例 14-5　定时器控制流水灯程序设计 …………………………………………（254）
　　实例 14-6　定时器控制交通信号灯运行程序设计 ………………………………（259）
　　实例 14-7　自动售货机控制程序设计 ……………………………………………（265）
　　思政元素映射 …………………………………………………………………………（274）
附录 A　FX 系列 PLC 常用指令详解 ……………………………………………………（276）
参考文献 ……………………………………………………………………………………（302）

项目 1

电动机控制程序设计

在生产过程中，PLC 的应用主要是针对电动机的控制，如机床工作台的前进与后退、电梯的上升与下降、电动门的伸展与收缩等。因此，掌握 PLC 在电动机控制方面的各种应用，对于从事工控技术的人员来说至关重要。

实例 1-1　双按钮控制电动机启停程序设计

> 设计要求：按下启动按钮，电动机连续运行；按下停止按钮，电动机停止运行。

1. 输入/输出元件及其控制功能

实例 1-1 中用到的输入/输出元件地址如表 1-1-1 所示。

表 1-1-1　实例 1-1 输入/输出元件地址

说　明	PLC 软元件	元件文字符号	元件名称	控制功能
输入	X0	SB1	按钮	启动控制
	X1	SB2	按钮	停止控制
输出	Y0	KM1	接触器	接通或分断主电路

2. 控制程序设计

> 【思路点拨】
> 凡是具有保持功能的指令或逻辑电路都可以用来编写启停控制程序，编写方法有很多，可以是逻辑电路，也可以是位操作、赋值、运算和移位等。常用的指令有"与、或、非"指令、SET/RST 指令、ALT 指令、计数器 C 指令、INC/DEC 指令、MOV 指令、触点比较指令及 SFTL/SFTR 指令等。

（1）用逻辑电路设计。

用具有保持功能的逻辑电路实现电动机连续运行控制，程序如图 1-1-1 所示。

程序说明：按下启动按钮 SB1，X0 常开触点闭合，Y0 线圈得电；由于 Y0 的常开触点闭合，所以 X0 的常开触点被短接。松开启动按钮 SB1，Y0 线圈通过自锁路径保持得电状态。按下停止按钮 SB2，Y0 线圈失电，自锁状态解除。

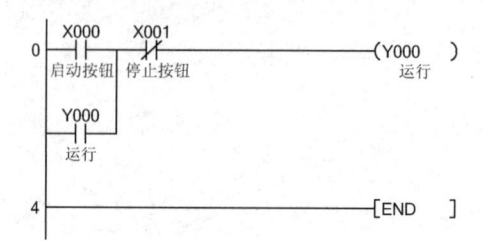

```
        X000    X001
    0   ─┤├─────┤├──────────────────( Y000 )
        启动按钮 停止按钮                   运行
        Y000
        ─┤├─
        运行

    4   ──────────────────────────[ END ]
```

图 1-1-1　用逻辑电路设计的梯形图 1

【实践问题】

在实际工程中，对于停止的控制必须使用强制释放性质的硬触点元件。就触点特性而言，常闭触点的动作响应比常开触点要快，而且动作的可靠性也比常开触点要高，若发生触点熔焊，常闭触点还可以直接用人为作用力使其断开。如果控制电路采用常开触点，一旦发生人们不易察觉的故障（如触点变形、严重氧化或导线虚接等），常开触点可能闭合不上，导致传动设备不能及时停止，这很可能造成设备损坏或危及人身安全。因此，从安全的角度出发，停止按钮应使用常闭按钮。这样，在强制停止时，控制电路就能可靠、迅速地断电。所以在 PLC 控制系统中，用于停止控制的硬元件应该使用常闭触点。同样道理，凡是用于禁令控制的触点都应使用常闭形式。

为了便于读者理解，本书的禁令控制触点仍然使用常开形式。请注意，如果外电路禁令控制触点是常开形式，则梯形图中对应的触点一定是常闭形式，如图 1-1-1 所示；如果外电路禁令控制触点是常闭形式，则梯形图中对应的触点一定是常开形式，如图 1-1-2 所示。

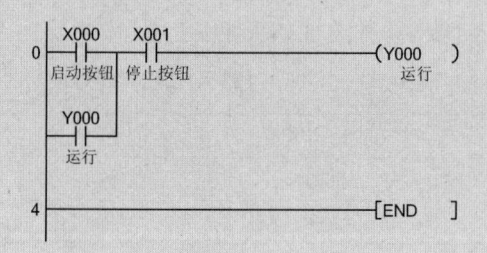

```
        X000    X001
    0   ─┤├─────┤├──────────────────( Y000 )
        启动按钮 停止按钮                   运行
        Y000
        ─┤├─
        运行

    4   ──────────────────────────[ END ]
```

图 1-1-2　用逻辑电路设计的梯形图 2

（2）用位操作方式设计。

通过位操作方式，可以直接改变存储器位的逻辑状态，实现启保停控制。

① 用 SET/RST 指令设计。用 SET/RST 指令编写的启保停控制程序如图 1-1-3 所示。

程序说明：按下启动按钮 SB1，PLC 执行[SET　Y000]指令，Y0 位为 ON 状态，Y0 线圈得电。松开启动按钮 SB1，Y0 位保持 ON 状态，Y0 线圈继续得电。按下停止按钮 SB2，PLC 执行[RST　Y000]指令，Y0 位为 OFF 状态，Y0 线圈失电。

```
        X000
    0   ─┤├──────────────────[SET   Y000]
        启动按钮                         运行
        X001
    3   ─┤├──────────────────[RST   Y000]
        停止按钮                         运行

    6   ──────────────────────────[ END ]
```

图 1-1-3　用 SET/RST 指令设计的梯形图

【实践问题】

在图 1-1-3 所示程序中，如果采用常开触点驱动 SET 指令，那么当启动按钮因发生机械故障卡死而无法回弹时，Y0 线圈就会一直得电，即使按下停止按钮，也只能控制 Y0 线圈短暂地失电，一旦松开停止按钮，Y0 线圈还会再得电。那如何避免此类问题发生呢？解决的办法就是按钮的常开触点必须采用边沿脉冲触发形式。以启动按钮为例，该按钮的控制作用只在刚被按下的那一瞬时有效，在以后其他时间里即使始终按压启动按钮，该按钮也不再具有启动控制作用。

② 用 ALT 指令设计。用 ALT 指令编写的启保停控制程序如图 1-1-4 所示。

程序说明：初次按压启动按钮 SB1 时，PLC 执行[ALT　Y000]指令，Y0 位被取一次逻辑反，Y0 位为 ON 状态，Y0 线圈得电。在 Y0 线圈得电期间，如果再次按压启动按钮 SB1，由于 Y0 的常闭触点已经变为常开状态，所以 PLC 不再执行[ALT　Y000]指令，Y0 位保持 ON 状态，Y0 线圈会继续保持得电状态。当按压停止按钮 SB2 时，由于 Y0 的常开触点已经变为常闭状态，所以 PLC 执行[ALT　Y000]指令，Y0 位被再取一次逻辑反，Y0 位为 OFF 状态，Y0 线圈失电。

（3）用赋值方式设计。

使用 MOV 指令，通过赋值方式，间接改变存储器位的逻辑状态，实现启保停控制，如图 1-1-5 所示。

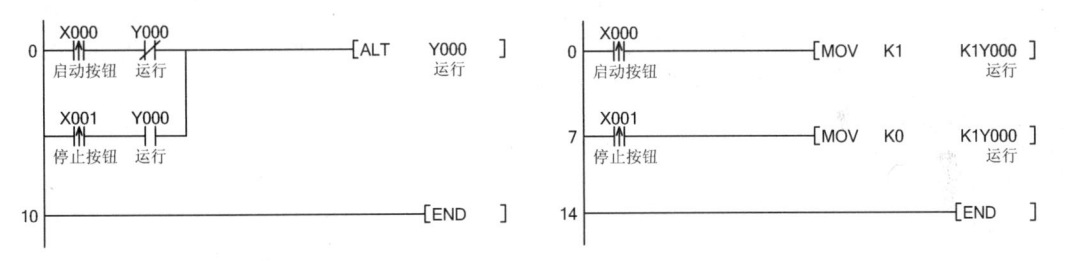

图 1-1-4　用 ALT 指令设计的梯形图　　图 1-1-5　用 MOV 指令设计的梯形图

程序说明：当按压启动按钮 SB1 时，PLC 执行[MOV　K1　K1Y000]指令，将十进制立即数 K1 传送到组合位元件 K1Y000 中，使（K1Y000）=1，即 Y0=1，Y0 线圈得电。当按压停止按钮 SB2 时，PLC 执行[MOV　K0　K1Y000]指令，将十进制立即数 K0 传送到组合位元件 K1Y000 中，使（K1Y000）=0，即 Y0=0，Y0 线圈失电。

（4）用运算方式设计。

使用 INC/DEC 指令，通过运算方式，间接改变存储器位的逻辑状态，实现启保停控制。

① 用 INC 指令设计。用 INC 指令编写的启保停控制程序如图 1-1-6 所示。

程序说明：当按压启动按钮 SB1 时，PLC 执行 [INC　K1Y000]指令，使（K1Y000）=1，Y0 线圈得电。当按压停止按钮 SB2 时，由于 Y0 的常开触点已经变为常闭状态，所以 PLC 执行[INC　K1Y000]指令，使（K1Y000）=K2，Y0 线圈失电。

② 用 INC/DEC 指令设计。用 INC/DEC 指令编写的启保停控制程序如图 1-1-7 所示。

程序说明：当按压启动按钮 SB1 时，PLC 执行 [INC　K1Y000]指令，使（K1Y000）=K1，Y0 线圈得电。当按压停止按钮 SB2 时，由于 Y0 的常开触点已经变为常闭状态，所以 PLC 执行[DEC　K1Y000]指令，使（K1Y000）=K0，Y0 线圈失电。

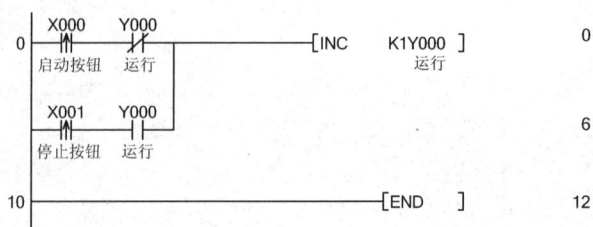

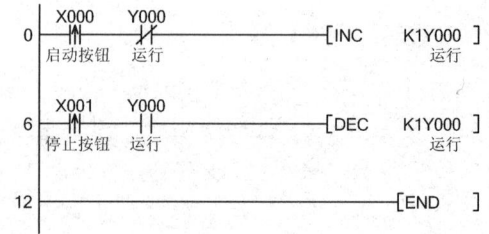

图 1-1-6 用 INC 指令设计的梯形图　　　图 1-1-7 用 INC/DEC 指令设计的梯形图

（5）用间接驱动方式设计。

使用具有自保持功能的元件驱动继电器，实现启保停控制。

① 用计数器 C 指令设计。用计数器 C 指令编写的启保停控制程序如图 1-1-8 所示。

程序说明：当按压启动按钮 SB1 时，PLC 执行[C0 K1]指令，计数器 C0 计数 1 次，并且达到设定值，计数器 C0 的常开触点闭合，驱动 Y0 线圈得电。由于计数器 C0 具有自保持功能，所以 C0 的常开触点会一直保持闭合状态，Y0 线圈继续得电。当按压停止按钮 SB2 时，PLC 执行[RST C0]指令，计数器 C0 复位，C0 常开触点恢复至断开状态，Y0 线圈失电。

② 用比较指令设计。用比较指令编写的启保停控制程序如图 1-1-9 所示。

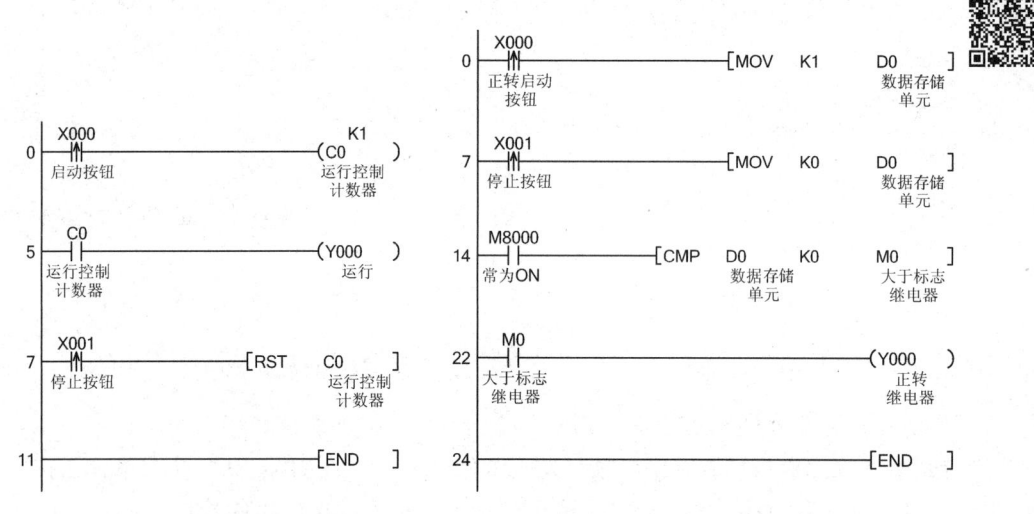

图 1-1-8 用计数器 C 指令设计的梯形图　　　图 1-1-9 用比较指令设计的梯形图

程序说明：当按压启动按钮 SB1 时，PLC 执行[MOV K1 D0]指令，将十进制立即数 K1 传送到数据寄存器 D0 中，使（D0）=K1。当按压停止按钮 SB2 时，PLC 执行[MOV K0 D0]指令，将十进制立即数 K0 传送到数据寄存器 D0 中，使（D0）=K0。在 M8000 的驱动下，PLC 执行[CMP D0 K0 M0]指令，如果（D0）>K0，则中间继电器 M0 得电，Y0 线圈得电；如果（D0）=K0，则中间继电器 M0 不得电，Y0 线圈也不得电。

③ 用区间比较指令设计。用区间比较指令编写的启保停控制程序如图 1-1-10 所示。

程序说明：当按压启动按钮 SB1 时，PLC 执行[MOV K2 D0]指令，将十进制立即数 K2 传送到数据寄存器 D0 中，使（D0）=K2。当按压停止按钮 SB2 时，PLC 执行[MOV K0 D0]指令，将十进制立即数 K0 传送到数据寄存器 D0 中，使（D0）=K0。在 M8000 的驱动下，PLC 执行[ZCP K-1 K1 D0 M0]指令，如果（D0）>K1，则中间继电器 M2 得电，Y0 线圈得电；

如果（D0）<K1，则中间继电器 M2 不得电，Y0 线圈也不得电。

④ 用触点比较指令设计。用触点比较指令编写的启保停控制程序如图 1-1-11 所示。

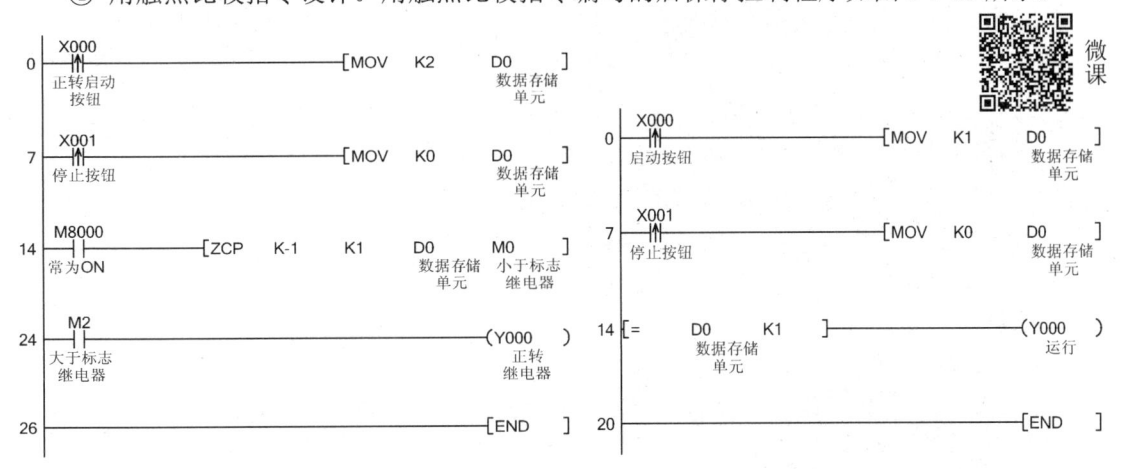

```
 0 ─X000──────────────[MOV  K2   D0 ]
    正转启动                    数据存储
    按钮                         单元

 7 ─X001──────────────[MOV  K0   D0 ]
    停止按钮                     数据存储
                                 单元

14 ─M8000────[ZCP  K-1  K1  D0  M0]
    常为ON                数据存储  小于标志
                          单元     继电器

24 ─M2─────────────────────────(Y000)
    大于标志                       正转
    继电器                         继电器

26 ─────────────────────────────[END]
```

```
 0 ─X000──────────────[MOV  K1   D0 ]
    启动按钮                     数据存储
                                 单元

 7 ─X001──────────────[MOV  K0   D0 ]
    停止按钮                     数据存储
                                 单元

14 ─[=  D0   K1]───────────────(Y000)
       数据存储                   运行
       单元

20 ─────────────────────────────[END]
```

图 1-1-10 用区间比较指令设计的梯形图   图 1-1-11 用触点比较指令设计的梯形图

程序说明：当按压启动按钮 SB1 时，PLC 执行[MOV K1 D0]指令，将十进制立即数 K1 传送到数据寄存器 D0 中，使（D0）=K1。当按压停止按钮 SB2 时，PLC 执行[MOV K0 D0]指令，将十进制立即数 K0 传送到数据寄存器 D0 中，使（D0）=K0。PLC 执行[= D0 K1]指令，判断 D0 的当前值是否等于 K1，如果（D0）=K1，则 Y0 线圈得电；如果（D0）≠K1，则 Y0 线圈不得电。

（6）用位移动方式设计。

使用 SFTL/SFTR 指令，通过移动方式，间接改变存储器位的逻辑状态，实现启保停控制，如图 1-1-12 所示。

程序说明：当按压启动按钮 SB1 时，PLC 执行[SFTL M8000 Y000 K8 K1]指令，使逻辑"1"被左移进入 Y0 位，即 Y0=1，Y0 线圈得电。当按压停止按钮 SB2 时，PLC 执行[SFTR M8000 Y000 K8 K1]指令，使逻辑"0"被右移进入 Y0 位，Y0 位原来的逻辑"1"被右移溢出，即 Y0=0，Y0 线圈失电。

```
 0 ─X000──Y000──[SFTL  M8000  Y000  K8  K1]
    启动按钮 运行                       运行

12 ─X001──Y000──[SFTR  M8000  Y000  K8  K1]
    停止按钮 运行                       运行

24 ─────────────────────────────[END]
```

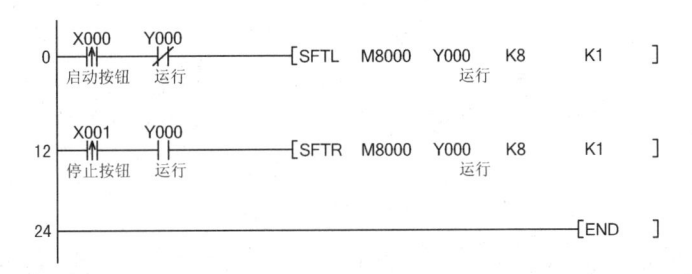

图 1-1-12 用 SFTL/SFTR 指令设计的梯形图

知识准备

学习 PLC，必须学习 PLC 的编程。而学习编程，首先要详细了解 PLC 内各种软元件的属性及其应用，其次学习 PLC 的指令，最后再针对控制要求编写程序。

在继电器控制系统中，控制系统由各种实体器件组成，如按钮、开关、继电器、计数器及各种电磁线圈等,人们把这些实体器件称为元件。而在 PLC 控制系统中,控制系统由 PLC 内部各种虚拟器件组成,人们把这些虚拟器件称为软元件。

下面介绍几种较为常用的软元件。

(1) 输入继电器 X。

输入继电器 X 是专门用来接收 PLC 外部开关量信号的元件,其采用八进制方式进行地址编号,每 8 个 X 为一组,如 X001~X007、X010~X017、X020~X027 等,具体编址与 PLC 基本单元和扩展单元相关。其使用要点包括以下几点。

① 输入继电器的触点只能用于内部编程,不能驱动外部负载。

② PLC 的程序不能改变输入继电器的状态。

③ 输入继电器在编程时允许重复使用。

(2) 输出继电器 Y。

输出继电器 Y 是专门用来驱动 PLC 外部被控设备的元件,其编址方式与输入继电器相同。其使用要点包括以下几点。

① 空余的输出继电器可按与内部继电器相同的方法使用。

② 当作为触点使用时,输出继电器编程的次数没有限制。

③ 当作为保持输出使用时,输出继电器不允许重复使用。

(3) 辅助继电器 M。

辅助继电器 M 相当于继电器控制系统中的中间继电器,它仅用于 PLC 内部,不提供外部输出。辅助继电器编址采用十进制方式,一般分为通用型、断电保持型和特殊型三种类型。

① 通用型辅助继电器。通用型辅助继电器和输出继电器一样,即使掉电后再次上电,除非因程序使其变为 ON 状态,否则该继电器仍处于 OFF 状态。通用型辅助继电器地址范围与所用基本单元有关,如三菱 FX3U 机型 PLC 通用型辅助继电器的地址范围为 M0~M499。

② 断电保持型辅助继电器。当 PLC 再次上电后,断电保持型辅助继电器能保持断电前的状态,其他特性与通用型辅助继电器完全一样。断电保持型辅助继电器的地址范围与所用基本单元有关,如三菱 FX3U 机型 PLC 断电保持型辅助继电器的地址范围为 M500~M3071。

③ 特殊型辅助继电器。特殊型辅助继电器是具有某项特定功能的辅助继电器,它分为触点型和线圈型。触点型特殊辅助继电器反映 PLC 的工作状态或 PLC 为用户提供某项特定功能,用户只能利用其触点,线圈则由 PLC 自动驱动。线圈型特殊辅助继电器是用户可以控制的特殊型辅助继电器,当驱动这些继电器时,PLC 可做出一些特定的动作。

三菱 FX 系列 PLC 特殊型辅助继电器的地址范围为 M8000~M8255,常用的特殊型辅助继电器及其功能如表 1-1-2 所示。

表 1-1-2 常用的特殊型辅助继电器及其功能

编 号	名 称	功 能 说 明
M8000	RUN 监控 a 接点	RUN 时为 ON
M8001	RUN 监控 b 接点	RUN 时为 OFF
M8002	初始脉冲 a 接点	RUN 后一个扫描周期为 ON
M8003	初始脉冲 b 接点	RUN 后一个扫描周期为 OFF
M8011	10ms 时钟	10ms 周期振荡
M8012	100ms 时钟	100ms 周期振荡

续表

编　号	名　称	功能说明
M8013	1s 时钟	1s 周期振荡
M8014	1min 时钟	1min 周期振荡
M8034	禁止输出	当 M8034 为 ON 时，PLC 禁止外部输出

（4）数据寄存器。

PLC 之所以能处理数据量，是因为其内部有许多由存储器组成的存储单元。在三菱 FX 系列 PLC 中，这个存储单元就是数据寄存器 D，其内部由 16 个存储位组成，即位长为 16，这个 16 位长的数据存储单元通常称为"字"，也称为字元件。

（5）组合位元件。

由多个编址连续的位元件构成的"组合体"称为组合位元件，用户可以根据需要自定义组合位元件，三菱 FX 系列 PLC 对组合位元件进行了如下规定。

① 组合位元件的编程符号是 Kn+组件起始地址。其中，n 表示组数，起始地址为组件最低编址。按照规定，三菱 FX 系列 PLC 组合位元件的类型有 KnX、KnY、KnM、KnS 4 种，这 4 种组合位元件均可按照字元件进行处理。

② 组合位元件的位组规定：K1 表示 4 个位元件组合、K2 表示 8 个位元件组合、K3 表示 12 个位元件组合、K4 表示 16 个位元件组合，组合位元件的编址必须是连续的。

对组合位元件的起始地址没有特别的限制，一般可自由指定，但对于位元件 X、Y 来说，它们的编址是八进制的，因此，起始地址最好设定为尾数为 0 的编址。同时还应注意，由于 X、Y 的数量是有限的，因此，设定的组数不要超过其实际应用范围。

（6）常数 K/H。

常数也可作为元件处理，它在存储器中占有一定的空间，主要用于向 PLC 输入数据。PLC 最常用的常数有两种：一种是以 K 表示的十进制数，另一种是以 H 表示的十六进制数。

实例 1-2　单按钮控制电动机启停程序设计

设计要求：用一个按钮控制一台电动机连续运行，当奇数次按下按钮时，电动机启动并连续运行；当偶数次按下按钮时，电动机停止运行。

1．输入/输出元件及其控制功能

实例 1-2 中用到的输入/输出元件地址如表 1-2-1 所示。

表 1-2-1　实例 1-2 输入/输出元件地址

说　明	PLC 软元件	元件文字符号	元件名称	控制功能
输入	X0	SB1	按钮	启动和停止控制
输出	Y0	KM1	接触器	接通或分断主电路

2. 控制程序设计

【思路点拨】

单按钮启停控制其实就是一键启/停控制，它可以减少 PLC 的输入点数，从而节省成本。一键启/停控制程序设计方法与启保停控制程序设计方法一样，也是使用逻辑电路或具有保持功能的指令进行编程。由于该控制要求只允许使用一个按钮，所以在编写程序时需要正确处理按钮与输出之间的联锁关系。

（1）用辅助继电器设计。

① 用中间继电器编写的一键启/停控制程序如图 1-2-1 所示。

程序说明：当初次按压按钮 SB1 时，中间继电器 M0 线圈瞬时得电，M0 的常开触点瞬时闭合，Y0 线圈得电，并处于自锁状态。当再次按压按钮 SB1 时，M0 的常闭触点瞬时断开，Y0 线圈的自锁状态被解除，Y0 线圈失电。

② 用中间继电器编写的一键启/停控制程序如图 1-2-2 所示。

程序说明：当初次按压按钮 SB1 时，中间继电器 M0 线圈瞬时得电，M0 的常开触点瞬时闭合，Y0 线圈得电并自锁。当再次按压按钮 SB1 时，由于 Y0 的常开触点已经闭合，所以中间继电器 M1 线圈瞬时得电，M1 的常闭触点瞬时断开，Y0 线圈失电。

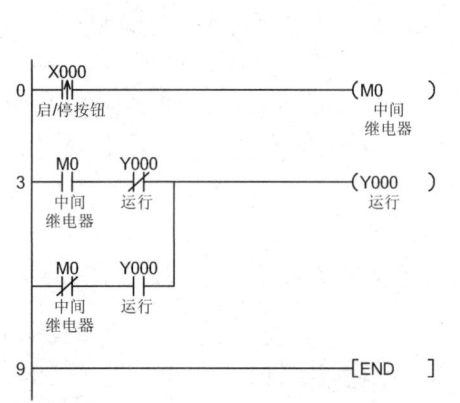

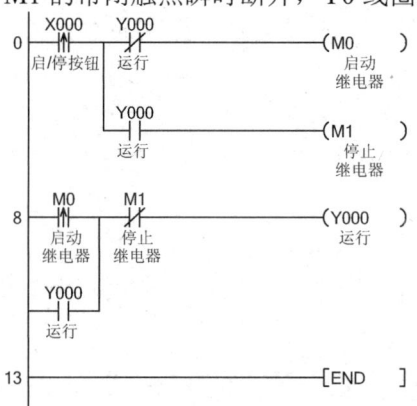

图 1-2-1　用中间继电器设计的梯形图 1　　图 1-2-2　用中间继电器设计的梯形图 2

③ 用中间继电器编写的一键启/停控制程序如图 1-2-3 所示。

程序说明：当初次按压按钮 SB1 时，PLC 执行[SET M0]指令，中间继电器 M0 线圈得电，M0 的常开触点闭合，Y0 线圈得电。当再次按压按钮 SB1 时，PLC 执行[RST M0]指令，中间继电器 M0 线圈失电，M0 的常开触点断开，Y0 线圈失电。

（2）用计数器 C 设计。

① 用 1 个计数器设计。

■ 用 1 个计数器编写的一键启/停控制程序如图 1-2-4 所示。

程序说明：当初次按压按钮 SB1 时，计数器 C0 计满 1 次并动作。计数器 C0 的常开触点

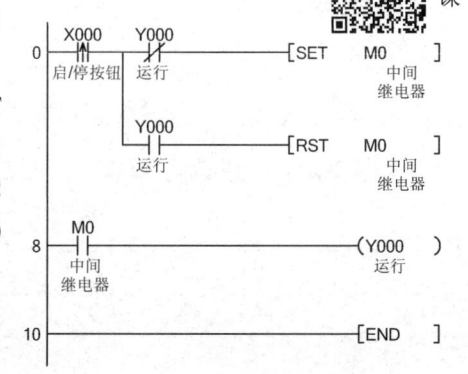

图 1-2-3　用中间继电器设计的梯形图 3

闭合，驱动 Y0 线圈得电。当再次按压按钮 SB1 时，Y0 线圈失电，在 Y0 下降沿的驱动下，PLC 执行[RST C0]指令，计数器 C0 复位。

■ 用 1 个计数器编写的一键启/停控制程序如图 1-2-5 所示。

程序说明：当初次按压按钮 SB1 时，计数器 C0 计数 1 次，PLC 执行[SET Y000]指令，使 Y0 线圈得电。当再次按压按钮 SB1 时，计数器 C0 计数满 2 次，C0 的常开触点闭合，PLC 执行[RST Y000]指令，使 Y0 线圈失电；PLC 执行[RST C0]指令，使计数器 C0 复位。

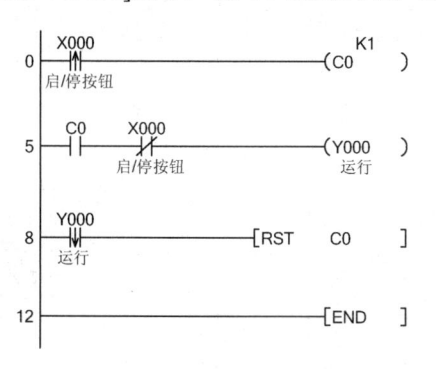

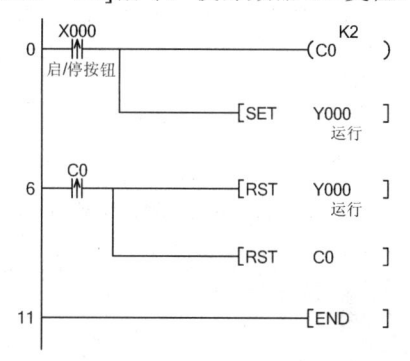

图 1-2-4 用 1 个计数器设计的梯形图 1　　　图 1-2-5 用 1 个计数器设计的梯形图 2

■ 用 1 个计数器编写的一键启/停控制程序如图 1-2-6 所示。

程序说明：当初次按压按钮 SB1 时，计数器 C0 计数 1 次，PLC 执行[= C0 K1]指令，由于（C0）=K1，[= C0 K1]指令的比较条件得到满足，所以该触点接通，使 Y0 线圈得电。当再次按压按钮 SB1 时，计数器 C0 计数 2 次，一方面由于（C0）≠K1，[= C0 K1]指令的比较条件没有得到满足，所以该触点断开，Y0 线圈失电；另一方面由于（C0）=K2，[= C0 K2]指令的比较条件得到满足，所以该触点接通，PLC 执行[RST C0]指令，使计数器 C0 复位。

② 用 2 个计数器设计。用 2 个计数器编写的一键启/停控制程序如图 1-2-7 所示。

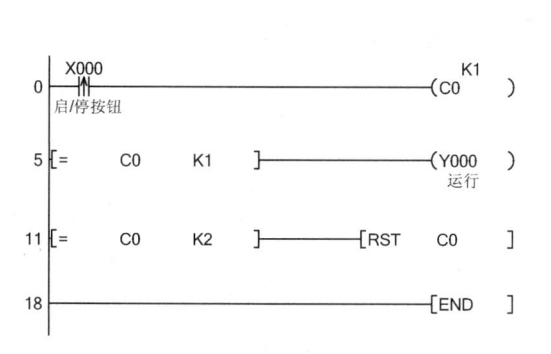

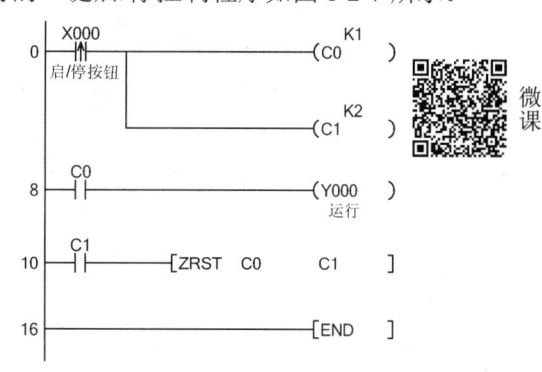

图 1-2-6 用 1 个计数器设计的梯形图 3　　　图 1-2-7 用 2 个计数器设计的梯形图

程序说明：当初次按压按钮 SB1 时，计数器 C0 计数满 1 次，C0 的常开触点闭合，驱动 Y0 线圈得电；计数器 C1 计数 1 次，C1 不动作。当再次按压按钮 SB1 时，计数器 C1 计数满 2 次，C1 的常开触点闭合，PLC 执行[ZRST C0 C1]指令，计数器 C0 和 C1 均被复位，计数器 C0 常开触点恢复断开状态，使 Y0 线圈失电。

（3）用 ALT 指令设计。

用 ALT 指令编写的一键启/停控制程序如图 1-2-8 所示。

程序说明：当初次按压按钮 SB1 时，PLC 执行[ALT Y000]指令，Y0 位被逻辑取反，Y0 位为 ON 状态，Y0 线圈得电。当再次按压按钮 SB1 时，PLC 执行[ALT　Y000]指令，Y0 位又被逻辑取反，Y0 位为 OFF 状态，Y0 线圈失电。

（4）用 INC 指令设计。

用 INC 指令编写的一键启/停控制程序如图 1-2-9 所示。

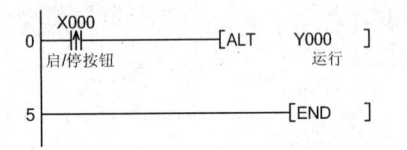

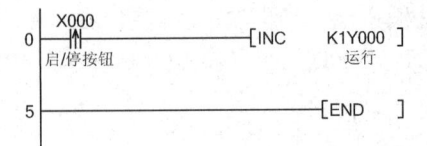

图 1-2-8　用 ALT 指令设计的梯形图　　　图 1-2-9　用 INC 指令设计的梯形图

程序说明：当初次按压按钮 SB1 时，PLC 执行[INC　K1Y000]指令，使（K1Y000）=K1，Y0 线圈得电。当再次按压按钮 SB1 时，PLC 执行[INC　K1Y000]指令，使（K1Y000）=K2，Y0 线圈失电。

（5）用 MOV 指令设计。

用 MOV 指令编写的一键启/停控制程序如图 1-2-10 所示。

程序说明：当初次按压按钮 SB1 时，PLC 执行[MOV　K1　K1Y000]指令，将十进制立即数 K1 传送到组合位元件 K1Y000 中，使（K1Y000）=K1，Y0 线圈得电。当再次按压按钮 SB1 时，PLC 执行[MOV　K0　K1Y000]指令，将十进制立即数 K0 传送到组合位元件 K1Y000 中，使（K1Y000）=K0，Y0 线圈失电。

（6）用 CMP 指令设计。

用 CMP 指令编写的一键启/停控制程序如图 1-2-11 所示。

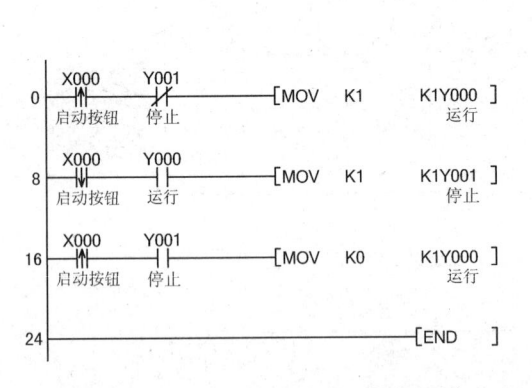

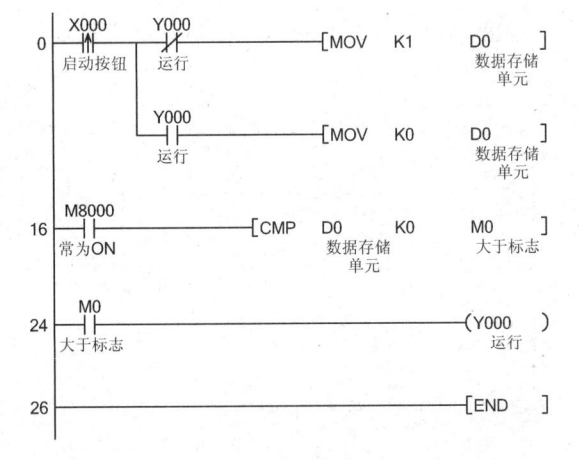

图 1-2-10　用 MOV 指令设计的梯形图　　　图 1-2-11　用 CMP 指令设计的梯形图

程序说明：当初次按压按钮 SB1 时，PLC 执行[MOV　K1　D0]指令，将十进制立即数 K1 传送到数据存储单元 D0 中，使（D0）=K1。在 M8000 的驱动下，PLC 执行[CMP　D0　K0　M0]指令，M0 的常开触点闭合，Y0 线圈得电。当再次按压按钮 SB1 时，PLC 执行[MOV　K0　D0]指令，将十进制立即数 K0 传送到数据存储单元 D0 中，使（D0）=K0。在 M8000 的驱动下，PLC 执行[CMP　D0　K0　M0]指令，M0 的常开触点不闭合，Y0 线圈失电。

（7）用 ZCP 指令设计。

用 ZCP 指令编写的一键启/停控制程序如图 1-2-12 所示。

程序说明：当初次按压按钮 SB1 时，PLC 执行[MOV　K2　D0]指令，将十进制立即数 K2 传送到数据存储单元 D0 中，使（D0）=K2。在 M8000 的驱动下，PLC 执行[ZCP　K-1　K1　D0　M0]指令，由于（D0）>K1，所以中间继电器 M2 得电，Y0 线圈得电。当再次按压按钮 SB1 时，PLC 执行[MOV　K0　D0]指令，将十进制立即数 K0 传送到数据存储单元 D0 中，使（D0）=K0；在 M8000 的驱动下，PLC 执行[ZCP　K-1　K1　D0　M0]指令，由于（D0）=K0，所以中间继电器 M2 不得电，Y0 线圈也不得电。

（8）用触点比较指令设计。

用触点比较指令编写的一键启/停控制程序如图 1-2-13 所示。

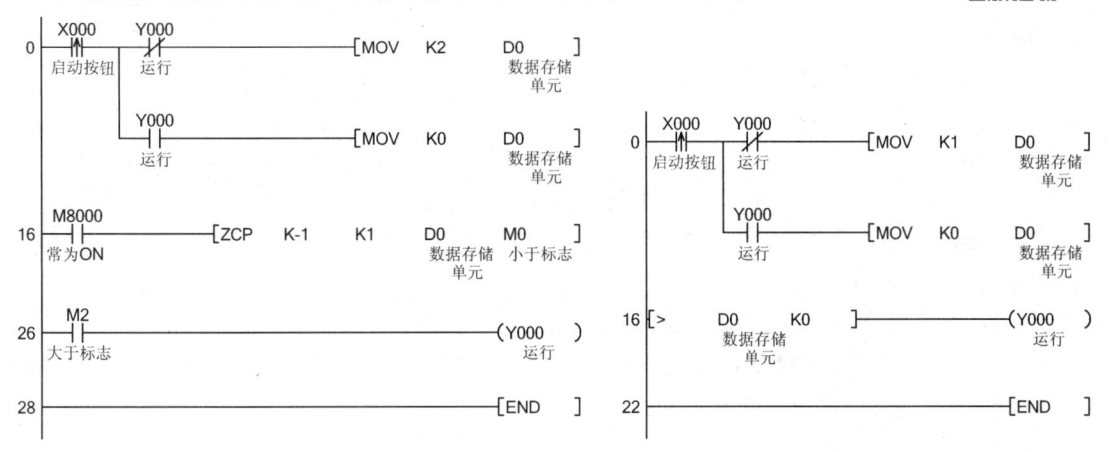

图 1-2-12　用 ZCP 指令设计的梯形图　　　图 1-2-13　用触点比较指令设计的梯形图

程序说明：当初次按压按钮 SB1 时，PLC 执行[MOV　K1　D0]指令，将十进制立即数 K1 传送到数据存储单元 D0 中，使（D0）=K1；PLC 执行[>　D0　K0]指令，由于（D0）>K0，[>　D0　K0]指令的比较条件得到满足，所以该触点接通，使 Y0 线圈得电。当再次按压按钮 SB1 时，PLC 执行[MOV　K0　D0]指令，将十进制立即数 K0 传送到数据存储单元 D0 中，使（D0）=K0；由于（D0）= K0，[>　D0　K0]指令的比较条件不能得到满足，所以该触点断开，使 Y0 线圈失电。

知识准备

在 PLC 程序中，梯形图作为一种编程语言，其语法规则是有严格要求的，梯形图绘制的基本原则如下。

规则 1：如图 1-2-14 所示，梯形图每一行都是从左侧母线开始的，线圈接在右侧母线上（右侧母线可省略）。每一行的前部是由触点群组成的"工作条件"，最右边是线圈表达的"工作结果"。一行绘完，依次自上而下再绘下一行。

图 1-2-14　规则 1 说明

规则 2：如图 1-2-15 所示，线圈不能直接与左侧母线相连。如果需要，可以通过一个没有使用的辅助继电器的常闭触点或者特殊型辅助继电器的常开触点来连接。

(a) 不正确　　　　　　　　　　　　(b) 正确

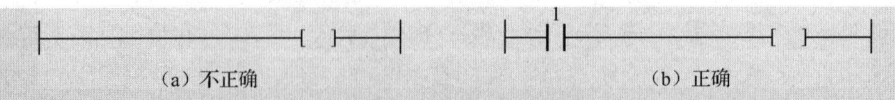

图 1-2-15　规则 2 说明

规则 3：同一编号的线圈在一个程序中使用两次称为双线圈输出。有的 PLC 将双线圈输出视为语法错误。三菱 FX 系列 PLC 则将前面的输出视为无效，视最后一次输出为有效。

规则 4：触点应画在水平线上，不能画在垂直分支线上。图 1-2-16（a）中触点 3 被画在垂直线上，很难正确识别它与其他触点的关系。因此，应根据自左至右、自上而下的原则画成如图 1-2-16（b）所示的形式。

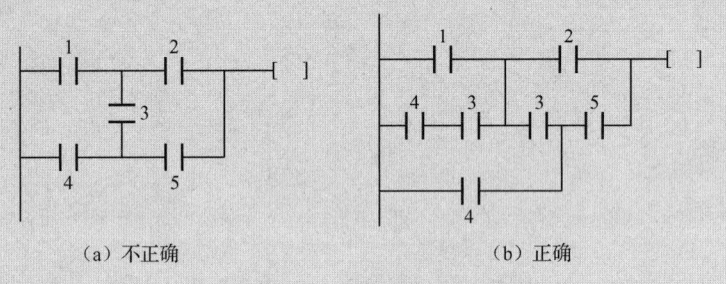

(a) 不正确　　　　　　　　　　　　(b) 正确

图 1-2-16　规则 4 说明

规则 5：不包含触点的分支应放在垂直方向，不可以放在水平位置，以便识别触点的组合和对输出线圈的控制路径，如图 1-2-17 所示。

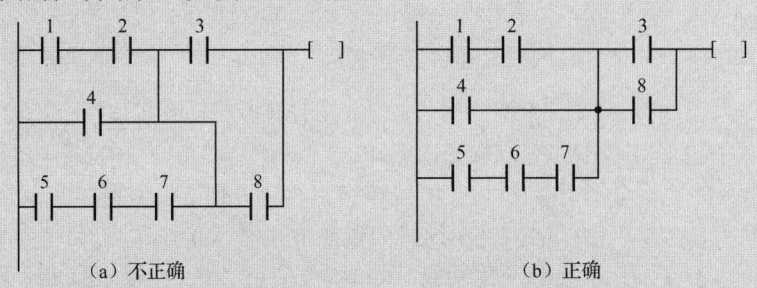

(a) 不正确　　　　　　　　　　　　(b) 正确

图 1-2-17　规则 5 说明

规则 6：当有几个串联回路相并联时，应将触点最多的那个串联回路放在梯形图的最上面。当有几个并联回路相串联时，应将触点最多的那个并联回路放在梯形图的最左边。这样才能使编制的程序简洁明了，语句少，程序执行速度快，如图 1-2-18 所示。

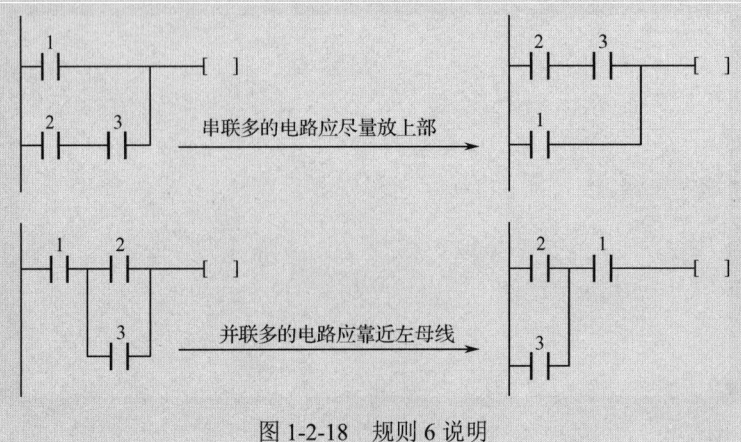

串联多的电路应尽量放上部

并联多的电路应靠近左母线

图 1-2-18　规则 6 说明

实例 1-3　电动机"正–停–反"运行控制程序设计

> **设计要求**：用 3 个按钮控制一台三相异步电动机正/反转运行，且正/反转运行状态不可以直接切换，中间需要有停止操作过程，即"正–停–反"控制。

1. 输入/输出元件及其控制功能

实例 1-3 中用到的输入/输出元件地址如表 1-3-1 所示。

表 1-3-1　实例 1-3 输入/输出元件地址

说　明	PLC 软元件	元件文字符号	元件名称	控 制 功 能
输入	X0	SB1	按钮	正转启动控制
	X1	SB2	按钮	反转启动控制
	X2	SB3	按钮	停止控制
输出	Y0	KM1	接触器	正转接通或分断电源
	Y1	KM2	接触器	反转接通或分断电源

2. 控制程序设计

【思路点拨】

既然使用一个"启–保–停"电路能够控制三相异步电动机的单向连续运行，那么同样的道理，使用两个"启–保–停"电路就能够控制三相异步电动机的双向连续运行。因此，只要把两个"启–保–停"电路适当地"组合"在一起，就可以实现电动机正/反转控制。

（1）用"与或非"指令设计。

用"与或非"指令编写的三相异步电动机"正–停–反"控制程序如图 1-3-1 所示。

程序说明：按压正转按钮 SB1，X0 常开触点瞬时闭合，Y0 线圈得电，电动机正转运行。在 Y0 线圈得电期间，如果按压反转按钮 SB2，由于 Y0 的互锁触点状态已经由常闭变为常开，所以反转 Y1 线圈不能得电。按压停止按钮 SB3，X2 常闭触点瞬时断开，Y0 线圈失电，电动机停止正转运行。

按压反转按钮 SB2，X1 常开触点瞬时闭合，Y1 线圈得电，电动机反转运行。在 Y1 线圈得电期间，如果按压正转按钮 SB1，由于 Y1 的互锁触点状态已经由常闭变为常开，所以正转 Y0 线圈不能得电。按压停止按钮 SB3，X2 常闭触点瞬时断开，Y1 线圈失电，电动机停止反转运行。

（2）用 SET/RST 指令设计。

用 SET/RST 指令编写的三相异步电动机"正–停–反"控制程序如图 1-3-2 所示。

程序说明：按压正转按钮 SB1，X0 常开触点瞬时闭合，PLC 执行[SET　Y000]指令，Y0 位被置位，使 Y0=1，Y0 线圈得电，电动机正转运行。在 Y0 线圈得电期间，如果按压反转按钮 SB2，由于 Y0 的互锁触点状态已经由常闭变为常开，所以 PLC 不能执行[SET　Y001]指令，反转 Y1 线圈不能得电。按压停止按钮 SB3，PLC 执行[ZRST　Y000　Y001]指令，Y0

位被复位,使 Y0=0,Y0 线圈失电,电动机停止正转运行。

按压反转按钮 SB2,X1 常开触点瞬时闭合,PLC 执行[SET Y001]指令,Y1 位被置位,使 Y1=1,Y1 线圈得电,电动机反转运行。在 Y1 线圈得电期间,如果按压正转按钮 SB1,由于 Y1 的互锁触点状态已经由常闭变为常开,所以 PLC 不能执行[SET Y000]指令,正转 Y0 线圈不能得电。按压停止按钮 SB3,PLC 执行[ZRST Y000 Y001]指令,Y1 位被复位,使 Y1=0,Y1 线圈失电,电动机停止反转运行。

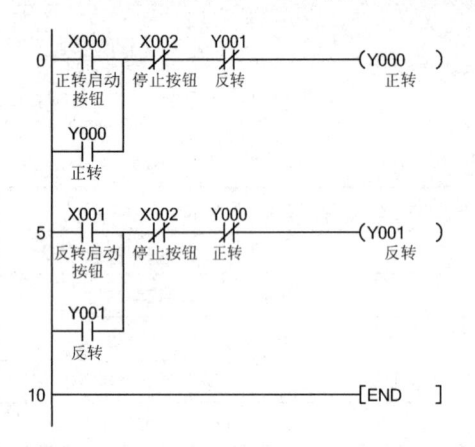

图 1-3-1 用"与或非"指令设计的梯形图

图 1-3-2 用 SET/RST 指令设计的梯形图

(3) 用 ALT 指令设计。

用 ALT 指令编写的三相异步电动机"正-停-反"控制程序如图 1-3-3 所示。

程序说明:按压正转按钮 SB1,PLC 执行[ALT Y000]指令,Y0 位被逻辑取反,使 Y0=1,Y0 线圈得电,电动机正转运行。在 Y0 线圈得电期间,如果按压反转按钮 SB2,PLC 不能执行[ALT Y001]指令,Y0 线圈保持得电状态。按压停止按钮 SB3,由于 Y0 的常开触点已经变为常闭状态,所以 PLC 再次执行[ALT Y000]指令,使 Y0=0,Y0 线圈失电,电动机停止正转运行。

按压反转按钮 SB2,PLC 执行[ALT Y001]指令,Y1 位被逻辑取反,使 Y1=1,Y1 线圈得电,电动机反转运行。在 Y1 线圈得电期间,如果按压正转按钮 SB1,PLC 不能执行[ALT Y000]指令,Y1 线圈保持得电状态。按压停止按钮 SB3,由于 Y1 的常开触点已经变为常闭状态,所以 PLC 再次执行[ALT Y001]指令,使 Y1=0,Y1 线圈失电,电动机停止反转运行。

(4) 用计数器 C 指令设计。

用计数器 C 指令编写的三相异步电动机"正-停-反"控制程序如图 1-3-4 所示。

程序说明:按压正转按钮 SB1,C0 计数 1 次并动作,C0 常开触点闭合,驱动 Y0 线圈得电,电动机正转运行。在 Y0 线圈得电期间,如果按压反转按钮 SB2,由于 Y0 的互锁触点状态已经由常闭变为常开,所以 PLC 不能执行[C1 K1]指令,C1 不计数,Y0 线圈继续得电。按压停止按钮 SB3,PLC 执行[ZRST C0 C1]指令,C0 被强制复位,计数器 C0 常开触点恢复断开状态,Y0 线圈失电,电动机停止正转运行。

按压反转按钮 SB2,C1 计数 1 次并动作,C1 常开触点闭合,驱动 Y1 线圈得电,电动机反转运行。在 Y1 线圈得电期间,如果按压正转按钮 SB1,由于 Y1 的互锁触点状态已经由常闭变为常开，所以 PLC 不能执行[C0　K1]指令，C0 不计数，Y1 线圈继续得电。按压停止按钮 SB3，PLC 执行[ZRST　C0　C1]指令，C1 被强制复位，计数器 C1 常开触点恢复断开状态，Y1 线圈失电，电动机停止反转运行。

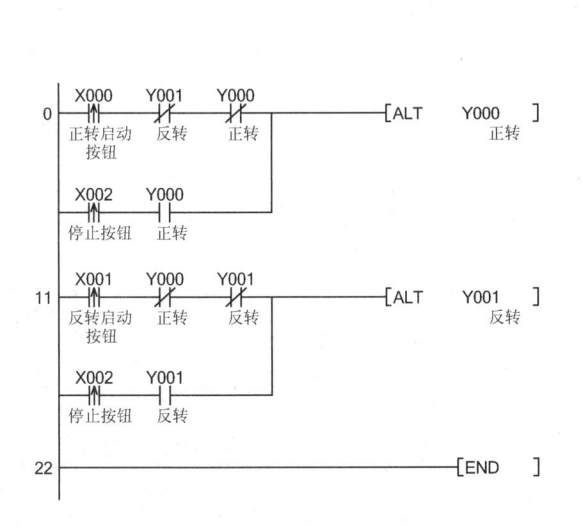

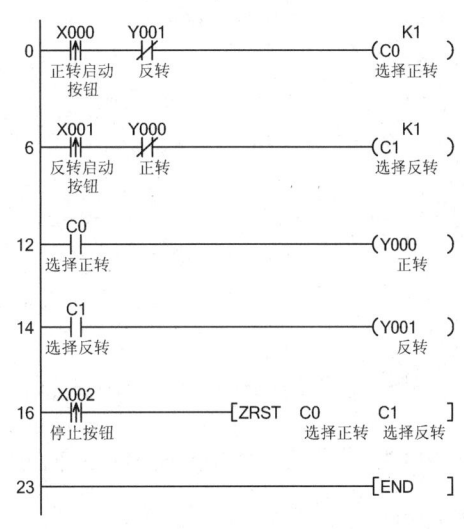

图 1-3-3　用 ALT 指令设计的梯形图　　　图 1-3-4　用计数器 C 指令设计的梯形图

（5）用 INC/DEC 指令设计。

用 INC/DEC 指令编写的三相异步电动机"正-停-反"控制程序如图 1-3-5 所示。

程序说明：按压正转按钮 SB1，PLC 执行[INC　K1Y000]指令，使（K1Y000）=K1，即 Y0=1，Y0 线圈得电，电动机正转运行。在 Y0 线圈得电期间，如果按压反转按钮 SB2，由于 Y0 的互锁触点状态已经由常闭变为常开，所以 PLC 不能执行[INC　K1Y001]指令，Y0 线圈保持得电状态。按压停止按钮 SB3，PLC 执行[DEC　K1Y000]指令，使（K1Y000）=K0，即 Y0=0，Y0 线圈失电，电动机停止正转运行。

按压反转按钮 SB2，PLC 执行[INC　K1Y001]指令，使（K1Y001）=K1，即 Y1=1，Y1 线圈得电，电动机反转运行。在 Y1 线圈得电期间，如果按压正转按钮 SB1，由于 Y1 的互锁触点状态已经由常闭变为常开，所以 PLC 不能执行[INC　K1Y000]指令，Y1 线圈保持得电状态。按压停止按钮 SB3，PLC 执行 [DEC　K1Y001]指令，使（K1Y001）=K0，即 Y1=0，Y1 线圈失电，电动机停止反转运行。

（6）用 MOV 指令设计。

用 MOV 指令编写的三相异步电动机"正-停-反"控制程序如图 1-3-6 所示。

程序说明：按压正转按钮 SB1，PLC 执行[MOV　K1　K2Y000]指令，使（K2Y000）=K1，即 Y0=1，Y0 线圈得电，电动机正转运行。在 Y0 线圈得电期间，如果按压反转按钮 SB2，由于 Y0 的互锁触点状态已经由常闭变为常开，所以 PLC 不能执行[MOV　K2　K2Y000]指令，Y0 线圈继续得电。按压停止按钮 SB3，PLC 执行[MOV　K0　K2Y000]指令，使（K2Y000）=0，即 Y0=0，Y0 线圈失电，电动机停止正转运行。

按压反转按钮 SB2，PLC 执行[MOV　K2　K2Y000]指令，使（K2Y000）=K2，即 Y1=1，Y1 线圈得电，电动机反转运行。在 Y1 线圈得电期间，如果按压正转按钮 SB1，由于 Y1 的互锁触点状态已经由常闭变为常开，所以 PLC 不能执行[MOV　K1　K2Y000]指令，Y1 线圈继续得电。按压停止按钮 SB3，PLC 执行[MOV K0 K2Y000]指令，使（K2Y000）=0，即 Y1=0，Y1 线圈失电，电动机停止反转运行。

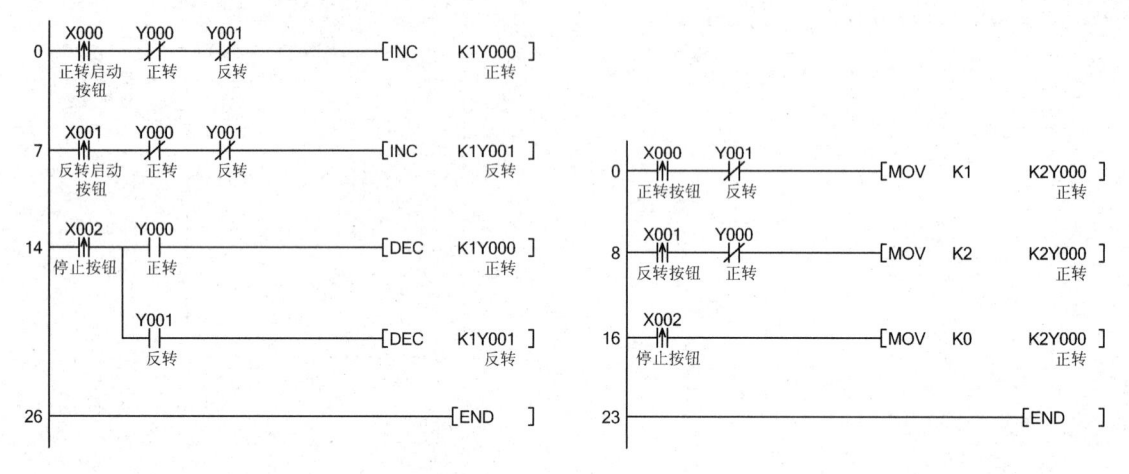

图 1-3-5 用 INC/DEC 指令设计的梯形图

图 1-3-6 用 MOV 指令设计的梯形图

【经验总结】

在 PLC 开关量控制程序中，编者喜欢使用赋值的方式进行控制，也就是使用 MOV 指令来编写程序，其中原因有三：以图 1-3-6 为例，如果使用 MOV 指令编写程序，则可以直接省去正转和反转之间的电气互锁；以图 1-3-7 为例，如果使用 MOV 指令编写程序，则可以将图 1-3-7 所示的程序修改为图 1-3-8 所示的程序，从而避免了双线圈输出问题；以图 1-3-9 为例，如果使用 MOV 指令编写程序，则可以将图 1-3-9 所示的程序修改为图 1-3-10 所示的程序，只需要编辑一条指令就可以使多个继电器同时得电。

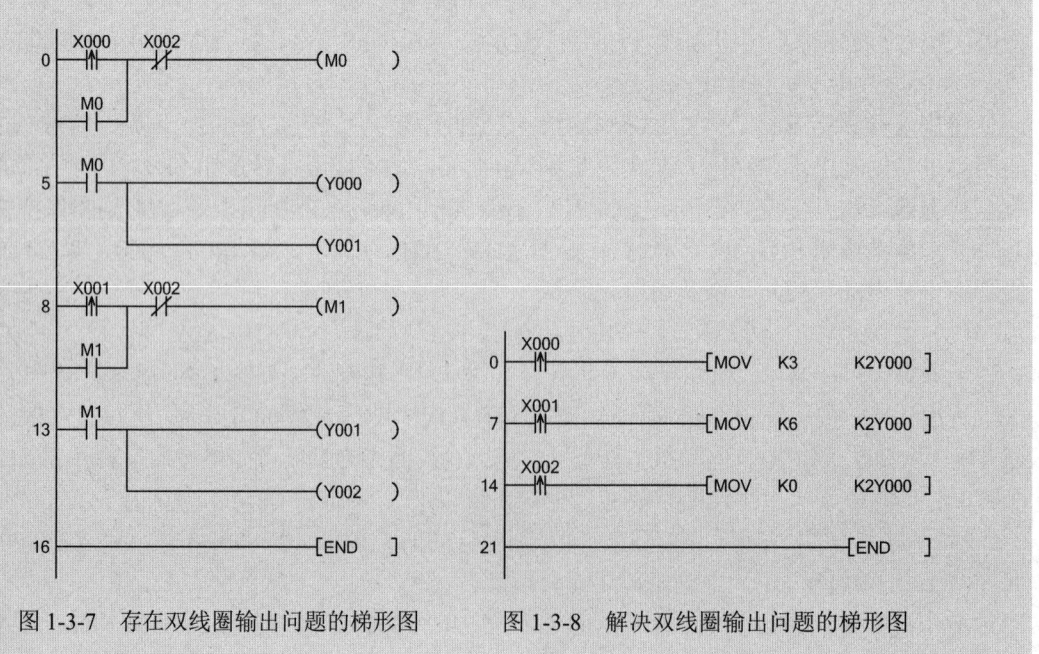

图 1-3-7 存在双线圈输出问题的梯形图

图 1-3-8 解决双线圈输出问题的梯形图

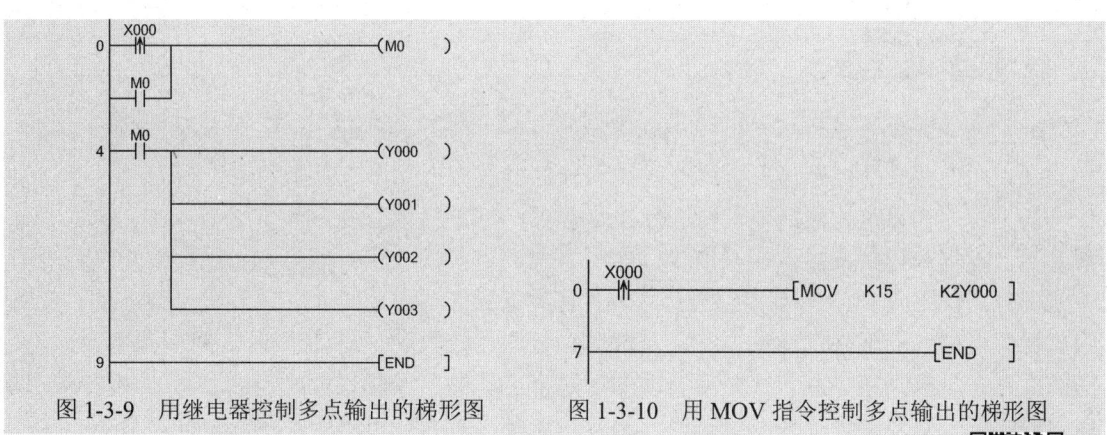

图 1-3-9 用继电器控制多点输出的梯形图　　图 1-3-10 用 MOV 指令控制多点输出的梯形图

（7）用比较指令设计。

用比较指令编写的三相异步电动机"正-停-反"控制程序如图 1-3-11 所示。

程序说明：按压正转按钮 SB1，PLC 执行[MOV K1 D0]指令，将十进制立即数 K1 传送到数据存储单元 D0 当中，使（D0）=K1。按压反转按钮 SB2，PLC 执行[MOV K-1 D0]指令，将十进制立即数 K-1 传送到数据存储单元 D0 中，使(D0)=K-1。按压停止按钮 SB3，PLC 执行[MOV K0 D0]指令，将十进制立即数 K0 传送到数据存储单元 D0 中，使（D0）=K0。

当 PLC 执行[CMP D0 K0 M0]指令时，如果（D0）>K0，则中间继电器 M0 得电，使 Y0 线圈得电，电动机正转运行；如果（D0）<K0，则中间继电器 M2 得电，使 Y1 线圈得电，电动机反转运行；如果（D0）=K0，则中间继电器 M0 和 M2 均不得电，使 Y0 和 Y1 线圈也不得电，电动机停止运行。

（8）用触点比较指令设计。

用触点比较指令编写的三相异步电动机"正-停-反"控制程序如图 1-3-12 所示。

程序说明：按压正转按钮 SB1，PLC 执行[MOV K1 D0]指令，使（D0）=K1。按压反转按钮 SB2，PLC 执行[MOV K2 D0]指令，使（D0）=K2。按压停止按钮 SB3，PLC 执行[MOV K0 D0]指令，使（D0）=K0。

PLC 执行[= D0 K1]指令，判断 D0 的当前值是否等于 K1，如果等于 K1，则 Y0 线圈得电，电动机正转运行。PLC 执行[= D0 K2]指令，判断 D0 的当前值是否等于 K2，如果等于 K2，则 Y1 线圈得电，电动机反转运行。如果 D0 的当前值既不等于 K1，也不等于 K2，则 Y0 和 Y1 线圈均不得电，电动机停止运行。

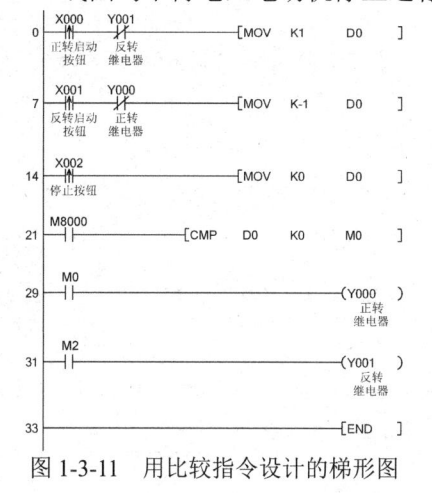

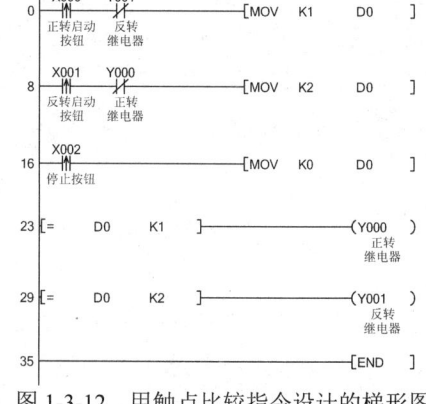

图 1-3-11 用比较指令设计的梯形图　　图 1-3-12 用触点比较指令设计的梯形图

知识准备

PLC 是一种根据生产过程顺序控制要求，为了取代传统的"继电器-接触器"控制系统而发展起来的工业自动控制设备。PLC 控制设计的过程应遵循以下几个基本步骤。

（1）对控制系统的控制要求要进行详细了解。在进行 PLC 控制设计之前，首先要详细了解其工艺过程和控制要求，应采取什么控制方式，需要哪些输入信号，选用什么输入元件，哪些信号需输出到 PLC 外部，通过什么元件驱动负载；弄清整个工艺过程各个环节的相互联系；了解机械运动部件的驱动方式，是液压、气压还是电动，运动部件与各电气执行元件之间的联系；了解系统控制方式是全自动的还是半自动的，控制过程是连续运行的还是单周期运行的，是否有自动调整要求，等等。另外，还要注意哪些量需要控制、报警、显示，是否需要故障诊断，需要哪些保护措施，等等。

（2）控制系统初步方案设计。控制系统的设计往往是一个渐进式、不断完善的过程。在这一过程中，先大致确定一个初步控制方案，首先解决主要控制部分，对于不太重要的监控、报警、显示、故障诊断及保护措施等可暂不考虑。

（3）根据控制要求确定输入/输出元件，绘制输入/输出接线图和主电路图。根据 PLC 输入/输出量选择合适的输入/输出控制元件，计算所需的输入/输出点数，并参照其他要求选择合适的 PLC 机型。根据 PLC 机型特点和输入/输出控制元件绘制 PLC 输入/输出接线图，确定输入/输出控制元件与 PLC 的输入/输出端的对应关系。输入/输出元件的布置应尽量考虑接线、布线的方便，同一类电气元件应尽量排在一起，这样有利于梯形图的编程。一般主电路比较简单，可一并绘制。

（4）根据控制要求和输入/输出接线图绘制梯形图。这一步是整个设计过程的关键，梯形图的设计需要掌握 PLC 的各种指令的应用技能和编程技巧，同时还要了解 PLC 的基本工作原理和硬件结构。梯形图的正确设计是确保控制系统安全可靠运行的关键。

（5）完善上述设计内容。完善和简化绘制的梯形图，检查是否有遗漏，若有必要还可再反过来修改和完善输入/输出接线图和主电路图及初步设计方案，加入监控、报警、显示、故障诊断和保护措施等，最后进行统一完善。

（6）模拟仿真调试。在电气控制设备安装和接线前最好先在 PLC 上进行模拟调试，或者在模拟仿真软件上进行仿真调试。三菱公司全系列可编程控制器的通用编程软件 GX Developer Version 8.34L 附带仿真软件（GX Simulator Version6），可对所编的梯形图进行仿真，确保控制梯形图没有问题后再进行联机调试。但仿真软件对某些功能指令是不支持的，这部分控制程序只能在 PLC 上进行模拟调试或现场调试。

（7）设备安装调试。将梯形图输入到 PLC 中，根据设计的电路进行电气控制元件的安装和接线，在电气控制设备上进行试运行。

实例 1-4　电动机"正-反-停"运行控制程序设计

设计要求：用 3 个常开按钮控制一台三相异步电动机正/反转运行，且正/反转运行状态的切换可以通过启动按钮直接进行，中间不需要有停止操作过程，即"正-反-停"控制。

1. 输入/输出元件及其控制功能

实例 1-4 中用到的输入/输出元件地址如表 1-4-1 所示。

表 1-4-1 实例 1-4 输入/输出元件地址

说　明	PLC 软元件	元件文字符号	元件名称	控制功能
输入	X0	SB1	按钮	正转启动控制
	X1	SB2	按钮	反转启动控制
	X2	SB3	按钮	停止控制
输出	Y0	KM1	接触器	正转接通或分断电源
	Y1	KM2	接触器	反转接通或分断电源

2. 控制程序设计

【思路点拨】

通过分析实例 1-3 可知，如果在两个"启-保-停"电路之间建立起单重互锁关系（电气互锁），那么该程序就具有了"正-停-反"控制功能。以此类推，如果在两个"启-保-停"电路之间建立双重互锁关系（电气互锁和机械互锁），那么该程序就具有了"正-反-停"控制功能。

（1）用"与或非"指令设计。

用"与或非"指令编写的三相异步电动机"正-反-停"控制程序如图 1-4-1 所示。

程序说明：按压正转按钮 SB1，X0 常开触点闭合，正转 Y0 线圈得电，电动机正转运行。在 Y0 线圈得电期间，如果按压反转按钮 SB2，由于 X1 的机械互锁触点状态由常闭变为常开，所以 Y0 线圈失电；同时，X1 的启动触点由常开变为常闭，反转 Y1 线圈得电，电动机反转运行。按压停止按钮 SB3，X2 常闭触点瞬时断开，Y1 线圈失电，电动机停止运行。

（2）用 SET/RST 指令设计。

用 SET/RST 指令编写的三相异步电动机"正-反-停"控制程序如图 1-4-2 所示。

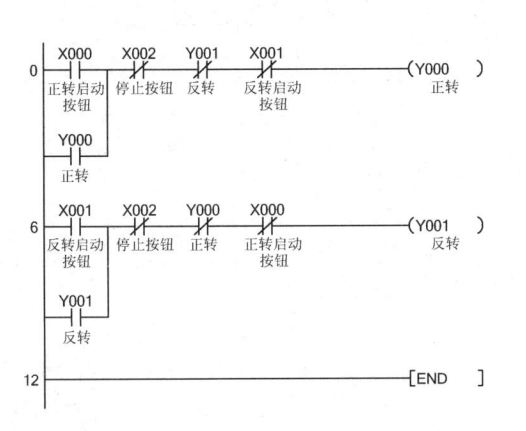

图 1-4-1 用"与或非"指令设计的梯形图 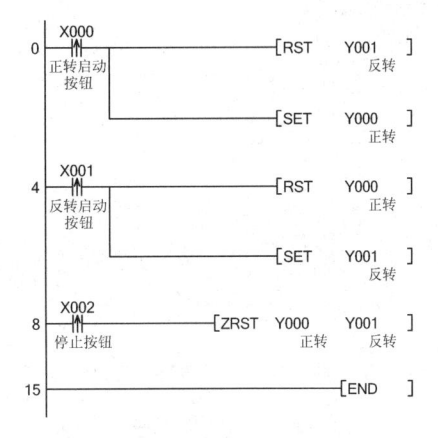　　　图 1-4-2 用 SET/RST 指令设计的梯形图

程序说明：按压正转按钮 SB1，PLC 首先执行[RST　Y001]指令，Y1 位被复位，使 Y1=0，Y1 线圈失电，电动机停止反转运行；然后 PLC 执行[SET　Y000]指令，Y0 位被置位，使 Y0=1，

Y0 线圈得电，电动机正转运行。在 Y0 线圈得电期间，如果按压反转按钮 SB2，PLC 首先执行[RST Y000]指令，Y0 位被复位，使 Y0=0，Y0 线圈失电，电动机停止正转运行；然后 PLC 执行[SET Y001]指令，Y1 位被置位，使 Y1=1，Y1 线圈得电，电动机反转运行。按压停止按钮 SB3，PLC 执行[ZRST Y000 Y001]指令，Y0 位和 Y1 位均被复位，使 Y0= Y1=0，Y0 和 Y1 线圈均失电，电动机停止运行。

（3）用 ALT 指令设计。

用 ALT 指令编写的三相异步电动机"正-反-停"控制程序如图 1-4-3 所示。

程序说明：按压正转按钮 SB1，PLC 执行[ALT Y000]指令，Y0 位被逻辑取反，使 Y0=1，正转 Y0 线圈得电。在 Y0 线圈得电期间，如果按压反转按钮 SB2，由于 Y0 的常开触点状态已经由常开变为常闭，所以 PLC 再次执行[ALT Y000]指令，使 Y0=0，Y0 线圈失电，电动机停止正转运行；同时，PLC 执行[ALT Y001]指令，Y1 位被逻辑取反，使 Y1=1，Y1 线圈得电，电动机反转运行。按压停止按钮 SB3，由于 Y1 的常开触点已经变为常闭状态，所以 PLC 再次执行[ALT Y001]指令，使 Y1=0，Y1 线圈失电，电动机停止反转运行。

（4）用计数器 C 指令设计。

用计数器 C 指令编写的三相异步电动机"正-反-停"控制程序如图 1-4-4 所示。

程序说明：按压正转按钮 SB1，PLC 首先执行[RST C1]指令，C1 被复位，使 Y1 线圈失电；然后 C0 计数 1 次并动作，C0 常开触点闭合，驱动 Y0 线圈得电，电动机正转运行。在 Y0 线圈得电期间，如果按压反转按钮 SB2，PLC 首先执行[RST C0]指令，C0 被复位，Y0 线圈失电，电动机停止正转运行；然后 C1 计数 1 次并动作，C1 常开触点闭合，驱动 Y1 线圈得电，电动机反转运行。按压停止按钮 SB3，PLC 执行[ZRST C0 C1]指令，C0 和 C1 均被复位，Y0 和 Y1 线圈均失电，电动机停止运行。

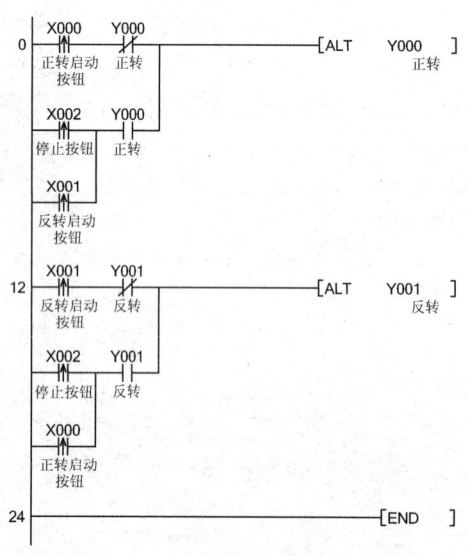

图 1-4-3 用 ALT 指令设计的梯形图

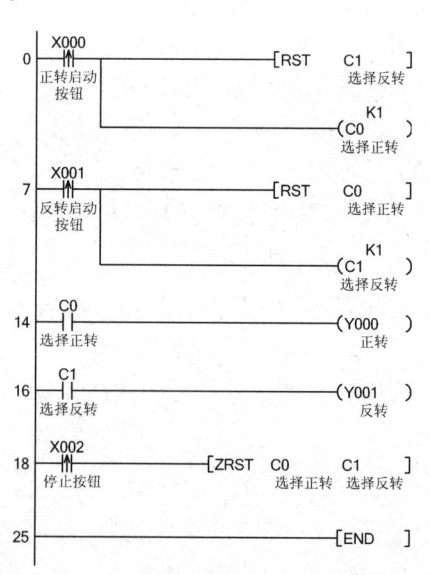

图 1-4-4 用计数器 C 指令设计的梯形图

（5）用 INC/DEC 指令设计。

用 INC/DEC 指令编写的三相异步电动机"正-反-停"控制程序如图 1-4-5 所示。

程序说明：按压正转按钮 SB1，PLC 执行一次[INC K1Y000]指令，组合位元件 K1Y000 的当前值被加 1，使（K1Y000）=K1，即 Y0=1，Y0 线圈得电，电动机正转运行。在 Y0 线圈得电期间，如果按压反转按钮 SB2，PLC 首先执行[DEC　K1Y000]指令，组合位元件 K1Y000 的当前值被减 1，使（K1Y000）=K0，即 Y0=0，Y0 线圈失电，电动机停止正转运行；然后 PLC 执行[INC　K1Y001]指令，组合位元件 K1Y001 的当前值被加 1，使（K1Y001）=K1，即 Y1=1，Y1 线圈得电，电动机反转运行。按压停止按钮 SB3，PLC 执行[DEC　K1Y001]指令，组合位元件 K1Y001 的值被减 1，使（K1Y001）=K0，即 Y1=0，Y1 线圈失电，电动机停止反转运行。

（6）用 MOV 指令设计。

用 MOV 指令编写的三相异步电动机"正-反-停"控制程序如图 1-4-6 所示。

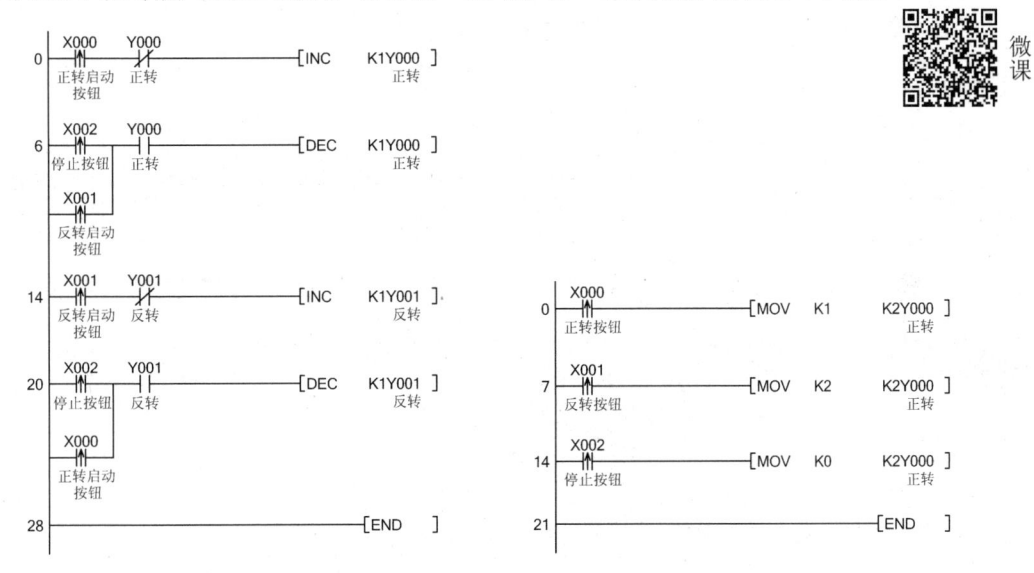

图 1-4-5　用 INC/DEC 指令设计的梯形图　　　图 1-4-6　用 MOV 指令设计的梯形图

程序说明：按压正转按钮 SB1，PLC 执行[MOV　K1　K2Y000]指令，将十进制立即数 K1 传送到组合位元件 K2Y000 中，使（K2Y000）=K1，即 Y0=1、Y1=0，Y0 线圈得电，电动机正转运行。在 Y0 线圈得电期间，如果按压反转按钮 SB2，PLC 执行[MOV　K2　K2Y000]指令，将十进制立即数 K2 传送到组合位元件 K2Y000 中，使（K2Y000）=K2，即 Y0=0、Y1=1，Y1 线圈得电，电动机反转运行。按压停止按钮 SB3，PLC 执行[MOV　K0　K2Y000]指令，使（K2Y000）=K0，即 Y0=Y1=0，Y0 和 Y1 线圈均失电，电动机停止运行。

（7）用比较指令设计。

用比较指令编写的三相异步电动机"正-反-停"控制程序如图 1-4-7 所示。

程序说明：按压正转按钮 SB1，PLC 执行[MOV　K1　D0]指令，将十进制立即数 K1 传送到数据存储单元 D0 中，使（D0）=K1。按压反转按钮 SB2，PLC 执行[MOV　K-1　D0]指令，将十进制立即数 K-1 传送到数据存储单元 D0 当中，使（D0）=K-1。按压停止按钮 SB3，PLC 执行[MOV　K0　D0]指令，将十进制立即数 K0 传送到数据存储单元 D0 中，使（D0）=K0。当 PLC 执行[CMP　D0　K0　M0]指令时，如果（D0）>K0，则中间继电器 M0 得电，使 Y0 线圈得电，电动机正转运行；如果（D0）<K0，则中间继电器 M2 得电，使 Y1 线圈得电，电动机反转运行；如果（D0）=K0，则中间继电器 M0 和 M2 均不得电，使 Y0 和 Y1 线圈也不得电，电动机停止运行。

（8）用区间比较指令设计。

用区间比较指令编写的三相异步电动机"正-反-停"控制程序如图 1-4-8 所示。

程序说明：按压正转按钮 SB1，PLC 执行[MOV　K2　D0]指令，将十进制立即数 K2 传送到数据存储单元 D0 中，使（D0）=K2。按压反转按钮 SB2，PLC 执行[MOV　K-2　D0]指令，将十进制立即数 K-2 传送到数据存储单元 D0 当中，使（D0）=K-2。按压停止按钮 SB3，PLC 执行[MOV　K0　D0]指令，将十进制立即数 K0 传送到数据存储单元 D0 中，使（D0）=K0。

在 M8000 驱动下，PLC 执行[ZCP　K-1　K1　D0　M0]指令，如果（D0）>K1，则中间继电器 M2 得电，使 Y0 线圈得电，电动机正转运行；如果（D0）<K-1，则中间继电器 M0 得电，使 Y1 线圈得电，电动机反转运行；如果（D0）=K0，则中间继电器 M0 和 M2 均不得电，使 Y0 和 Y1 线圈也不得电，电动机停止运行。

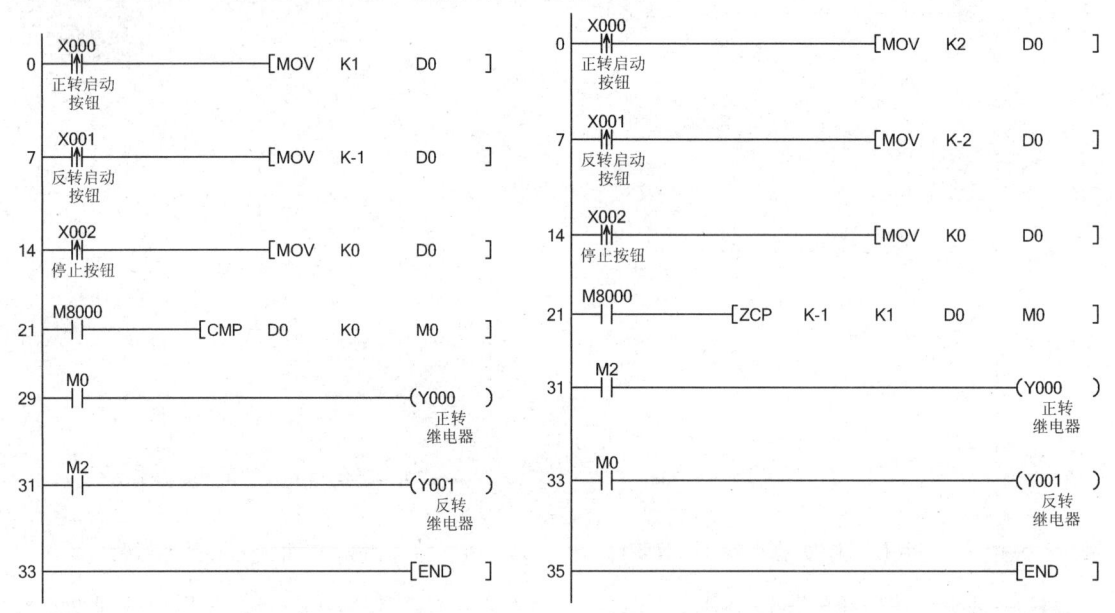

图 1-4-7　用比较指令设计的梯形图

图 1-4-8　用区间比较指令设计的梯形图

（9）用触点比较指令设计。

用触点比较指令编写的三相异步电动机"正-反-停"控制程序如图 1-4-9 所示。

程序说明：按压正转按钮 SB1，PLC 执行[MOV　K1　D0]指令，将十进制立即数 K1 传送到数据存储单元 D0 中，使（D0）=K1。按压反转按钮 SB2，PLC 执行[MOV　K2　D0]指令，将十进制立即数 K2 传送到数据存储单元 D0 中，使（D0）=K2。按压停止按钮 SB3，PLC 执行[MOV　K0　D0]指令，将十进制立即数 K0 传送到数据存储单元 D0 中，使（D0）=K0。

PLC 执行[=　D0　K1]指令，判断 D0 的当前值是否等于 K1，如果等于 K1，则 Y0 线圈得电，电动机正转运行。PLC 执行[=　D0　K2]指令，判断 D0 的当前值是否等于 K2，如果等于 K2，则 Y1 线圈得电，电动机反转运行。如果 D0 的当前值既不等于 K1，也不等于 K2，则 Y0 和 Y1 线圈均不得电，电动机停止运行。

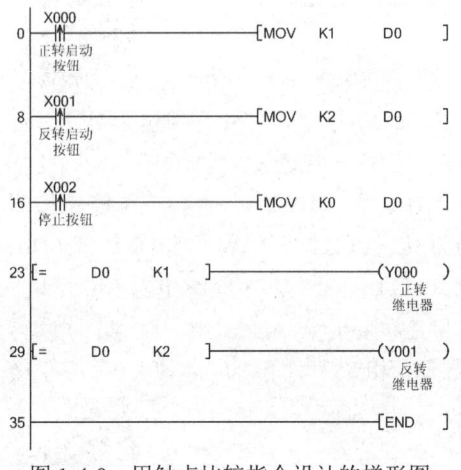

图 1-4-9　用触点比较指令设计的梯形图

实例 1-5 电动机运行预警控制程序设计

设计要求：用一个按钮控制一台电动机预警启动和停止。在需要电动机启动时，当首次按下按钮时，报警响铃，但电动机不启动；当再次按下按钮时，报警解除，电动机启动。在需要电动机停止时，当首次按下按钮时，报警响铃，但电动机不停止；当再次按下按钮时，报警解除，电动机停止。

1. 输入/输出元件及其控制功能

实例 1-5 中用到的输入/输出元件地址如表 1-5-1 所示。

表 1-5-1 实例 1-5 输入/输出元件地址

说　明	PLC 软元件	元件文字符号	元 件 名 称	控 制 功 能
输入	X0	SB1	按钮	启动和停止控制
输出	Y0	KA	警铃	报警提示
	Y1	KM1	接触器	接通或分断电源

2. 控制程序设计

【思路点拨】

该程序设计涉及两个"启-保-停"电路，一个电路控制警铃，另一个电路控制电动机。依据题意，这两个电路的启和停是有顺序要求的，所以在每次响铃时应采取联锁措施，从逻辑上限制电动机启停。

（1）使用 INC 指令设计。

① 用一个按钮预警控制一台电动机运行的程序如图 1-5-1 所示。

程序说明：第一次按下按钮 SB1，PLC 执行[INC　K1M0]指令，K1M0 的逻辑组态为 0001，所以 M0 线圈得电，M1 线圈不得电，Y0 线圈得电，Y1 线圈不得电，警铃报警，电动机不启动。

第二次按下按钮 SB1，PLC 执行[INC　K1M0]指令，K1M0 的逻辑组态为 0010，所以 M0 线圈失电，M1 线圈得电，Y0 线圈失电，Y1 线圈得电，警铃停止报警，电动机运行。

第三次按下按钮 SB1，PLC 执行[INC　K1M0]指令，K1M0 的逻辑组态为 0011，所以 M0 和 M1 线圈得电，Y0 和 Y1 线圈得电，警铃报警，电动机运行。

第四次按下按钮 SB1，PLC 执行[INC　K1M0]指令，K1M0 的逻辑组态为 0100，所以 M0 和 M1 线圈均失电，Y0 和 Y1 线圈失电，警铃停止报警，电动机停止运行。

② 用一个按钮预警控制一台电动机运行的程序如图 1-5-2 所示。

程序说明：第一次按下按钮 SB1，PLC 执行[INC　K1Y000]指令，（K1Y000）=1，Y0 线圈得电，Y1 线圈不得电，警铃报警，电动机不启动。

第二次按下按钮 SB1，PLC 执行[INC　K1Y000]指令，（K1Y000）=2，Y0 线圈失电，Y1 线圈得电，警铃停止报警，电动机运行。

第三次按下按钮 SB1，PLC 执行[INC　K1Y000]指令，（K1Y000）=3，Y0 和 Y1 线圈得电，警铃报警，电动机运行。

第四次按下按钮 SB1，PLC 执行 [INC K1Y000] 指令，(K1Y000)=4。PLC 执行 [= K1Y000 K4] 和 [MOV K0 K1Y000] 指令，Y0 和 Y1 线圈失电，警铃停止报警，电动机停止运行。

（3）使用计数器 C 指令设计。

用一个按钮预警控制一台电动机运行的程序如图 1-5-3 所示。

程序说明：第一次按下按钮 SB1，计数器 C0 计满 1 次，C0 的常开触点闭合，PLC 执行 [MOV K1 K1Y000] 指令，Y0 线圈得电，警铃报警，电动机不运行。

第二次按下按钮 SB1，计数器 C1 计满 2 次，C1 的常开触点闭合，PLC 执行 [MOV K2 K1Y000] 指令，Y1 线圈得电，警铃停止报警，电动机运行。

第三次按下按钮 SB1，计数器 C2 计满 3 次，C2 的常开触点闭合，PLC 执行 [MOV K3 K1Y000] 指令，Y0 和 Y1 线圈得电，警铃报警，电动机运行。

第四次按下按钮 SB1，计数器 C3 计满 4 次，C3 的常开触点闭合，PLC 执行 [MOV K0 K1Y000] 指令，Y0 和 Y1 线圈失电，警铃停止报警，电动机停止运行。PLC 执行 [ZRST C0 C3] 指令，计数器 C0~C3 被复位。

图 1-5-1　用 INC 指令设计的梯形图 1

图 1-5-2　用 INC 指令设计的梯形图 2

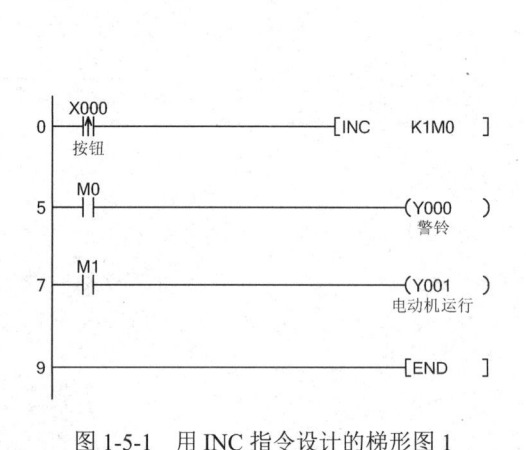

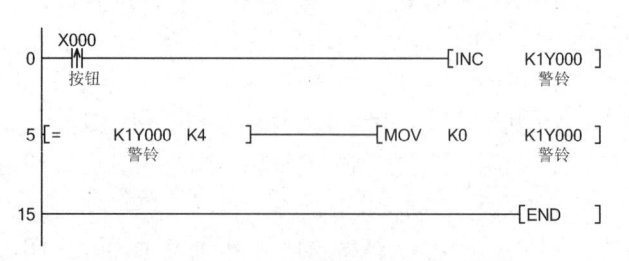

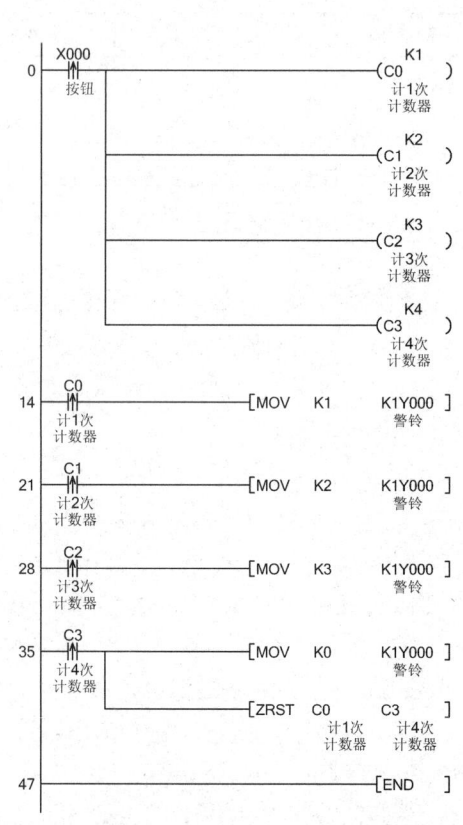

图 1-5-3　用计数器 C 指令设计的梯形图

实例 1-6　单按钮控制 3 台电动机顺启顺停程序设计

设计要求：用一个按钮控制 3 台电动机，起初每按一次按钮，对应启动一台电动机；待电动机全部启动完成后，再每按一次按钮，对应停止一台电动机，停止的顺序要求是先启动的电动机先停止。

项目 1　电动机控制程序设计

1．输入/输出元件及其控制功能

实例 1-6 中用到的输入/输出元件地址如表 1-6-1 所示。

表 1-6-1　实例 1-6 输入/输出元件地址

说　　明	PLC 软元件	元件文字符号	元 件 名 称	控 制 功 能
输入	X0	SB1	按钮	启动/停止控制
输出	Y0	KM1	接触器	第一台电动机运行
	Y1	KM2	接触器	第二台电动机运行
	Y2	KM3	接触器	第三台电动机运行

2．控制程序设计

【思路点拨】

该程序设计涉及 3 个"启–保–停"电路，关联 3 个"启–保–停"电路的顺序启停，难点是 3 台电动机的顺序启停控制。针对顺序启停，解决的办法可以是根据按钮的按压次数，施加多重联锁，再根据按压次数的不同，驱动相关的逻辑电路或指令，最终实现顺序启停。

（1）程序设计范例 1 分析。

3 台电动机顺序启动、顺序停止控制程序设计范例 1 如图 1-6-1 所示。

程序说明：

第一次按压按钮 SB1，M0 线圈瞬时得电。在 M0 的常开触点变为常闭时，Y0 线圈得电并自锁，第一台电动机启动。

第二次按压按钮 SB1，由于 Y0 的常开触点已经变为常闭，所以在 M0 的常开触点变为常闭时，Y1 线圈得电并自锁，第二台电动机启动。

第三次按压按钮 SB1，由于 Y1 的常开触点已经变为常闭，所以在 M0 的常开触点变为常闭时，Y2 线圈得电并自锁，第三台电动机启动。

第四次按压按钮 SB1，M1 线圈瞬时得电。在 M1 的常闭触点变为常开时，Y0 线圈失电，第一台电动机停止运行。

第五次按压按钮 SB1，由于 Y0 的常开触点已经恢复为常开，所以在 M1 的常闭触点变为常开时，Y1 线圈失电，第二台电动机停止运行。

第六次按压按钮 SB1，由于 Y1 的常开触点已经恢复为常开，所以在 M1 的常闭触点变为常开时，Y2 线圈失电，第三台电动机停止运行。

（2）程序设计范例 2 分析。

3 台电动机顺序启动、顺序停止控制程序设计范例 2 如图 1-6-2 所示。

程序说明：

第一次按压按钮 SB1，计数器 C0 计满，C0 的常开触点变为常闭，PLC 执行[MOV　K1　K2Y000]指令，Y0 线圈得电，第一台电动机启动。

第二次按压按钮 SB1，计数器 C1 计满，C1 的常开触点变为常闭，PLC 执行[MOV　K3　K2Y000]指令，Y0 和 Y1 线圈得电，第二台电动机启动。

第三次按压按钮 SB1，计数器 C2 计满，C2 的常开触点变为常闭，PLC 执行[MOV　K7　K2Y000]指令，Y0、Y1 和 Y2 线圈得电，第三台电动机启动。

第四次按压按钮 SB1，计数器 C3 计满，C3 的常开触点变为常闭，PLC 执行[MOV K6 K2Y000]指令，Y0 线圈失电，Y1 和 Y2 线圈得电，第一台电动机停止运行。

第五次按压按钮 SB1，计数器 C4 计满，C4 的常开触点变为常闭，PLC 执行[MOV K4 K2Y000]指令，Y0 和 Y1 线圈失电，Y2 线圈得电，第二台电动机停止运行。

第六次按压按钮 SB1，计数器 C5 计满，C5 的常开触点变为常闭，PLC 执行[MOV K0 K2Y000]指令，Y0、Y1 和 Y2 线圈失电，第三台电动机停止运行。在 Y2 线圈失电时，PLC 执行[ZRST C0 C5]指令，计数器 C0～C5 被复位。

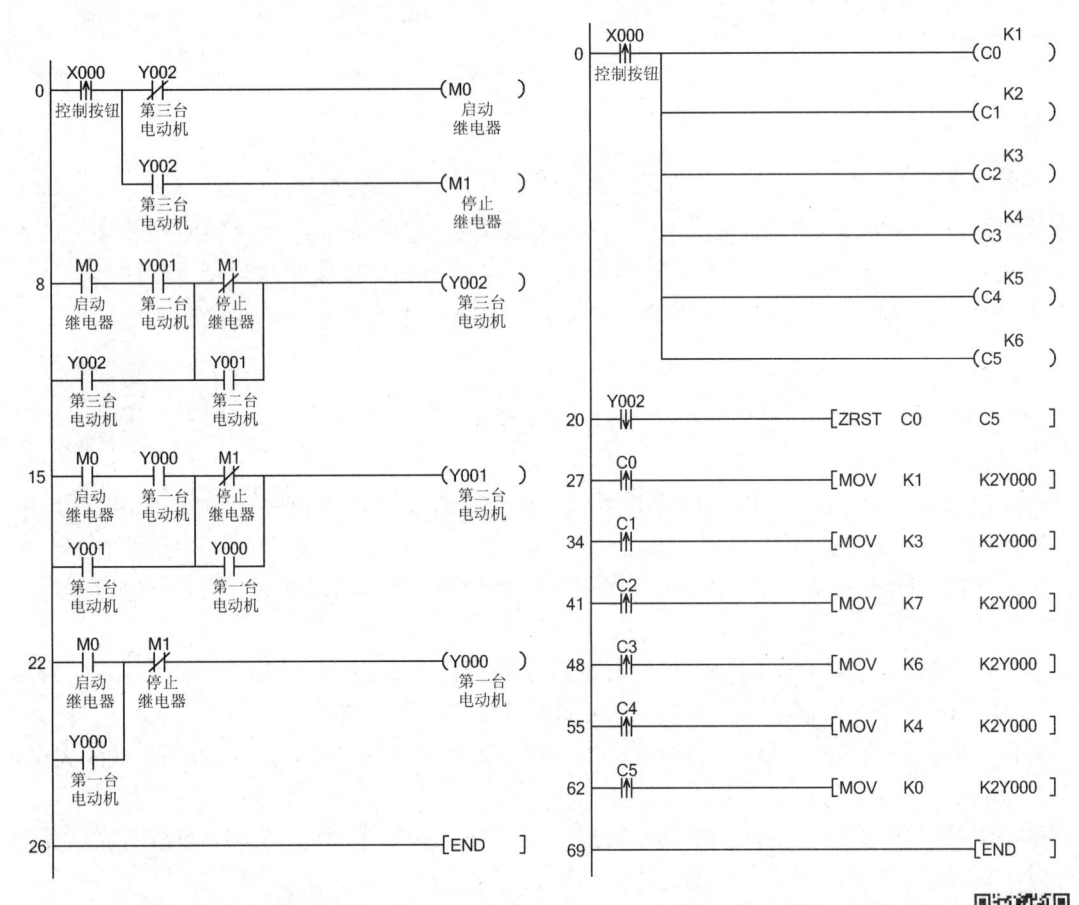

图 1-6-1 范例 1 的梯形图

图 1-6-2 范例 2 的梯形图

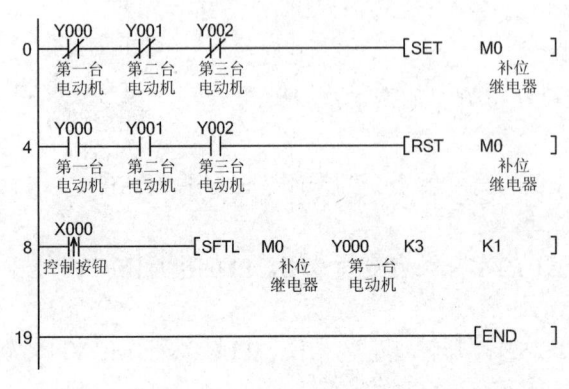

图 1-6-3 范例 3 的梯形图

（3）程序设计范例 3 分析。

3 台电动机顺序启动、顺序停止控制程序设计范例 3 如图 1-6-3 所示。

程序说明：

在 Y0、Y1 和 Y2 线圈失电时，PLC 执行[SET M0]指令，M0 线圈得电，M0 位为 ON。

第一次按压按钮 SB1，PLC 执行[SFTL M0 Y000 K3 K1]指令，M0 位的高电平 1 被左移到 Y0 位，所以 Y0 线圈得电，第一台电动机启动。

第二次按压按钮 SB1，PLC 执行[SFTL　M0　Y000　K3　K1]指令，M0 位的高电平 1 被左移到 Y0 位，Y0 位的高电平 1 被左移到 Y1 位，所以 Y0 和 Y1 线圈得电，第二台电动机启动。

第三次按压按钮 SB1，PLC 执行[SFTL　M0　Y000　K3　K1]指令，M0 位的高电平 1 被左移到 Y0 位，Y0 位的高电平 1 被左移到 Y1 位，Y1 位的高电平 1 被左移到 Y2 位，所以 Y0、Y1 和 Y2 线圈得电，第三台电动机启动。

在 Y0、Y1 和 Y2 线圈得电时，PLC 执行[RST　M0]指令，M0 线圈失电，M0 位为 OFF。

第四次按压按钮 SB1，PLC 执行[SFTL　M0　Y000　K3　K1]指令，M0 位的低电平 0 被左移到 Y0 位，Y0 位的高电平 1 被左移到 Y1 位，Y1 位的高电平 1 被左移到 Y2 位，所以 Y0 线圈失电，Y1 和 Y2 线圈得电，第一台电动机停止运行。

第五次按压按钮 SB1，PLC 执行[SFTL　M0　Y000　K3　K1]指令，M0 位的低电平 0 被左移到 Y0 位，Y0 位的低电平 0 被左移到 Y1 位，Y1 位的高电平 1 被左移到 Y2 位，所以 Y0 和 Y1 线圈失电，Y2 线圈得电，第二台电动机停止运行。

第六次按压按钮 SB1，PLC 执行[SFTL　M0　Y000　K3　K1]指令，M0 位的低电平 0 被左移到 Y0 位，Y0 位的低电平 0 被左移到 Y1 位，Y1 位的低电平 0 被左移到 Y2 位，所以 Y0、Y1 和 Y2 线圈失电，第三台电动机停止运行。

实例 1-7　6 个按钮控制 3 台电动机顺启逆停控制程序设计

设计要求：用 6 个按钮控制 3 台电动机顺序启动、逆序停止。这 3 台电动机的启动顺序是第一台电动机最先启动，然后是第二台电动机启动，最后是第三台电动机启动；停止顺序是第三台电动机最先停止，然后是第二台电动机停止，最后是第一台电动机停止。

1. 输入/输出元件及其控制功能

实例 1-7 中用到的输入/输出元件地址如表 1-7-1 所示。

表 1-7-1　实例 1-7 输入/输出元件地址

说　明	PLC 软元件	元件文字符号	元件名称	控制功能
输入	X0	SB1	按钮	第一台电动机启动控制
	X1	SB2	按钮	第一台电动机停止控制
	X2	SB3	按钮	第二台电动机启动控制
	X3	SB4	按钮	第二台电动机停止控制
	X4	SB5	按钮	第三台电动机启动控制
	X5	SB6	按钮	第三台电动机停止控制
输出	Y0	KM1	接触器	第一台电动机运行
	Y1	KM2	接触器	第二台电动机运行
	Y2	KM3	接触器	第三台电动机运行

2. 控制程序设计

【思路点拨】

本实例控制要求与实例 1-6 类似，只不过按钮数量发生了变化，所以本实例的程序设计可借鉴实例 1-6 的方法编写。

（1）程序设计范例 1 分析。

3 台电动机顺序启动、逆序停止控制程序设计范例 1 如图 1-7-1 所示。

程序说明：

在第一台电动机未启动之前，Y0 线圈不得电。如果按压按钮 SB3，由于 Y0 的常开触点一直常开，所以 Y1 线圈不得电，第二台电动机不能启动。同样的道理，如果按压按钮 SB5，由于 Y1 的常开触点一直常开，所以 Y2 线圈不得电，第三台电动机不能启动。

按压按钮 SB1，Y0 线圈得电并自锁，第一台电动机启动。

在 Y0 线圈得电期间，按压按钮 SB3，由于 Y0 的常开触点变为常闭，所以 Y1 线圈得电并自锁，第二台电动机启动。

在 Y1 线圈得电期间，按压按钮 SB5，由于 Y1 的常开触点变为常闭，所以 Y2 线圈得电并自锁，第三台电动机启动。

在 Y0、Y1 和 Y2 线圈得电期间，如果按压按钮 SB2，由于该按钮对应的常闭触点已被短接，所以 Y0 线圈不失电，第一台电动机不能停止运行；如果按压按钮 SB4，由于该按钮对应的常闭触点已被短接，所以 Y1 线圈不失电，第二台电动机不能停止运行。

在 Y0、Y1 和 Y2 线圈得电期间，按压按钮 SB6，由于该按钮对应的常闭触点变为常开，所以 Y2 线圈失电，第三台电动机停止运行。

在 Y2 线圈失电期间，按压按钮 SB4，由于 Y2 的常开触点已经恢复为常开，所以 Y1 线圈失电，第二台电动机停止运行。

在 Y1 线圈失电期间，按压按钮 SB2，由于 Y1 的常开触点已经恢复为常开，所以 Y0 线圈失电，第一台电动机停止运行。

（2）程序设计范例 2 分析。

3 台电动机顺序启动、逆序停止控制程序设计范例 2 如图 1-7-2 所示。

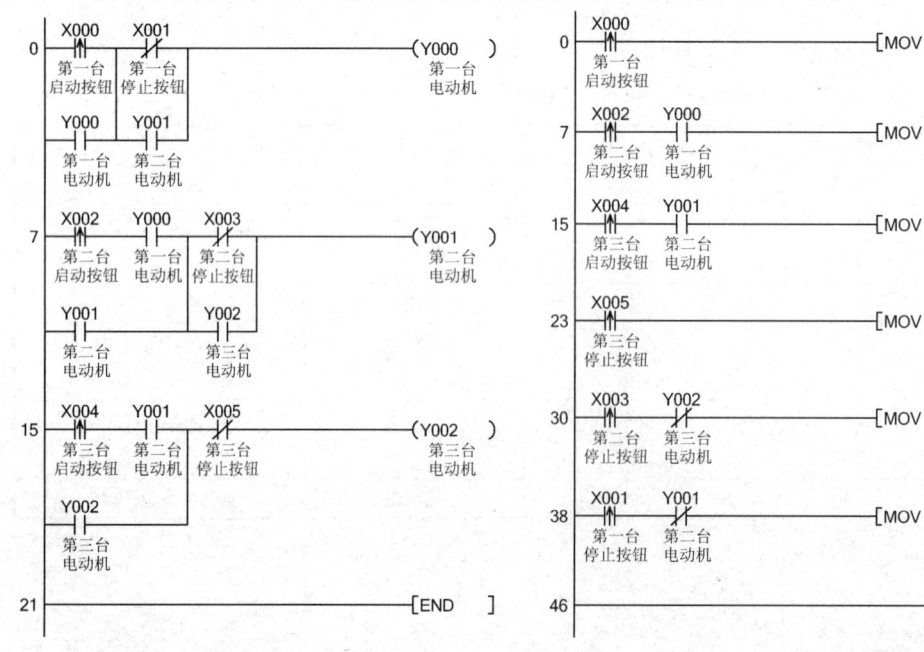

图 1-7-1 范例 1 的梯形图

图 1-7-2 范例 2 的梯形图

程序说明：

在第一台电动机未启动之前，Y0 线圈不得电。如果按压按钮 SB3，由于 Y0 的常开触点一直常开，所以 PLC 不执行[MOV　K3　K2Y000]指令，第二台电动机不能启动。同样道理，如果按压按钮 SB5，由于 Y1 的常开触点一直常开，所以 PLC 不执行[MOV　K7　K2Y000]指令，第三台电动机不能启动。

按压按钮 SB1，PLC 执行[MOV　K1　K2Y000]指令，Y0 线圈得电，第一台电动机运行。

在 Y0 线圈得电期间，按压按钮 SB3，PLC 执行[MOV　K3　K2Y000]指令，Y0 和 Y1 线圈得电，第一台和第二台电动机运行。

在 Y1 线圈得电期间，按压按钮 SB5，PLC 执行[MOV　K7　K2Y000]指令，Y0、Y1 和 Y2 线圈得电，第一台、第二台和第三台电动机运行。

在 Y0、Y1 和 Y2 线圈得电期间，如果按压按钮 SB2，由于 Y1 的常闭触点变为常开，所以 PLC 不执行[MOV　K0　K2Y000]指令，第一台电动机不能停止运行。同样的道理，如果按压按钮 SB4，由于 Y2 的常闭触点变为常开，所以 PLC 不执行[MOV　K1　K2Y000]指令，第二台电动机不能停止运行。

在 Y0、Y1 和 Y2 线圈得电期间，按压按钮 SB6，PLC 执行[MOV　K3　K2Y000]指令，Y2 线圈失电，第三台电动机停止运行。

在 Y2 线圈失电期间，按压按钮 SB4，PLC 执行[MOV　K1　K2Y000]指令，Y1 线圈失电，第二台电动机停止运行。

在 Y1 线圈失电期间，按压按钮 SB2，PLC 执行[MOV　K0　K2Y000]指令，Y0 线圈失电，第一台电动机停止运行。

（3）程序设计范例 3 分析。

3 台电动机顺序启动、逆序停止控制程序设计范例 3 如图 1-7-3 所示。

程序说明：

在 Y0、Y1 和 Y2 线圈失电时，PLC 执行[SET　M0]指令，M0 线圈得电，M0 位为 ON。

按压按钮 SB1，PLC 执行[SFTL　M0　Y000　K3　K1]指令，M0 位的高电平 1 被左移到 Y0 位，所以 Y0 线圈得电，Y0 位为 ON，第一台电动机启动。

按压按钮 SB3，PLC 执行[SFTL　M0　Y000　K3　K1]指令，M0 位的高电平 1 被左移到 Y0 位，Y0 位的高电平 1 被左移到 Y1 位，所以 Y0 和 Y1 线圈得电，Y0 和 Y1 位为 ON，第一台和第二台电动机启动。

按压按钮 SB5，PLC 执行[SFTL　M0　Y000　K3　K1]指令，M0 位的高电平 1 被左移到 Y0 位，Y0 位的高电平 1 被左移到 Y1 位，Y1 位的高电平 1 被左移到 Y2 位，所以 Y0、Y1 和 Y2 线圈得电，Y0、Y1 和 Y2 位为 ON，第一台、第二台和第三台电动机启动。

在 Y0、Y1 和 Y2 线圈得电时，PLC 执行[RST　M0]指令，M0 线圈失电，M0 位为 OFF。

按压按钮 SB6，PLC 执行[SFTR　M0　Y000　K3　K1]指令，M0 位的低电平 0 被右移到 Y2 位，Y2 位的高电平 1 被右移到 Y1 位，Y1 位的高电平 1 被右移到 Y0 位，所以 Y2 线圈失电，Y0 和 Y1 线圈得电，Y2 位为 OFF，Y0 和 Y1 位为 ON，第三台电动机停止运行。

按压按钮 SB4，PLC 执行[SFTR　M0　Y000　K3　K1]指令，M0 位的低电平 0 被右移到 Y2 位，Y2 位的低电平 0 被右移到 Y1 位，Y1 位的高电平 1 被右移到 Y0 位，所以 Y1 和 Y2 线圈失电，Y0 线圈得电，Y1 和 Y2 位为 OFF，Y0 位为 ON，第二台和第三台电动机停止运行。

按压按钮 SB2，PLC 执行[SFTR　M0　Y000　K3　K1]指令，M0 位的低电平 0 被右移

到 Y2 位，Y2 位的低电平 0 被右移到 Y1 位，Y1 位的低电平 0 被右移到 Y0 位，所以 Y0、Y1 和 Y2 线圈失电，Y0、Y1 和 Y2 位为 OFF，第一台、第二台和第三台电动机停止运行。

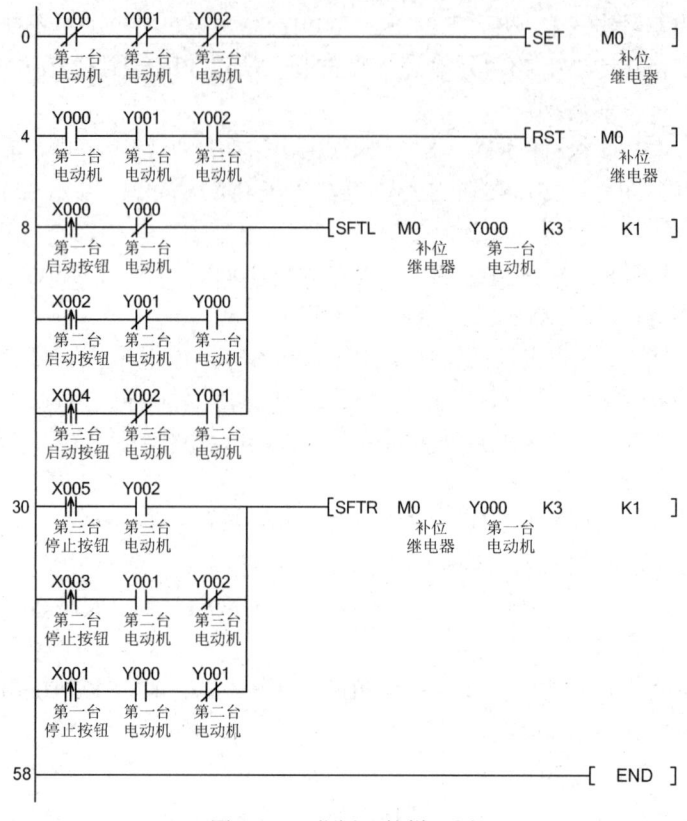

```
       Y000    Y001    Y002
  0 ───┤ ├────┤ ├────┤ ├──────────────────────[SET  M0  ]
       第一台  第二台  第三台                         补位
       电动机  电动机  电动机                         继电器

       Y000    Y001    Y002
  4 ───┤/├────┤/├────┤/├──────────────────────[RST  M0  ]
       第一台  第二台  第三台                         补位
       电动机  电动机  电动机                         继电器

       X000    Y000
  8 ───┤ ├────┤/├──────────────────[SFTL  M0    Y000   K3    K1 ]
       第一台  第一台                       补位    第一台
       启动按钮 电动机                      继电器   电动机

       X002    Y001    Y000
       ─┤ ├────┤/├────┤ ├─
       第二台  第二台  第一台
       启动按钮 电动机  电动机

       X004    Y002    Y001
       ─┤ ├────┤/├────┤ ├─
       第三台  第三台  第二台
       启动按钮 电动机  电动机

       X005    Y002
 30 ───┤ ├────┤ ├────────────────[SFTR  M0    Y000   K3    K1 ]
       第三台  第三台                       补位    第一台
       停止按钮 电动机                      继电器   电动机

       X003    Y001    Y002
       ─┤ ├────┤ ├────┤/├─
       第二台  第二台  第三台
       停止按钮 电动机  电动机

       X001    Y000    Y001
       ─┤ ├────┤ ├────┤/├─
       第一台  第一台  第二台
       停止按钮 电动机  电动机

 58 ────────────────────────────────────────────────[ END ]
```

图 1-7-3 范例 3 的梯形图

🔧 思政元素映射

与时代同行的电工

  他衣着朴素，朴实厚道，但有一股东北人永不服输的犟劲；他靠自学修完高等院校电气专业的全部课程；他曾经一年里有 300 天时间在祖国各地安装施工，在施工现场总能看到他加班加点埋头苦干的身影；他先后参与了百余台重大机械装备的安装与调试，解决了诸多棘手的技术难题；他禁得住国外给出的高薪诱惑，只为把知识、技能奉献给自己的祖国和企业。他就是大连重工·起重集团有限公司机电安装工程公司副总经理王亮。

  在学中干，在干中学。王亮在小的时候就对电气知识有着浓厚的兴趣，立志将来上大学学电气专业，做一名电气工程师。然而，1988 年高考时却因总分差了几分而落榜。"没考上大学，并不等于学不到大学里的知识，就是靠自学，也要修完高等院校有关专业的全部课程；将来即使成不了电气工程师，也要成为一名拿得起、放得下的有出息的电工。"王亮说。就这样，他选择读了一所职高，读书时比其他人勤奋，每天花费大量时间去自学电气专业的有关知识。"冬天，在采暖条件差的驻地工棚里我就裹着被子读书；夏天，在江南水乡驻地为躲避蚊虫的叮咬我就钻进蚊帐里读书。"通过不断的努力，1990 年从职高毕业的王亮成为了大连重工·起重集团有限公司机电安装工程公司的一员，成就了他的"电工梦"。成为电工后的王亮一年约有 300 天时间在祖国各地安装施工，但仍然挤出时间来学习。王亮所在的企业主要为冶金、港口、能源、矿山、工程、交通、航空航天、造船等国民经济基础领域提供重大成套技术装备、高新技术产品和服务。"我所安装调试的重型设备，具有非常高的投资效益，所以用户给我们的设计、制造和安装调试周期都很短。为了适应市场，满足用户的要求，安装队伍常年加班加点突击生产，有时连春节都常常在安装现场拼搏大干。"他想到设备的安装调试抢时间、保周期光靠拼体力、拼设备不行，要有新办法。创新的火花就这样在他头脑中迸发。他设计出了一套散料装卸机械、港口装卸机械、焦炉机械和连铸设备电控系统安装调试的软件，使复杂的、技术含量较高的安装调试变得相对简单，易于掌握，得到了很好的应用。王亮认为，"作为一名现代技术工人，不仅要继承老一辈产业工人身上兢兢业业、吃苦耐劳的老黄牛精神，更要有勇于创想、敢于创造的创新精神。"王亮说。

王亮曾参与过很多中外合作的生产项目，早在 2000 年，就曾经有外国公司给王亮发来了年薪 20 万元人民币、首签 4 年合同的入职邀请函。但是王亮深深地知道，他之所以能有今天，是党和国家、企业培养的结果。当此国家、企业急需人才之际，必须把所学习、掌握的知识和技能全部奉献给自己的祖国和企业。王亮说："现阶段我们的物质待遇可能不如发达国家的员工，但只要我们踏踏实实去做，我们的待遇迟早也是会上去的。我立志做一颗高强度的螺栓，牢牢地坚守在工作岗位上。"当时他果断谢绝了外国公司的邀请，继续留在了现在的企业。

2012 年，王亮被自己所在的大连重工·起重集团有限公司聘任为机电安装工程公司副总经理，但他仍然"低头"走路，做好自己的事情，不攀比，始终不忘记自己曾经是一名普通的电工。何为工匠精神？王亮有着自己的定义。"工匠精神就是自强不息的创造精神和奉献精神，三百六十行，这种精神都必不可少。如果自己是一支蜡烛，就让这支蜡烛为企业的发展充分燃烧，为实现自我价值毫无保留地释放自身的能量。"王亮说。

项目 2 定时器应用程序设计

定时器的应用主要有两个方面：一方面是用作定时控制，当定时器的计时值到达其设定值时，利用定时器触点的动作进行程序设计；另一方面是用作当前值比较控制，定时器在计时过程中，当前的计时值是在不断变化的，把定时器当前的计时值当作一个字元件，对其进行数据比较，根据比较的结果进行程序设计。

实例 2-1　定时器控制频闪程序设计

> **设计要求**：利用定时器设计一个频闪程序，要求系统上电后，指示灯先点亮 0.5 秒，再熄灭 0.5 秒，依此循环。

1. 输入/输出元件及其控制功能

实例 2-1 中用到的输入/输出元件地址如表 2-1-1 所示。

表 2-1-1　实例 2-1 输入/输出元件地址

说　明	PLC 软元件	元件文字符号	元件名称	控制功能
输出	Y0	HL	指示灯	闪烁

2. 控制程序设计

（1）用位控方式设计程序。

【思路点拨】

采用循环计时的方式，每当定时器的计时值达到设定值时，PLC 就执行一次交替取反指令，使继电器的状态改变一次。

使用一个定时器，采用位控制方式编写频闪控制程序如图 2-1-1 所示。

· 32 ·

```
 0  ─┤T0├─────────────────────────────────(T0  K5)
 4  ─┤/T0├────────────────────────[ALT  Y000]
                                        指示灯
 9  ──────────────────────────────────────[END]
```

图 2-1-1 频闪控制程序 1

程序说明：PLC 上电后，定时器 T0 开始计时。当定时器 T0 的计时时间满 0.5 秒时，定时器 T0 动作，T0 常闭触点断开，定时器 T0 被复位，进入下一次循环计时。每当定时器计时满一次，T0 常开触点就闭合一次，PLC 就执行一次[ALT Y000]指令，对 Y0 的状态取反一次。

【思路点拨】

本实例还可以使用两个定时器分别计时，利用两个定时器计时的时差，达到控制继电器周期性得电的目的，进而使指示灯周期性点亮。

使用两个定时器，采用位控制方式编写频闪控制程序如图 2-1-2 所示。

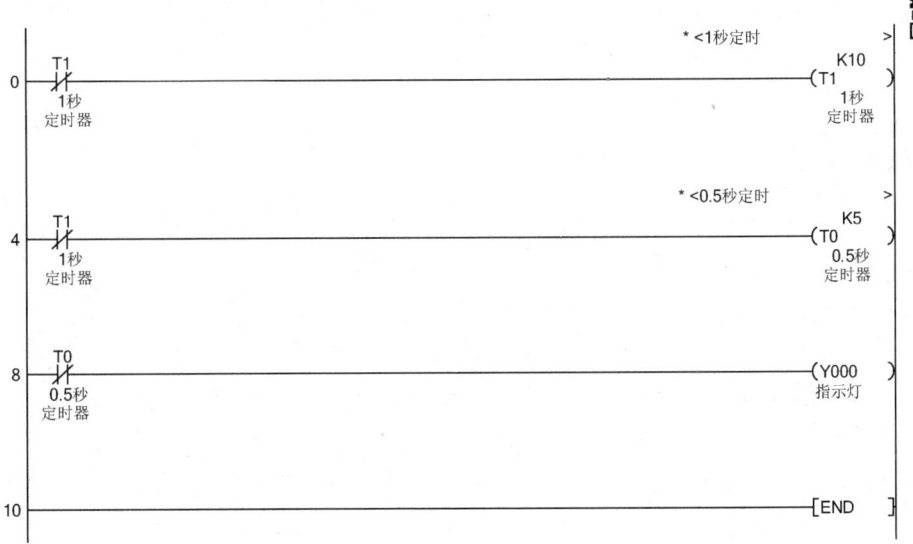

```
                                         * <1秒定时
 0  ─┤/T1├──────────────────────────────(T1  K10)
     1秒                                      1秒
     定时器                                    定时器

                                         * <0.5秒定时
 4  ─┤/T1├──────────────────────────────(T0  K5)
     1秒                                      0.5秒
     定时器                                    定时器

 8  ─┤T0├───────────────────────────────(Y000)
     0.5秒                                   指示灯
     定时器

10  ──────────────────────────────────────[END]
```

图 2-1-2 频闪控制程序 2

程序说明：PLC 上电后，定时器 T0 和 T1 同时开始计时，Y0 线圈得电，指示灯点亮。当 T0 计时满 0.5 秒，T0 常闭触点断开，使 Y0 线圈失电，指示灯熄灭。当 T1 计时满 1 秒，定时器 T0 和 T1 同时被复位，程序进入下一次循环计时。

【经验总结】

图 2-1-1 和图 2-1-2 所示的程序都是非常简洁实用的频闪控制程序，在实际编程时可以直接套用，前者适用于脉冲占空比固定不变的场合，后者适用于脉冲占空比可以调节的场合。

(2) 用字控方式设计程序。

【思路点拨】

使用一个定时器进行计时，通过查询定时器的当前值，以此确定指示灯的工作状态。

使用一个定时器，采用字控方式编写频闪控制程序如图 2-1-3 所示。

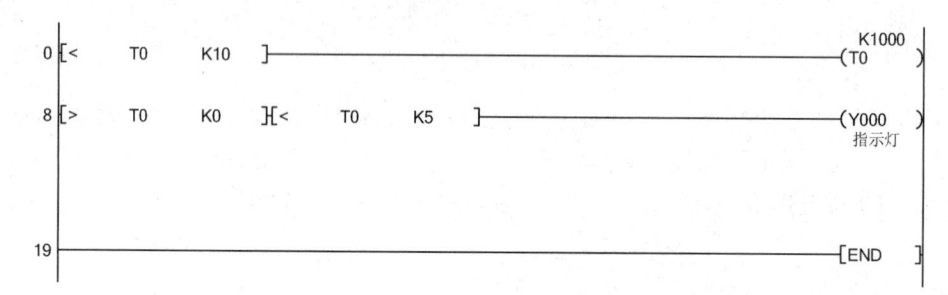

```
  0 ├─[< T0  K10]─────────────────────────────┤ K1000
                                              (T0  )

  8 ├─[> T0  K0]─┤[< T0  K5]─────────────────( Y000 )
                                               指示灯

 19 ├─────────────────────────────────────────[END]
```

图 2-1-3 频闪控制程序 3

程序说明：PLC 上电后，PLC 执行[< T0 K10]指令，如果定时器 T0 的计时时间小于 1 秒，则定时器 T0 保持计时状态；如果定时器 T0 的计时时间满 1 秒，则定时器 T0 被复位，T0 进入下一次循环计时。PLC 执行[> T0 K0]指令和[< T0 K5] 指令，判断 T0 的计时值是否在 0～0.5 秒时间段内，如果 T0 的计时值在 0～0.5 秒时间段内，则上述两个比较触点接通，Y0 线圈得电，指示灯点亮。

知识准备

定时器是一种具有计时控制功能的软元件，它能通过对一定周期的时钟脉冲进行累计，从而达到定时控制的目的。

1. 定时器的结构

定时器的定时时间由设定值和脉冲周期的乘积来确定，其设定值可用常数 K（直接设定）或数据寄存器 D 的寄存值（间接设定）来设置，设定范围为 1～32767。如表 2-1-2 所示，按累计脉冲的周期不同，定时器可分为 100ms、10ms 和 1ms 三种类型；按累计方式的不同，定时器又可分为通用型定时器和积算型定时器两种类型，其中积算型定时器具有断电保持功能。

表 2-1-2 定时器编号

定时器	时钟脉冲周期	编号范围（共 256 个）	定时范围
通用型定时器	100ms	T0～T199，共 200 个	0.1～3 276.7s
	10ms	T200～T245，共 46 个	0.01～327.67s
积算型定时器	1ms	T246～T249，共 4 个	0.001～32.767s
	100ms	T250～T255，共 6 个	0.1～3276.7s

定时器有三个寄存器，即当前值寄存器、设定值寄存器和输出触点的映像寄存器。当前值寄存器用于存储时钟脉冲的累计当前值；设定值寄存器用于存储时钟脉冲个数的设定值；

输出触点的映像寄存器用于存储定时状态，供其触点读取用。这三个寄存器使用同一地址编号，由"T"和十进制数共同组成，因此，可以说定时器是一个身兼位元件和字元件双重身份的软元件，它的常开、常闭触点是位元件，而它的定时设定值是一个字元件。

2．用法说明

（1）通用型定时器。

以定时器 T0 为例，通用型定时器的用法如图 2-1-4 所示。

① 当定时器 T0 线圈的驱动输入 X000 处于接通状态时，T0 的当前值计数器就对 100ms 的时钟脉冲进行个数累计。当累计值等于设定值 K50 时，定时器 T0 的输出触点动作。也就是说，输出触点是在线圈驱动 5s 后动作的。

② 在任意时刻，如果定时器 T0 被断电或驱动输入 X000 被断开，定时器 T0 将被立即复位，累计值清零、输出触点复位。

（2）积算型定时器。

以定时器 T250 为例，积算型定时器的用法如图 2-1-5 所示。

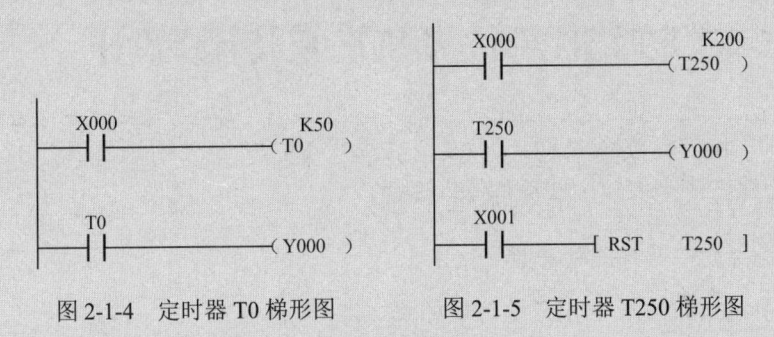

图 2-1-4　定时器 T0 梯形图　　图 2-1-5　定时器 T250 梯形图

① 当定时线圈 T250 的驱动输入 X000 处于接通状态时，T250 的当前值计数器就对 100ms 的时钟脉冲进行个数累计。若累计值等于设定值 K200 时，定时器的输出触点动作。也就是说，输出触点是在线圈驱动 20s 后动作的。

② 在任意时刻，如果定时器 T250 被断电或驱动输入 X000 被断开，定时器不会被复位，累计值会一直保持当前值，同时输出触点的状态也会一直保持，当再次得电或驱动输入 X001 重新接通后，T250 的当前值计数器在原有累计值的基础上继续累计，直至达到设定值 K200。

③ 只有当复位输入 X001 为 ON 并执行 T250 的 RST 指令时，定时器才会被复位，累计值清零、输出触点复位。

【经验总结】

通用型定时器和积算型定时器的使用场合是有一定区别的。例如，在断续累计计时场合，由于通用型定时器对经过值不具有自保持能力，所以图 2-1-6 中的通用型定时器就不能进行断续累计计时；而积算型定时器对经过值具有自保持能力，所以图 2-1-7 中的积算型定时器就能进行断续累计计时。由表 2-1-2 可以看出，积算型定时器的数量明显少于通用型定时器的数量，换句话说，积算型定时器的可用资源非常有限，因此在使用通用型定时器就能解决问题的情况下，就不要使用积算型定时器，避免"大材小用"，造成资源浪费。

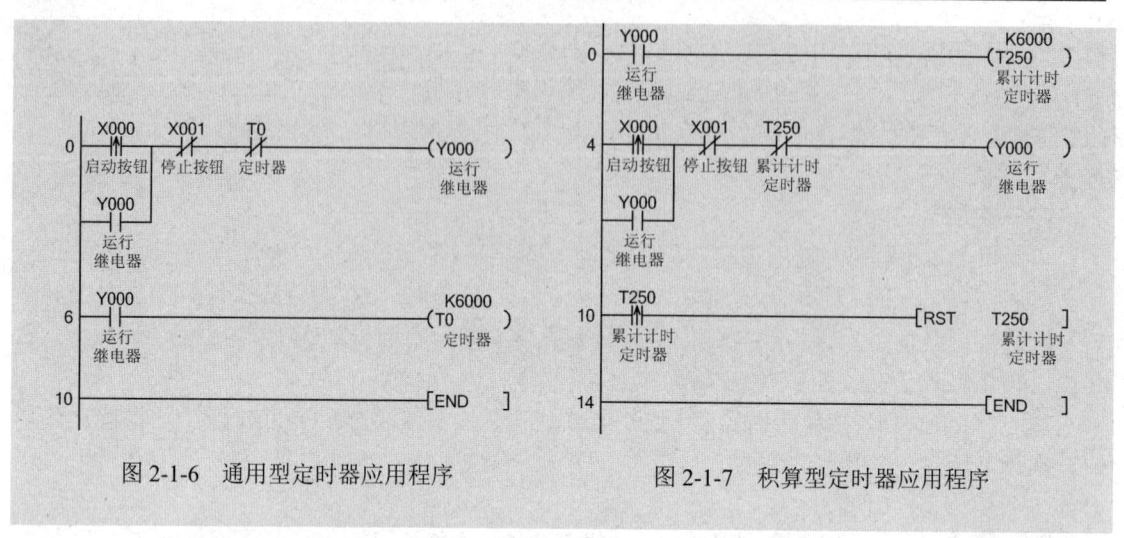

图 2-1-6　通用型定时器应用程序　　　　　图 2-1-7　积算型定时器应用程序

实例 2-2　定时器控制电动机正/反转程序设计

设计要求：按下启动按钮，电动机先正转运行 10 秒，然后再反转运行 10 秒，以此顺序循环工作。按下停止按钮，电动机停止运行。

1. 输入/输出元件及其控制功能

实例 2-2 中用到的输入/输出元件地址如表 2-2-1 所示。

表 2-2-1　实例 2-2 输入/输出元件地址

说　明	PLC 软元件	元件文字符号	元件名称	控　制　功　能
输入	X0	SB1	按钮	启动控制
	X1	SB2	按钮	停止控制
输出	Y0	KM1	接触器	正转接通或分断电源
	Y1	KM2	接触器	反转接通或分断电源

2. 控制程序设计

（1）用位控方式设计程序。

【思路点拨】

本实例可以使用两个定时器分别对电动机正转运行时间和反转运行时间进行计时，一旦计时时间到，利用定时器触点的动作控制电动机运行方向的切换。

用"与或非"指令编写的电动机定时正/反转控制程序如图 2-2-1 所示。

程序说明：按压启动按钮 SB1，X0 常开触点瞬时闭合，Y0 线圈得电，电动机正转运行。在 Y0 线圈得电期间，定时器 T0 开始计时。

当 T0 计时满 10 秒时，T0 的常闭触点变为常开，使 Y0 线圈失电，电动机停止正转运行。在 Y0 触点下降沿脉冲作用下，Y1 线圈得电，电动机转为反转运行。在 Y1 线圈得电期间，定时器 T1 开始计时。

当 T1 计时满 10 秒时，T1 的常闭触点变为常开，使 Y1 线圈失电，电动机停止反转运行。在 Y1 触点下降沿脉冲作用下，Y0 线圈再次得电，电动机转为正转运行。

按压停止按钮 SB2，X1 常闭触点瞬时断开，Y0 和 Y1 线圈失电，电动机停止运行。

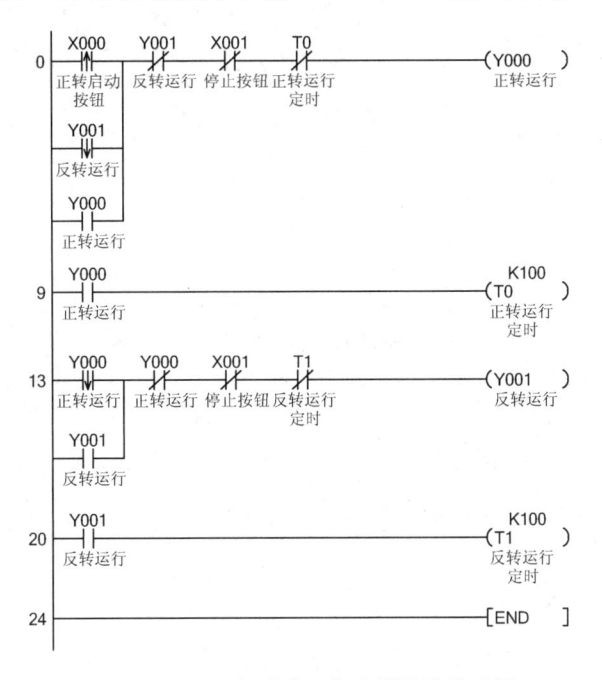

图 2-2-1　用"与或非"指令设计的梯形图

【错误反思】

将图 2-2-1 所示的程序改写成图 2-2-2 所示的程序，按下正转启动按钮，Y0 线圈得电并自锁，定时器 T0 对电动机正转运行时间进行计时，当定时器 T0 计时满 10 秒时，虽然定时器 T0 的触点动作了，但是 Y1 线圈并没有像预先想象的那样得电，电动机也没有反转，这是为什么呢？

在图 2-2-2 所示程序中，定时器 T0 的线圈放置于其常闭触点的下方。因为 PLC 采用的是循环扫描工作方式，所以在定时器 T0 动作的那个扫描周期内，PLC 只能执行如图 2-2-3 所示的程序，而不能执行如图 2-2-4 所示的程序，只有到下一个扫描周期，PLC 才能执行图 2-2-4 所示的程序。在定时器 T0 动作的那个扫描周期内，当 PLC 扫描图 2-2-3 所示的程序时，尽管 T0 的常开触点变为闭合，但由于 Y0 线圈此时并没有失电，Y0 和 Y1 仍然处在互锁状态，所以 Y1 线圈还不能得电，这就是电动机没有转为反转运行的原因。在定时器 T0 动作的下一个扫描周期内，当 PLC 执行图 2-2-4 所示的程序时，由于 T0 的常闭触点断开，所以 Y0 线圈失电，电动机停止正转运行。

为了解决上述问题，可以将定时器 T0 的线圈放置于其所控制的程序区块之上，如图 2-2-5 所示，这样就保证了在定时器 T0 动作时，图 2-2-3 和图 2-2-4 所示的程序都能在同一个扫描周期内被执行，从而避免了时序错误的产生。

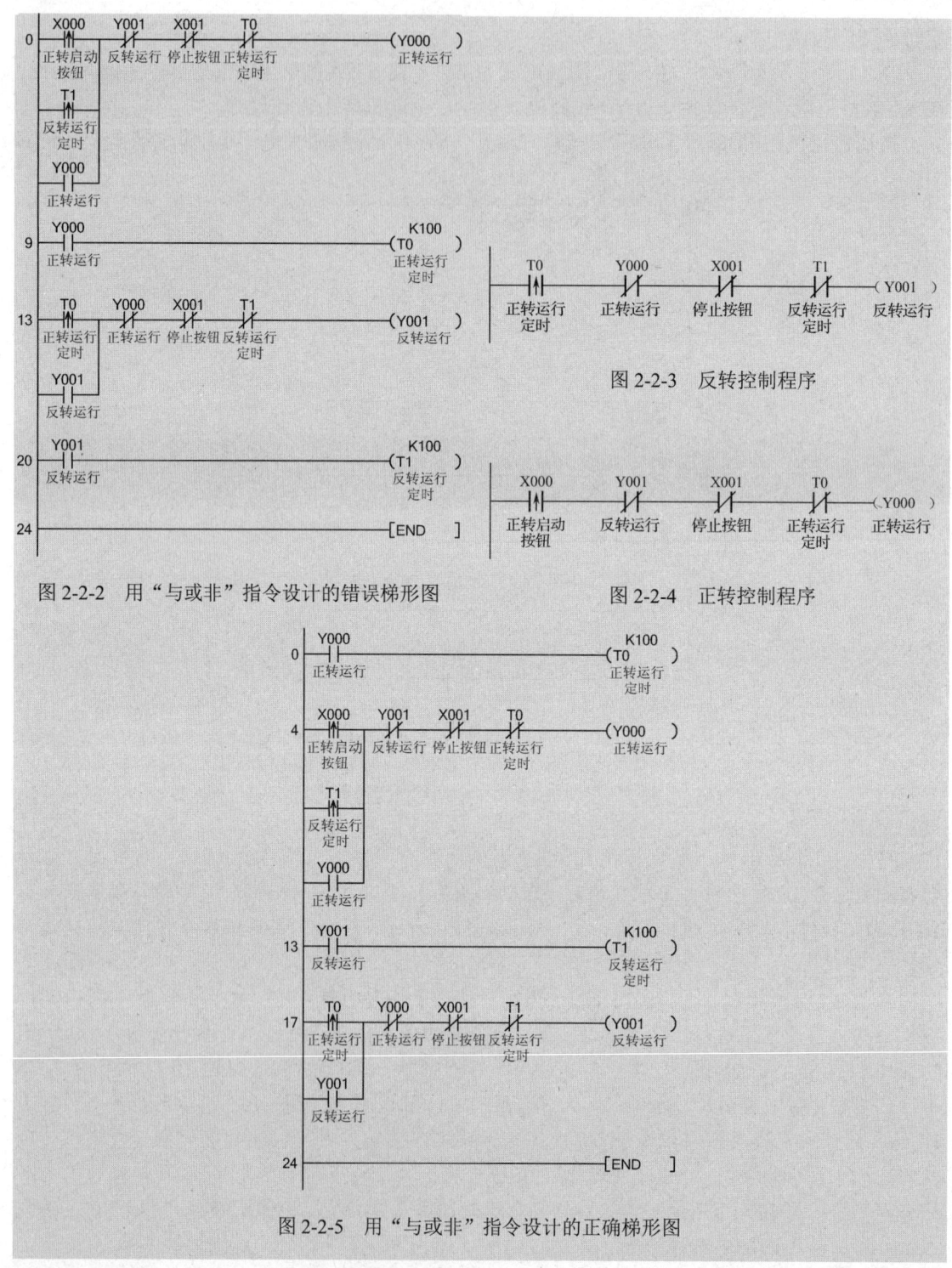

图 2-2-2 用"与或非"指令设计的错误梯形图

图 2-2-3 反转控制程序

图 2-2-4 正转控制程序

图 2-2-5 用"与或非"指令设计的正确梯形图

【经验总结】

针对图 2-2-2 所示程序出现的时序错误,最好的解决方法是定时器 T0 只负责控制 Y0 线圈失电,不负责控制 Y1 线圈得电,Y1 线圈得不得电只与 Y0 线圈失电有关。利用 Y0 触点下降沿脉冲转为反转的启动信号，此时 Y0 和 Y1 的互锁状态已被解除，Y1 线圈就能够正常得电，电动机就可以顺利实现反转。因此，在顺序控制程序设计中，对应每一个进程的转换，尽量不要使用同一个元件来控制，如图 2-2-2 中的定时器 T0。为了避免产生时序错误，也为了使程序逻辑清晰、易懂，增强可读性，建议使用前一个进程的结束信号，该信号通常是某个继电器触点的下降沿脉冲，如图 2-2-1 中 Y0 的下降沿脉冲，用此信号去启动后一个进程。

（2）用字控方式设计程序。

【思路点拨】

电动机正/反转定时控制程序也可以使用一个定时器实现，将电动机正转 10 秒和反转 10 秒组成一个 20 秒的工作周期，在每一个周期内，定时器的当前值始终是不断变化的，结合触点比较指令，把定时器的当前值当作一个字元件，如果定时器的当前值满足比较条件，则使用触点比较指令驱动相应时段的继电器得电。

用触点比较指令编写的电动机定时正/反转控制程序如图 2-2-6 所示。

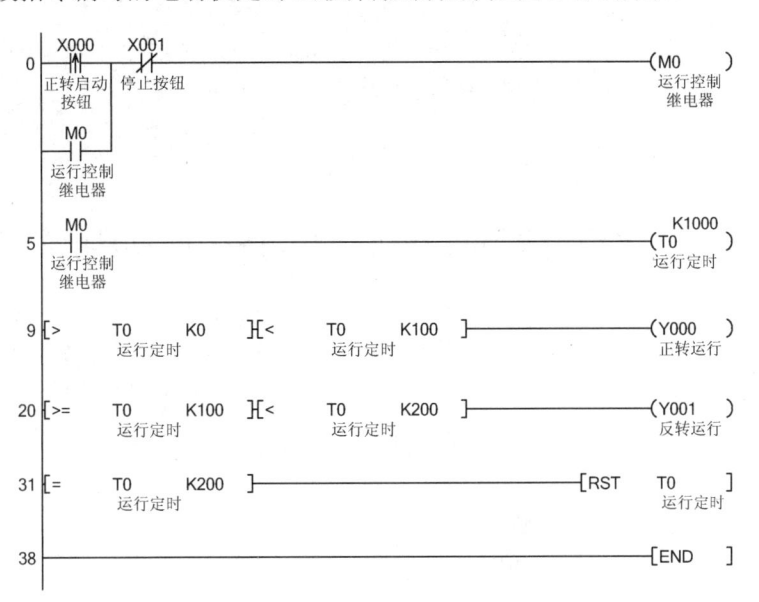

```
      X000    X001
  0 ───┤ ├────┤/├──────────────────────────( M0 )
      正转启动  停止按钮                              运行控制
      按钮                                        继电器
       │
      ─┤ ├─
       M0
      运行控制
      继电器

       M0                                         K1000
  5 ──┤ ├───────────────────────────────────( T0 )
     运行控制                                     运行定时
     继电器

  9  [> T0  K0 ][< T0  K100 ]──────────────( Y000 )
       运行定时      运行定时                      正转运行

 20  [>= T0 K100 ][< T0  K200 ]───────────( Y001 )
        运行定时      运行定时                     反转运行

 31  [= T0 K200 ]─────────────────────[RST  T0   ]
       运行定时                                   运行定时

 38 ──────────────────────────────────────[END   ]
```

图 2-2-6 用触点比较指令设计的梯形图

程序说明：按压正转按钮 SB1，X0 常开触点瞬时闭合，中间继电器 M0 线圈得电。在 M0 线圈得电期间，PLC 执行[T0 K1000]指令。

PLC 执行[> T0 K0]指令和[< T0 K100]指令，判断 T0 的经过值是否在 0～10 秒时间段，如果 T0 的经过值在 0～10 秒时间段内，则上述两个比较触点接通，Y0 线圈得电，电动机正转运行 10 秒。

PLC 执行[>= T0 K100]指令和[< T0 K200]指令，判断 T0 的经过值是否在 10～20 秒时间段，如果 T0 的经过值在 10～20 秒时间段内，则上述两个比较触点接通，Y1 线圈得电，电动机反转运行 10 秒。

PLC 执行[= T0 K200]指令，如果定时器 T0 的当前值等于 20 秒，则比较触点接通，PLC 执行[RST T0]指令，定时器 T0 复位，程序进入循环执行状态。

按压停止按钮 SB2，X1 常闭触点瞬时断开，M0 线圈失电，定时器 T0 复位，Y0 和 Y1 线圈失电，电动机停止运行。

【经验总结】

在实际编程时，定时器可以采用三种方法进行复位，第一种方法是使用继电器进行复位，如图 2-2-7 所示；第二种方法是使用复位指令进行复位，如图 2-2-8 所示；第三种方法是使用数据传送指令进行复位，如图 2-2-9 所示。

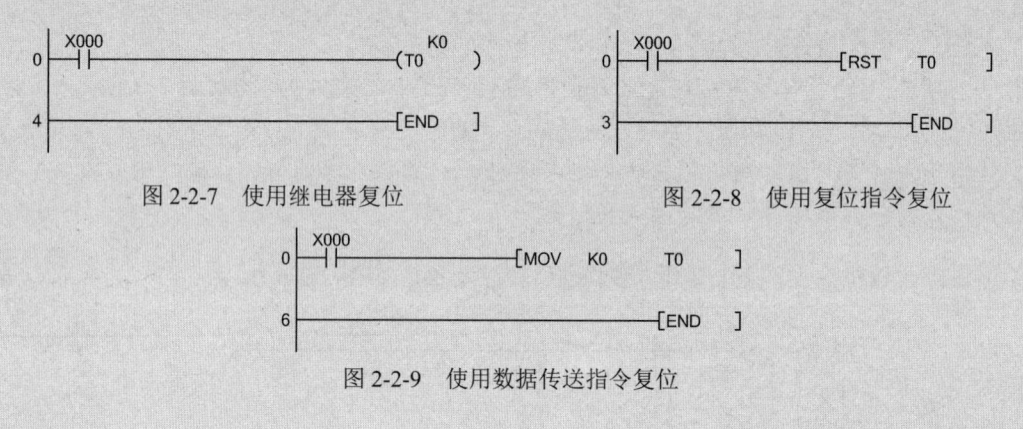

```
    X000                          K0
0 ──┤ ├────────────────────(T0    )
4 ─────────────────────────[END   ]
```

图 2-2-7 使用继电器复位

```
    X000
0 ──┤ ├───────────────[RST    T0    ]
3 ────────────────────────────[END  ]
```

图 2-2-8 使用复位指令复位

```
    X000
0 ──┤ ├──────────[MOV    K0    T0   ]
6 ───────────────────────────[END   ]
```

图 2-2-9 使用数据传送指令复位

实例 2-3　定时器控制电动机星/角减压启动程序设计

设计要求： 如图 2-3-1 所示，当按下启动按钮时，电动机先以星形方式启动；启动延时 5 秒后，电动机再以三角形方式运行。当按下停止按钮时，电动机停止运行。

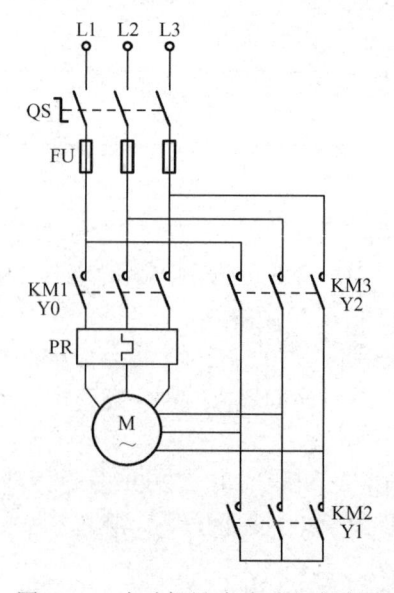

图 2-3-1　电动机星/角启动主电路图

1. 输入/输出元件及其控制功能

实例 2-3 中用到的输入/输出元件地址如表 2-3-1 所示。

表 2-3-1 实例 2-3 输入/输出元件地址

说 明	PLC 软元件	元件文字符号	元 件 名 称	控 制 功 能
输入	X0	SB1	启动按钮	启动控制
	X1	SB2	停止按钮	停止控制
输出	Y0	KM1	主接触器	接通或分断电源
	Y1	KM2	星启动接触器	星启动
	Y2	KM3	角运行接触器	角运行

2. 控制程序设计

【思路点拨】

该程序设计涉及三个"启-保-停"电路，一个电路控制接通主电源，另一个电路控制电动机星启动，再一个电路控制电动机角运行。星启动和角运行有先后顺序要求，可以采用定时控制方式，将电动机的工作状态由星启动转换成角运行。

用定时控制方式编写电动机星/角减压启动程序如图 2-3-2 所示。

程序说明：当按下启动按钮 SB1 时，主接触器 Y0 线圈得电并自锁。在 Y0 触点上升沿脉冲作用下，星启动接触器 Y1 线圈得电并自锁。在 Y1 线圈得电期间，定时器 T0 对星启动时间进行计时，电动机处于减压启动阶段。

当 T0 计时满 5 秒时，T0 常闭触点动作，Y1 线圈失电，减压启动过程结束。在 Y1 触点下降沿脉冲作用下，角运行接触器 Y2 线圈得电并自锁，电动机转为正常运行阶段。

当按下停止按钮 SB2 时，Y0、Y1 和 Y2 线圈同时失电，电动机停止运行。

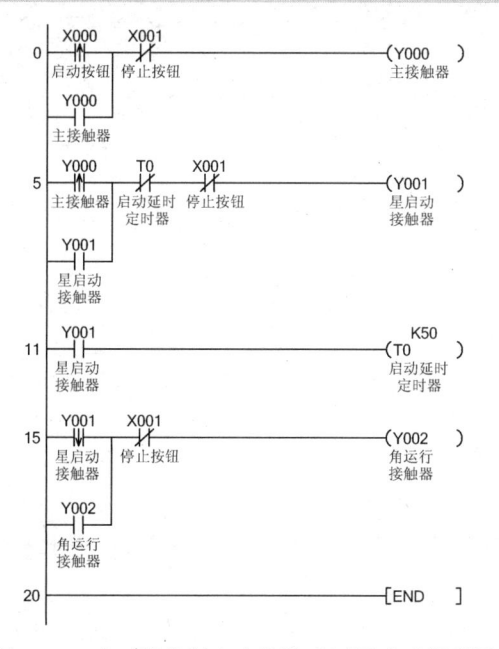

图 2-3-2 定时器控制电动机星/角减压启动梯形图

实例 2-4 用一个按钮定时预警控制电动机运行程序设计

设计要求：用一个按钮控制一台电动机预警启动和停止。当首次按下按钮时，预警响铃 5 秒后电动机启动。当再次按下按钮时，预警响铃 5 秒后电动机停止运行。

1. 输入/输出元件及其控制功能

实例 2-4 中用到的输入/输出元件地址如表 2-4-1 所示。

表 2-4-1 实例 2-4 输入/输出元件地址

说 明	PLC 软元件	元件文字符号	元 件 名 称	控 制 功 能
输入	X0	SB1	按钮	启动和停止控制
输出	Y0	HA	警铃	报警提示
	Y1	KM1	接触器	接通或分断电源

2. 控制程序设计

【思路点拨】

该实例全过程可分为 4 个阶段，即响铃待机、延迟运行、响铃运行、延迟停止。响铃的使能条件是按下控制按钮；延迟运行或延迟停止的使能条件是定时器计时已满。

用一个按钮预警控制一台电动机运行程序如图 2-4-1 所示。

程序说明：当首次按下按钮 SB1 时，PLC 执行 [SET　Y000] 指令，使 Y0 线圈得电，警铃开始报警。在 Y0 线圈得电期间，预警定时器 T0 开始计时。当 T0 计时满 5 秒时，PLC 执行 [RST　Y000] 指令，使 Y0 线圈失电，警铃停止报警。同时，PLC 执行 [ALT　Y001] 指令，使 Y1 线圈得电，电动机开始运行。

当再次按下按钮 SB1 时，PLC 执行 [SET　Y000] 指令，使 Y0 线圈得电，警铃开始报警。在 Y0 线圈得电期间，预警定时器 T0 开始计时。当 T0 计时满 5 秒时，PLC 执行 [RST　Y000] 指令，使 Y0 线圈失电，警铃停止报警。同时，PLC 执行 [ALT　Y001] 指令，使 Y1 线圈失电，电动机停止运行。

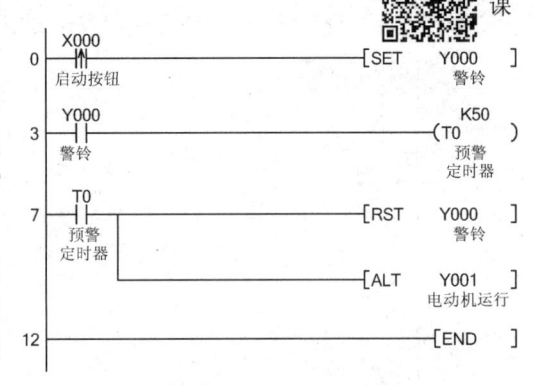

图 2-4-1 定时预警控制电动机梯形图

实例 2-5 定时器控制流水灯程序设计

设计要求：用两个控制按钮控制 8 个彩灯，实现单点左右循环点亮，时间间隔为 1 秒。当按下启动按钮时，彩灯开始循环点亮；当按下停止按钮时，彩灯立即全部熄灭。

1. 输入/输出元件及其控制功能

实例 2-5 中用到的输入/输出元件地址如表 2-5-1 所示。

表 2-5-1 实例 2-5 输入/输出元件地址

说 明	PLC 软元件	元件文字符号	元 件 名 称	控 制 功 能
输入	X0	SB1	启动按钮	启动控制
	X1	SB2	停止按钮	停止控制

项目2　定时器应用程序设计

续表

说　明	PLC 软元件	元件文字符号	元件名称	控制功能
输出	Y0	HL1	彩灯 1	状态显示
	Y1	HL2	彩灯 2	状态显示
	Y2	HL3	彩灯 3	状态显示
	Y3	HL4	彩灯 4	状态显示
	Y4	HL5	彩灯 5	状态显示
	Y5	HL6	彩灯 6	状态显示
	Y6	HL7	彩灯 7	状态显示
	Y7	HL8	彩灯 8	状态显示

2．程序设计

（1）用位控方式设计程序。

【思路点拨】

依据题意，8个彩灯单点左右循环点亮全过程可分为14个工作进程：

Y0→Y1→Y2→Y3→Y4→Y5→Y6→Y7→Y6→Y5→Y4→Y3→Y2→Y1

在每个工作状态中，都使用一个定时器进行计时，当计时时间满1秒时，利用定时器触点的动作自动切入到下一个工作进程。

采用定时控制方式编写的彩灯单点左右循环点亮程序如图 2-5-1 所示。

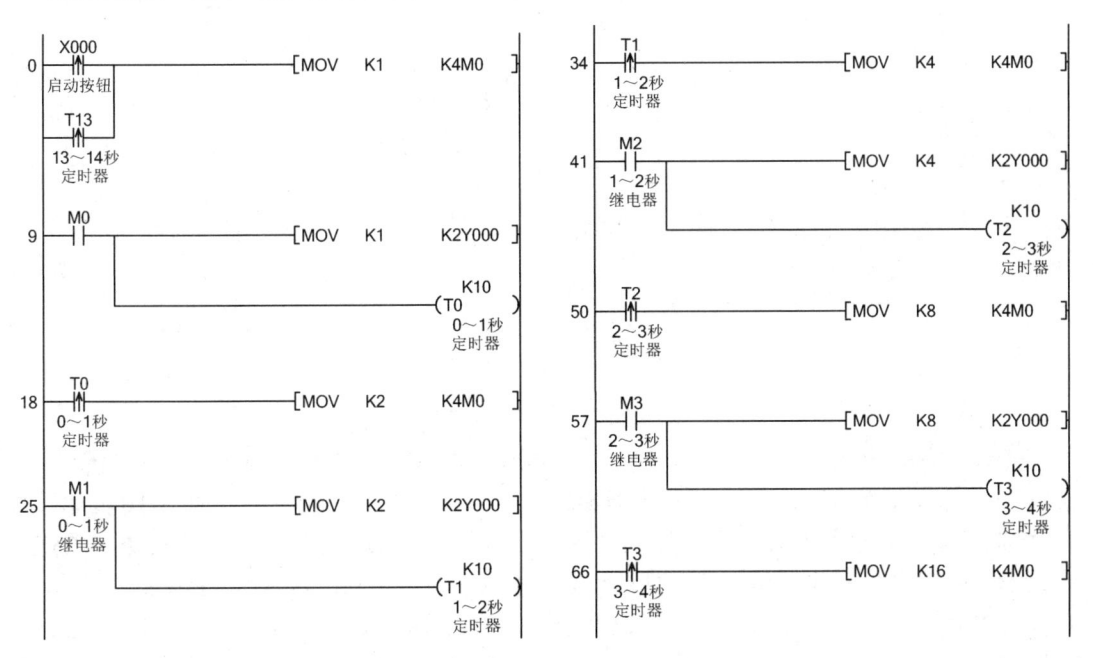

图 2-5-1　采用定时控制方式设计的梯形图

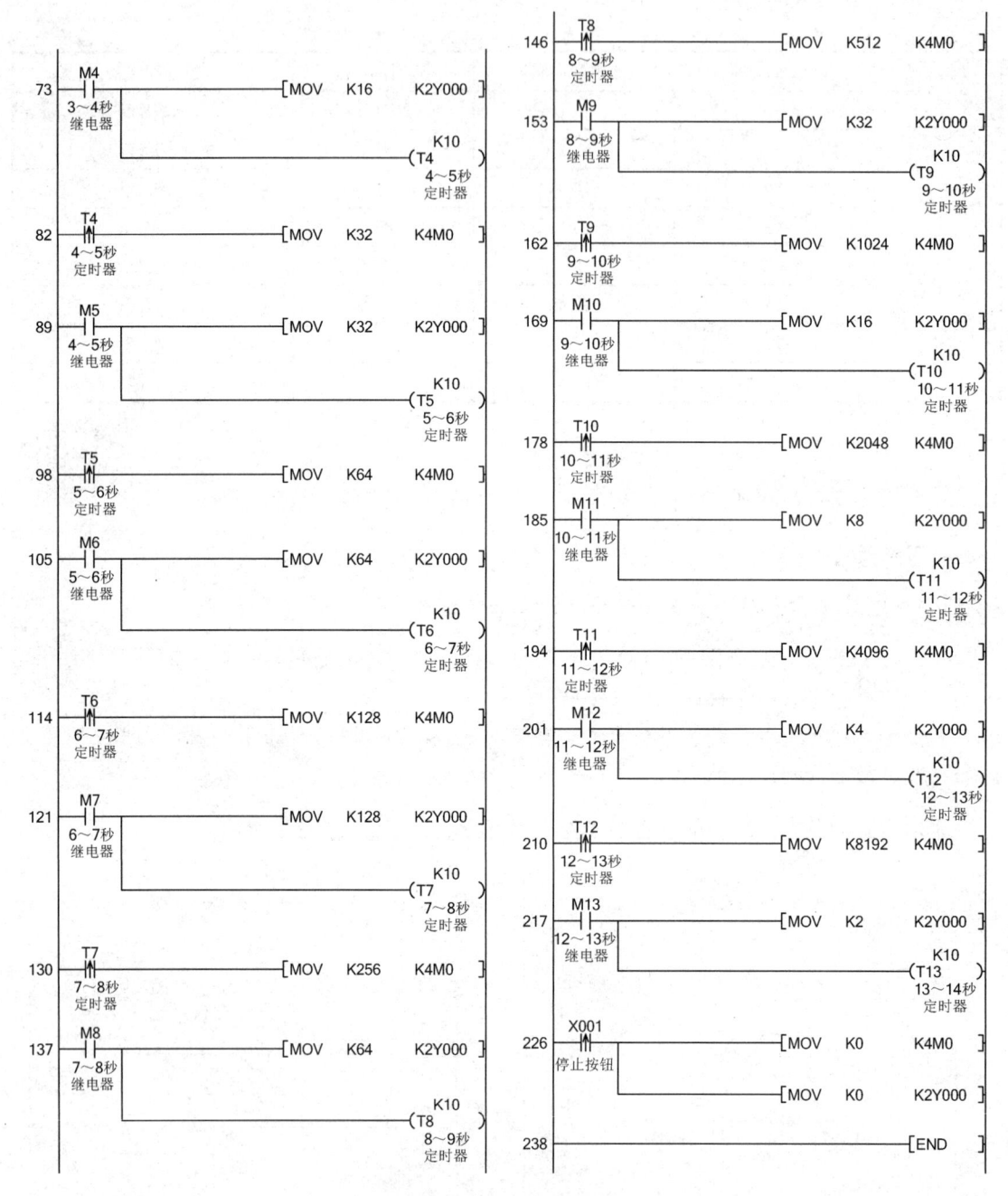

```
                                                      T8
                                             146  ─┤├─────────────[MOV  K512   K4M0]
        M4                                         8~9秒
 73  ───┤├──────────────────[MOV  K16   K2Y000]    定时器
        3~4秒
        继电器                                      M9
                                             153  ─┤├─────────────[MOV  K32    K2Y000]
                                     K10          8~9秒
                                    (T4 )          继电器
                                     4~5秒                                         K10
                                     定时器                                       (T9 )
        T4                                                                       9~10秒
 82  ───┤├──────────────────[MOV  K32    K4M0]                                    定时器
        4~5秒
        定时器                                      T9
                                             162  ─┤├─────────────[MOV  K1024  K4M0]
        M5                                         9~10秒
 89  ───┤├──────────────────[MOV  K32    K2Y000]   定时器
        4~5秒
        继电器                                      M10
                                             169  ─┤├─────────────[MOV  K16    K2Y000]
                                     K10          9~10秒
                                    (T5 )          继电器
                                     5~6秒                                         K10
                                     定时器                                      (T10)
        T5                                                                       10~11秒
 98  ───┤├──────────────────[MOV  K64    K4M0]                                    定时器
        5~6秒
        定时器                                      T10
                                             178  ─┤├─────────────[MOV  K2048  K4M0]
        M6                                         10~11秒
105  ───┤├──────────────────[MOV  K64    K2Y000]   定时器
        5~6秒
        继电器                                      M11
                                             185  ─┤├─────────────[MOV  K8     K2Y000]
                                     K10          10~11秒
                                    (T6 )          继电器
                                     6~7秒                                         K10
                                     定时器                                      (T11)
        T6                                                                       11~12秒
114  ───┤├──────────────────[MOV  K128   K4M0]                                    定时器
        6~7秒
        定时器                                      T11
                                             194  ─┤├─────────────[MOV  K4096  K4M0]
        M7                                         11~12秒
121  ───┤├──────────────────[MOV  K128   K2Y000]   定时器
        6~7秒
        继电器                                      M12
                                             201  ─┤├─────────────[MOV  K4     K2Y000]
                                     K10          11~12秒
                                    (T7 )          继电器
                                     7~8秒                                         K10
                                     定时器                                      (T12)
        T7                                                                       12~13秒
130  ───┤├──────────────────[MOV  K256   K4M0]                                    定时器
        7~8秒
        定时器                                      T12
                                             210  ─┤├─────────────[MOV  K8192  K4M0]
        M8                                         12~13秒
137  ───┤├──────────────────[MOV  K64    K2Y000]   定时器
        7~8秒
        继电器                                      M13
                                             217  ─┤├─────────────[MOV  K2     K2Y000]
                                     K10          12~13秒
                                    (T8 )          继电器
                                     8~9秒                                         K10
                                     定时器                                      (T13)
                                                                                 13~14秒
                                                                                  定时器
                                                   X001
                                             226  ─┤├─────────────[MOV  K0     K4M0]
                                                   停止按钮
                                                                 ─[MOV  K0     K2Y000]

                                             238                               ─[END]
```

图 2-5-1 采用定时控制方式设计的梯形图（续）

程序说明：当按下启动按钮 SB1 时，PLC 执行[MOV K1 K4M0]和[MOV K1 K2Y000]指令，使 Y0 和 M0 得电，第 1 盏彩灯被点亮。在 M0 得电期间，定时器 T0 开始计时。

当定时器 T0 计时 1 秒时间到时，PLC 执行[MOV K2 K4M0]和[MOV K2 K2Y000]指令，使 Y1 和 M1 得电，第 2 盏彩灯被点亮。在 M1 得电期间，定时器 T1 开始计时。

当定时器 T1 计时 1 秒时间到时，PLC 执行[MOV K4 K4M0]和[MOV K4 K2Y000]指令，使 Y2 和 M2 得电，第 3 盏彩灯被点亮。在 M2 得电期间，定时器 T2 开始计时。

当定时器 T2 计时 1 秒时间到时，PLC 执行[MOV K8 K4M0]和[MOV K8 K2Y000]

指令，使 Y3 和 M3 得电，第 4 盏彩灯被点亮。在 M3 得电期间，定时器 T3 开始计时。

当定时器 T3 计时 1 秒时间到时，PLC 执行[MOV K16 K4M0] 和[MOV K16 K2Y000]指令，使 Y4 和 M4 得电，第 5 盏彩灯被点亮。在 M4 得电期间，定时器 T4 开始计时。

当定时器 T4 计时 1 秒时间到时，PLC 执行[MOV K32 K4M0] 和[MOV K32 K2Y000]指令，使 Y5 和 M5 得电，第 6 盏彩灯被点亮。在 M5 得电期间，定时器 T5 开始计时。

当定时器 T5 计时 1 秒时间到时，PLC 执行[MOV K64 K4M0] 和[MOV K64 K2Y000]指令，使 Y6 和 M6 得电，第 7 盏彩灯被点亮。在 M6 得电期间，定时器 T6 开始计时。

当定时器 T6 计时 1 秒时间到时，PLC 执行[MOV K128 K4M0] 和[MOV K128 K2Y000]指令，使 Y7 和 M7 得电，第 8 盏彩灯被点亮。在 M7 得电期间，定时器 T7 开始计时。

当定时器 T7 计时 1 秒时间到时，PLC 执行[MOV K256 K4M0] 和[MOV K64 K2Y000]指令，使 Y6 和 M8 得电，第 7 盏彩灯被点亮。在 M8 得电期间，定时器 T8 开始计时。

当定时器 T8 计时 1 秒时间到时，PLC 执行[MOV K512 K4M0] 和[MOV K32 K2Y000]指令，使 Y5 和 M9 得电，第 6 盏彩灯被点亮。在 M9 得电期间，定时器 T9 开始计时。

当定时器 T9 计时 1 秒时间到，PLC 执行[MOV K1024 K4M0] 和[MOV K16 K2Y000]指令，使 Y4 和 M10 得电，第 5 盏彩灯被点亮。在 M10 得电期间，定时器 T10 开始计时。

当定时器 T10 计时 1 秒时间到时，PLC 执行[MOV K2048 K4M0] 和[MOV K8 K2Y000]指令，使 Y3 和 M11 得电，第 4 盏彩灯被点亮。在 M11 得电期间，定时器 T11 开始计时。

当定时器 T11 计时 1 秒时间到时，PLC 执行[MOV K4096 K4M0] 和[MOV K4 K2Y000]指令，使 Y2 和 M12 得电，第 3 盏彩灯被点亮。在 M12 得电期间，定时器 T12 开始计时。

当定时器 T12 计时 1 秒时间到时，PLC 执行[MOV K8192 K4M0] 和[MOV K2 K2Y000]指令，使 Y1 和 M13 得电，第 2 盏彩灯被点亮。在 M13 得电期间，定时器 T13 开始计时。

当定时器 T13 计时 1 秒时间到时，PLC 执行[MOV K1 K4M0] 和[MOV K1 K2Y000]指令，使 Y0 和 M0 得电，第 1 盏彩灯被点亮，程序进入循环执行状态。

当按下停止按钮 SB2 时，PLC 执行[MOV K0 K4M0]和[MOV K0 K2Y000]指令，使 M0 至 M13 失电、Y0 至 Y7 失电，所有彩灯熄灭。

（2）用字控方式设计程序。

【思路点拨】

本实例也可以使用一个定时器进行计时，在每个循环周期内，定时器的当前值始终是不断变化的，把定时器的当前值当作一个字元件，当时间到达对应的比较值时，用比较指令驱动相应时段的彩灯点亮。

采用当前值比较方式编写的彩灯单点左右循环点亮程序如图 2-5-2 所示。

```
 0 ──X000──────────────────────────────────────[SET  M0  ]
     启动按钮                                         工作标志
                                                   继电器

 3 ──X001──────────────────────────────────────[RST  M0  ]
     停止按钮                                         工作标志
                                                   继电器

 6 ──M0────────────────────────────────────────(T0  K150)
     工作标志                                         彩灯1
     继电器                                          正向延时

10 ──[> T0 K0]──[< T0 K10]─────────────[MOV  K1   K2Y000]
        彩灯1        彩灯1                                   彩灯1
        正向延时      正向延时

25 ──[>= T0 K10]──[< T0 K20]───────────[MOV  K2   K2Y000]
        彩灯1         彩灯1                                   彩灯1
        正向延时       正向延时

40 ──[>= T0 K20]──[< T0 K30]───────────[MOV  K4   K2Y000]
        彩灯1         彩灯1                                   彩灯1
        正向延时       正向延时

55 ──[>= T0 K30]──[< T0 K40]───────────[MOV  K8   K2Y000]
        彩灯1         彩灯1                                   彩灯1
        正向延时       正向延时

70 ──[>= T0 K40]──[< T0 K50]───────────[MOV  K16  K2Y000]
        彩灯1         彩灯1                                   彩灯1
        正向延时       正向延时

85 ──[>= T0 K50]──[< T0 K60]───────────[MOV  K32  K2Y000]
        彩灯1         彩灯1                                   彩灯1
        正向延时       正向延时

100──[>= T0 K60]──[< T0 K70]───────────[MOV  K64  K2Y000]
        彩灯1         彩灯1                                   彩灯1
        正向延时       正向延时

115──[>= T0 K70]──[< T0 K80]───────────[MOV  K128 K2Y000]
        彩灯1         彩灯1                                   彩灯1
        正向延时       正向延时

130──[>= T0 K80]──[< T0 K90]───────────[MOV  K64  K2Y000]
        彩灯1         彩灯1                                   彩灯1
        正向延时       正向延时
```

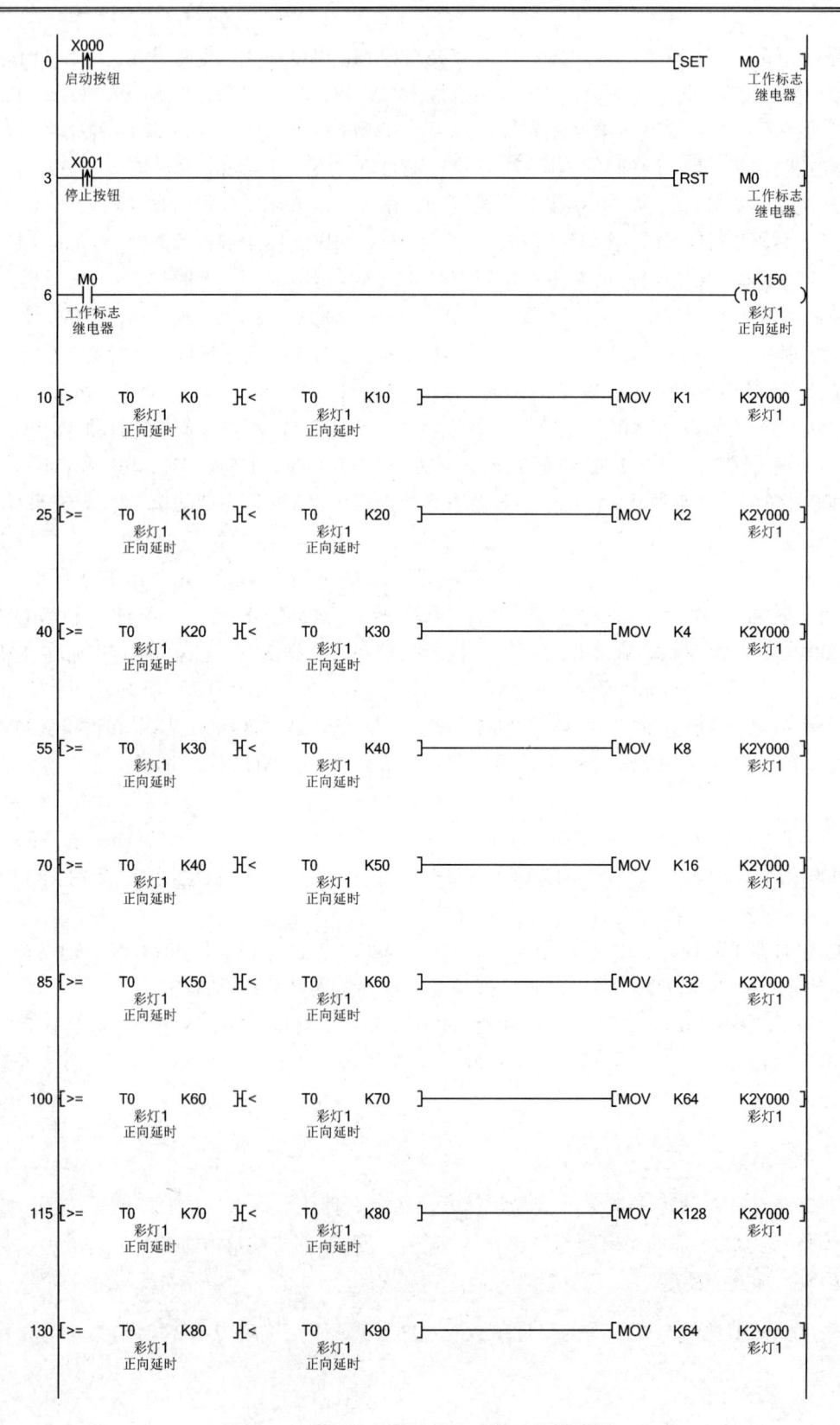

图 2-5-2 采用当前值比较方式设计的梯形图

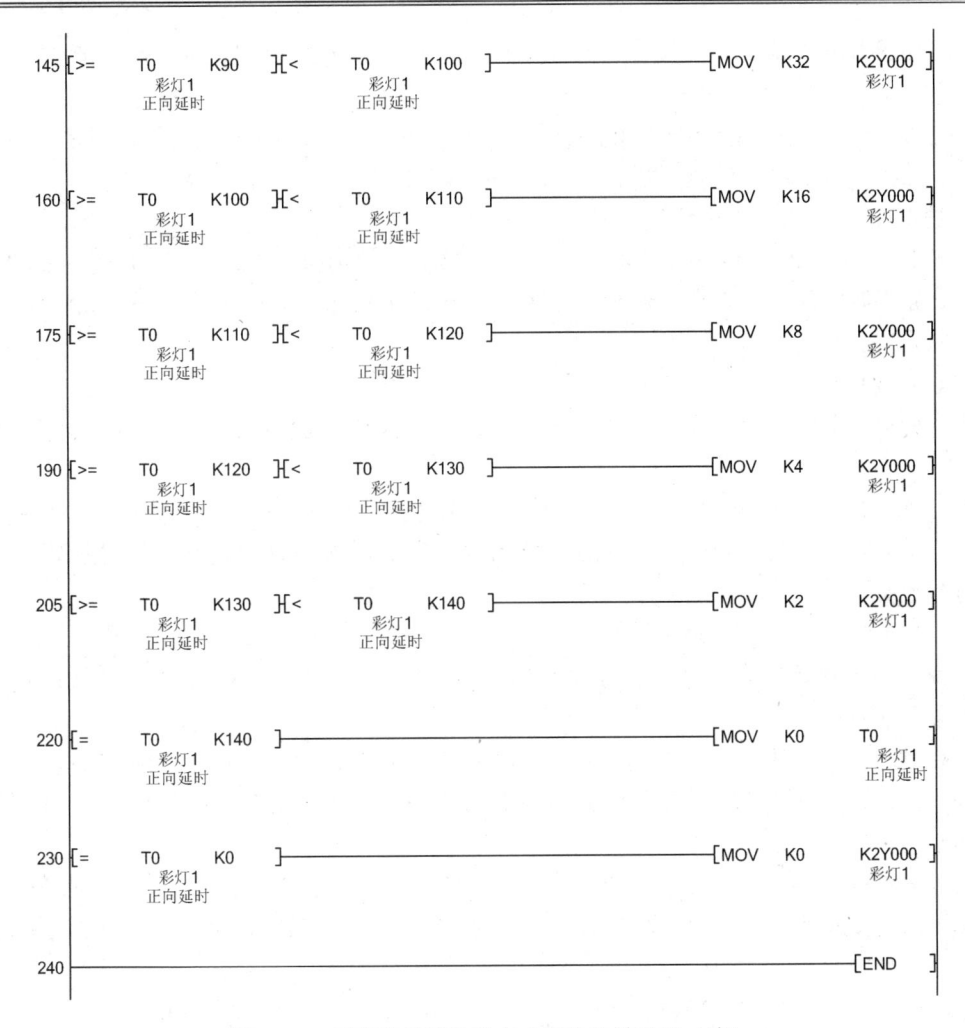

```
145 ─[>= T0   K90]─[< T0   K100]──────────────────[MOV K32  K2Y000]─
       彩灯1        彩灯1                                      彩灯1
       正向延时      正向延时

160 ─[>= T0   K100]─[< T0   K110]─────────────────[MOV K16  K2Y000]─
       彩灯1        彩灯1                                      彩灯1
       正向延时      正向延时

175 ─[>= T0   K110]─[< T0   K120]─────────────────[MOV K8   K2Y000]─
       彩灯1        彩灯1                                      彩灯1
       正向延时      正向延时

190 ─[>= T0   K120]─[< T0   K130]─────────────────[MOV K4   K2Y000]─
       彩灯1        彩灯1                                      彩灯1
       正向延时      正向延时

205 ─[>= T0   K130]─[< T0   K140]─────────────────[MOV K2   K2Y000]─
       彩灯1        彩灯1                                      彩灯1
       正向延时      正向延时

220 ─[= T0   K140]────────────────────────────────[MOV K0   T0    ]─
       彩灯1                                                   彩灯1
       正向延时                                                 正向延时

230 ─[= T0   K0]──────────────────────────────────[MOV K0   K2Y000]─
       彩灯1                                                   彩灯1
       正向延时

240 ──────────────────────────────────────────────────────────[END]─
```

图 2-5-2 采用当前值比较方式设计的梯形图（续）

程序说明：当按下启动按钮 SB1 时，PLC 执行[SET　M0]指令，M0 线圈得电。在 M0 线圈得电期间，定时器 T0 开始计时。

PLC 执行[>　T0　K0]指令和[<　T0　K10] 指令，判断 T0 的经过值是否在 0～1 秒时间段内，如果判断的结果为真，则 PLC 执行[MOV　K1　K2Y000]指令，Y0 线圈得电，第 1 盏彩灯被点亮。

PLC 执行[>=　T0　K10]指令和[<　T0　K20] 指令，判断 T0 的经过值是否在 1～2 秒时间段内，如果判断的结果为真，则 PLC 执行[MOV　K2　K2Y000]指令，Y1 线圈得电，第 2 盏彩灯被点亮。

PLC 执行[>=　T0　K20]指令和[<　T0　K30] 指令，判断 T0 的经过值是否在 2～3 秒时间段内，如果判断的结果为真，则 PLC 执行[MOV　K4　K2Y000]指令，Y2 线圈得电，第 3 盏彩灯被点亮。

PLC 执行[>=　T0　K30]指令和[<　T0　K40] 指令，判断 T0 的经过值是否在 3～4 秒时间段内，如果判断的结果为真，则 PLC 执行[MOV　K8　K2Y000]指令，Y3 线圈得电，第 4 盏彩灯被点亮。

PLC 执行[>=　T0　K40]指令和[<　T0　K50] 指令，判断 T0 的经过值是否在 4～5 秒时

间段内，如果判断的结果为真，则 PLC 执行[MOV　K16　K2Y000]指令，Y4 线圈得电，第 5 盏彩灯被点亮。

　　PLC 执行[>=　T0　K50]指令和[<　T0　K60] 指令，判断 T0 的经过值是否在 5～6 秒时间段内，如果判断的结果为真，则 PLC 执行[MOV　K32　K2Y000]指令，Y5 线圈得电，第 6 盏彩灯被点亮。

　　PLC 执行[>=　T0　K60]指令和[<　T0　K70] 指令，判断 T0 的经过值是否在 6～7 秒时间段内，如果判断的结果为真，则 PLC 执行[MOV　K64　K2Y000]指令，Y6 线圈得电，第 7 盏彩灯被点亮。

　　PLC 执行[>=　T0　K70]指令和[<　T0　K80] 指令，判断 T0 的经过值是否在 7～8 秒时间段内，如果判断的结果为真，则 PLC 执行[MOV　K128　K2Y000]指令，Y7 线圈得电，第 8 盏彩灯被点亮。

　　PLC 执行[>=　T0　K80]指令和[<　T0　K90] 指令，判断 T0 的经过值是否在 8～9 秒时间段内，如果判断的结果为真，则 PLC 执行[MOV　K64　K2Y000]指令，Y6 线圈得电，第 7 盏彩灯被点亮。

　　PLC 执行[>=　T0　K90]指令和[<　T0　K100] 指令，判断 T0 的经过值是否在 9～10 秒时间段内，如果判断的结果为真，则 PLC 执行[MOV　K32　K2Y000]指令，Y5 线圈得电，第 6 盏彩灯被点亮。

　　PLC 执行[>=　T0　K100]指令和[<　T0　K110] 指令，判断 T0 的经过值是否在 10～11 秒时间段内，如果判断的结果为真，则 PLC 执行[MOV　K16　K2Y000]指令，Y4 线圈得电，第 5 盏彩灯被点亮。

　　PLC 执行[>=　T0　K110]指令和[<　T0　K120] 指令，判断 T0 的经过值是否在 11～12 秒时间段内，如果判断的结果为真，则 PLC 执行[MOV　K8　K2Y000]指令，Y3 线圈得电，第 4 盏彩灯被点亮。

　　PLC 执行[>=　T0　K120]指令和[<　T0　K130] 指令，判断 T0 的经过值是否在 12～13 秒时间段内，如果判断的结果为真，则 PLC 执行[MOV　K4　K2Y000]指令，Y2 线圈得电，第 3 盏彩灯被点亮。

　　PLC 执行[>=　T0　K130]指令和[<　T0　K140] 指令，判断 T0 的经过值是否在 13～14 秒时间段内，如果判断的结果为真，则 PLC 执行[MOV　K2　K2Y000]指令，Y1 线圈得电，第 2 盏彩灯被点亮。

　　PLC 执行[=　T0　K140]指令，判断 T0 的当前值是否是 14 秒，如果判断的结果为真，则 PLC 执行[MOV　K0　T0]指令，定时器 T0 被复位，使程序进入循环执行状态。

　　当按下停止按钮 SB2 时，PLC 执行[RST　M0]指令，M0 线圈失电。由于定时器 T0 的当前值为 0，所以 PLC 执行[MOV　K0　K2Y000]指令，使输出继电器复位，彩灯全部熄灭。

实例 2-6　定时器控制交通信号灯运行程序设计

设计要求：按下启动按钮，交通信号灯系统按图 2-6-1 所示要求工作，绿灯闪烁的周期为 0.4 秒；按下停止按钮，所有信号灯熄灭。

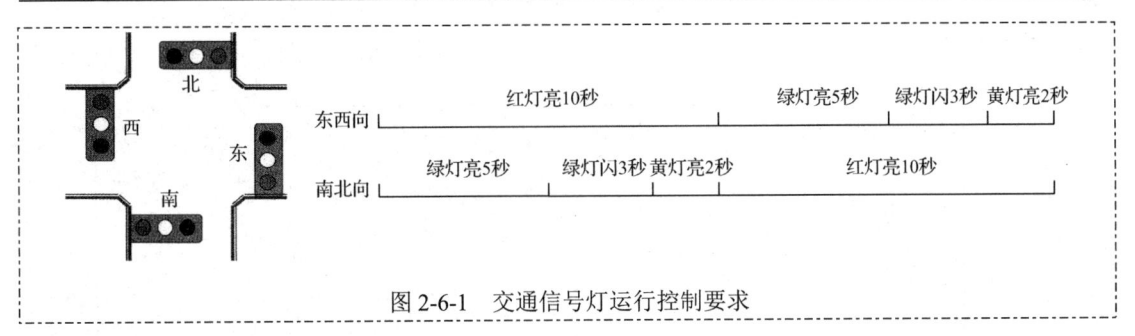

项目2 定时器应用程序设计

图 2-6-1 交通信号灯运行控制要求

1. 输入/输出元件及其控制功能

实例 2-6 中用到的输入/输出元件地址如表 2-6-1 所示。

表 2-6-1 实例 2-6 输入/输出元件地址

说　明	PLC 软元件	元件文字符号	元 件 名 称	控 制 功 能
输入	X0	SB1	启动按钮	启动控制
	X1	SB2	停止按钮	停止控制
输出	Y0	HL1	东西向红灯	东西向禁行
	Y1	HL2	东西向绿灯	东西向通行
	Y2	HL3	东西向黄灯	东西向信号转换
	Y3	HL4	南北向红灯	南北向禁行
	Y4	HL5	南北向绿灯	南北向通行
	Y5	HL6	南北向黄灯	南北向信号转换

2. 程序设计

（1）用位控方式设计程序。

【思路点拨】

从图 2-6-1 中可以看出，交通信号灯按照时间原则被依次点亮，其运行周期为 20 秒。在每个运行周期内，交通信号灯的控制又被划分为 6 个时间段，即 0～5 秒、5～8 秒、8～10 秒、10～15 秒、15～18 秒和 18～20 秒。因此，我们可以采用定时控制方式来编写该程序。在进行程序设计时，多个定时器的定时基准时间可以相同，也可以不同。如果多个定时器的定时基准时间相同，那么这样的程序结构通常称为并行；如果不相同，则称为串行。

① 用串行方式编写的程序。用串行方式编写的交通信号灯运行控制程序如图 2-6-2 所示。

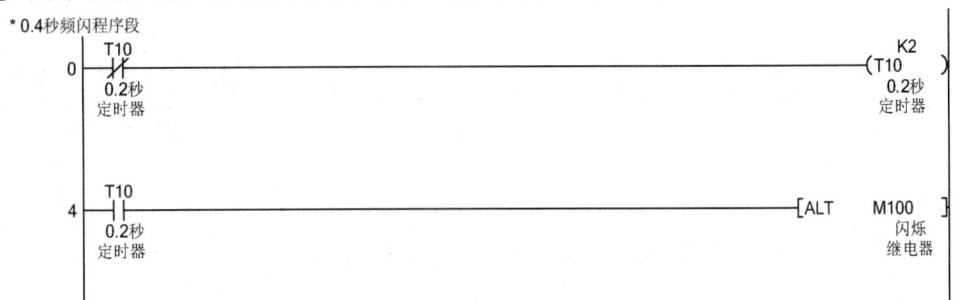

图 2-6-2 串行方式设计的梯形图

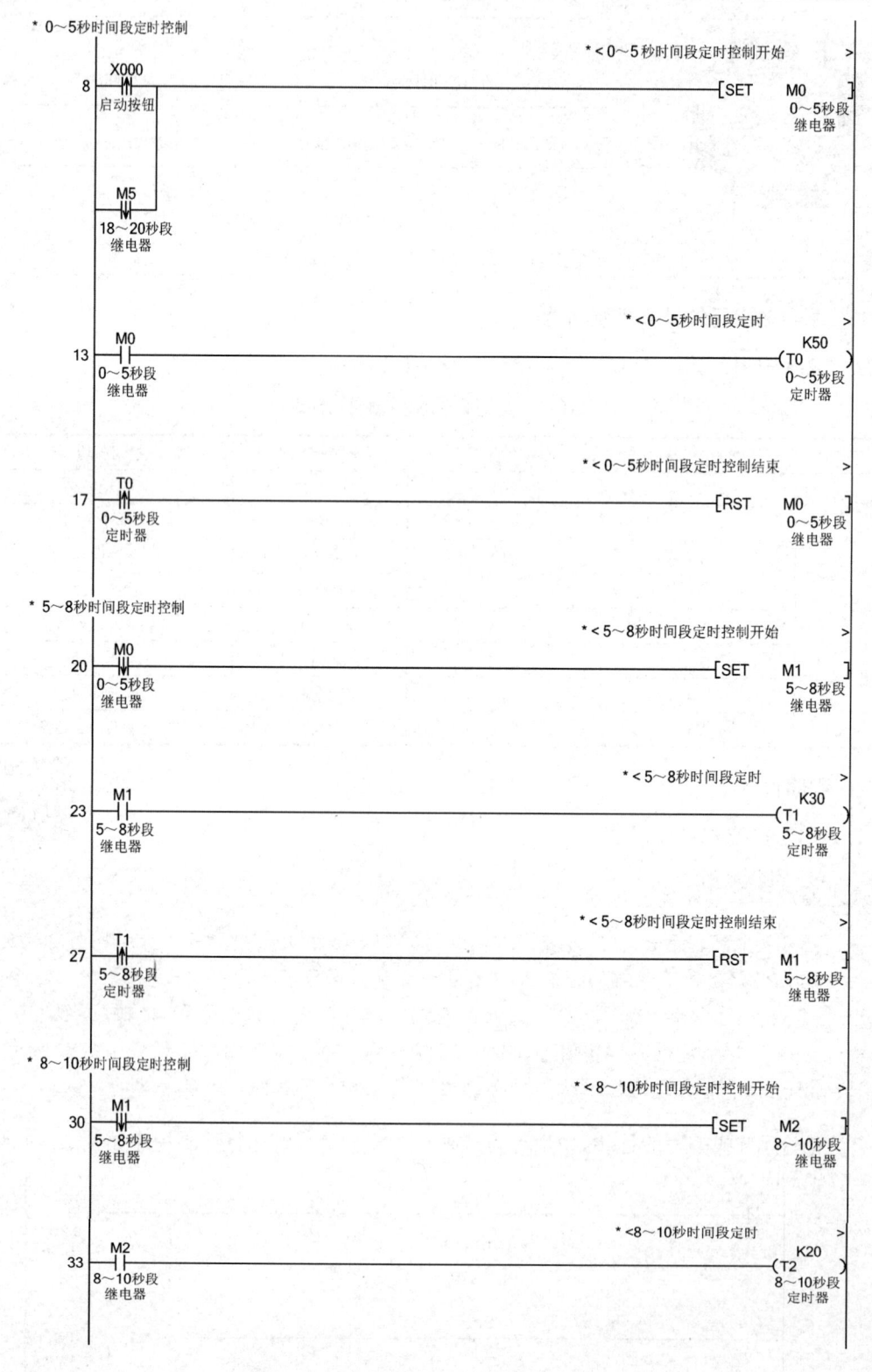

图 2-6-2 串行方式设计的梯形图（续）

项目2 定时器应用程序设计

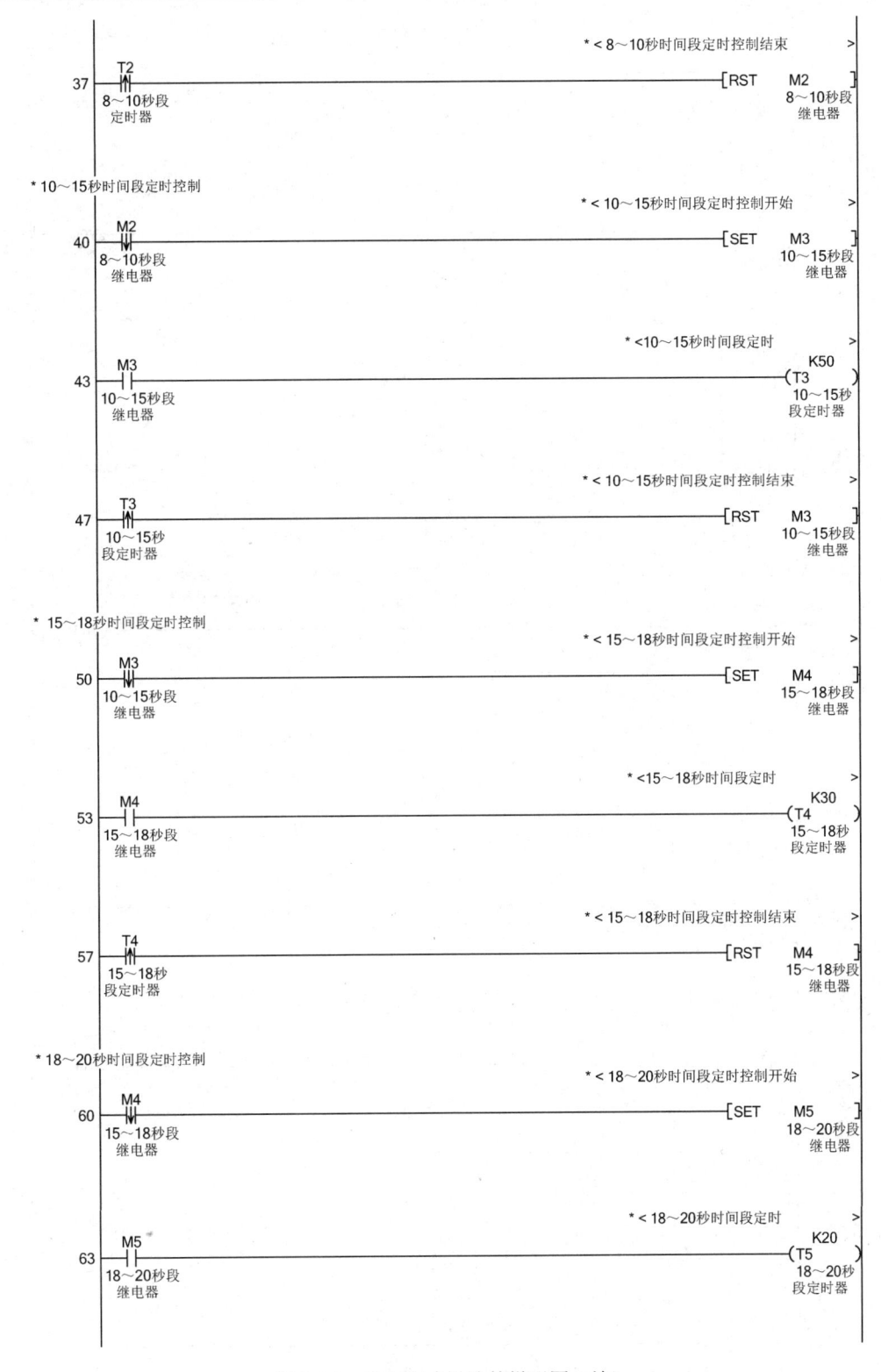

```
                                              * <8~10秒时间段定时控制结束>
         T2
37     ─┤↑├─────────────────────────────[RST    M2   ]
       8~10秒段                                 8~10秒段
       定时器                                    继电器

* 10~15秒时间段定时控制
                                              * <10~15秒时间段定时控制开始>
         M2
40     ─┤├──────────────────────────────[SET    M3   ]
       8~10秒段                                 10~15秒段
       继电器                                    继电器

                                              * <10~15秒时间段定时>
         M3                                              K50
43     ─┤├──────────────────────────────────────(T3    )
       10~15秒段                                        10~15秒
       继电器                                           段定时器

                                              * <10~15秒时间段定时控制结束>
         T3
47     ─┤↑├─────────────────────────────[RST    M3   ]
       10~15秒                                  10~15秒段
       段定时器                                  继电器

* 15~18秒时间段定时控制
                                              * <15~18秒时间段定时控制开始>
         M3
50     ─┤├──────────────────────────────[SET    M4   ]
       10~15秒段                                15~18秒段
       继电器                                    继电器

                                              * <15~18秒时间段定时>
         M4                                              K30
53     ─┤├──────────────────────────────────────(T4    )
       15~18秒段                                        15~18秒
       继电器                                           段定时器

                                              * <15~18秒时间段定时控制结束>
         T4
57     ─┤↑├─────────────────────────────[RST    M4   ]
       15~18秒                                  15~18秒段
       段定时器                                  继电器

* 18~20秒时间段定时控制
                                              * <18~20秒时间段定时控制开始>
         M4
60     ─┤├──────────────────────────────[SET    M5   ]
       15~18秒段                                18~20秒段
       继电器                                    继电器

                                              * <18~20秒时间段定时>
         M5                                              K20
63     ─┤├──────────────────────────────────────(T5    )
       18~20秒段                                        18~20秒
       继电器                                           段定时器
```

图 2-6-2 串行方式设计的梯形图（续）

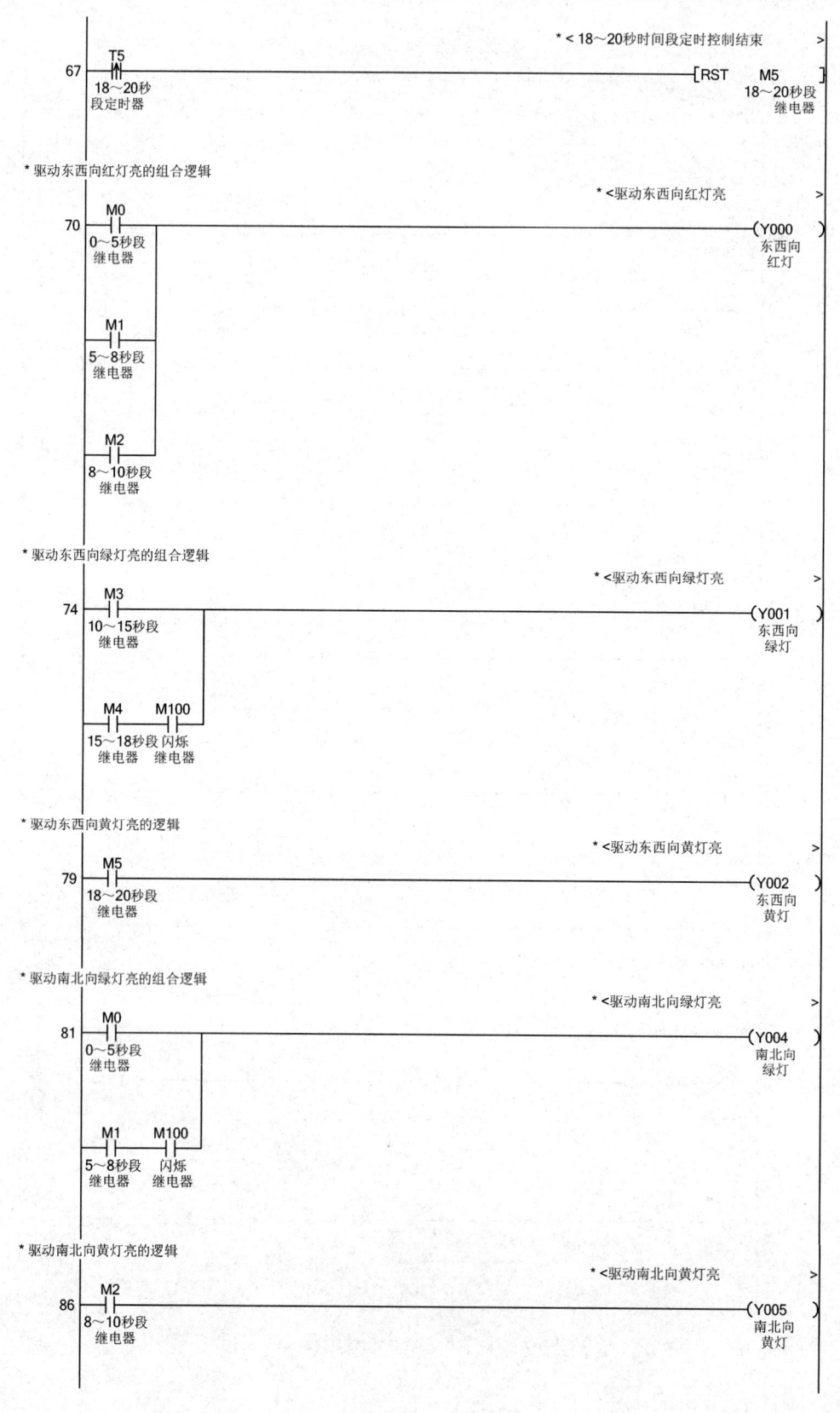

```
                                              * <18～20秒时间段定时控制结束        >
       T5
67     ┤├────────────────────────────────────[RST   M5   ]
      18～20秒                                       18～20秒
      段定时器                                       段继电器


* 驱动东西向红灯亮的组合逻辑
                                              * <驱动东西向红灯亮               >
       M0
70     ┤├──────────────────────────────────────────(Y000  )
      0～5秒段                                              东西向
      继电器                                                红灯

       M1
       ┤├
      5～8秒段
      继电器

       M2
       ┤├
      8～10秒段
      继电器


* 驱动东西向绿灯亮的组合逻辑
                                              * <驱动东西向绿灯亮               >
       M3
74     ┤├──────────────────────────────────────────(Y001  )
      10～15秒段                                             东西向
      继电器                                                 绿灯

       M4   M100
       ┤├───┤├
     15～18秒段 闪烁
      继电器    继电器


* 驱动东西向黄灯亮的逻辑
                                              * <驱动东西向黄灯亮               >
       M5
79     ┤├──────────────────────────────────────────(Y002  )
      18～20秒段                                             东西向
      继电器                                                 黄灯


* 驱动南北向绿灯亮的组合逻辑
                                              * <驱动南北向绿灯亮               >
       M0
81     ┤├──────────────────────────────────────────(Y004  )
      0～5秒段                                               南北向
      继电器                                                 绿灯

       M1   M100
       ┤├───┤├
      5～8秒段  闪烁
      继电器   继电器


* 驱动南北向黄灯亮的逻辑
                                              * <驱动南北向黄灯亮               >
       M2
86     ┤├──────────────────────────────────────────(Y005  )
      8～10秒段                                              南北向
      继电器                                                 黄灯
```

图 2-6-2 串行方式设计的梯形图（续）

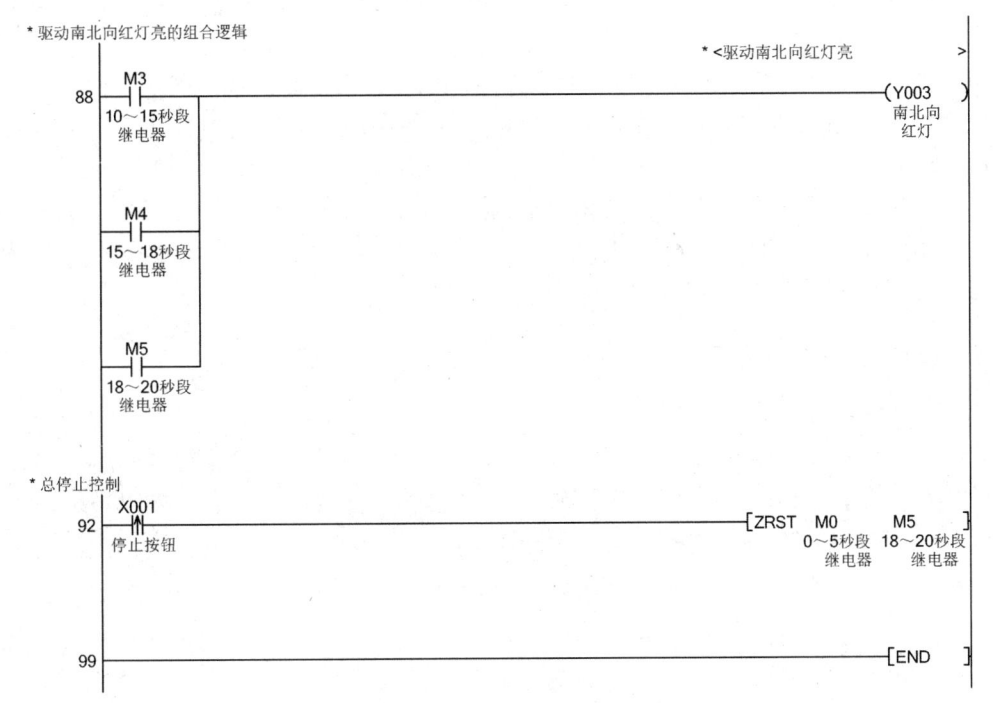

```
                    *驱动南北向红灯亮的组合逻辑                                    *<驱动南北向红灯亮         >
                          M3                                                    ┌──────┐
                 88 ──┤├──────────────────────────────────────────────────────( Y003 )
                       10~15秒段                                                南北向
                        继电器                                                   红灯

                          M4
                    ──┤├──
                       15~18秒段
                        继电器

                          M5
                    ──┤├──
                       18~20秒段
                        继电器

             *总停止控制
                         X001
                 92 ──┤├──────────────────────────────────────[ZRST   M0      M5    ]
                       停止按钮                                  0~5秒段    18~20秒段
                                                                继电器       继电器

                 99 ─────────────────────────────────────────────────────────[END  ]
```

图 2-6-2 串行方式设计的梯形图（续）

程序说明：PLC 上电后，定时器 T10 开始计时。每当定时器 T10 的计时时间满 0.2 秒，定时器 T10 的常开触点就会闭合一次，驱动执行一次[ALT   M100]指令，使 M100 周期性得电，成为 0.4 秒时基控制继电器。

当按下启动按钮 SB1 时，PLC 执行[SET   M0]指令，M0 线圈得电，启动 0~5 秒时间段定时控制。在 M0 线圈得电期间，定时器 T0 对 M0 的得电时间进行计时，当 T0 计时满 5 秒时，T0 的常开触点动作，PLC 执行[RST   M0]指令，M0 线圈失电。

在 M0 触点下降沿脉冲作用下，PLC 执行[SET   M1]指令，M1 线圈得电，启动 5~8 秒时间段定时控制。在 M1 线圈得电期间，定时器 T1 对 M1 的得电时间进行计时，当 T1 计时满 3 秒时，T1 的常开触点动作，PLC 执行[RST   M1]指令，M1 线圈失电。

在 M1 触点下降沿脉冲作用下，PLC 执行[SET   M2]指令，M2 线圈得电，启动 8~10 秒时间段定时控制。在 M2 线圈得电期间，定时器 T2 对 M2 的得电时间进行计时，当 T2 计时满 2 秒时，T2 的常开触点动作，PLC 执行[RST   M2]指令，M2 线圈失电。

在 M2 触点下降沿脉冲作用下，PLC 执行[SET   M3]指令，M3 线圈得电，启动 10~15 秒时间段定时控制。在 M3 线圈得电期间，定时器 T3 对 M3 的得电时间进行计时，当 T3 计时满 5 秒时，T3 的常开触点动作，PLC 执行[RST   M3]指令，M3 线圈失电。

在 M3 触点下降沿脉冲作用下，PLC 执行[SET   M4]指令，M4 线圈得电，启动 15~18 秒时间段定时控制。在 M4 线圈得电期间，定时器 T4 对 M4 的得电时间进行计时，当 T4 计时满 3 秒时，T4 的常开触点动作，PLC 执行[RST   M4]指令，M4 线圈失电。

在 M4 触点下降沿脉冲作用下，PLC 执行[SET   M5]指令，M5 线圈得电，启动 18~20 秒时间段定时控制。在 M5 线圈得电期间，定时器 T5 对 M5 的得电时间进行计时，当 T5 计时满 2 秒时，T5 的常开触点动作，PLC 执行[RST   M5]指令，M5 线圈失电。

在 M5 触点下降沿脉冲作用下，PLC 再次执行[SET   M0]指令，使多段定时控制进入循环状态。

根据各个交通信号灯运行具体时序要求，由 M0、M1 和 M2 组成"或"逻辑电路，驱动东西向红灯 Y0；由 M3 和 M4 组成"或"逻辑电路，驱动东西向绿灯 Y1；M5 驱动东西向黄灯 Y2；由 M3、M4 和 M5 组成"或"逻辑电路，驱动南北向红灯 Y3；由 M0 和 M1 组成"或"逻辑电路，驱动南北向绿灯 Y4；M2 驱动南北向黄灯 Y5。

当按下停止按钮 SB2 时，PLC 执行[ZRST　M0　M5]指令，使 M0~M5 线圈同时失电，交通信号灯停止运行。

【编程技巧】

在本实例中，由 M0、M1 和 M2 组成"或"逻辑电路，驱动东西向红灯 Y0；由 M3、M4 和 M5 组成"或"逻辑电路，驱动南北向红灯 Y3，如图 2-6-3 所示。从程序编辑的角度来看，这部分程序虽然占用的步数不多，但占用的行数却较多。为了减少行数、方便编辑和阅读，可用图 2-6-4 所示的程序替换图 2-6-3 所示的程序。

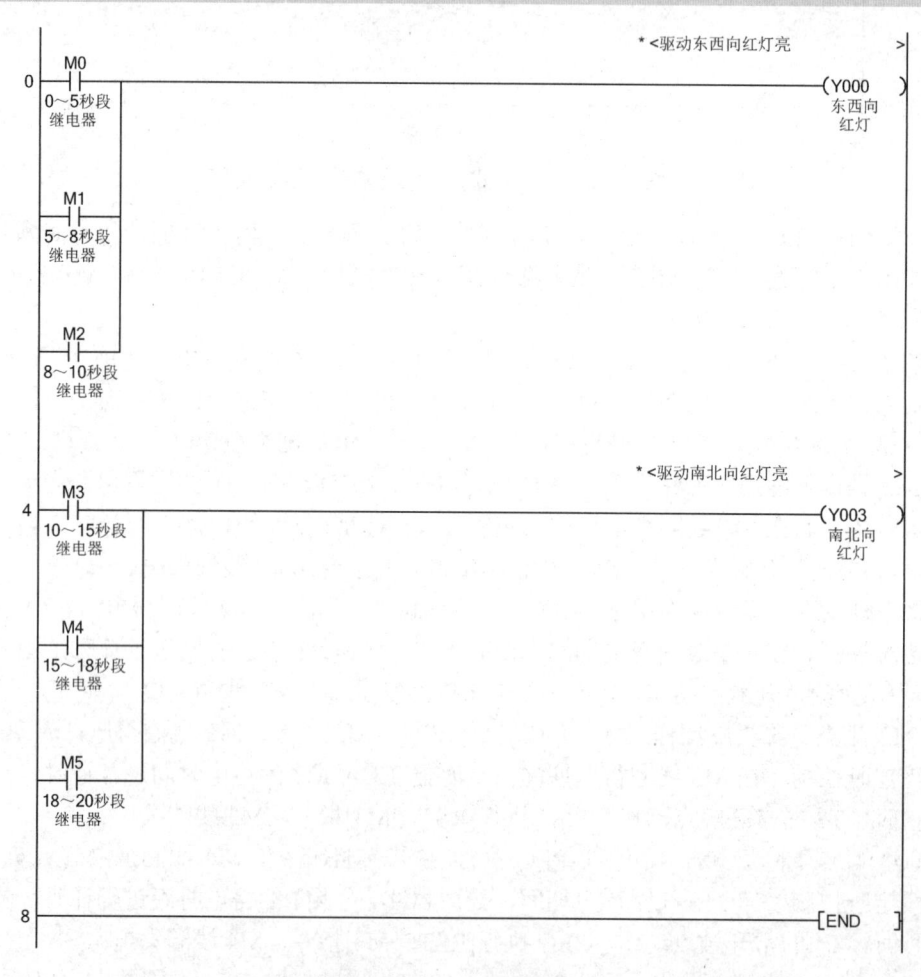

图 2-6-3　替换前程序

项目2 定时器应用程序设计

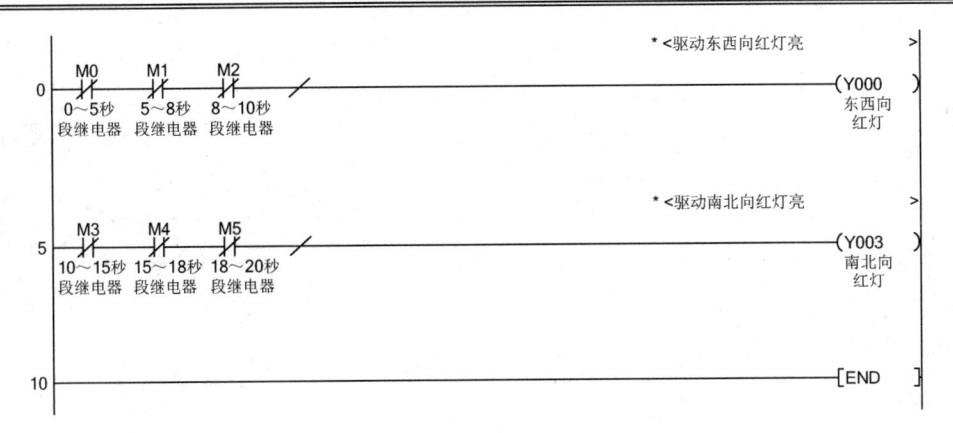

图 2-6-4 替换后程序

② 用并行方式编写的程序。用并行方式编写的交通信号灯运行控制程序如图 2-6-5 所示。

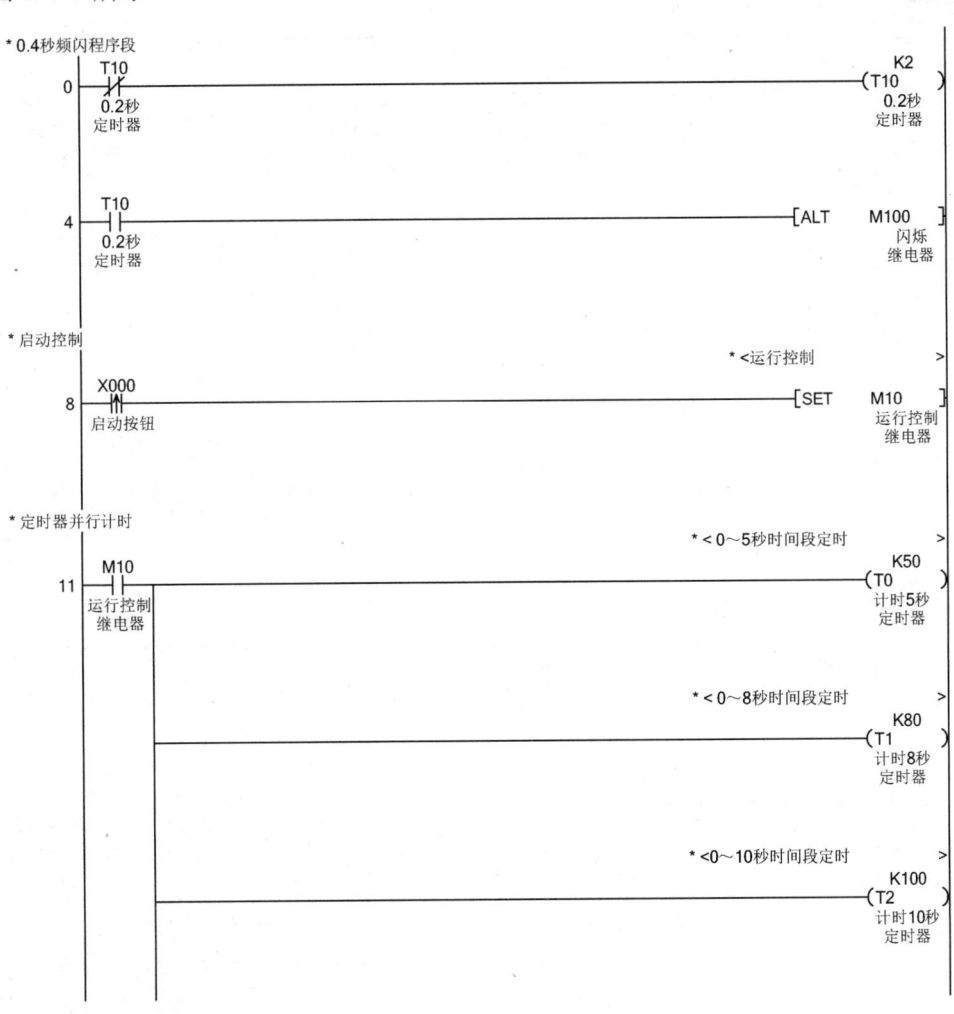

图 2-6-5 并行方式设计的梯形图

```
                                                                     *<0～15秒时间段定时          >
                                                                                    K150
                                                                                  ─(T3  )─
                                                                                    计时15秒
                                                                                    定时器

                                                                     *<0～18秒时间段定时          >
                                                                                    K180
                                                                                  ─(T4  )─
                                                                                    计时18秒
                                                                                    定时器

                                                                     *<0～20秒时间段定时          >
                                                                                    K200
                                                                                  ─(T5  )─
                                                                                    计时20秒
                                                                                    定时器

*驱动各时间段的继电器工作
       M10                                                           *<驱动0～5秒时间段的继电器工作    >
  30  ─┤├──┬─────────────────────────────────────────[MOV  K1    K2M0 ]
       运行控制│                                                                      0～5秒段
       继电器 │                                                                      继电器
             │
       T5   │
       ─┤├──┘
       计时20秒
       定时器

       T0                                                            *<驱动5～8秒时间段的继电器工作    >
  39  ─┤├─────────────────────────────────────────────[MOV  K2    K2M0 ]
       计时5秒                                                                        0～5秒段
       定时器                                                                        继电器

       T1                                                            *<驱动8～10秒时间段的继电器工作   >
  46  ─┤├─────────────────────────────────────────────[MOV  K4    K2M0 ]
       计时8秒                                                                        0～5秒段
       定时器                                                                        继电器

       T2                                                            *<驱动10～15秒时间段的继电器工作  >
  53  ─┤├─────────────────────────────────────────────[MOV  K8    K2M0 ]
       计时10秒                                                                       0～5秒段
       定时器                                                                        继电器

       T3                                                            *<驱动15～18秒时间段的继电器工作  >
  60  ─┤├─────────────────────────────────────────────[MOV  K16   K2M0 ]
       计时15秒                                                                       0～5秒段
       定时器                                                                        继电器

       T4                                                            *<驱动18～20秒时间段的继电器工作  >
  67  ─┤├─────────────────────────────────────────────[MOV  K32   K2M0 ]
       计时18秒                                                                       0～5秒段
       定时器                                                                        继电器
```

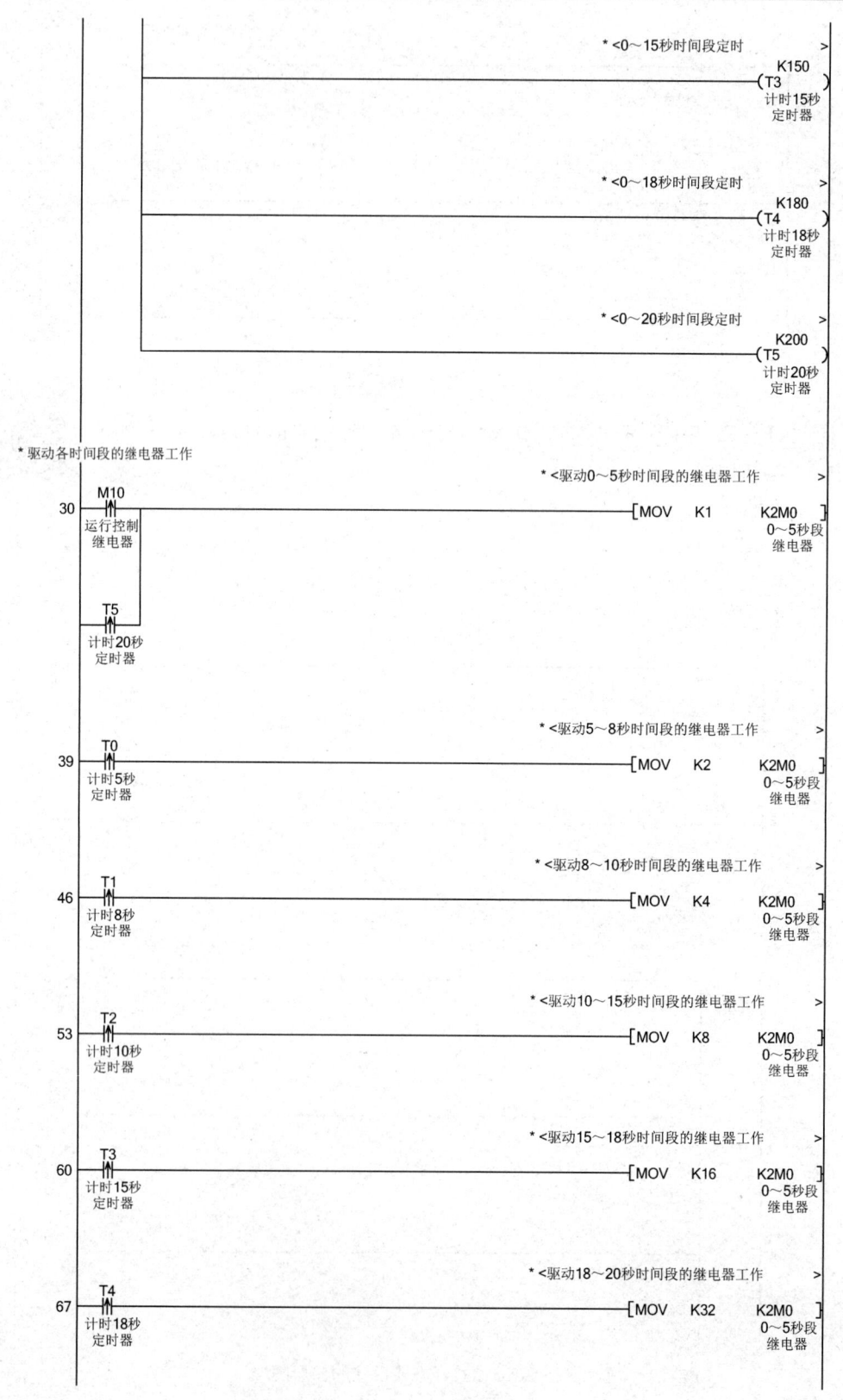

图 2-6-5　并行方式设计的梯形图（续）

项目2　定时器应用程序设计

```
                                                             *<定时器全部复位>
        T5
74   ─│/├──────────────────────────────────[ZRST  T0    T5  ]
     计时20秒                                    计时5秒  计时20秒
     定时器                                      定时器   定时器
```

*驱动东西向红灯亮的组合逻辑

```
                                                             *<驱动东西向红灯亮>
      M0    M1    M2
81  ──┤/├──┤/├──┤/├─────────────────────────────────────(Y000)
     0~5秒 5~8秒 8~10秒                                      东西向
     段继电器 段继电器 段继电器                                  红灯
```

*驱动东西向绿灯亮的组合逻辑

```
                                                             *<驱动东西向绿灯亮>
      M3
86  ──┤ ├───┬────────────────────────────────────────────(Y001)
    10~15秒段 │                                              东西向
    继电器    │                                              绿灯
              │
      M4  M100│
      ├─┤ ├──┤ ├─┘
    15~18秒段 闪烁
    继电器   继电器
```

*驱动东西向黄灯亮的逻辑

```
                                                             *<驱动东西向黄灯亮>
      M5
91  ──┤ ├──────────────────────────────────────────────(Y002)
    18~20秒段                                                东西向
    继电器                                                   黄灯
```

*驱动南北向绿灯亮的组合逻辑

```
                                                             *<驱动南北向绿灯亮>
      M0
93  ──┤ ├───┬────────────────────────────────────────────(Y004)
    0~5秒段  │                                               南北向
    继电器   │                                                绿灯
             │
      M1  M100│
      ├─┤ ├──┤ ├─┘
    5~8秒段  闪烁
    继电器   继电器
```

*驱动南北向黄灯亮的逻辑

```
                                                             *<驱动南北向黄灯亮>
      M2
98  ──┤ ├──────────────────────────────────────────────(Y005)
     8~10秒段                                                南北向
     继电器                                                   黄灯
```

*驱动南北向红灯亮的组合逻辑

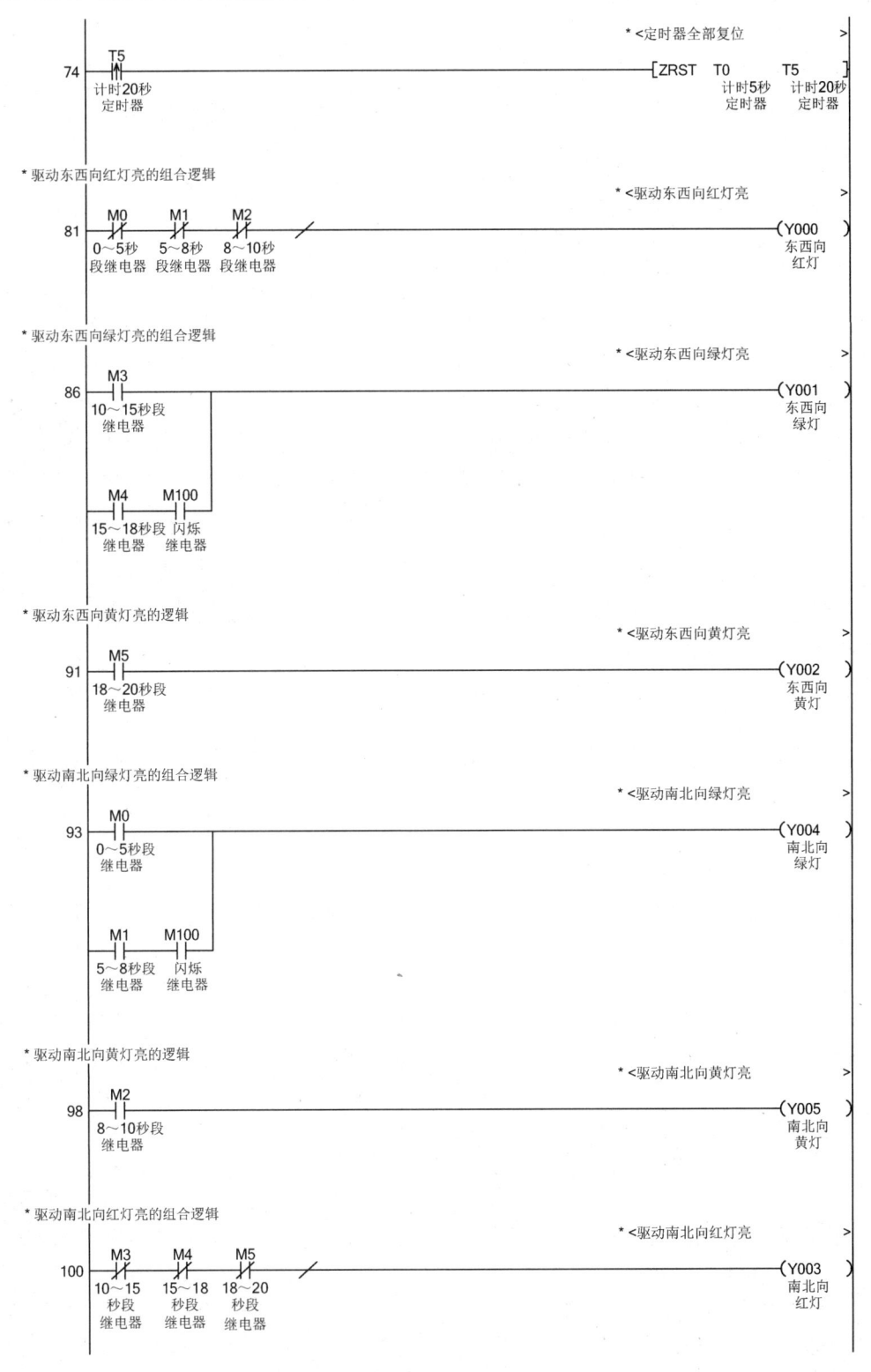

```
                                                             *<驱动南北向红灯亮>
      M3    M4    M5
100 ──┤/├──┤/├──┤/├─────────────────────────────────────(Y003)
     10~15  15~18 18~20                                      南北向
     秒段   秒段   秒段                                        红灯
     继电器 继电器  继电器
```

图 2-6-5　并行方式设计的梯形图（续）

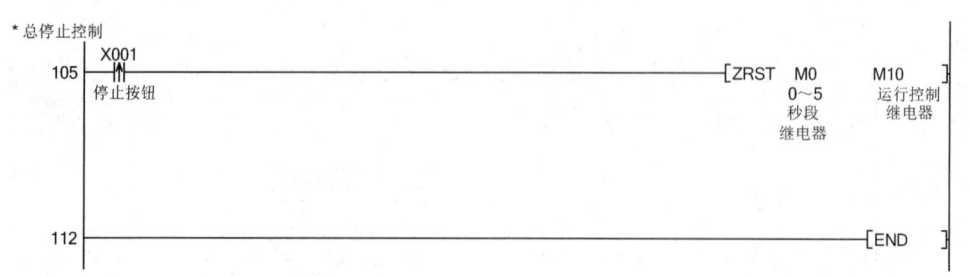

```
*总停止控制
         X001
105      ─┤├─────────────────────────────[ZRST  M0    M10
        停止按钮                                  0~5   运行控制
                                                秒段   继电器
                                                继电器

112      ──────────────────────────────────────────[END
```

图 2-6-5 并行方式设计的梯形图（续）

程序说明：PLC 上电后，定时器 T10 开始计时。每当定时器 T10 的计时时间满 0.2 秒，定时器 T10 的常开触点就会闭合一次，驱动执行一次[ALT M100]指令，使 M100 周期性得电，成为 0.4 秒时基控制继电器。

当按下启动按钮 SB1 时，PLC 执行[SET M10]指令，M10 线圈得电，驱动定时器 T0~T5 同时开始计时；PLC 执行[MOV K1 K2M0]指令，M0 线圈得电，启动 0~5 秒时间段控制。

当 T0 计时满 5 秒时，T0 常开触点动作，PLC 执行[MOV K2 K2M0]指令，M1 线圈得电，启动 5~8 秒时间段控制。

当 T1 计时满 8 秒时，T1 常开触点动作，PLC 执行[MOV K4 K2M0]指令，M2 线圈得电，启动 8~10 秒时间段控制。

当 T2 计时满 10 秒时，T2 常开触点动作，PLC 执行[MOV K8 K2M0]指令，M3 线圈得电，启动 10~15 秒时间段控制。

当 T3 计时满 15 秒时，T3 常开触点动作，PLC 执行[MOV K16 K2M0]指令，M4 线圈得电，启动 15~18 秒时间段控制。

当 T4 计时满 18 秒时，T4 常开触点动作，PLC 执行[MOV K32 K2M0]指令，M5 线圈得电，启动 18~20 秒时间段控制。

当 T5 计时满 20 秒时，T5 常开触点动作，PLC 执行[ZRST T0 T5]指令，T0~T5 的当前计数值被清零，使 T0~T5 又同时从 0 值开始重新计时；PLC 执行[MOV K1 K2M0]指令，M0 线圈再次得电，启动 0~5 秒时间段控制。

根据各个交通信号灯运行具体时序要求，由 M0、M1 和 M2 组成"或"逻辑电路，驱动东西向红灯 Y0；由 M3 和 M4 组成"或"逻辑电路，驱动东西向绿灯 Y1；M5 驱动东西向黄灯 Y2；由 M3、M4 和 M5 组成"或"逻辑电路，驱动南北向红灯 Y3；由 M0 和 M1 组成"或"逻辑电路，驱动南北向绿灯 Y4；M2 驱动南北向黄灯 Y5。

当按下停止按钮 SB2 时，PLC 执行批量复位指令，使 M0~M10 线圈同时失电，交通信号灯停止运行。

（2）用字控方式设计程序。

【思路点拨】

交通信号灯的运行属于分时控制，只要能够判断出控制系统当前运行所处的时段，再根据每个时段的具体控制要求，驱动对应的信号灯点亮，就能完成全时段信号灯控制程序的设计。在本实例中，我们可以使用比较、触点比较和区间比较等指令来判断系统的当前时段。

使用触点比较指令编写的交通信号灯运行控制程序如图 2-6-6 所示。

项目2　定时器应用程序设计

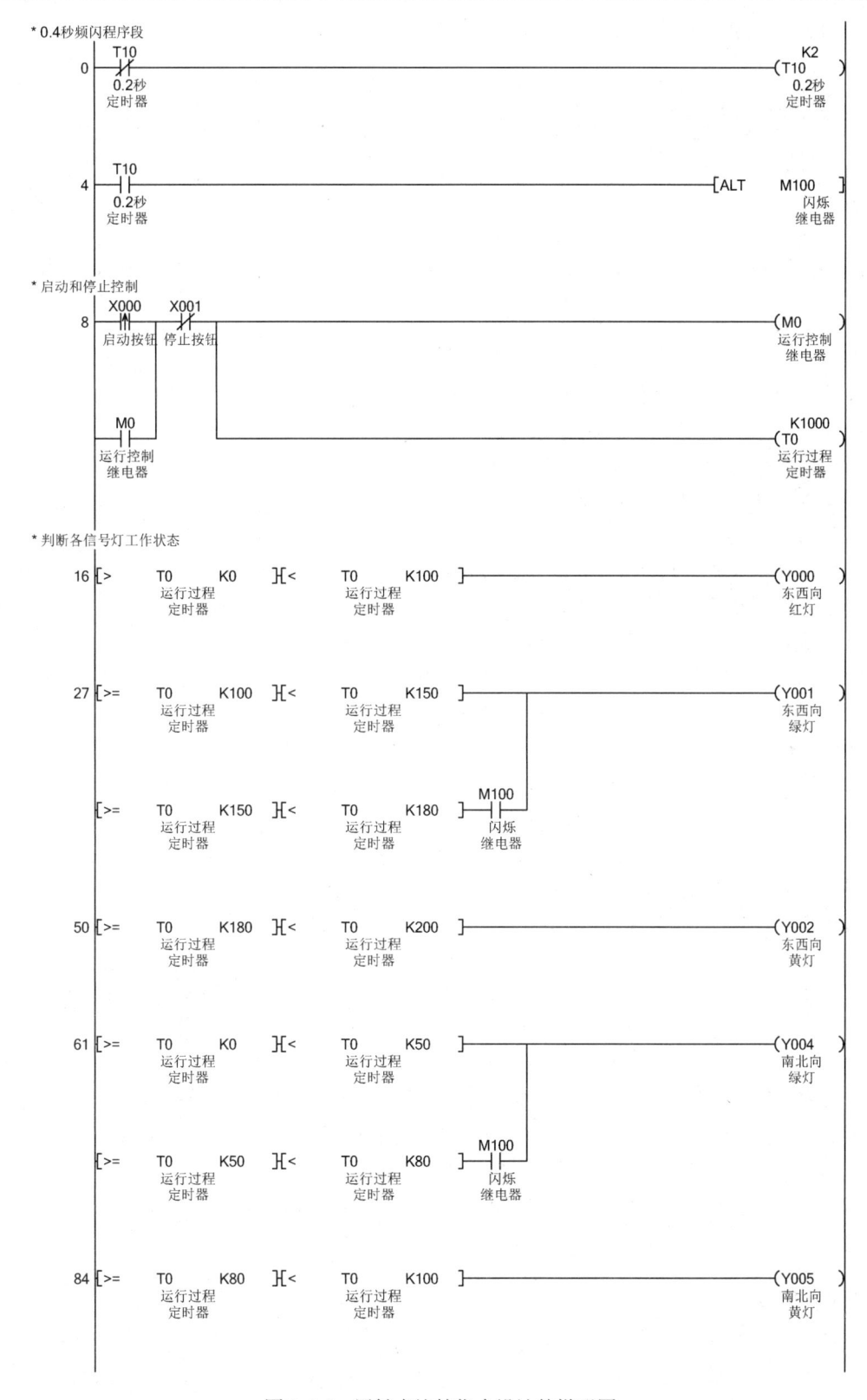

```
* 0.4秒频闪程序段
          T10                                                              K2
  0 ─────┤/├──────────────────────────────────────────────────────────(T10)
          0.2秒                                                           0.2秒
          定时器                                                           定时器

          T10
  4 ─────┤ ├──────────────────────────────────────────[ALT   M100 ]
          0.2秒                                                          闪烁
          定时器                                                          继电器

* 启动和停止控制
          X000   X001
  8 ─────┤ ├────┤/├──────────────────────────────────────────────(M0)
          启动按钮 停止按钮                                                运行控制
                                                                        继电器

          M0                                                            K1000
         ─┤ ├─                                                    ─────(T0)
          运行控制                                                        运行过程
          继电器                                                          定时器

* 判断各信号灯工作状态
 16 [> T0  K0 ][< T0  K100 ]─────────────────────────────────(Y000)
         运行过程        运行过程                                          东西向
         定时器          定时器                                            红灯

 27 [>= T0 K100 ][< T0 K150 ]────────────────┬──────────────(Y001)
         运行过程        运行过程                                          东西向
         定时器          定时器                                            绿灯

                                              M100
    [>= T0 K150 ][< T0 K180 ]───┤ ├─────────┘
         运行过程        运行过程        闪烁
         定时器          定时器          继电器

 50 [>= T0 K180 ][< T0 K200 ]────────────────────────────────(Y002)
         运行过程        运行过程                                          东西向
         定时器          定时器                                            黄灯

 61 [>= T0  K0 ][< T0  K50 ]─────────────────┬──────────────(Y004)
         运行过程        运行过程                                          南北向
         定时器          定时器                                            绿灯

                                              M100
    [>= T0  K50 ][< T0  K80 ]───┤ ├─────────┘
         运行过程        运行过程        闪烁
         定时器          定时器          继电器

 84 [>= T0  K80 ][< T0 K100 ]────────────────────────────────(Y005)
         运行过程        运行过程                                          南北向
         定时器          定时器                                            黄灯
```

图 2-6-6　用触点比较指令设计的梯形图

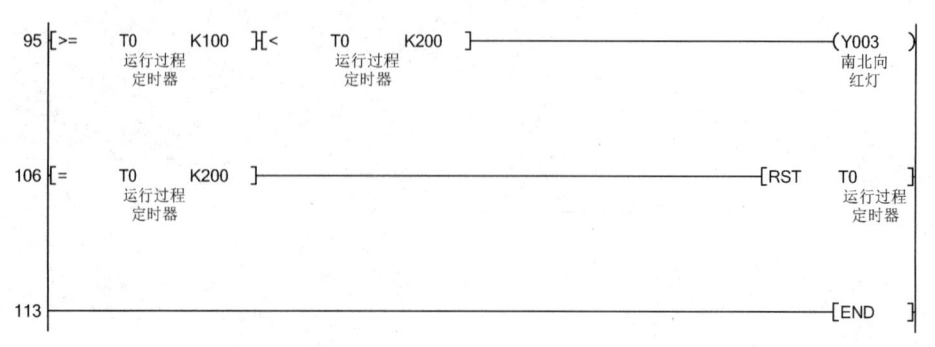

```
 95 ─[>=  T0    K100 ]─[<   T0    K200 ]──────────────────(Y003)
        运行过程        运行过程                              南北向
        定时器          定时器                                红灯


106 ─[=   T0    K200 ]────────────────────────────[RST   T0    ]
        运行过程                                            运行过程
        定时器                                              定时器


113 ───────────────────────────────────────────────────[END   ]
```

图 2-6-6 用触点比较指令设计的梯形图（续）

程序说明：PLC 上电后，定时器 T10 开始计时。每当定时器 T10 的计时时间满 0.2 秒，定时器 T10 的常开触点就会闭合一次，驱动执行一次[ALT　M100]指令，使 M100 周期性得电，成为 0.4 秒时基控制继电器。

当按下启动按钮 SB1 时，X0 的常开触点闭合，PLC 执行[OUT　M0]指令，M0 线圈得电。在 M0 线圈得电期间，驱动定时器 T0 计时，通过触点比较指令判断 T0 的经过值所处的时段，依次驱动相应的信号灯点亮。

PLC 执行[>　T0　K0]指令和[<　T0　K100] 指令，判断 T0 的经过值是否在 0~10 秒时间段内。如果判断的结果为真，则在此时间段内，Y0 线圈得电，东西向红灯被点亮。

PLC 执行[>=　T0　K100]指令和[<　T0　K150] 指令，判断 T0 的经过值是否在 10~15 秒时间段内。如果判断的结果为真，则在此时间段内，Y1 线圈得电，东西向绿灯被点亮。

PLC 执行[>=　T0　K150]指令和[<　T0　K180] 指令，判断 T0 的经过值是否在 15~18 秒时间段内。如果判断的结果为真，则在此时间段内，Y1 线圈得电，东西向绿灯闪烁。

PLC 执行[>=　T0　K180]指令和[<　T0　K200] 指令，判断 T0 的经过值是否在 18~20 秒时间段内。如果判断的结果为真，则在此时间段内，Y2 线圈得电，东西向黄灯被点亮。

PLC 执行[>=　T0　K0]指令和[<　T0　K50] 指令，判断 T0 的经过值是否在 0~5 秒时间段内。如果判断的结果为真，则在此时间段内，Y4 线圈得电，南北向绿灯被点亮。

PLC 执行[>=　T0　K50]指令和[<　T0　K80] 指令，判断 T0 的经过值是否在 5~8 秒时间段内。如果判断的结果为真，则在此时间段内，Y4 线圈得电，南北向绿灯闪烁。

PLC 执行[>=　T0　K80]指令和[<　T0　K100] 指令，判断 T0 的经过值是否在 8~10 秒时间段内。如果判断的结果为真，则在此时间段内，Y5 线圈得电，南北向黄灯被点亮。

PLC 执行[>=　T0　K100]指令和[<　T0　K200] 指令，判断 T0 的经过值是否在 10~20 秒时间段内。如果判断的结果为真，则在此时间段内，Y3 线圈得电，南北向红灯被点亮。

PLC 执行[=　T0　K200]指令，判断 T0 的当前值是否等于 20 秒，如果 T0 计时满 20 秒，则 PLC 执行[RST　T0] 指令，T0 被强制复位并开始重新计时。

当按下停止按钮 SB2 时，X1 的常闭触点断开，M0 线圈失电，定时器 T0 清零，信号灯全部熄灭。

【编程体会】

本实例属于时间原则下的顺序控制，这种程序的特点是前后步序的转换需要使用定时器。通过对比上述 3 个编程范例可知，第 3 个程序的逻辑性、可读性和扩展性明显比前两个程序要好，上手也更容易。在编写时间原则下的顺序控制程序时，建议读者尽量采用范例 3 所示的编程方法。除此情况之外，可根据个人偏好，选择编程方法。

思政元素映射

带电作业的金牌工匠

24小时随叫随到,越是严寒酷暑,越是事故频发,越是狂风暴雨,越是忙碌奔波,他们就是电力抢修人员。冯振波已从事30多年带电抢修工作,他的班组守护着5000多公里高压输电线路,足迹遍布福州的深山老林。冯振波回忆,有一年,一条35kV线路停运,需要带电作业班辅助其跨越拆除该条线路。为避免拆除过程中35kV线路坠落与带电的10kV线路接触,必须将10kV的线路遮蔽后,再由作业人员手持35kV线路辅助拆除。当天他们在斗臂车斗内连续作业两个多小时,将三根35kV线路裸线完全拆除。"当时温度很高,作业人员都快中暑了。"冯振波的班组在用电高峰季节,每天抢修次数达10多次,带电作业车平均每天跑100多公里,最多的一天跑了250公里。

冯振波说,当初干这一行,不敢让家人知道,怕他们担心。"要在10多米高的高空作业,直接接触10kV以上的高压电线,稍有不慎就会网断人亡。电力行业本身就是一个高危行业,你选择了带电作业,就是选择了高危中的高危,精细中的精细。""虽然没有跨进大学,但可以用心做好一名带电作业的'研究生';虽然当不了博士,但可以当好一名维护千里供电大动脉的卫士!"

冯振波参与主编了输变电带电作业的全国教材,多项创新获得国家技术专利。就是这样一个专家级人物,却是一个高中都没念完的农家娃。冯振波还是一名创新达人。在高压带电作业过程中,对工具、器械要求非常高,他发现,有一些工具并不实用,若是能改良,工效或许会提升数倍。他第一次改良工具还是20多岁的时候,当时更换绝缘子时,需要两人配合,用数米长的钳子把连接的销子从绝缘子中拔出来,再通过系列工具把绝缘子拆除,非常考验作业人的技术与熟练度。经过多次思考,他想出用锤子类的工具代替钳子,作业人只要轻轻一敲,销子就会出来。这个作业手法,无须技艺,为后来的带电作业节省了不少人力和时间。

"我对工匠精神的理解,就是立足本职工作,不断精益求精,把自己从事的专业工作做精、做到极致。"冯振波说。

项目 3 计数器应用程序设计

计数器的使用与定时器的使用方法类似，一方面是用作计数控制，当计数器的计数值达到其设定值时，利用计数器触点的动作进行程序设计；另一方面是用作当前值比较控制，计数器在计数过程中，计数器当前的计数值是在不断变化的，把计数器当前的计数值当作一个字元件，对其进行数据比较，根据比较的结果进行程序设计。

实例 3-1　计数器控制频闪程序设计

> **设计要求**：利用计数器设计一个频闪电路，要求实现以下功能：系统上电后，指示灯先点亮 0.5 秒，然后再熄灭 0.5 秒，依次循环。

1. 输入/输出元件及其控制功能

实例 3-1 中用到的输入/输出元件地址如表 3-1-1 所示。

表 3-1-1　实例 3-1 输入/输出元件地址

说　明	PLC 软元件	元件文字符号	元件名称	控　制　功　能
输出	Y0	HL	指示灯	闪烁

2. 控制程序设计

（1）用位控方式设计程序。

【思路点拨】

使用一个计数器，采用循环计数的方式，每当计数器的计数值达到设定值，PLC 就执行 1 次交替取反指令，使继电器的状态改变一次。

使用一个计数器，采用触点控制方式编写频闪控制程序如图 3-1-1 所示。

```
     M8012                                                      K5
0    ─┤├─────────────────────────────────────────────────(C0    )
     0.1秒
     继电器

     C0
5    ─┤├──┬──────────────────────────────────[ALT    Y000    ]
          │                                          指示灯
          │
          │
          │
          └──────────────────────────────────[RST    C0      ]

12                                                    [END    ]
```

图 3-1-1 频闪控制程序 1

程序说明：PLC 上电后，计数器 C0 对 M8012 输入的 0.1 秒脉冲信号进行计数。每当计数器 C0 的计数满 5 次，C0 的常开触点就闭合一次，PLC 就执行一次[ALT Y0]指令，对 Y0 的状态取反一次。

【思路点拨】

本实例还可以使用两个计数器分别计数，利用两个计数器计数的时差，达到控制继电器周期性得电的目的，进而使指示灯周期性点亮。

使用两个计数器，采用触点控制方式编写频闪控制程序如图 3-1-2 所示。

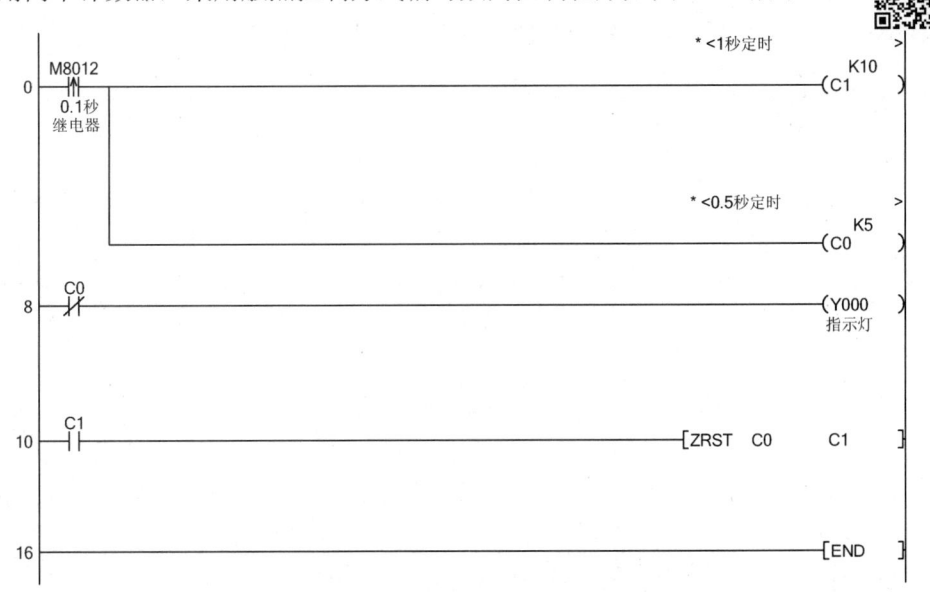

```
     M8012                                    * <1秒定时      K10
0    ─┤├──┬──────────────────────────────────────────(C1    )
     0.1秒 │
     继电器 │
          │
          │                                  * <0.5秒定时    K5
          └──────────────────────────────────────────(C0    )

     C0
8    ─┤/├──────────────────────────────────────────(Y000    )
                                                    指示灯

     C1
10   ─┤├──────────────────────────────[ZRST   C0    C1     ]

16                                                 [END     ]
```

图 3-1-2 频闪控制程序 2

程序说明：PLC 上电后，计数器 C0 和 C1 同时对 M8012 输入的 0.1 秒脉冲信号进行计数，Y0 线圈得电，指示灯被点亮。当 C0 计数满 5 次时，C0 常闭触点断开，使 Y0 线圈失电，指示灯熄灭。当 C1 计时满 10 次时，计数器 C0 和 C1 同时被复位，程序进入下一次循环计数。

(2) 用字控方式设计程序。

【思路点拨】

使用一个计数器进行计数，通过查询计数器的当前值，以此确定指示灯的工作状态。

使用一个计数器，采用查询和比较方式编写频闪控制程序如图 3-1-3 所示。

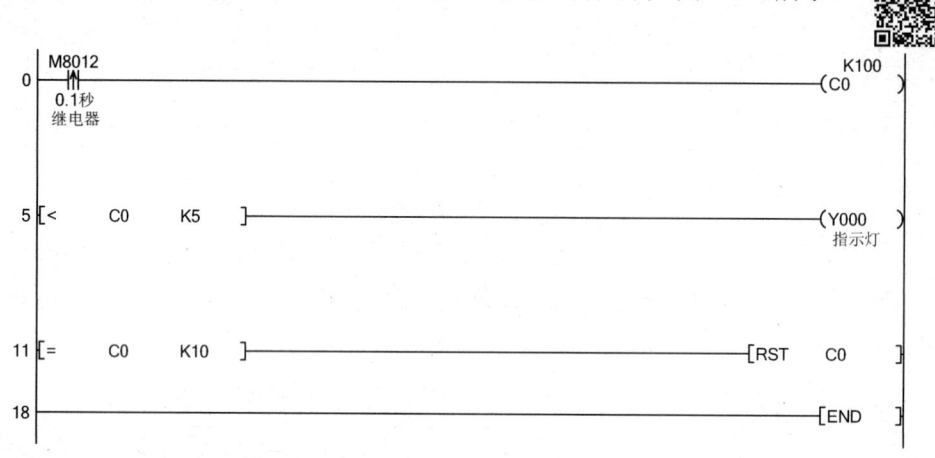

```
     M8012                                              K100
0    ──┤├──────────────────────────────────────────────(C0 )
     0.1秒
     继电器

5    [<   C0   K5 ]─────────────────────────────────────(Y000)
                                                        指示灯

11   [=   C0   K10]──────────────────────────[RST  C0 ]

18                                                    [END]
```

图 3-1-3 频闪控制程序 3

程序说明：PLC 上电后，计数器 C0 对 M8012 输入的 0.1 秒脉冲信号进行计数。PLC 执行[<　C0　K5]指令，如果判断的结果为真，则在此时间段内，Y0 线圈得电，指示灯被点亮。PLC 执行[=　C0　K10]指令，如果判断的结果为真，则计数器 C0 被强制复位。

【经验总结】

计数器和定时器从本质上来说，它们属于同一种性质的元件，工作原理也都是累加计数的。例如，如果使用计数器对 PLC 的时钟信号进行计数，那么此时的计数器就相当于一个定时器。当用作定时使用时，计数器和定时器的使用场合是有一定区别的。例如，在图 2-1-5 所示的场合，由于计数器对经过值具有自保持能力，所以计数器可以替代定时器进行断续累计计时，程序如图 3-1-4 所示。

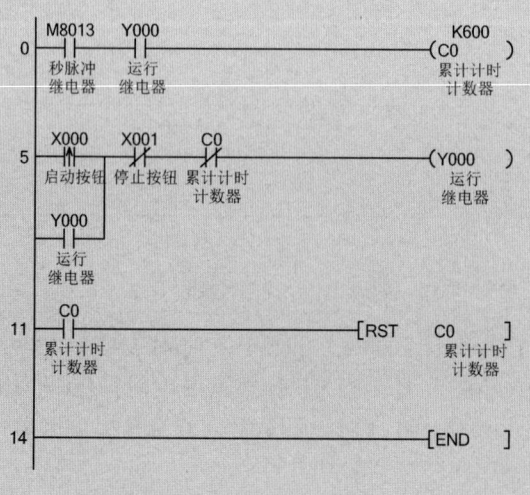

```
     M8013    Y000                                     K600
0    ──┤├──────┤├──────────────────────────────────────(C0 )
     秒脉冲    运行                                    累计计时
     继电器    继电器                                  计数器

     X000     X001     C0
5    ──┤├──────┤/├──────┤/├─────────────────────────────(Y000)
     启动按钮  停止按钮  累计计时                      运行
                       计数器                         继电器
     Y000
     ──┤├──
     运行
     继电器

     C0
11   ──┤├──────────────────────────────────[RST  C0 ]
     累计计时                                累计计时
     计数器                                  计数器

14                                                    [END]
```

图 3-1-4 累计计时程序

【错误反思】

将图 3-1-4 所示的程序改写成图 3-1-5 所示的程序，按下启动按钮 X000，Y0 线圈得电，计数器 C0 对电动机运行时间进行计时，当计数器 C0 计时满 10 秒时，虽然计数器 C0 的触点动作了，但 Y0 线圈并没有失电，这是为什么呢？

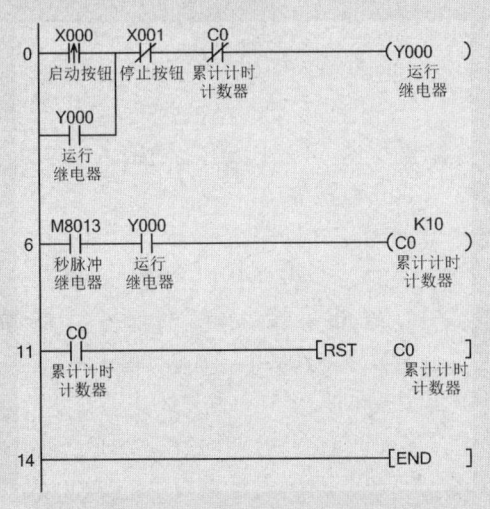

```
     X000   X001   C0
0    ─┤├────┤/├────┤/├─────────────(Y000)
     启动按钮 停止按钮 累计计时         运行
                    计数器          继电器
     Y000
     ─┤├─
     运行
     继电器

     M8013  Y000                        K10
6    ─┤├────┤├────────────────────(C0)
     秒脉冲  运行                      累计计时
     继电器  继电器                     计数器

     C0
11   ─┤├──────────────────────[RST  C0]
     累计计时                         累计计时
     计数器                           计数器

14                                    [END]
```

图 3-1-5 计数器应用错误程序

在图 3-1-5 所示程序中，计数器 C0 的线圈处于其常闭触点的下方。在计数器 C0 动作的那个扫描周期内，由于计数器 C0 的常开触点先于常闭触点动作，PLC 先执行[RST　C0]指令，所以 Y0 线圈不能失电。正确的做法应该是将计数器所控制的程序段放置于计数器线圈和复位指令之间区块内，如图 3-1-4 所示。

知识准备

计数器是一种具有计数功能的软元件，它能通过对输入信号上升沿进行累计，从而达到计数控制的目的。

1. 计数器的结构

如表 3-1-2 所示，计数器的设定值可用常数 K（直接设定）或数据寄存器 D 的寄存值（间接设定）来设置。如果按位数分类，计数器可分为 16 位加计数器和 32 位加/减计数器；如果按保持能力分类，计数器可分为通用型和断电保持型。

表 3-1-2 计数器编号

计　数　器	通　用　型	断电保持型
16 位加计数器（共 200 个） 设定值：1～32767	C0～C99（共 100 个）	C100～C199（共 100 个）
32 位加/减计数器（共 35 个） 设定值：-2147483648～+2147483647	C200～C219（共 20 个） 加减控制（M8200～M8219）	C220～C234（共 15 个） 加减控制（M8220～M8234）

与定时器一样，计数器也有三个寄存器，即当前值寄存器、设定值寄存器和输出触点的映像寄存器，这三个寄存器使用同一地址编号，由"C"和十进制数共同组成。计数器也是位

元件和字元件的组合体,其触点为位元件,而其设定值和计数值则为字元件。

2. 用法说明

(1) 16 位加计数器。

以计数器 C0 为例,16 位加计数器的用法如图 3-1-6 所示。

① 计数器 C0 对脉冲输入端 X000 的上升沿进行检测,每检测到 1 次上升沿信号,计数器 C0 的当前值就执行 1 次加 1。

② 当 C0 的当前值等于设定值 K10 时,C0 的当前值不再增加,同时计数器 C0 的输出触点动作,Y000 线圈得电。

③ 在任意时刻,断电(断电保持型除外)或接通输入端 X001,计数器将被立即复位,累计值清零、输出触点复位,Y000 线圈失电。

(2) 32 位加/减计数器。

以计数器 C200 为例,32 位加/减计数器的用法如图 3-1-7 所示。

① 当输入端 X002 闭合时,M8200 为 ON 状态,计数器 C200 执行减计数;当输入端 X001 闭合时,M8200 为 OFF 状态,计数器 C200 执行加计数。

② 加计数时,如果计数器 C200 的当前值等于或大于设定值 K10,则计数器 C200 的输出触点动作,Y000 线圈得电,当前值还会跟随计数信号的变化继续增加。减计数时,如果当前值小于设定值 K10,则计数器 C200 的输出触点复位,Y000 线圈失电,当前值仍会跟随计数信号的变化继续减小。

③ 在任意时刻,断电(断电保持型除外)或接通输入端 X003,计数器将被立即复位,累计值清零、输出触点复位。

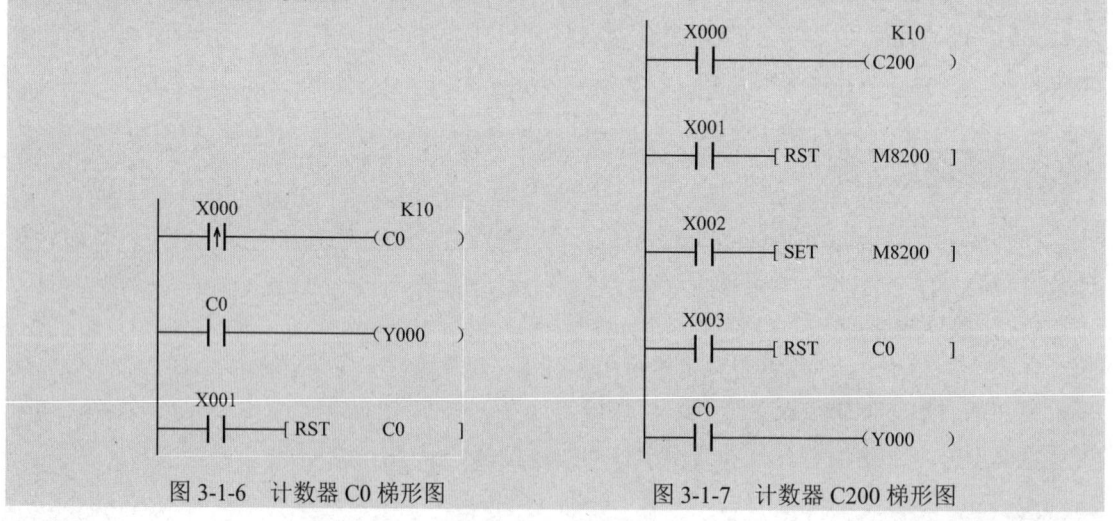

图 3-1-6　计数器 C0 梯形图　　　　图 3-1-7　计数器 C200 梯形图

实例 3-2　计数器控制圆盘转动程序设计

设计要求:按下启动按钮,圆盘正向旋转,圆盘每转动一周,发出一个检测信号,当圆盘正向旋转 2 圈后,圆盘停止旋转。在圆盘静止 5 秒后,圆盘反向旋转,当圆盘反向旋转 2 圈后,圆盘停止旋转。在圆盘静止 5 秒后,圆盘再次正向旋转,如此重复。任意时刻按下停止按钮,圆盘立即停止。当再次启动圆盘时,圆盘按照停止前的方向旋转。

1. 输入/输出元件及其控制功能

实例 3-2 中用到的输入/输出元件地址如表 3-2-1 所示。

表 3-2-1　实例 3-2 输入/输出元件地址

说　明	PLC 软元件	元件文字符号	元件名称	控制功能
输入	X0	SB1	按钮	启动控制
	X1	SB2	按钮	停止控制
	X2	SL1	传感器	信号检测
输出	Y0	KM1	接触器	正转接通或分断电源
	Y1	KM2	接触器	反转接通或分断电源

2. 控制程序设计

【思路点拨】

在本实例中，使用计数器做了三件事：第一件事是计数，记录圆盘的旋转圈数；第二件事是状态保持，使圆盘再启动时恢复原工作状态；第三件事是替换定时器，进行圆盘静止时的定时控制。这三件事其实代表了计数器的三种使用方法，请读者认真分析，进而达到熟练掌握、灵活运用的目的。

用计数控制方式编写圆盘转动控制程序如图 3-2-1 所示。

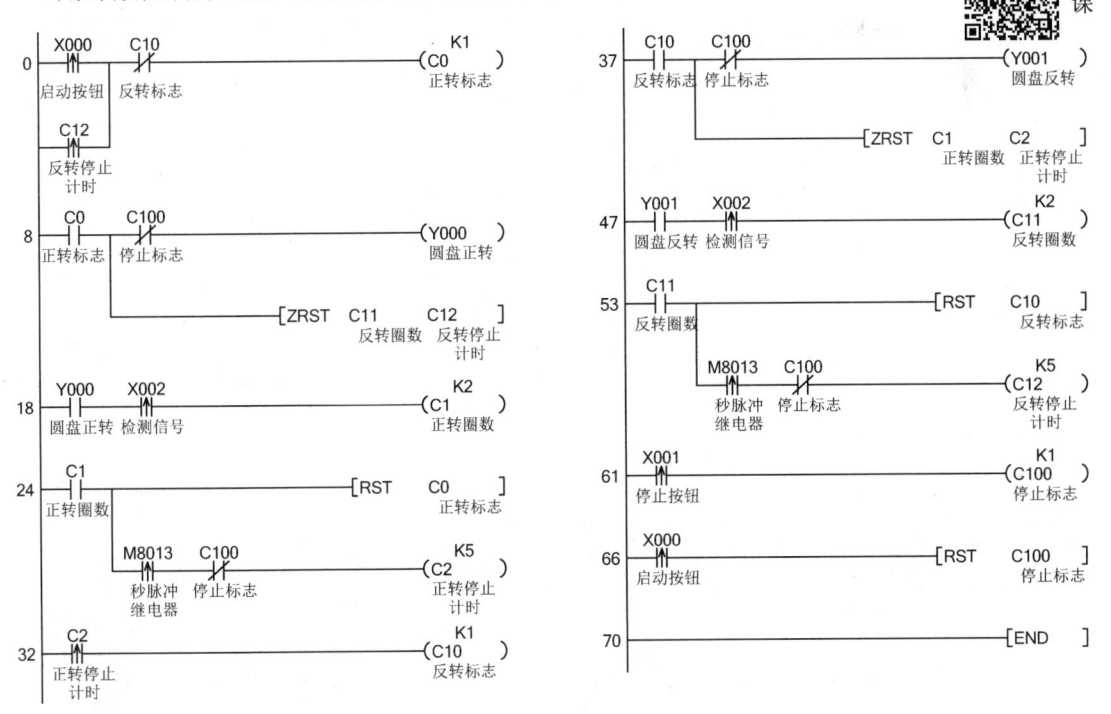

```
 0 ├─X000─┬─C10─┤                        ─(C0  )─ K1
       启动按钮│反转标志                      正转标志
         │
         ├─C12─┤
         反转停止
          计时

 8 ├─C0──┬─C100─┤                       ─(Y000)─
       正转标志│停止标志                      圆盘正转
                                  ─[ZRST C11  C12 ]─
                                        反转圈数 反转停止
                                               计时

18 ├─Y000─┬─X002─┤                      ─(C1  )─ K2
       圆盘正转│检测信号                      正转圈数

24 ├─C1──┤                         ─[RST  C0  ]─
       正转圈数                          正转标志

   ├─M8013─┬─C100─┤                     ─(C2  )─ K5
       秒脉冲│停止标志                      正转停止
       继电器│                                  计时

32 ├─C2──┤                              ─(C10 )─ K1
       正转停止                            反转标志
        计时

37 ├─C10──┬─C100─┤                      ─(Y001)─
       反转标志│停止标志                      圆盘反转
                                  ─[ZRST C1   C2  ]─
                                        正转圈数 正转停止
                                               计时

47 ├─Y001─┬─X002─┤                      ─(C11 )─ K2
       圆盘反转│检测信号                      反转圈数

53 ├─C11──┤                        ─[RST  C10 ]─
       反转圈数                          反转标志

   ├─M8013─┬─C100─┤                     ─(C12 )─ K5
       秒脉冲│停止标志                      反转停止
       继电器│                                  计时

61 ├─X001─┤                             ─(C100)─ K1
       停止按钮                            停止标志

66 ├─X000─┤                        ─[RST  C100]─
       启动按钮                          停止标志

70                                      ─[END ]─
```

图 3-2-1　圆盘转动控制梯形图

程序说明：当按下启动按钮 SB1 时，计数器 C0 动作，C0 的常开触点变为常闭状态，Y0 线圈得电，圆盘开始正转，同时计数器 C11 和 C12 被复位。在 Y0 线圈得电期间，计数器 C1

对传感器检测信号 X2 进行计数。当圆盘正转 2 圈后，计数器 C1 动作，C1 的常开触点变为常闭状态，计数器 C0 被复位，Y0 线圈失电，圆盘停止转动。在 C1 的常开触点闭合期间，计数器 C2 对秒脉冲信号进行计数。

当圆盘停留 5 秒后，计数器 C2 动作，C2 的常开触点变为常闭状态，计数器 C10 动作，Y1 线圈得电，圆盘开始反转，同时计数器 C1 和 C2 被复位。在 Y1 线圈得电期间，计数器 C11 对传感器检测信号 X2 进行计数。当圆盘反转 2 圈后，计数器 C11 动作，C11 的触点由常开状态变为常闭状态，计数器 C10 被复位，Y1 线圈失电，圆盘停止转动。在 C11 的常开触点闭合期间，计数器 C12 对秒脉冲信号进行计数。

当圆盘再次停留 5 秒后，计数器 C12 动作，Y0 线圈得电，圆盘进入循环工作状态。

当按下停止按钮 SB2 时，计数器 C100 动作，C100 的常闭触点变为常开状态，Y0 和 Y1 线圈失电，圆盘停止转动，计数器 C2 和 C12 停止计数，计时停止。

当再次按下启动按钮 SB1 时，计数器 C100 被复位，圆盘继续原来的工作。

实例 3-3　计数器控制电动机星/角减压启动程序设计

设计要求：当按下启动按钮时，电动机先以星形方式启动；启动延时 5 秒后，电动机再以三角形方式运行。当按下停止按钮时，电动机停止运行。

1. 输入/输出元件及其控制功能

实例 3-3 中用到的输入/输出元件地址如表 3-3-1 所示。

表 3-3-1　实例 3-3 输入/输出元件地址

说　明	PLC 软元件	元件文字符号	元 件 名 称	控 制 功 能
输入	X0	SB1	启动按钮	启动控制
	X1	SB2	停止按钮	停止控制
输出	Y0	KM1	主接触器	接通或分断电源
	Y1	KM2	星启动接触器	星启动
	Y2	KM3	角运行接触器	角运行

2. 控制程序设计

【思路点拨】

该程序的设计思路与实例 2-3 完全相同，只不过实例 2-3 使用的是定时器，而本例使用的是计数器，都是为了实现延时控制。

用计数控制方式编写电动机星/角减压启动程序如图 3-3-1 所示。

程序说明：当按下启动按钮 SB1 时，主接触器 Y0 线圈得电并自锁。在 Y0 触点上升沿作用下，Y1 线圈得电并自锁。由于 Y1 常开触点闭合，所以计数器 C0 开始对秒脉冲进行计数，电动机处于星启动阶段。

当计数器 C0 计数满 5 时，计数器 C0 常闭触点动作，Y1 线圈失电，星启动过程结束。

在 Y1 触点下降沿作用下，Y2 线圈得电并自锁，电动机处于角运行阶段。

当按下停止按钮 SB2 时，Y0 和 Y2 线圈均失电，电动机停止运行。

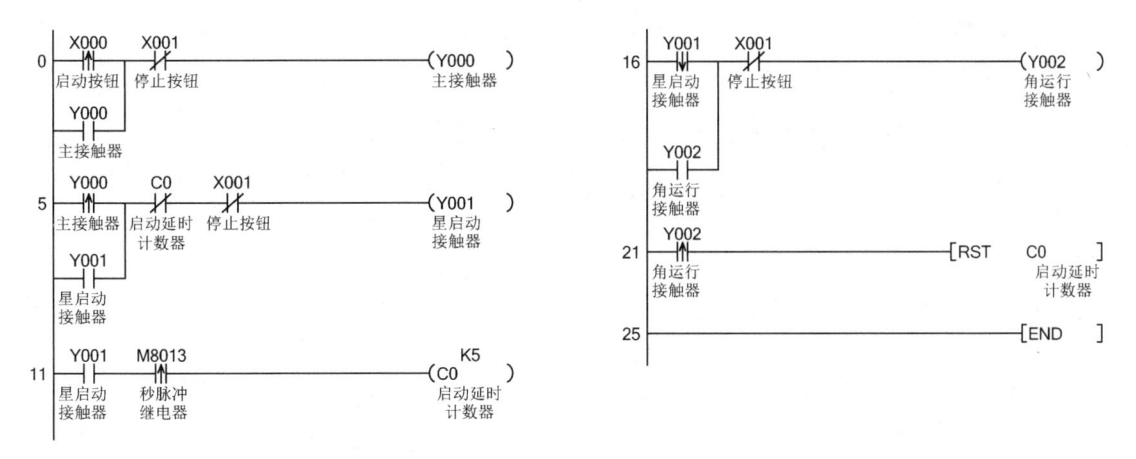

图 3-3-1 计数器控制电动机星/角启动梯形图

实例 3-4　计数器控制小车运货程序设计

设计要求：运货小车往复运行示意图如图 3-4-1 所示。

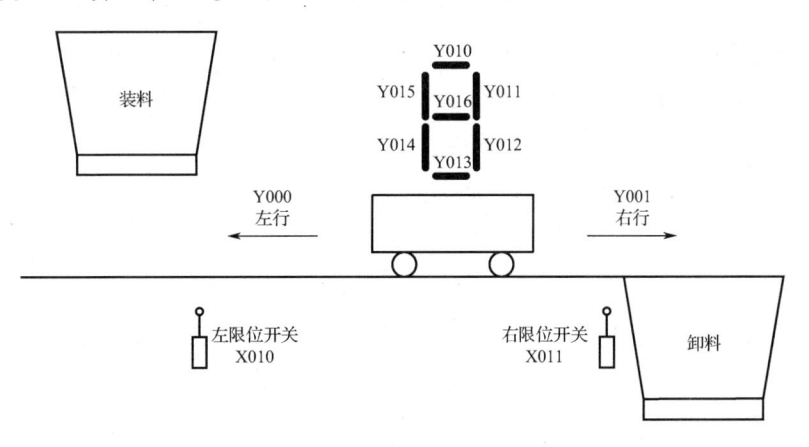

图 3-4-1 运货小车往复运行示意图

（1）初始状态：数码管显示数字 0，小车没有装载货物；小车处于左行程开关位置。

（2）装货过程：每点动一次装卸按钮，数码管显示的数值自动加 1。当装货次数达到 5 次时，装货过程结束。

（3）右行过程：当装货完成后，小车在原地停留 2 秒，然后小车向右行驶，右行指示灯亮，数码管显示数字 5。

（4）卸货过程：当运货小车运行到右限位开关位置时，小车自动停止，每点动一次装卸按钮，数码管显示的数值自动减 1。当卸料次数达到 5 次时，卸料过程结束。

（5）左行过程：当卸货完成后，小车在原地停留 2 秒，然后小车向左行驶，左行指示灯亮，数码管显示数字 0。

（6）循环工作：小车始终处于循环工作状态下。只有当按下停止按钮时，小车才能恢复初始状态。

（7）暂停功能：当按下暂停按钮时，小车停止工作；当再次按下暂停按钮时，小车继续按原状态工作。

1. 输入/输出元件及其控制功能

实例 3-4 中用到的输入/输出元件地址如表 3-4-1 所示。

表 3-4-1　实例 3-4 输入/输出元件地址

说　明	PLC 软元件	元件文字符号	元件名称	控　制　功　能
输入	X000	SB1	按钮	暂停控制
	X001	SB2	按钮	停止控制
	X002	SB3	按钮	装卸控制
	X010	SQ1	行程开关	左限位检测
	X011	SQ2	行程开关	右限位检测
输出	Y000	KM1	接触器	左行控制
	Y001	KM2	接触器	右行控制
	Y010~Y017		数码管	货物数量显示

2. 控制程序设计

【思路点拨】

在编写该程序时，应着重解决两个问题：一个问题是如何掌握小车的装载信息；另一个问题是如何控制小车的行进方向。针对第一个问题，可以使用一个可逆计数器对装/卸货进行加/减计数，只要能读取可逆计数器的当前值，就能准确掌握小车的装载信息。针对第二个问题，结合触点比较指令，把可逆计数器的当前值当作一个字元件，根据比较的结果确定小车的行进方向。

用计数控制方式编写运货小车定时往复运行程序如图 3-4-2 所示。

```
        M8002
 0  ────┤├────────────────────────[RST  C200  ]
        初始化                          货物数量
                                        计数器
        X001
    ────┤├────────────────────[ZRST Y000  Y017 ]
        停止                            小车右行
        按钮
        X000
 10 ────┤├────────────────────────[ALT  M8034 ]
        暂停                            禁止输出
        按钮                            继电器
        M8034
 15 ────┤├────────────────────────[CJ   P0    ]
        禁止输出
        继电器
```

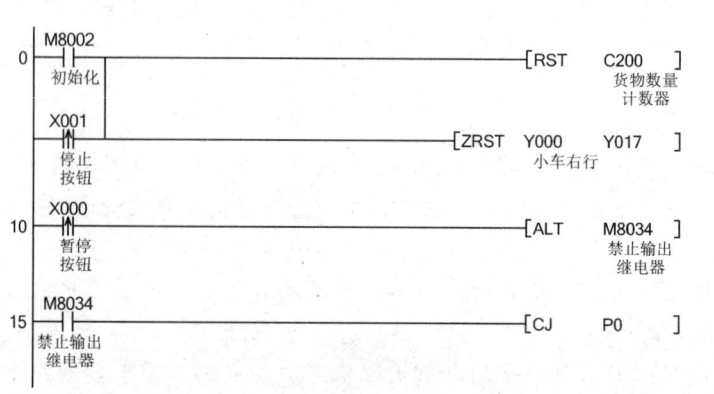

图 3-4-2　运货小车往复运行梯形图

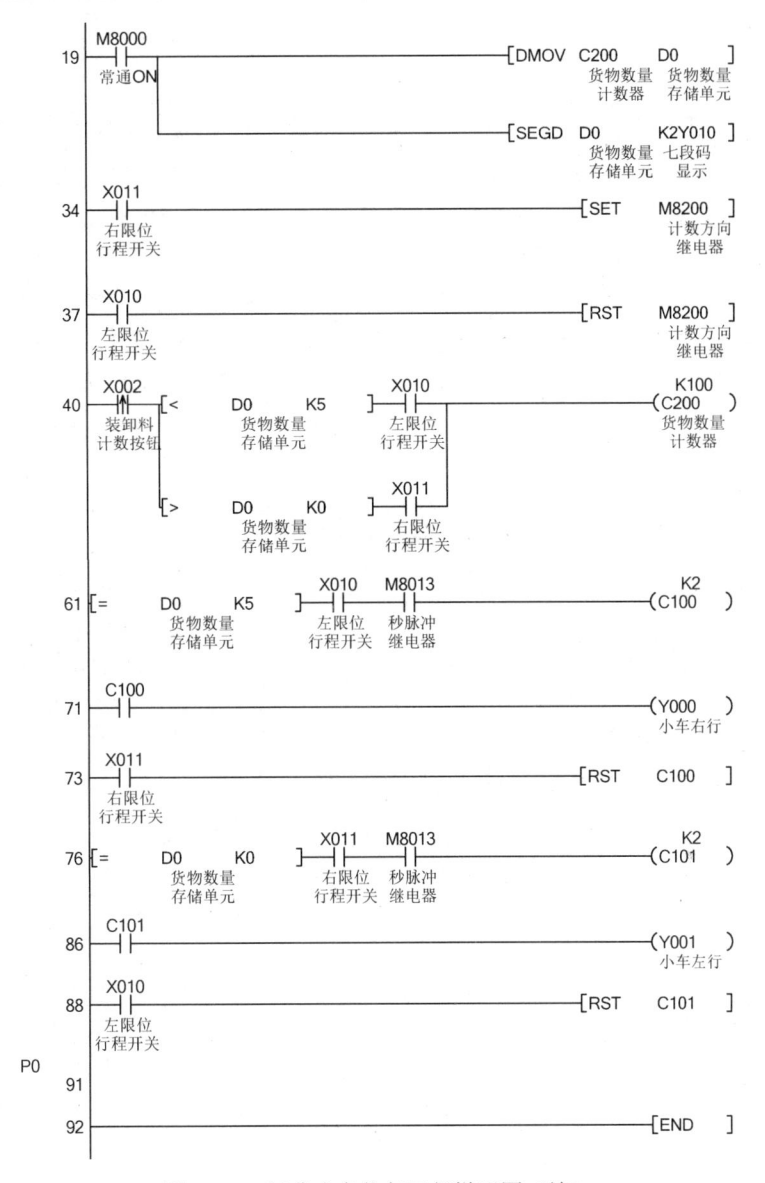

```
          M8000
    19    ──┤├──────────────────────────[DMOV  C200    D0    ]
          常通ON                              货物数量  货物数量
                                              计数器    存储单元

                                        ─────[SEGD  D0    K2Y010 ]
                                              货物数量  七段码
                                              存储单元  显示

          X011
    34    ──┤├──────────────────────────────────[SET   M8200 ]
          右限位                                        计数方向
          行程开关                                       继电器

          X010
    37    ──┤├──────────────────────────────────[RST   M8200 ]
          左限位                                        计数方向
          行程开关                                       继电器

          X002        D0    K5     X010                    K100
    40    ──┤├──[<          ]──┬──┤├──┬────────────(C200   )
          装卸料   货物数量         左限位                  货物数量
          计数按钮  存储单元         行程开关                  计数器

                    D0    K0      X011
                ─[>          ]──┴──┤├──┘
                   货物数量          右限位
                   存储单元          行程开关

               D0    K5    X010  M8013                    K2
    61    [=         ]──┤├───┤├─────────────────────(C100   )
             货物数量      左限位  秒脉冲
             存储单元      行程开关 继电器

          C100
    71    ──┤├───────────────────────────────────────(Y000  )
                                                       小车右行

          X011
    73    ──┤├──────────────────────────────────[RST   C100  ]
          右限位
          行程开关

               D0    K0    X011  M8013                    K2
    76    [=         ]──┤├───┤├─────────────────────(C101   )
             货物数量      右限位  秒脉冲
             存储单元      行程开关 继电器

          C101
    86    ──┤├───────────────────────────────────────(Y001  )
                                                       小车左行

          X010
    88    ──┤├──────────────────────────────────[RST   C101  ]
          左限位
          行程开关
     P0
    91
    92    ──────────────────────────────────────────[END   ]
```

图 3-4-2　运货小车往复运行梯形图（续）

程序说明：PLC 上电后，程序先进行初始化，在 M8002 触点的驱动下，PLC 执行[RST C200]指令，将计数器 C200 复位；PLC 执行[ZRST　Y000　Y017]指令，将输出继电器 Y000～Y017 复位。在 M8000 触点的驱动下，PLC 执行[DMOV　C200　D0]指令，将 C200 中的数值存放到 D0 中；PLC 执行[SEGD　D0　K2Y010]指令，将 D0 中的数值译成七段码，并通过#1 输出单元显示该数值。

当小车在左限位开关位置时，行程开关 SQ1 受压，继电器 M8200 为 OFF 状态，C200 的计数方向是加计数。每点动一次装卸按钮 X2，C200 中的数值加 1，直到（C200）=5 结束。

当小车在右限位开关位置时，行程开关 SQ2 受压，继电器 M8200 为 ON 状态，C200 的计数方向是减计数。每点动一次装卸按钮 X2，C200 中的数值减 1，直到（C200）=0 结束。

当小车停在左限位开关位置，并且（C200）=5 时，计数器 C100 开始对秒脉冲信号进行计数。当（C100）=2 时，计数器 C100 动作，C100 的触点由常开变为常闭，Y0 线圈得电，小车向右行驶。当小车向右行驶到右限位开关位置时，行程开关 SQ2 受压，PLC 执行[RST C100]指令，Y0 线圈失电，小车右行停止。

当小车停在右限位开关位置，并且（C200）=0 时，计数器 C101 开始对秒脉冲信号进行计数。当（C101）=2 时，计数器 C101 动作，C101 的触点由常开变为常闭，Y1 线圈得电，小车向左行驶。当小车向左行驶到左限位开关位置时，行程开关 SQ1 受压，PLC 执行[RST C101]指令，Y1 线圈失电，小车左行停止。

当按下暂停按钮 SB1 时，PLC 执行[ALT M8034]指令，继电器 M8034 的触点由常开变为常闭，PLC 的全部对外输出被停止；PLC 执行[CJ P0]指令，程序流程发生了跳转，小车实现了暂停。当再次按下暂停按钮 SB1 时，PLC 执行[ALT M8034]指令，继电器 M8034 的触点由常闭恢复为常开，PLC 的全部对外输出被允许，PLC 主程序不跳转，小车以原状态恢复运行。

实例 3-5 计数器控制流水灯程序设计

设计要求：用两个控制按钮控制 8 个彩灯，实现单点左右循环点亮，时间间隔为 1 秒。当按下启动按钮时，彩灯开始循环点亮；当按下停止按钮时，彩灯立即全部熄灭。

1. 输入/输出元件及其控制功能

实例 3-5 中用到的输入/输出元件地址如表 3-5-1 所示。

表 3-5-1 实例 3-5 输入/输出元件地址

说　明	PLC 软元件	元件文字符号	元 件 名 称	控 制 功 能
输入	X0	SB1	启动按钮	启动控制
	X1	SB2	停止按钮	停止控制
输出	Y0	HL1	彩灯 1	状态显示
	Y1	HL2	彩灯 2	状态显示
	Y2	HL3	彩灯 3	状态显示
	Y3	HL4	彩灯 4	状态显示
	Y4	HL5	彩灯 5	状态显示
	Y5	HL6	彩灯 6	状态显示
	Y6	HL7	彩灯 7	状态显示
	Y7	HL8	彩灯 8	状态显示

2. 程序设计

（1）采用位控并行方式编写程序。

【思路点拨】

依据题意，8 个彩灯单点左右循环点亮全过程可分为 14 个工作状态。对应每个工作状态都使用一个计数器进行计时，由于采用并行方式编写程序，所以这 14 个计数器计时的起始时间是相同的，但其设定时间是不同的。若某个计数器计时已满，则该计数器就能驱动对应的工作状态。

① 采用计数并行方式编写的彩灯单点左右循环点亮程序如图 3-5-1 所示。

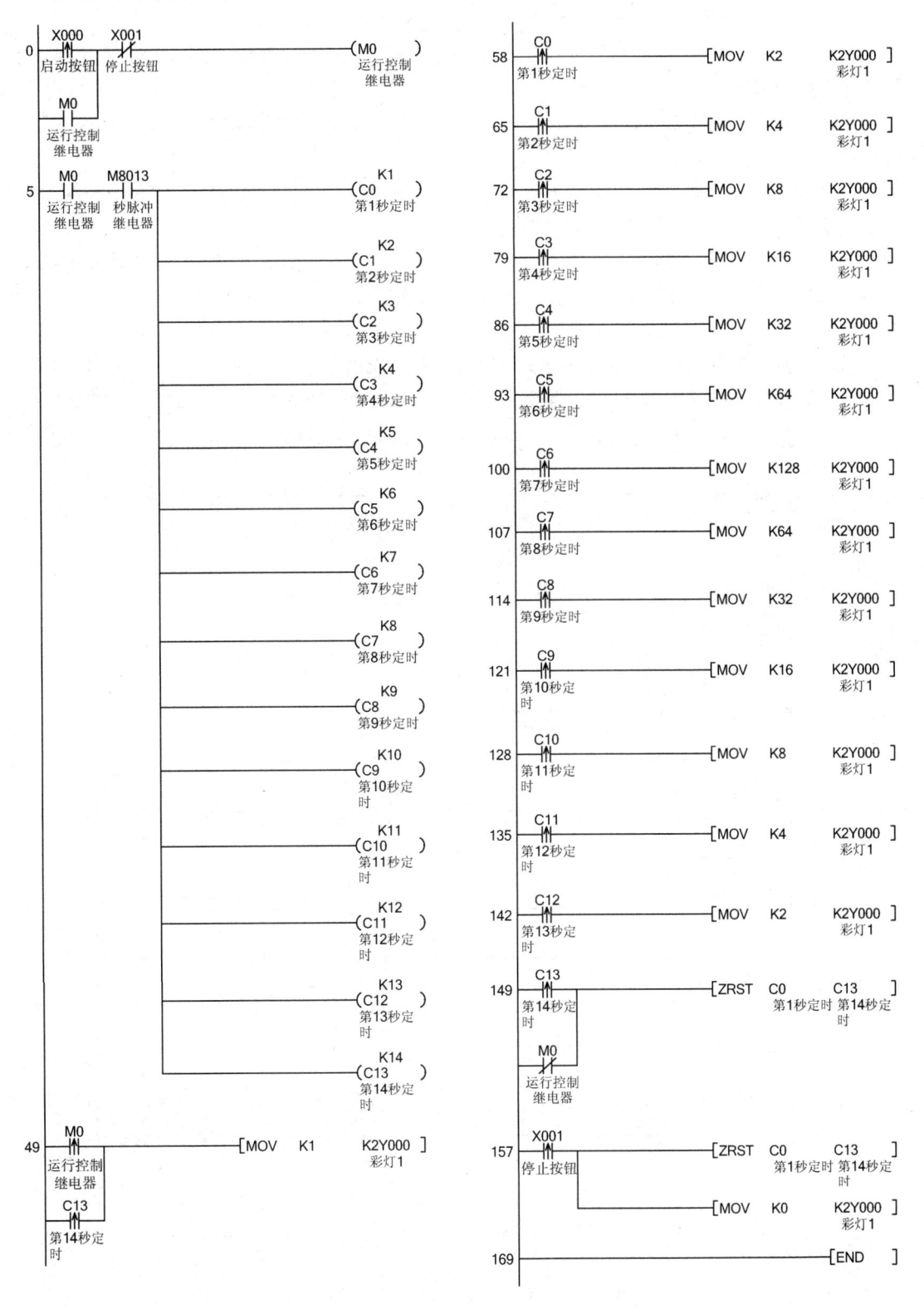

```
                                                                                    C0
  0 ──┤X000├──┤/X001├──────────────────────(M0)                            58 ──┤├──────────────────[MOV  K2    K2Y000]
      启动按钮  停止按钮                      运行控制                              第1秒定时                              彩灯1
       │                                    继电器
       │  M0                                                                        C1
       └─┤├─                                                                65 ──┤├──────────────────[MOV  K4    K2Y000]
         运行控制                                                                    第2秒定时                              彩灯1
         继电器

       M0       M8013                         K1                                    C2
  5 ──┤├──────┤├──────────────────────(C0)                               72 ──┤├──────────────────[MOV  K8    K2Y000]
     运行控制   秒脉冲                         第1秒定时                            第3秒定时                              彩灯1
     继电器    继电器
                                              K2                                    C3
                       ├───────────────(C1)                                79 ──┤├──────────────────[MOV  K16   K2Y000]
                                              第2秒定时                             第4秒定时                              彩灯1

                                              K3                                    C4
                       ├───────────────(C2)                                86 ──┤├──────────────────[MOV  K32   K2Y000]
                                              第3秒定时                             第5秒定时                              彩灯1

                                              K4                                    C5
                       ├───────────────(C3)                                93 ──┤├──────────────────[MOV  K64   K2Y000]
                                              第4秒定时                             第6秒定时                              彩灯1

                                              K5                                    C6
                       ├───────────────(C4)                               100 ──┤├──────────────────[MOV  K128  K2Y000]
                                              第5秒定时                             第7秒定时                              彩灯1

                                              K6                                    C7
                       ├───────────────(C5)                               107 ──┤├──────────────────[MOV  K64   K2Y000]
                                              第6秒定时                             第8秒定时                              彩灯1

                                              K7                                    C8
                       ├───────────────(C6)                               114 ──┤├──────────────────[MOV  K32   K2Y000]
                                              第7秒定时                             第9秒定时                              彩灯1

                                              K8                                    C9
                       ├───────────────(C7)                               121 ──┤├──────────────────[MOV  K16   K2Y000]
                                              第8秒定时                             第10秒定时                             彩灯1

                                              K9                                    C10
                       ├───────────────(C8)                               128 ──┤├──────────────────[MOV  K8    K2Y000]
                                              第9秒定时                             第11秒定时                             彩灯1

                                              K10                                   C11
                       ├───────────────(C9)                               135 ──┤├──────────────────[MOV  K4    K2Y000]
                                              第10秒定时                            第12秒定时                             彩灯1

                                              K11                                   C12
                       ├───────────────(C10)                              142 ──┤├──────────────────[MOV  K2    K2Y000]
                                              第11秒定时                            第13秒定时                             彩灯1

                                              K12                                   C13
                       ├───────────────(C11)                              149 ──┤├──────────────────[ZRST C0    C13   ]
                                              第12秒定时                            第14秒定时                             第1秒定时 第14秒定时
                                              K13                                   M0
                       ├───────────────(C12)                                   ├─┤/├─
                                              第13秒定时                            运行控制
                                                                                    继电器
                                              K14
                       └───────────────(C13)
                                              第14秒定时
                                                                                    X001
       M0                                                                 157 ──┤├──────────────────[ZRST C0    C13   ]
 49 ──┤├──────────────────[MOV  K1   K2Y000]                                      停止按钮                             第1秒定时 第14秒定时
     运行控制                               彩灯1
     继电器                                                                        ├──────────────────[MOV  K0    K2Y000]
      C13                                                                                                                彩灯1
     ─┤├─
     第14秒定时                                                            169 ──────────────────────────────────[END]
```

图 3-5-1 用计数并行方式设计的梯形图

程序说明：当按下启动按钮 SB1 时，PLC 执行[MOV K1 K2Y000]指令，使 Y0 线圈得电，第 1 盏彩灯被点亮。在 Y0 线圈得电期间，计数器 C0 开始计时。

当计数器 C0 计时 1 秒时间到时，PLC 执行[MOV K2 K2Y000]指令，使 Y1 线圈得电，第 2 盏彩灯被点亮。

当计数器 C1 计时 2 秒时间到时，PLC 执行[MOV K4 K2Y000]指令，使 Y2 线圈得电，第 3 盏彩灯被点亮。

以此类推，一直编写到计数器 C12 计时 13 秒时间到，PLC 执行[MOV K2 K2Y000]指令，使 Y1 线圈得电，第 2 盏彩灯被点亮。

当计数器 C13 计时 14 秒时间到时，计数器 C13 的常开触点瞬时闭合，PLC 再次执行[MOV K1 K2Y000]指令，使 Y0 线圈得电，第 1 盏彩灯被点亮；计数器被全部复位，程序进入循环执行状态。

当按下停止按钮 SB2 时，M0 线圈失电；PLC 执行[ZRST C0 C13]指令，计数器被全部复位；PLC 执行[MOV K0 K2Y000]指令，输出继电器被全部复位，彩灯全部熄灭。

② 采用计数译码方式编写的彩灯单点左右循环点亮程序如图 3-5-2 所示。

```
 0  ──┤X000├─────────────────────────────[SET  M0 ]
        启动按钮

 3  ──┤X001├─────────────────────────────[RST  M0 ]
        停止按钮
                                          [RST  M8200]
                                          [RST  C200 ]
                                          [RST  D0   ]
                                          [MOV  K0   K2Y000]

17  ──┤M0├──┤↑M8013├─────────────────────(C200  K10)
                                          [DMOV C200  D0]
                                          [DECO D0  Y000  K4]

43  ──┤Y007├─────────────────────────────[SET  M8200]

46  ──┤Y000├─────────────────────────────[RST  M8200]

49  ─────────────────────────────────────[END]
```

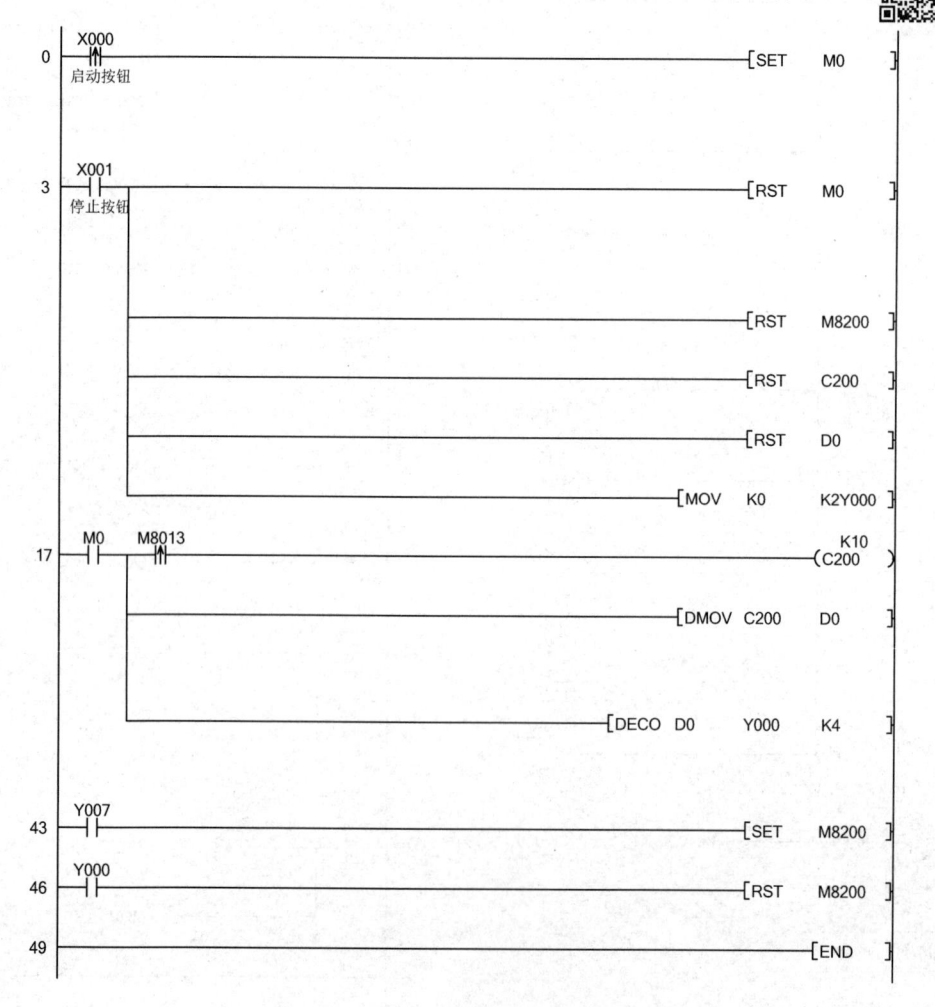

图 3-5-2 用计数译码方式设计的梯形图

程序说明：当按下启动按钮 SB1 时，PLC 执行[SET M0]指令，使 M0 线圈得电，M0 的常开触点闭合。在脉冲继电器 M8013 作用下，计数器 C200 开始计数，计数方向由 M8200 控制；PLC 执行[DMOV C200 D0]指令，数据寄存器 D0 存储 C200 的计数值；当 D0 按照 K0～K7～K0 顺序依次变化时，PLC 执行[DECO D0 Y000 K4]指令，输出继电器就能按照 Y0～Y7～Y0 顺序依次得电，使彩灯单点左右循环点亮。

计数器 C200 的计数方向由 M8200 控制。当 Y7 得电时，Y7 的常开触点闭合，PLC 执行[SET M8200]指令，M8200 为 ON 状态，计数器 C200 的计数方向为减计数。当 Y0 得电时，Y0 的常开触点闭合，PLC 执行[RST M8200]指令，M8200 为 OFF 状态，计数器 C200 的计数方向为加计数。

当按下停止按钮 SB2 时，PLC 执行复位指令，使（C200）=0、（D0）=0、（K2Y000）=0、M0=0、M8200=0，彩灯全部熄灭。

（2）用字控方式设计程序。

【思路点拨】

根据题意要求，8 个彩灯的点亮顺序是按数字排序依次进行的。因此，我们对每个彩灯都赋予一个给定值，当计数器的经过值与某个彩灯的给定值相等时，该彩灯对应的输出继电器得电，使对应的彩灯被点亮。

采用当前值比较方式编写的彩灯单点左右循环点亮程序如图 3-5-3 所示。

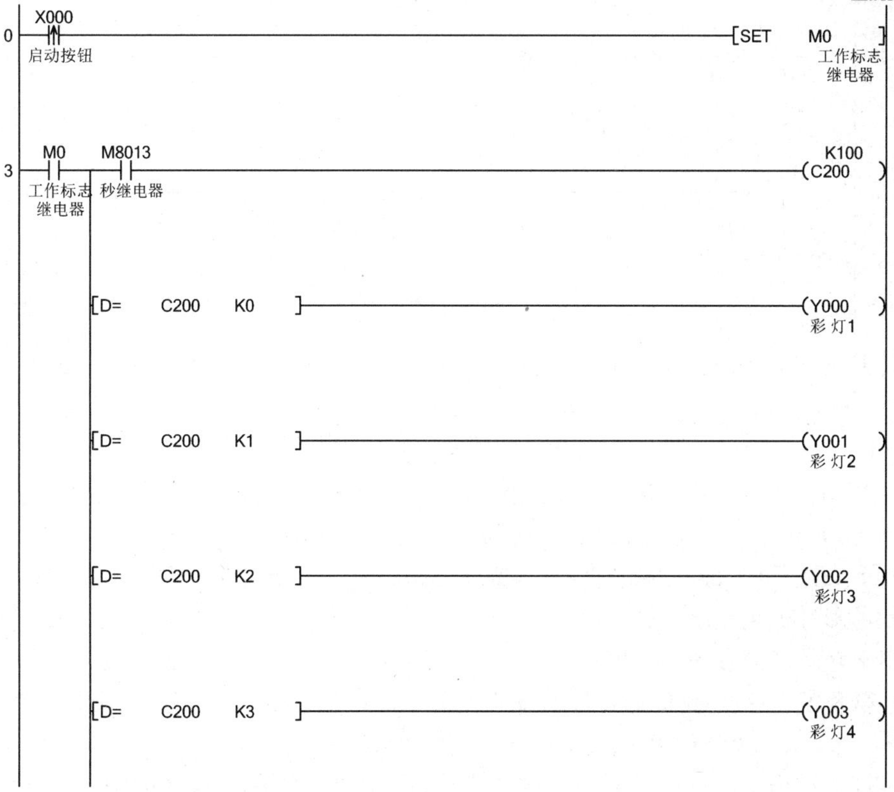

图 3-5-3 用当前值比较方式设计的梯形图

```
        ┌[D=   C200    K4 ]────────────────────(Y004)─┐
        │                                      彩灯5   │
        │                                              │
        ├[D=   C200    K5 ]────────────────────(Y005)─┤
        │                                      彩灯6   │
        │                                              │
        ├[D=   C200    K6 ]────────────────────(Y006)─┤
        │                                      彩灯7   │
        │                                              │
        └[D=   C200    K7 ]────────────────────(Y007)─┘
                                               彩灯8

       Y007
99  ───┤↑├──────────────────────────────────[SET  M8200]
       彩灯8

       Y000
103 ───┤/├──────────────────────────────────[RST  M8200]
       彩灯1

       X001
107 ───┤ ├──────────────────────────────────[RST  M0    ]
       停止按钮                                   工作标志
                                                 继电器

                                            [RST  C200  ]

                                            [RST  M8200 ]

114                                         [END]
```

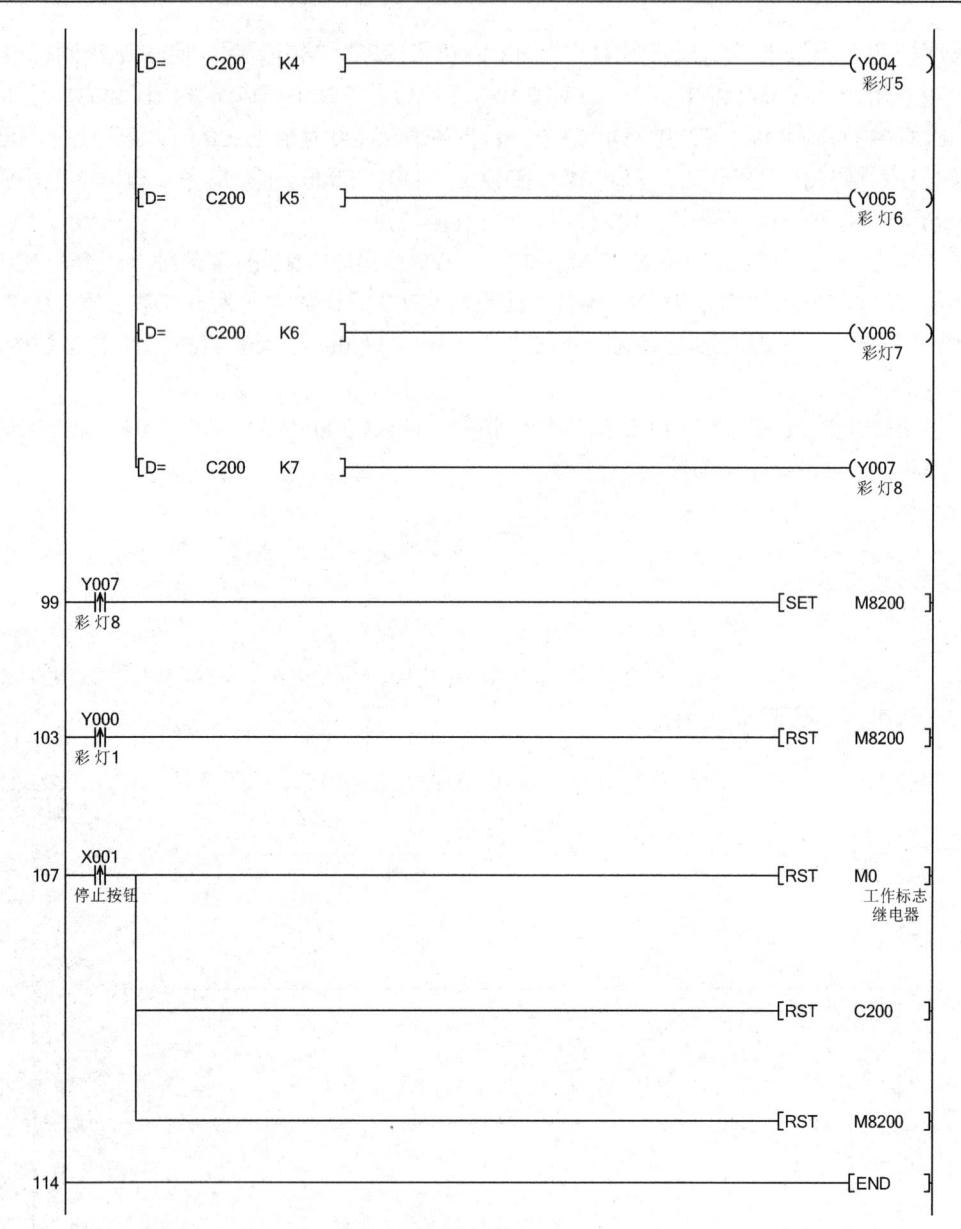

图 3-5-3 用当前值比较方式设计的梯形图（续）

程序说明：当按下启动按钮 SB1 时，M0 线圈得电并自锁，M0 的常开触点闭合。由于 M8200 为 OFF 状态，所以计数器 C200 开始对秒脉冲进行加计数。

在加计数过程中，PLC 执行[D= C200 K0]指令，如果判断的结果为真，则 Y0 线圈得电，第 1 盏彩灯被点亮；PLC 执行[D= C200 K1]指令，如果判断的结果为真，则 Y1 线圈得电，第 2 盏彩灯被点亮。以此类推，一直编写到 PLC 执行[D= C200 K7]指令，使 Y7 线圈得电，第 8 盏彩灯被点亮。当 Y7 线圈得电时，PLC 执行[SET M8200]指令，使 M8200 为 ON 状态，计数器 C200 开始对秒脉冲进行减计数。

在减计数过程中，PLC 还是执行触点比较指令，继续判断计数器 C200 的当前值，根据 C200 的当前值，驱动对应的继电器得电，使对应的彩灯被点亮。当 Y0 线圈再次得电时，PLC

执行[RST　M8200]指令，使 M8200 为 OFF 状态，计数器 C200 又开始对秒脉冲进行加计数，程序进入循环执行状态。

当按下停止按钮 SB2 时，M0 线圈失电。PLC 执行复位指令，使（C200）=0、（D0）=0、M8200=0，彩灯全部熄灭。

实例 3-6　计数器控制交通信号灯运行程序设计

设计要求：按下启动按钮，交通信号灯系统按图 3-6-1 所示要求开始工作，绿灯闪烁的周期为 0.4 秒；按下停止按钮，所有信号灯熄灭。

东西向：红灯亮10秒 | 绿灯亮5秒 | 绿灯闪3秒 | 黄灯亮2秒

南北向：绿灯亮5秒 | 绿灯闪3秒 | 黄灯亮2秒 | 红灯亮10秒

图 3-6-1　交通信号灯运行控制要求

1. 输入/输出元件及其控制功能

实例 3-6 中用到的输入/输出元件地址如表 3-6-1 所示。

表 3-6-1　实例 3-6 输入/输出元件地址

说　明	PLC 软元件	元件文字符号	元件名称	控制功能
输入	X0	SB1	启动按钮	启动控制
	X1	SB2	停止按钮	停止控制
输出	Y0	HL1	东西向红灯	东西向禁行
	Y1	HL2	东西向绿灯	东西向通行
	Y2	HL3	东西向黄灯	东西向信号转换
	Y3	HL4	南北向红灯	南北向禁行
	Y4	HL5	南北向绿灯	南北向通行
	Y5	HL6	南北向黄灯	南北向信号转换

2. 程序设计

【思路点拨】

该系统的工作周期是 20 秒，而这 20 秒时间又被划分为 6 个时间段，即 0～5 秒、5～8 秒、8～10 秒、10～15 秒、15～18 秒和 18～20 秒。每个时间段对应一个启保停电路，我们可以采用计数器控制每个时间段的启动和停止，只不过此时的计数器被当作定时器来使用了。

（1）用位控方式设计程序。

① 用串行方式编写的交通信号灯运行控制程序如图 3-6-2 所示。

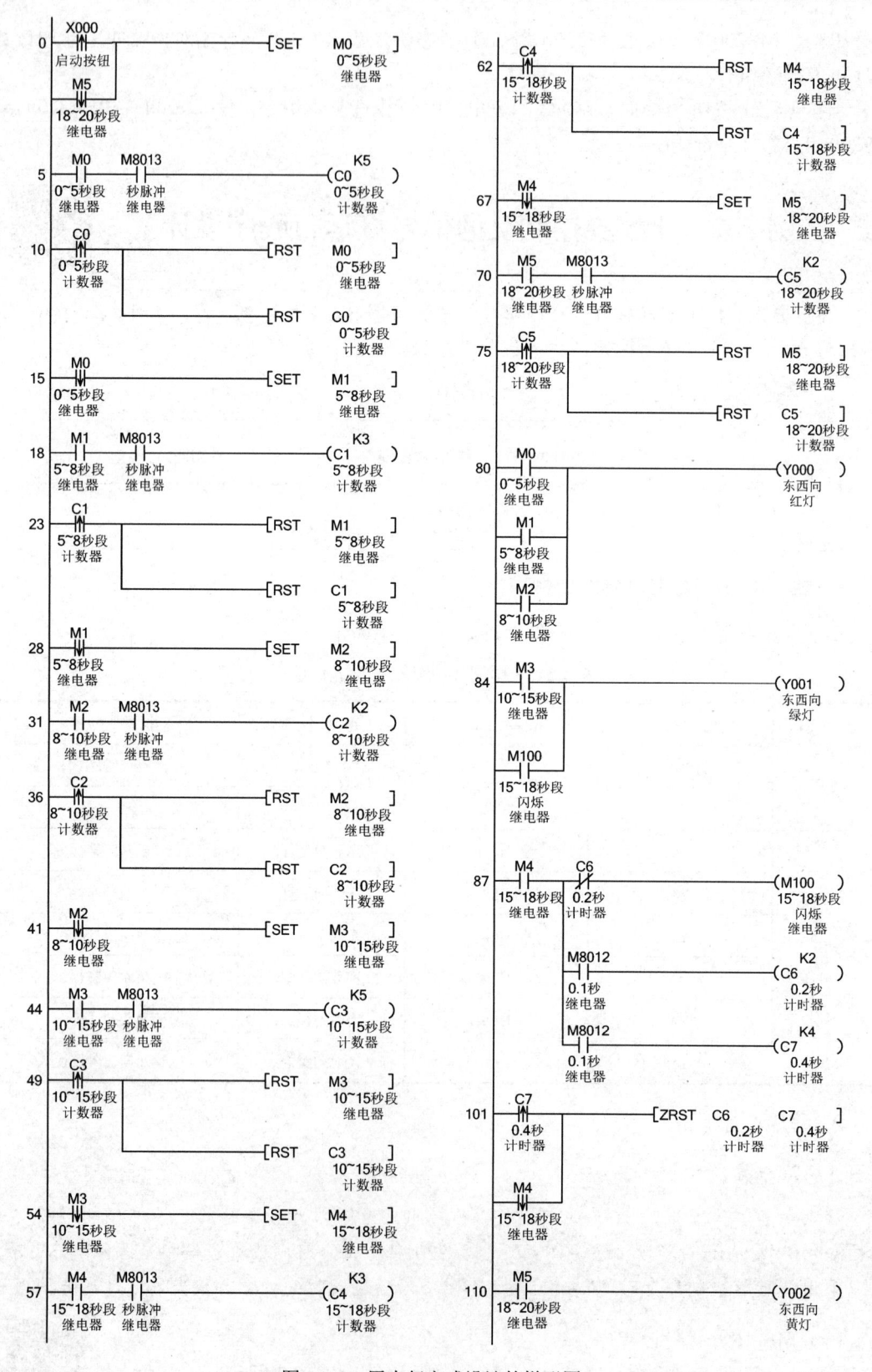

图 3-6-2 用串行方式设计的梯形图

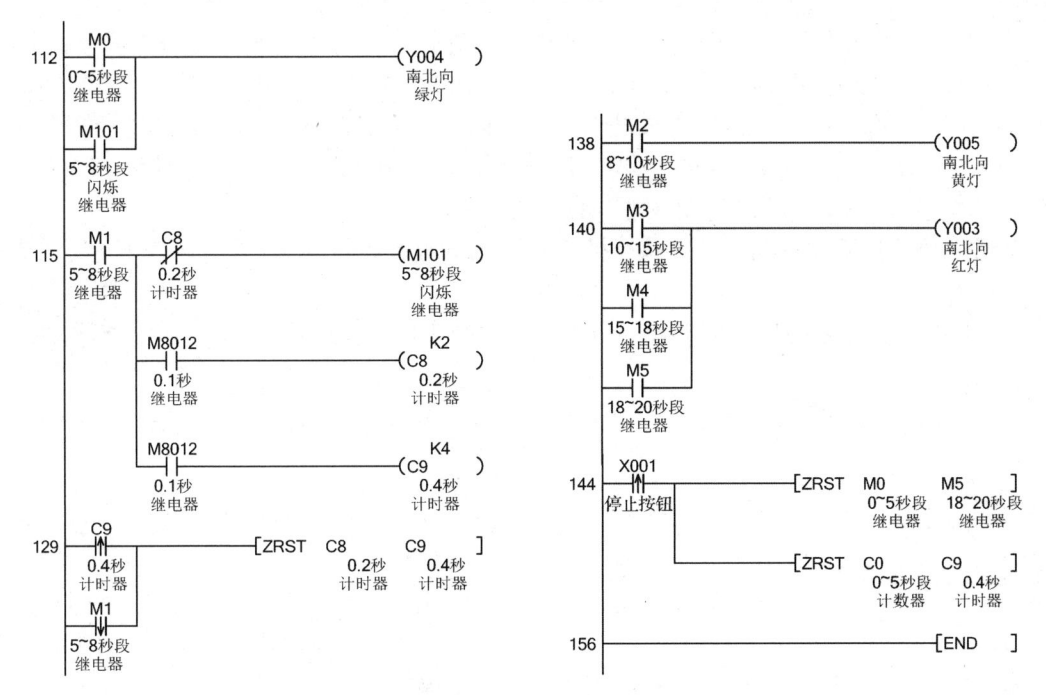

```
         M0                                      (Y004  )
112     ─┤├─────────────────────────────────────  南北向
        0~5秒段                                    绿灯
        继电器
        M101
       ─┤├──
       5~8秒段
       闪烁
       继电器

         M1    C8                                 (M101  )
115     ─┤├──┤/├──────────────────────────────    5~8秒段
        5~8秒段 0.2秒                               闪烁
        继电器  计时器                               继电器

        M8012                                     K2
       ─┤├──────────────────────────────────────(C8  )
        0.1秒                                     0.2秒
        继电器                                    计时器

        M8012                                     K4
       ─┤├──────────────────────────────────────(C9  )
        0.1秒                                     0.4秒
        继电器                                    计时器

         C9
129     ─┤├────────────────────────[ZRST  C8   C9  ]
        0.4秒                              0.2秒  0.4秒
        计时器                             计时器 计时器
         M1
        ─┤/├─
        5~8秒段
        继电器
```

```
         M2                                      (Y005  )
138     ─┤├─────────────────────────────────────  南北向
        8~10秒段                                   黄灯
        继电器
         M3                                      (Y003  )
140     ─┤├─────────────────────────────────────  南北向
        10~15秒段                                  红灯
        继电器
         M4
        ─┤├──
        15~18秒段
        继电器
         M5
        ─┤├──
        18~20秒段
        继电器

        X001
144    ─┤/├──────────────────────[ZRST  M0    M5    ]
        停止按钮                         0~5秒段 18~20秒段
                                        继电器  继电器

                                  [ZRST  C0    C9    ]
                                         0~5秒    0.4秒
                                         计数器   计时器

156                                               [END  ]
```

图 3-6-2 用串行方式设计的梯形图（续）

程序说明：当按下启动按钮 SB1 时，PLC 执行[SET M0]指令，M0 线圈得电，启动 0~5 秒时间段控制；同时计数器 C0 开始对秒脉冲进行计数。当计数器 C0 计数满 5 次时，C0 常开触点动作，PLC 执行[RST M0]指令，M0 线圈失电；PLC 执行[RST C0]指令，计数器 C0 被复位。

在 M0 下降沿作用下，PLC 执行[SET M1]指令，M1 线圈得电，启动 5~8 秒时间段控制；同时计数器 C1 开始对秒脉冲进行计数，当计数器 C1 计数满 3 次时，计数器 C1 常开触点动作，PLC 执行[RST M1]指令，M1 线圈失电；PLC 执行[RST C1]指令，计数器 C1 被复位。

在 M1 下降沿作用下，PLC 执行[SET M2]指令，M2 线圈得电，启动 8~10 秒时间段控制；同时计数器 C2 开始对秒脉冲进行计数，当计数器 C2 计数满 2 次时，计数器 C2 常开触点动作，PLC 执行[RST M2]指令，M2 线圈失电；PLC 执行[RST C2]指令，计数器 C2 被复位。

在 M2 下降沿作用下，PLC 执行[SET M3]指令，M3 线圈得电，启动 10~15 秒时间段控制；同时计数器 C3 开始对秒脉冲进行计数，当计数器 C3 计数满 5 次时，计数器 C3 常开触点动作，PLC 执行[RST M3]指令，M3 线圈失电；PLC 执行[RST C3]指令，计数器 C3 被复位。

在 M3 下降沿作用下，PLC 执行[SET M4]指令，M4 线圈得电，启动 15~18 秒时间段控制；同时计数器 C4 开始对秒脉冲进行计数，当计数器 C4 计数满 3 次时，计数器 C4 常开触点动作，PLC 执行[RST M4]指令，M4 线圈失电；PLC 执行[RST C4]指令，计数器 C4 被复位。

在 M4 下降沿作用下，PLC 执行[SET M5]指令，M5 线圈得电，启动 18~20 秒时间段控制；同时计数器 C5 开始对秒脉冲进行计数，当计数器 C5 计数满 2 次时，计数器 C5 常开触点动作，PLC 执行[RST M5]指令，M5 线圈失电；PLC 执行[RST C5]指令，计数器 C5 被复位。

在 M5 下降沿作用下，PLC 再次执行[SET M0]指令，使多段定时控制进入循环状态。

根据各个交通信号灯的运行时序要求，分别将 M0、M1 和 M2 组成逻辑"或"电路，驱动东西向红灯 Y0；将 M3 和 M4 组成逻辑"或"电路，驱动东西向绿灯 Y1；M5 驱动东西向黄灯 Y2；将 M3、M4 和 M5 组成逻辑"或"电路，驱动南北向红灯 Y3；将 M0 和 M1 组成逻辑"或"电路，驱动南北向绿灯 Y4；M2 驱动南北向黄灯 Y5。

当按下停止按钮 SB2 时，PLC 执行批量复位指令，使 M0～M5 线圈同时失电，交通信号灯停止运行。

② 用并行方式编写的交通信号灯运行控制程序如图 3-6-3 所示。

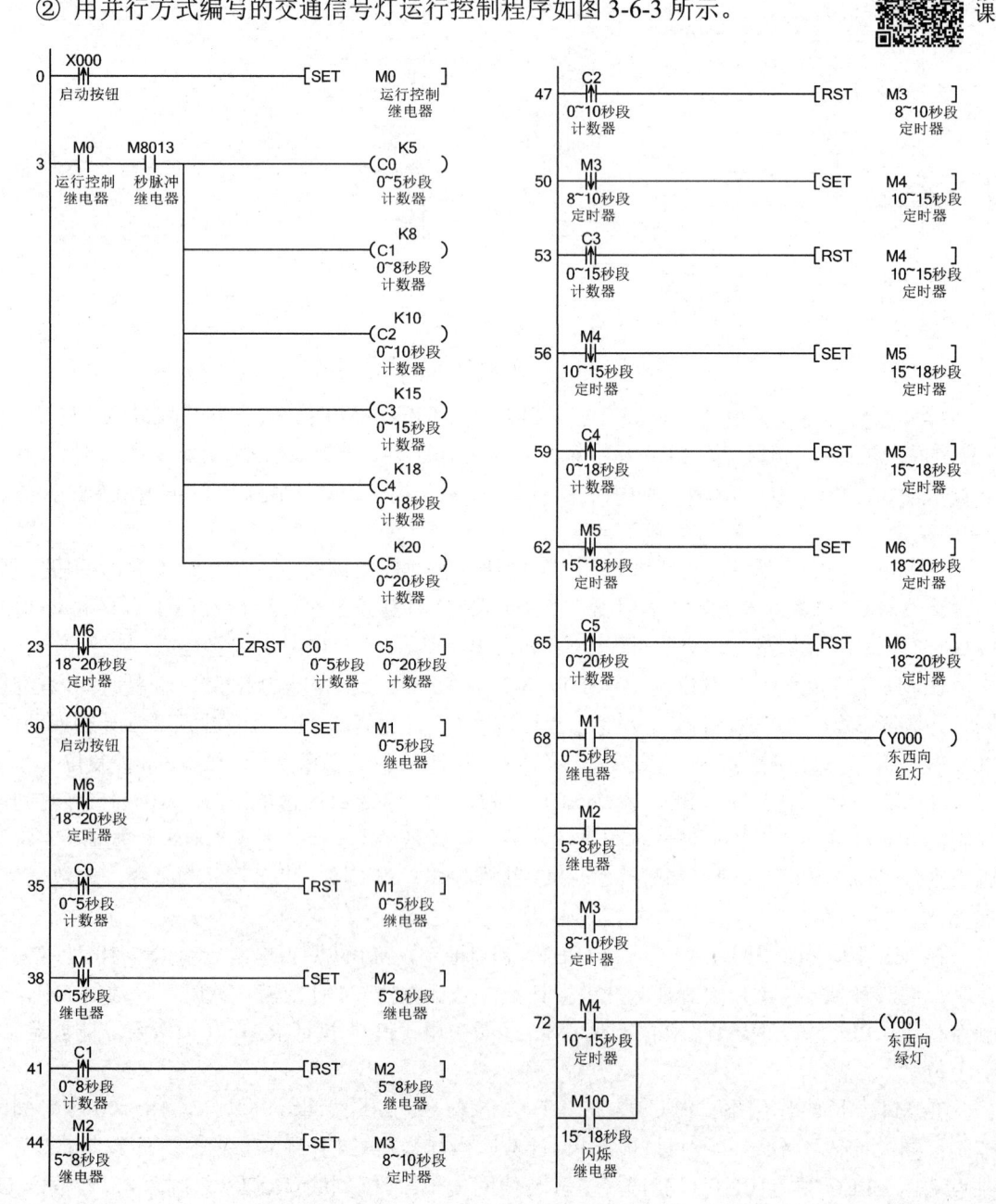

图 3-6-3 用并行方式设计的梯形图

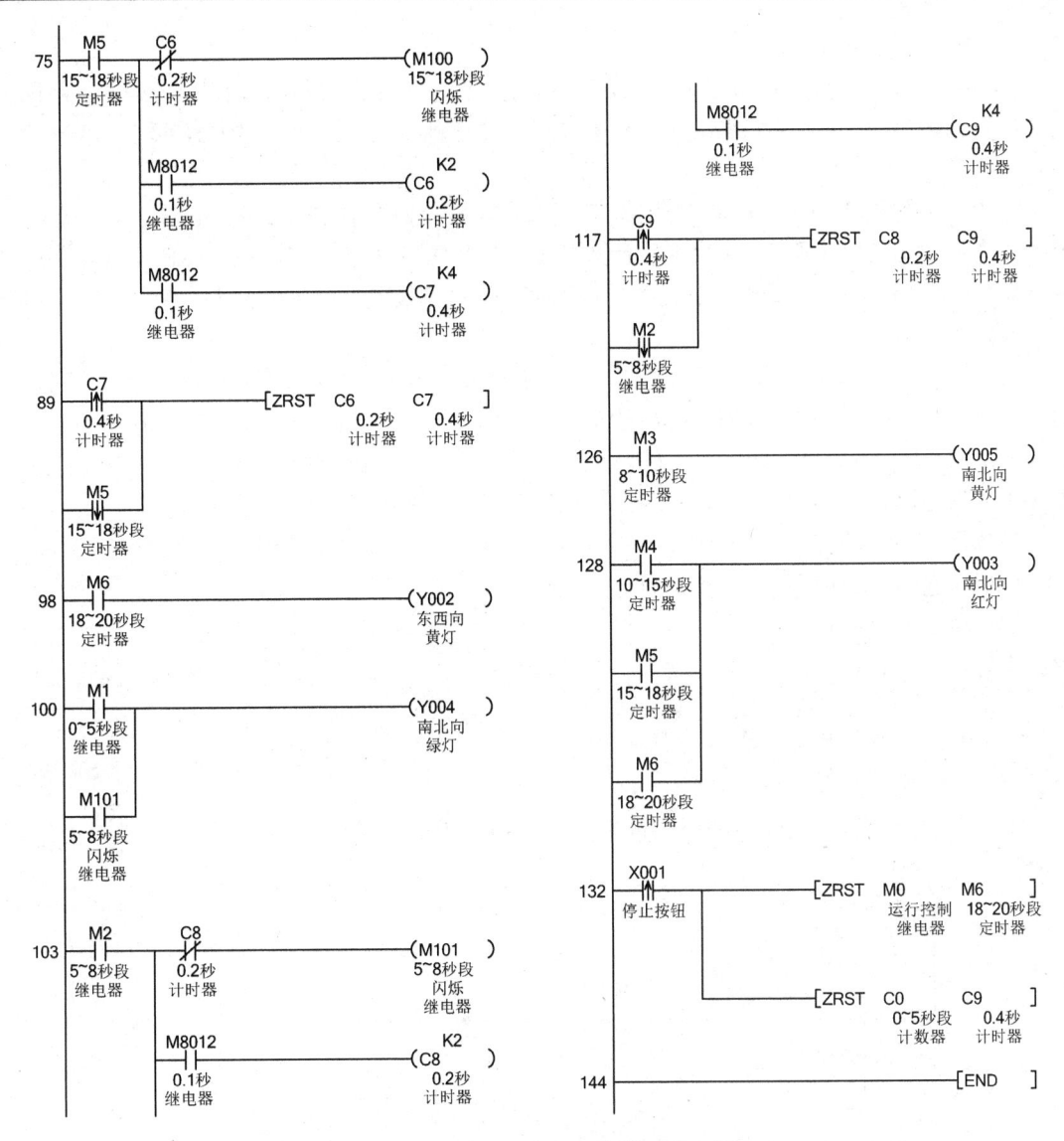

图 3-6-3　用并行方式设计的梯形图（续）

程序说明：当按下启动按钮 SB1 时，PLC 执行[SET　M0]指令，M0 线圈得电，计数器 C0～C5 同时开始对秒脉冲进行计数；PLC 执行[SET　M1]指令，M1 线圈得电，启动 0～5 秒时间段控制。当计数器 C0 计数满 5 次时，计数器 C0 常开触点动作，PLC 执行[RST　M1]指令，M1 线圈失电。

在 M1 下降沿作用下，PLC 执行[SET　M2]指令，M2 线圈得电，启动 5～8 秒时间段控制。当计数器 C1 计数满 8 次时，计数器 C1 常开触点动作，PLC 执行[RST　M2]指令，M2 线圈失电。

在 M2 下降沿作用下，PLC 执行[SET　M3]指令，M3 线圈得电，启动 8～10 秒时间段控制。当计数器 C2 计数满 10 次时，计数器 C2 常开触点动作，PLC 执行[RST　M3]指令，M3 线圈失电。

在 M3 下降沿作用下，PLC 执行[SET　M4]指令，M4 线圈得电，启动 10～15 秒时间段控制。当计数器 C3 计数满 15 次时，计数器 C3 常开触点动作，PLC 执行[RST　M4]指令，

M4 线圈失电。

在 M4 下降沿作用下，PLC 执行[SET　M5]指令，M5 线圈得电，启动 15~18 秒时间段控制。当计数器 C4 计数满 18 次时，计数器 C4 常开触点动作，PLC 执行[RST　M5]指令，M5 线圈失电。

在 M5 下降沿作用下，PLC 执行[SET　M6]指令，M6 线圈得电，启动 18~20 秒时间段控制。当计数器 C5 计数满 20 次时，计数器 C5 常开触点动作，PLC 执行[RST　M6]指令，M6 线圈失电；PLC 执行批量复位指令，计数器 C0~C5 被复位，使计数器 C0~C5 又同时从 0 值开始重新计数。

根据各个交通信号灯的运行时序要求，分别将 M1、M2 和 M3 组成逻辑"或"电路，驱动东西向红灯 Y0；将 M4 和 M5 组成逻辑"或"电路，驱动东西向绿灯 Y1；M6 驱动东西向黄灯 Y2；将 M4、M5 和 M6 组成逻辑"或"电路，驱动南北向红灯 Y3；将 M1 和 M2 组成逻辑"或"电路，驱动南北向绿灯 Y4；M3 驱动南北向黄灯 Y5。

当按下停止按钮 SB2 时，PLC 执行批量复位指令，使 M0~M6 线圈同时失电，计数器 C0~C9 被复位，交通信号灯停止运行。

（2）用字控方式设计程序。

【思路点拨】

本实例使用一个计数器进行定时控制，通过判断计数器的当前值，就可以控制信号灯的工作。

使用当前值比较方式编写的交通信号灯运行控制程序如图 3-6-4 所示。

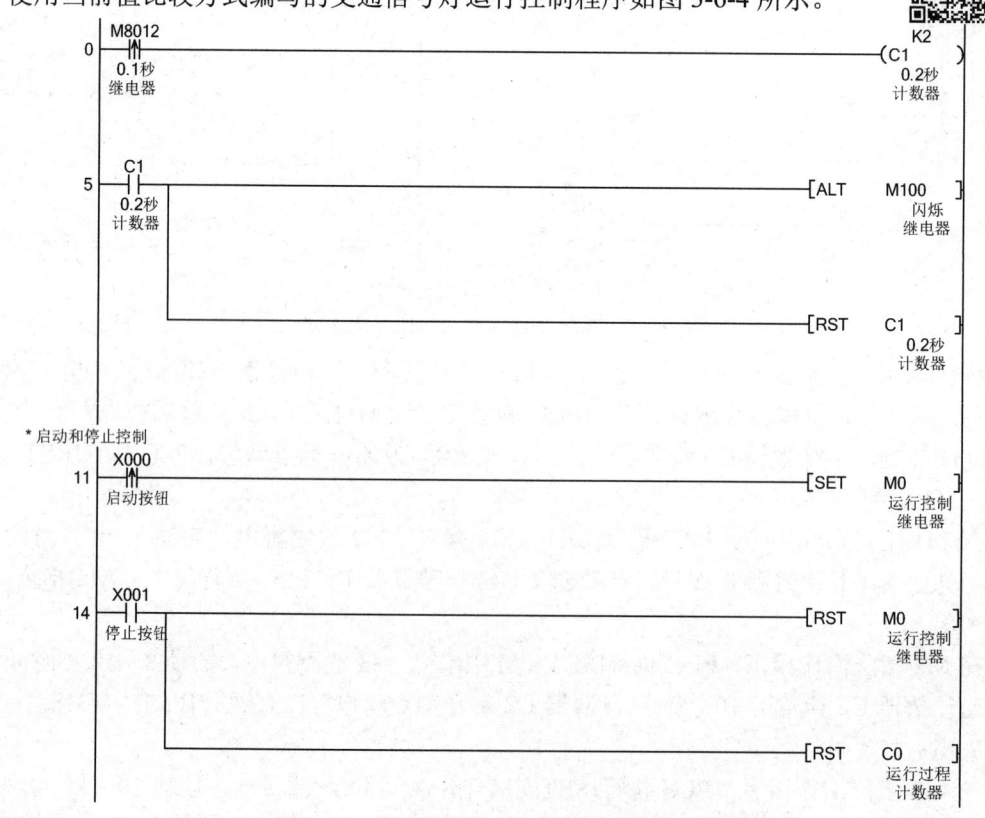

图 3-6-4　用当前值比较方式设计的梯形图

项目 3　计数器应用程序设计

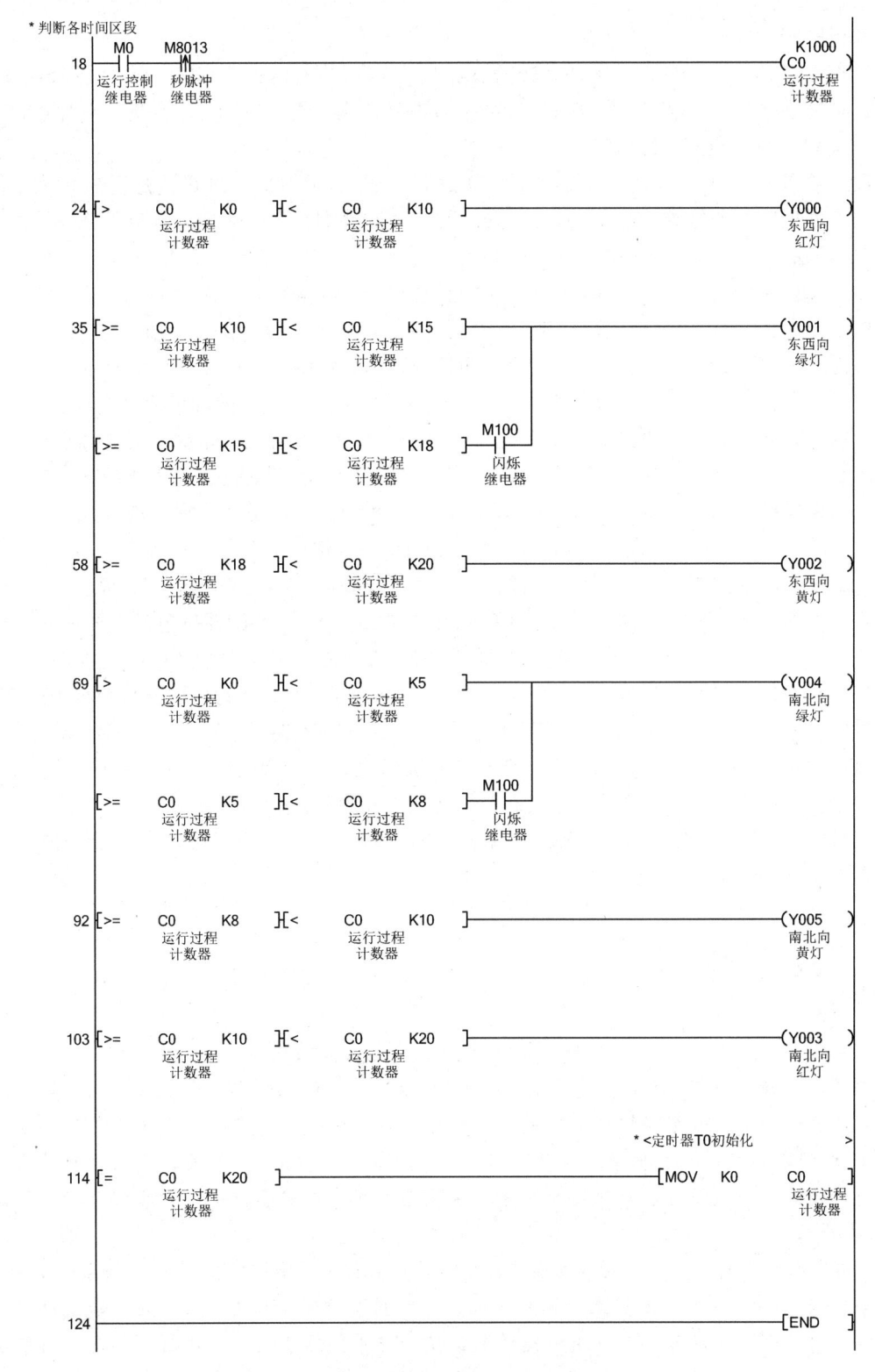

```
*判断各时间区段
         M0    M8013                                              K1000
  18    ─┤├────┤├──────────────────────────────────────────────(C0  )
         运行控制 秒脉冲                                            运行过程
         继电器  继电器                                             计数器


         C0    K0          C0    K10
  24    [>          ]─────[<          ]─────────────────────────(Y000 )
         运行过程              运行过程                              东西向
         计数器                计数器                                红灯


         C0    K10         C0    K15
  35    [>=         ]─────[<          ]─────────────────────────(Y001 )
         运行过程              运行过程                              东西向
         计数器                计数器                                绿灯

                                              M100
         C0    K15         C0    K18         ┤├
         [>=         ]─────[<          ]─────┤
         运行过程              运行过程         闪烁
         计数器                计数器          继电器


         C0    K18         C0    K20
  58    [>=         ]─────[<          ]─────────────────────────(Y002 )
         运行过程              运行过程                              东西向
         计数器                计数器                                黄灯


         C0    K0          C0    K5
  69    [>          ]─────[<          ]─────────────────────────(Y004 )
         运行过程              运行过程                              南北向
         计数器                计数器                                绿灯

                                              M100
         C0    K5          C0    K8          ┤├
         [>=         ]─────[<          ]─────┤
         运行过程              运行过程         闪烁
         计数器                计数器          继电器


         C0    K8          C0    K10
  92    [>=         ]─────[<          ]─────────────────────────(Y005 )
         运行过程              运行过程                              南北向
         计数器                计数器                                黄灯


         C0    K10         C0    K20
 103    [>=         ]─────[<          ]─────────────────────────(Y003 )
         运行过程              运行过程                              南北向
         计数器                计数器                                红灯


                                                      *<定时器T0初始化>
         C0    K20
 114    [=          ]──────────────────────────────[MOV   K0    C0   ]
         运行过程                                                  运行过程
         计数器                                                    计数器


 124   ──────────────────────────────────────────────────────────[END ]
```

图 3-6-4　用当前值比较方式设计的梯形图（续）

程序说明：PLC 上电后，计数器 C1 开始计数。每当计数器 C1 的计数满 2 次，计数器 C1 的常开触点就会闭合一次，驱动执行一次[ALT　M100]指令，使 M100 周期性得电，成为

0.4 秒时基控制继电器。

当按下启动按钮 SB1 时，X0 的常开触点闭合，PLC 执行[SET M0]指令，M0 线圈得电。在 M0 线圈得电期间，驱动计数器 C0 计数，通过触点比较指令判断 C0 的经过值所处的时间段，依次驱动相应的信号灯点亮。

PLC 执行[> C0 K0]指令和[< C0 K10] 指令，判断 C0 的经过值是否在 0～10 秒时间段内。如果判断的结果为真，则在此时间段内，Y0 线圈得电，东西向红灯被点亮。

PLC 执行[>= C0 K10]指令和[< C0 K15] 指令，判断 C0 的经过值是否在 10～15 秒时间段内。如果判断的结果为真，则在此时间段内，Y1 线圈得电，东西向绿灯被点亮。

PLC 执行[>= C0 K15]指令和[< C0 K18] 指令，判断 C0 的经过值是否在 15～18 秒时间段内。如果判断的结果为真，则在此时间段内，Y1 线圈得电，东西向绿灯闪烁。

PLC 执行[>= C0 K18]指令和[< C0 K20] 指令，判断 C0 的经过值是否在 18～20 秒时间段内。如果判断的结果为真，则在此时间段内，Y2 线圈得电，东西向黄灯被点亮。

PLC 执行[>= C0 K0]指令和[< C0 K5] 指令，判断 C0 的经过值是否在 0～5 秒时间段内。如果判断的结果为真，则在此时间段内，Y4 线圈得电，南北向绿灯被点亮。

PLC 执行[>= C0 K5]指令和[< C0 K8] 指令，判断 C0 的经过值是否在 5～8 秒时间段内。如果判断的结果为真，则在此时间段内，Y4 线圈得电，南北向绿灯闪烁。

PLC 执行[>= C0 K8]指令和[< C0 K10] 指令，判断 C0 的经过值是否在 8～10 秒时间段内。如果判断的结果为真，则在此时间段内，Y5 线圈得电，南北向黄灯被点亮。

PLC 执行[>= C0 K10]指令和[< C0 K20] 指令，判断 C0 的经过值是否在 10～20 秒时间段内。如果判断的结果为真，则在此时间段内，Y3 线圈得电，南北向红灯被点亮。

PLC 执行[= C0 K20]指令，判断 C0 的当前值是否等于 20 秒，如果 C0 计时满 20 秒，则 PLC 执行[MOV K0 C0] 指令，C0 被强制复位并重新开始计时。

当按下停止按钮 SB2 时，X1 的常开触点闭合，PLC 执行[RST M0]和[RST C0]指令，M0 线圈失电，计数器 C0 被清零，信号灯全部熄灭。

思政元素映射

"火车头里"走出来的工人发明家

他其貌不扬，却身怀绝技；学历不高，却刻苦自学；基础平平，却忘我钻研。他花了整整 34 年的时间，从一名烧煤的学徒成长为电子精英；从一名普通的火车司机，到如今获得 10 多项科研革新成果的发明家，为单位创造的经济效益达 2000 多万元，先后荣获多项全国级、省部级荣誉。他就是南宁铁路局南宁机务段电力机车司机李桂平，大家都亲切地称其为"工人发明家"。

"1983 年，我从原柳州司机学校毕业，开始参加工作。后面慢慢搞研发，其实事出偶然。"李桂平回忆，1987 年在一次值乘中因打瞌睡，他所驾驶的列车越出车站，险些造成事故，为此他被处以待岗一年的处分。这次惨痛的教训使李桂平猛然清醒，他不断反思自己出事故的原因、后果与避免的办法。1988 年他重返工作岗位后，脱胎换骨、潜心钻研，利用一切空余时间学习业务知识，积极与工友交流经验，探讨业务问题，研究工作中所碰到的惯性问题、机车隐患以及处理方法。李桂平仅仅 2 年时间就历经蒸汽、内燃、电力 3 种机型机车更换，这对司机要求非常高，挑战空前。加之南昆线坡度大且多，机车操作频繁，事故经常发生，这让车间干部和段领导很苦恼。当时李桂平就产生了自行研制机车防逆电装置的设想。既没有先例借鉴，又非科班出身的李桂平做起这件事并非易事。"画一张电路图需要近 1 个星期的时间，来回画了 20 几张，制作一块版图更是需要半个月的时间。"李桂平为了获取相关准备数据和第一手资料，不辞劳苦，连续乘机车跑了 5600 多公里，并查阅大量书籍，在经过无数次研究测试后做成了样机，又经过 10 余次调整、改进后，终于研制成功了 FND-B 内、电机车通用型防逆电装置，至今不再发生牵引电动机逆电环火问题。从此，李桂平沉迷于发明创造中，乐此不疲。

在艰巨的情况下，李桂平一边工作、一边通过各种途径不断地掌握新知识，日益充实自己的大脑。在 2001 年技师考试期间，他找来一红一绿两个 LED 灯和一支圆珠笔壳，花了 1 个小时的时间按照电路原理图组装成检测笔用在考试中，不到 15 分钟就准确无误地找出设置的故障，顺利通过考试，成为南宁机务段第一个电力机车技师。考试结束后，单位立即下达任务给李桂平，要求其按原来的方式制作 1500 支"李桂平电器故障检测笔"，发放到每个司机手中。此事成为机务段一桩美谈。

项目 4 暂停控制程序设计

在自动控制系统中，暂停控制作为一项重要功能被普遍应用于人们生产和生活的各个领域，如搅拌机的暂停控制、洗衣机的暂停控制及小车运行的暂停控制等。

实例 4-1　用继电器实现暂停控制程序设计

设计要求：当按下启动按钮时，电动机启动并运行。当按下暂停按钮时，电动机暂停运行；当再次按下暂停按钮时，电动机恢复运行。当按下停止按钮时，电动机停止运行。

1. 输入/输出元件及其控制功能

实例 4-1 中用到的输入/输出元件地址如表 4-1-1 所示。

表 4-1-1　实例 4-1 输入/输出元件地址

说　明	PLC 软元件	元件文字符号	元件名称	控 制 功 能
输入	X0	SB1	启动按钮	启动控制
输入	X1	SB2	停止按钮	停止控制
输入	X2	SB3	暂停按钮	暂停控制
输出	Y0	KM1	主接触器	接通或分断电源

2. 控制程序设计

用继电器控制一台电动机暂停方法有很多，下面介绍几种常用的方法。

（1）控制方法 1。

【思路点拨】

在 FX 系列 PLC 中有一个编号为 M8034 的特殊功能继电器，一旦 M8034 被置为 ON 状态，系统将禁止 PLC 对外输出。

用方法 1 编写的暂停控制程序如图 4-1-1 所示。

程序说明：当按下启动按钮 SB1 时，PLC 执行[SET　Y000]指令，使 Y0 线圈得电，电动机处于运行状态。

当首次按下暂停按钮 SB3 时，PLC 执行[ALT　M8034]指令，使 M8034=1，PLC 的输出继电器被禁止向外输出，电动机处于暂停状态。

当再次按下暂停按钮 SB3 时，PLC 执行[ALT　M8034]指令，使 M8034=0，PLC 的输出继电器被允许向外输出，电动机恢复运行状态。

当按下停止按钮 SB2 时，PLC 执行[RST　Y000]指令，使 Y0 线圈失电，电动机处于停止状态。

（2）控制方法 2。

【思路点拨】

电动机的运行可以采用辅助继电器间接驱动方式。当实施暂停时，只需要控制 PLC 的输出继电器失电，而辅助继电器的状态还会保持原样，这样当暂停结束后，电动机还能恢复原运行状态。

用方法 2 编写的暂停控制程序如图 4-1-2 所示。

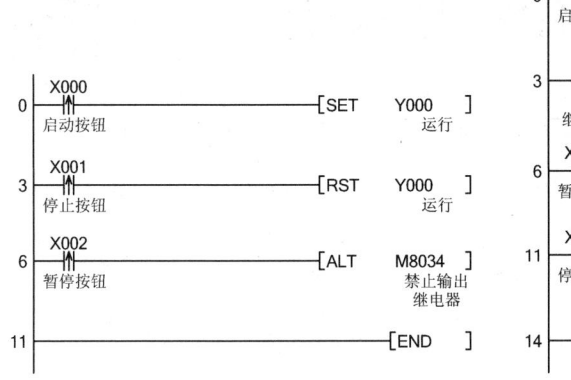

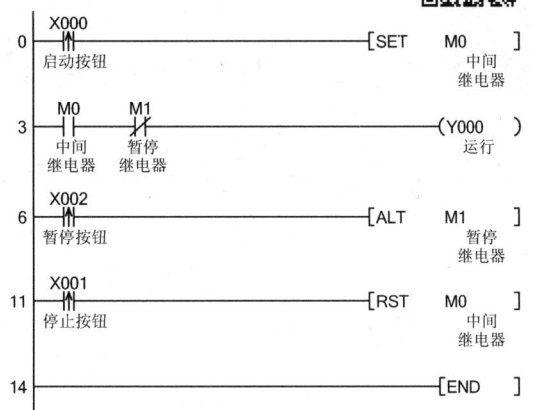

图 4-1-1　暂停控制程序 1　　　　　　　图 4-1-2　暂停控制程序 2

程序说明：当按下启动按钮 SB1 时，PLC 执行[SET　M0]指令，M0 被置为 ON 状态，M0 的常开触点闭合，驱动 Y0 线圈得电，电动机处于运行状态。

当首次按下暂停按钮 SB3 时，PLC 执行[ALT　M1]指令，使 M1=1。M1 的常闭触点断开，Y0 线圈失电，电动机处于暂停状态。

当再次按下暂停按钮 SB3 时，PLC 执行[ALT　M1]指令，使 M1=0。M1 的常闭触点恢复常闭，Y0 线圈得电，电动机恢复运行状态。

当按下停止按钮 SB2 时，PLC 执行[RST　M0]指令，M0 被置为 OFF 状态，M0 常开触点恢复常开，Y0 线圈失电，电动机处于停止状态。

（3）控制方法 3。

【思路点拨】

不仅 ALT 指令可以实现继电器的交替取反，INC 指令也可以实现继电器的交替取反。

用方法 3 编写的暂停控制程序如图 4-1-3 所示。

程序说明：当按下启动按钮 SB1 时，PLC 执行[SET M0]指令，M0 被置为 ON 状态。M0 常开触点闭合，Y0 线圈得电，电动机处于运行状态。

当首次按下暂停按钮 SB3 时，PLC 执行[INC K1M1]指令，使（K1M1）=1，M1 被置为 ON 状态，M1 的常闭触点断开，Y0 线圈失电，电动机处于暂停状态。

当再次按下暂停按钮 SB3 时，PLC 执行[INC K1M1]指令，使（K1M1）=2，M1 被置为 OFF 状态，M1 的常闭触点恢复常闭，Y0 线圈得电，电动机恢复运行状态。

当按下停止按钮 SB2 时，PLC 执行[RST M0]指令，M0 被置为 OFF 状态，M0 常开触点恢复常开，Y0 线圈失电，电动机处于停止状态。

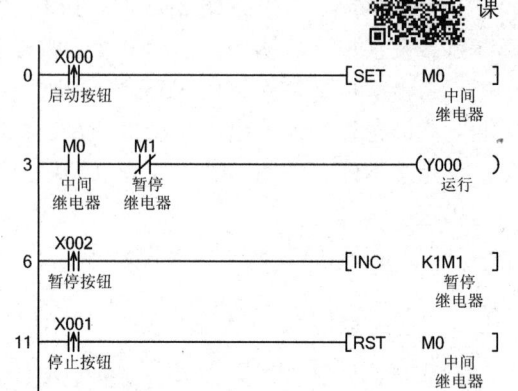

图 4-1-3 暂停控制程序 3

实例 4-2　用计数器实现暂停控制程序设计

设计要求：某电动机的定时启停控制程序如图 4-2-1 所示，要求使用计数器对图 4-2-1 所示程序进行修改，并使该程序具有暂停功能。

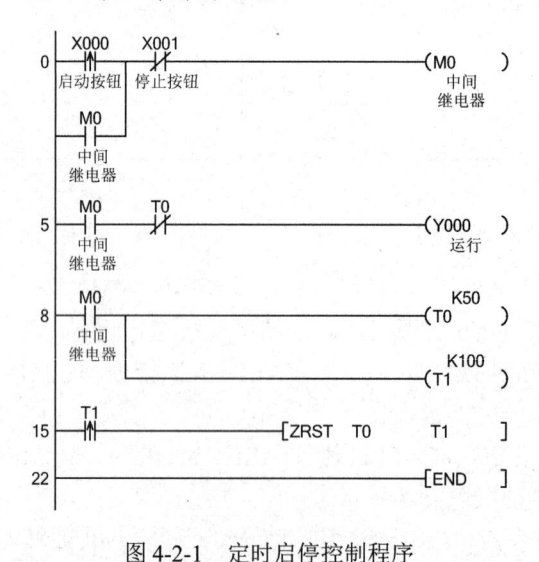

图 4-2-1　定时启停控制程序

1. 输入/输出元件及其控制功能

实例 4-2 中用到的输入/输出元件地址如表 4-2-1 所示。

项目 4　暂停控制程序设计

表 4-2-1　实例 4-2 输入/输出元件地址

说　明	PLC 软元件	元件文字符号	元件名称	控制功能
输入	X0	SB1	启动按钮	启动控制
	X1	SB2	停止按钮	停止控制
	X2	SB3	暂停按钮	暂停控制
输出	Y0	KM1	主接触器	接通或分断电源

2. 控制程序设计

【思路点拨】

分析图 4-2-1 可知，当按下启动按钮时，电动机开始运行。当电动机运行 5 秒后，电动机停止运行；当电动机停止运行 5 秒后，电动机再次运行。当按下停止按钮时，电动机停止运行。针对图 4-2-1 所示的程序，如果采用继电器方法实施暂停控制，定时器的经过值将无法保持，当暂停结束后，系统将无法恢复到原运行状态。为解决这一问题，我们使用计数器来替换原程序中的定时器，因为计数器具有经过值保持能力。

使用计数器来替换原程序中的定时器，修改后的程序如图 4-2-2 所示。

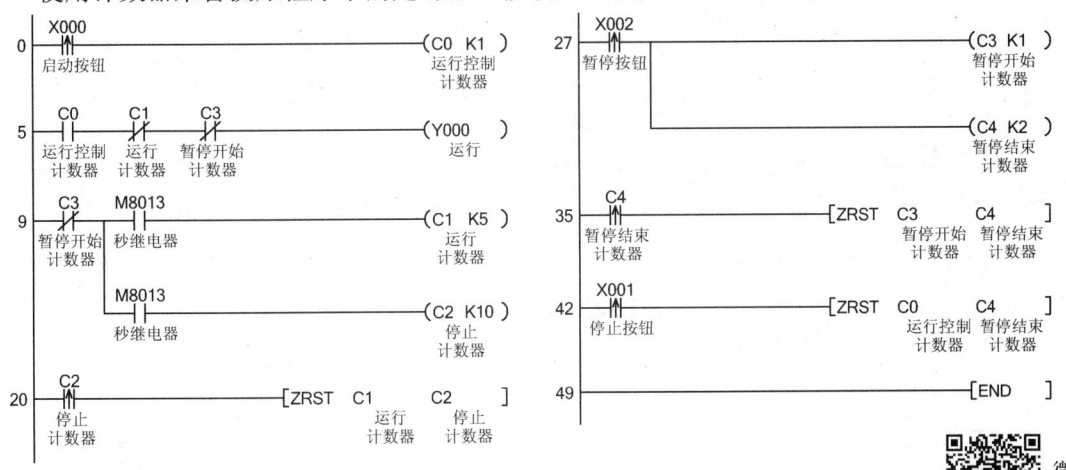

图 4-2-2　定时启停/暂停控制程序

程序说明：当按下启动按钮 SB1 时，PLC 执行[C0 K1]指令，计数器 C0 动作，C0 的常开触点闭合，驱动 Y0 线圈得电，电动机处于运行状态。

当首次按下暂停按钮 SB3 时，PLC 执行[C3 K1]指令和[C4 K2]指令，计数器 C3 动作，C3 的常闭触点断开，Y0 线圈失电，电动机处于暂停状态。在暂停过程中，计数器 C1 和 C2 当前的计数值保持不变。

当再次按下暂停按钮 SB3 时，PLC 执行[C4 K2]指令，计数器 C4 动作，C4 的常开触点闭合，驱动 PLC 执行[ZRST C3 C4]指令，计数器 C3 和 C4 被复位，使 Y0 线圈再次得电，电动机恢复运行状态。

当按下停止按钮 SB2 时，PLC 执行[ZRST C0 C4]指令，计数器 C0~C4 被复位，Y0 线圈失电，电动机处于停止状态。

实例 4-3　用传送指令实现暂停控制程序设计

设计要求： 当按下启动按钮时，电动机开始正转运行。当电动机正转运行 5 秒后，电动机改为反转运行。当电动机反转运行 5 秒后，电动机改为正转运行。当按下暂停按钮时，电动机暂停运行；当按下停止按钮时，电动机停止运行。

1. 输入/输出元件及其控制功能

实例 4-3 中用到的输入/输出元件地址如表 4-3-1 所示。

表 4-3-1　实例 4-3 输入/输出元件地址

说　明	PLC 软元件	元件文字符号	元 件 名 称	控 制 功 能
输入	X0	SB1	启动按钮	启动控制
	X1	SB2	停止按钮	停止控制
	X2	SB3	暂停按钮	暂停控制
输出	Y0	KM1	主接触器	正转运行
	Y1	KM2	主接触器	反转运行

2. 控制程序设计

【思路点拨】

在暂停时，可以使用 MOV 指令将电动机当前的状态数据保存到某个寄存器当中。当暂停结束以后，再次使用 MOV 指令调取原先保存在寄存器当中的状态数据，使电动机恢复原状态运行。

用传送指令编写的暂停控制程序如图 4-3-1 所示，关于图 4-3-1 中的正反转控制部分程序分析从略，这里只分析暂停控制程序。

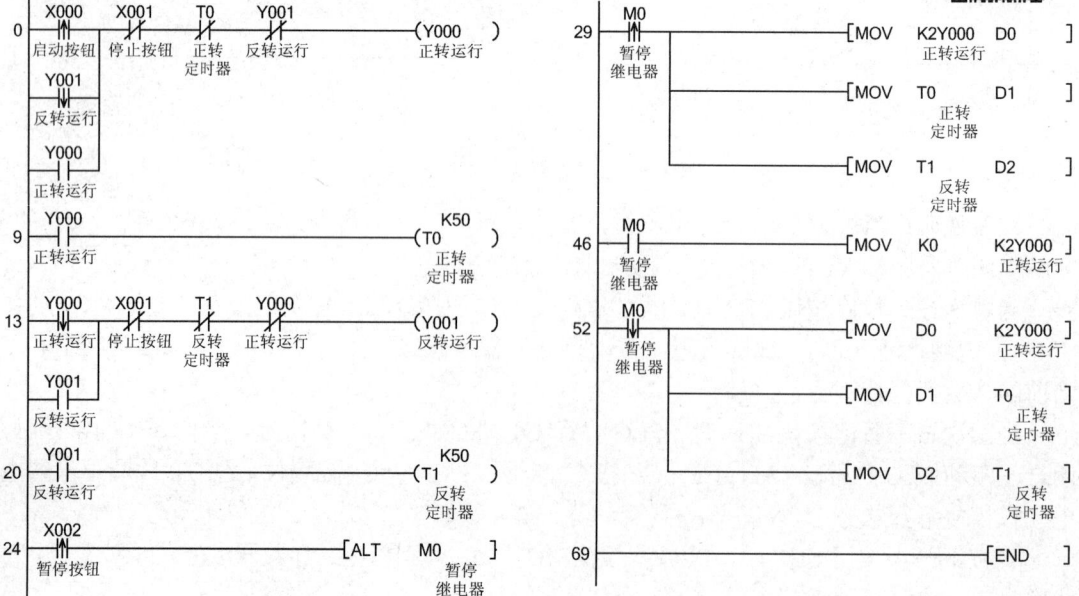

图 4-3-1　暂停控制程序

项目4 暂停控制程序设计

程序说明：当首次按下暂停按钮 SB3 时，PLC 执行[ALT M0]指令，在 M0 触点上升沿脉冲作用下，PLC 执行 [MOV K2Y000 D0] 指令，将输出继电器的当前状态以数据的形式保存到 D0 中；PLC 执行[MOV T0 D1] 指令，将定时器 T0 的当前值保存到 D1 中；PLC 执行[MOV T1 D2] 指令，将定时器 T1 的当前值保存到 D2 中；PLC 执行[MOV K0 K2Y000] 指令，使电动机处于暂停状态。

当再次按下暂停按钮 SB3 时，PLC 执行[ALT M0]指令，在 M0 触点下降沿脉冲作用下，PLC 执行 [MOV D0 K2Y000] 指令，将 D0 中的状态数据恢复到输出端口上；PLC 执行 [MOV D1 T0] 指令，将 D1 中的状态数据恢复给定时器 T0；PLC 执行[MOV D2 T1] 指令，将 D2 中的状态数据恢复给定时器 T1，使电动机恢复原状态运行。

【经验总结】

相比实例 4-1 和实例 4-2 所使用的方法，实例 4-3 所使用的方法具有两个明显的优点：第一个优点是该方法不仅可以对某个继电器实施暂停控制，还可以同时对某几个继电器实施暂停控制，即可以批量控制暂停；第二个优点是该方法可以有效地保存程序中的中间变量值，如定时器的经过值。

实例 4-4 用跳转指令实现暂停控制程序设计

设计要求：当按下启动按钮时，电动机开始正转运行。当电动机正转运行 5 秒后，电动机改为反转运行。当电动机反转运行 5 秒后，电动机改为正转运行。当按下暂停按钮时，电动机暂停运行；当按下停止按钮时，电动机停止运行。

1. 输入/输出元件及其控制功能

实例 4-4 中用到的输入/输出元件地址如表 4-4-1 所示。

表 4-4-1 实例 4-4 输入/输出元件地址

说 明	PLC 软元件	元件文字符号	元件名称	控制功能
输入	X0	SB1	启动按钮	启动控制
	X1	SB2	停止按钮	停止控制
	X2	SB3	暂停按钮	暂停控制
输出	Y0	KM1	主接触器	正转运行
	Y1	KM2	主接触器	反转运行

2. 控制程序设计

【思路点拨】

在暂停时，将继电器 M8034 置位，禁止 PLC 对外输出，通过 M8034 驱动 CJ 指令，使程序流程跳转到 END 行。当暂停结束以后，将继电器 M8034 复位，允许 PLC 对外输出，结束程序流程跳转，使电动机恢复原状态运行。

用跳转指令编写的暂停控制程序如图 4-4-1 所示，关于图 4-4-1 中的正反转控制部分程序分析从略，这里只分析暂停控制程序。

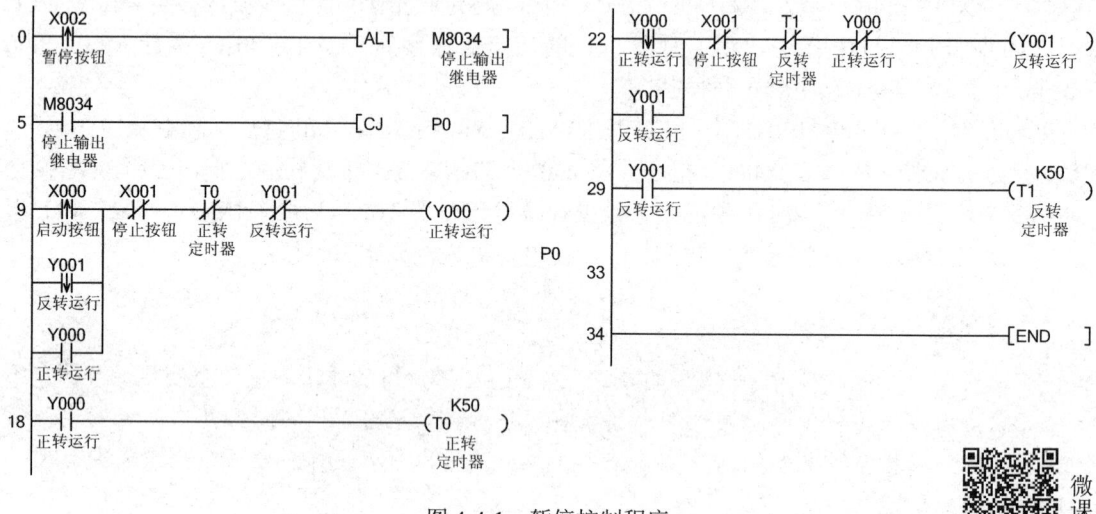

```
 0  ─┤X002├─────────────────────────[ALT   M8034  ]
      暂停按钮                              停止输出
                                            继电器

 5  ─┤M8034├─────────────────────────[CJ    P0    ]
      停止输出
      继电器

 9  ─┤X000├─┤X001├─┤T0├─┤/Y001├──────────(Y000)
      启动按钮 停止按钮 正转  反转运行          正转运行
                    定时器
     ─┤Y001├─
      反转运行
     ─┤Y000├─
      正转运行

18  ─┤Y000├─────────────────────────(T0  K50)
      正转运行                          正转
                                        定时器

22  ─┤Y000├─┤X001├─┤T1├─┤/Y000├──────────(Y001)
      正转运行 停止按钮 反转  正转运行           反转运行
                    定时器
     ─┤Y001├─
      反转运行

29  ─┤Y001├─────────────────────────(T1  K50)
      反转运行                          反转
                                        定时器

             P0
33
34                                    [END    ]
```

图 4-4-1 暂停控制程序

程序说明：当首次按下暂停按钮 SB3 时，PLC 执行[ALT   M8034]指令，继电器 M8034 为 ON 状态，禁止 PLC 对外输出，电动机停止运行。在继电器 M8034 为 ON 期间，PLC 执行 [CJ   P0]指令，使程序流程发生跳转，由于跳转指针 P0 指向 END 行，所以 PLC 将不再扫描从跳转步至尾步之间的程序，使该段程序中软元件的状态得以保持。

当再次按下暂停按钮 SB3 时，PLC 又执行[ALT   M8034]指令，继电器 M8034 为 OFF 状态，允许 PLC 对外输出。PLC 不再执行[CJ   P0]指令，程序流程也不再发生跳转，PLC 恢复扫描全部程序步，电动机状态又恢复到暂停前的状态。

【经验总结】

通过分析本项目的 4 个实例，可总结经验如下：虽然使用继电器、计数器、数据传送指令和跳转指令都可以实现暂停控制，但编者还是推荐实例 4-4 所使用的方法，因为该方法不仅具有普适性，而且编程逻辑简单，不需要处理定时器的经过值，建议读者在以后编写暂停控制程序时，不管你编写的是何种控制程序，也不管程序有多么长、多么复杂，都可以直接套用实例 4-4 所示的方法。

思政元素映射

控制系统领航人

20 世纪 80 年代，因整体制造水平限制，我国火电机组自动化控制系统被国外系统垄断。一套 30 万千瓦机组机的自动化控制系统售价就高达 2000 万元人民币以上，后续运维费用还十分高昂。为打破国外自动化控制系统对火电市场的垄断局面，中国电力科学研究院电厂自动化所的老一辈科研人员，"寒不炉，暑不扇，夜不席"，率先开始研制国产分散控制系统。在那个资料匮乏、设备稀缺、技术基础薄弱的年代，院里的前辈们经过多年的艰苦奋斗，在

1988 年开发出我国首个具有自主知识产权的 EDPF 系列系统,并实现了首台套应用。于 1992 年开发的 EDPF-2000 控制系统虽然已具备基本功能,但还处于单控制器、单网络运行的阶段,如何实现控制器冗余,支持双网通信,提升可靠性,是该控制系统实现产业化的关键点。

1993 年,田雨聪大学毕业,被分配到电厂自动化所。前辈们执着专注、勇于创新的精神深深地感染了这个初出茅庐的年轻人。敏学好思、擅于钻研的田雨聪,很快进入工作角色。白天,田雨聪跟着师傅和同事们一起研究,晚上,他独自留下,加班钻研,常常一忙就到凌晨三四点。所住的宿舍早锁了门,田雨聪就干脆在实验室打个地铺睡觉。正是这种执着拼搏的精神,让田雨聪很快成了公司研发中心的中流砥柱。

伴随以太网技术应用悄然兴起,具有前瞻意识的田雨聪意识到,可以把新兴的网络通信技术引入到自动化控制系统中。为此,田雨聪自学 PLM 语言和 iRMX 实时操作系统,并在实践中不断积累经验,边学习边改进。在上千次的实验后,田雨聪和团队成功将以太网技术应用到了国产控制系统的通信中,实现了 EDPF 系统控制器冗余、支持双网通信等功能,使原来仅能完成数据采集及简单控制功能的 DCS 系统扩展到能覆盖火电厂 DAS、MCS、SCS、DEH、ETS、MEH 等功能,可实现全厂一体化的 DCS 系统,为加速推进国产化 DCS 在火电厂的全面应用进程,做出了杰出的贡献。对于自动化控制系统而言,控制器是其核心部件。经过他和研发团队的大胆实践,最终设计的控制器体积仅有原来的 1/5,其性能还比原控制器有了较大的提升。改进后的控制系统在龙山、庄河等 60 万千瓦以上大型机组上得以成功应用,打破了国外系统的垄断地位,成为国内首批将国产控制系统应用于大型火电机组的典型案例。田雨聪也因此获得"中国铝业杯"中央企业青年创新奖。

"自动化技术更新很快,我们需要脚踏实地,坚持原创,才有真正的竞争力,国产控制系统产业化已然实现,但我们还需努力,让我们的民族品牌引领世界!"田雨聪说。

项目 5 顺序控制程序设计

在工控现场中，顺序控制是一种常见的控制方式，它将整个控制过程划分为若干工步，每个工步按一定的顺序依次完成。对于简单的顺序控制程序，通常可以采用三种编程方法。第一种方法是使用步进指令编程，利用步进指令按照步序要求控制步进流程。第二种方法是使用启保停电路，通过启保停电路的输出驱动每步工况，只要每个启保停电路都能够按规定顺序工作，则整个启保停控制系统就能实现顺序控制。第三种方法是使用触点比较指令将顺序控制全过程分成若干段，再分段驱动每步工况。

实例 5-1 天塔之光控制程序设计

设计要求：天塔灯光布置如图 5-1-1 所示。当按下启动按钮时，天塔之光开始发射型闪烁：第一组 HL1 亮 1 秒后灭；接着第二组 HL2、HL3、HL4 亮 1 秒后灭；再接着第三组 HL5、HL6、HL7、HL8 亮 1 秒后灭。当按下停止按钮时，灯全部熄灭。

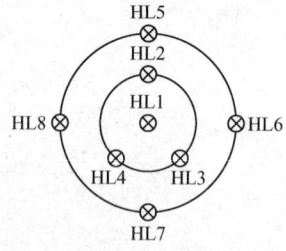

图 5-1-1 天塔灯光布置图

1. 输入/输出元件及其控制功能

实例 5-1 中用到的输入/输出元件地址如表 5-1-1 所示。

表 5-1-1 实例 5-1 输入/输出元件地址

说 明	PLC 软元件	元件文字符号	元 件 名 称	控 制 功 能
输入	X0	SB1	启动按钮	启动控制
	X1	SB2	停止按钮	停止控制

· 94 ·

续表

说　明	PLC 软元件	元件文字符号	元 件 名 称	控 制 功 能
输出	Y0	HL1	灯	指示
	Y1	HL2	灯	指示
	Y2	HL3	灯	指示
	Y3	HL4	灯	指示
	Y4	HL5	灯	指示
	Y5	HL6	灯	指示
	Y6	HL7	灯	指示
	Y7	HL8	灯	指示

2．控制程序设计

【思路点拨】

天塔上的 3 组灯需要按照规定顺序依次点亮，这是典型的顺序控制，特别适于用步进指令编写程序。在一个周期内，灯光的闪烁可分为 4 个状态步，即第 1 组灯点亮、第 2 组灯点亮、第 3 组灯点亮、第 2 组灯点亮。每个状态步都采用定时器计时控制，通过定时器触点的动作激活下一个状态步。

（1）用步进指令设计。

用步进指令编写的天塔之光程序如图 5-1-2 所示。

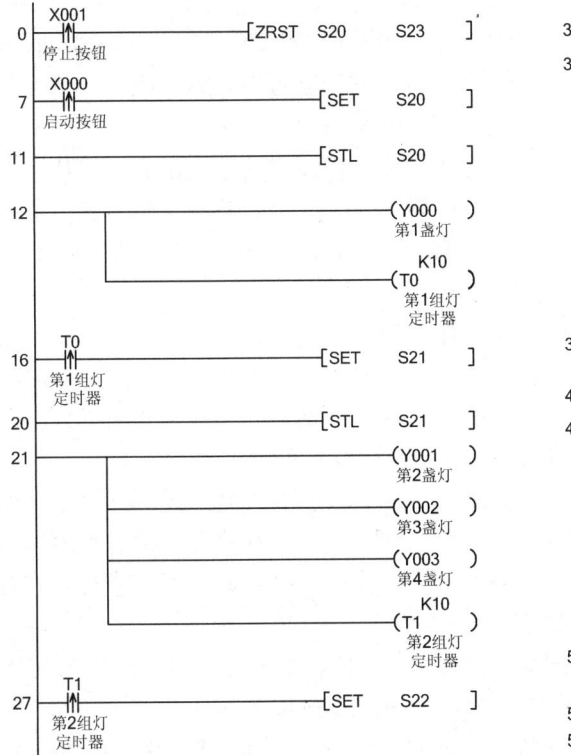

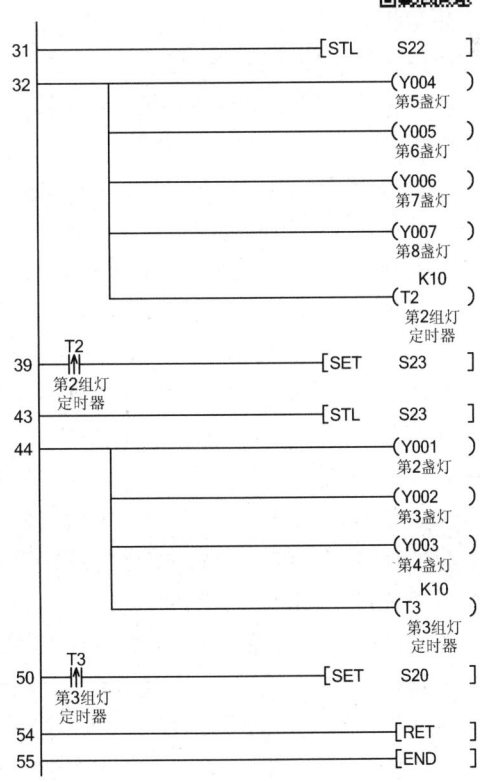

图 5-1-2　天塔之光梯形图 1

程序说明：按下启动按钮 SB1，PLC 执行[SET　S20]指令，使状态器 S20 被激活，S20 步变为活动步。在 S20 步，PLC 执行[OUT　Y000]指令，使 Y0 线圈得电，第 1 组灯点亮；在第 1 组灯点亮期间，定时器 T0 对第 1 组灯点亮时间进行计时。

当定时器 T0 计时满 1 秒时，PLC 执行[SET　S21]指令，使状态器 S21 被激活，S21 步变为活动步。在 S21 步，PLC 执行[OUT　Y001]、[OUT　Y002] 和[OUT　Y003]指令，使 Y1、Y2 和 Y3 线圈得电，第 2 组灯点亮。在第 2 组灯点亮期间，定时器 T1 对第 2 组灯点亮时间进行计时。

当定时器 T1 计时满 1 秒时，PLC 执行[SET　S22]指令，使状态器 S22 被激活，S22 步变为活动步。在 S22 步，PLC 执行[OUT　Y004]、[OUT　Y005]、[OUT　Y006]和[OUT　Y007]指令，使 Y4、Y5、Y6 和 Y7 线圈得电，第 3 组灯点亮。在第 3 组灯点亮期间，定时器 T2 对第 3 组灯点亮时间进行计时。

当定时器 T2 计时满 1 秒时，PLC 执行[SET　S23]指令，使状态器 S23 被激活，S23 步变为活动步。在 S23 步，PLC 执行[OUT　Y001]、[OUT　Y002] 和[OUT　Y003]指令，使 Y1、Y2 和 Y3 线圈得电，第 2 组灯点亮。在第 2 组灯点亮期间，定时器 T3 对第 2 组灯点亮时间进行计时。

当定时器 T3 计时满 1 秒时，PLC 执行[SET　S20]指令，使状态器 S20 被激活，S20 步变为活动步，程序进入循环执行状态。

按下停止按钮 SB2，PLC 执行[ZRST　S20　S23]指令，使状态器 S20～S23 复位，天塔灯光熄灭。

（2）用数据传送指令设计。

用数据传送指令编写的天塔之光程序如图 5-1-3 所示。

程序说明：按下启动按钮 SB1，PLC 执行[OUT　M0]指令，使 M0 线圈得电，M0 的常开触点变为常闭，PLC 执行[MOV　K1　K2Y000]指令，使 Y0 线圈得电，第 1 组灯点亮；在第 1 组灯点亮期间，定时器 T0 对第 1 组灯点亮时间进行计时。

当定时器 T0 计时满 1 秒时，T0 的常闭触点动作，使 M0 线圈失电。在 M0 常开触点下降沿脉冲作用下，PLC 执行[OUT　M1]指令，使 M1 线圈得电，M1 的常开触点变为常闭，PLC 执行[MOV　K14　K2Y000]指令，使 Y1、Y2 和 Y3 线圈得电，第 2 组灯点亮；在第 2 组灯点亮期间，定时器 T1 对第 2 组灯点亮时间进行计时。

当定时器 T1 计时满 1 秒时，T1 的常闭触点动作，使 M1 线圈失电。在 M1 常开触点下降沿脉冲作用下，PLC 执行[OUT　M2]指令，使 M2 线圈得电，M2 的常开触点变为常闭，PLC 执行[MOV　K240　K2Y000]指令，使 Y4、Y5、Y6 和 Y7 线圈得电，第 3 组灯点亮；在第 3 组灯点亮期间，定时器 T2 对第 3 组灯点亮时间进行计时。

当定时器 T2 计时满 1 秒时，T2 的常闭触点动作，使 M2 线圈失电。在 M2 常开触点下降沿脉冲作用下，PLC 执行[OUT　M3]指令，使 M3 线圈得电，M3 的常开触点变为常闭，PLC 执行[MOV　K14　K2Y000]指令，使 Y1、Y2 和 Y3 线圈得电，第 2 组灯点亮；在第 2 组灯点亮期间，定时器 T3 对第 2 组灯点亮时间进行计时。

当定时器 T3 计时满 1 秒时，T3 的常闭触点动作，使 M3 线圈失电。在 M3 常开触点下降沿脉冲作用下，PLC 执行[OUT　M0]指令，程序进入循环执行状态。

按下停止按钮 SB2，PLC 执行[ZRST　M0　M3]指令，使 M0～M3 线圈失电；PLC 执行[ZRST　Y0　Y7]指令，使 Y0～Y7 线圈失电，天塔灯光熄灭。

项目 5　顺序控制程序设计

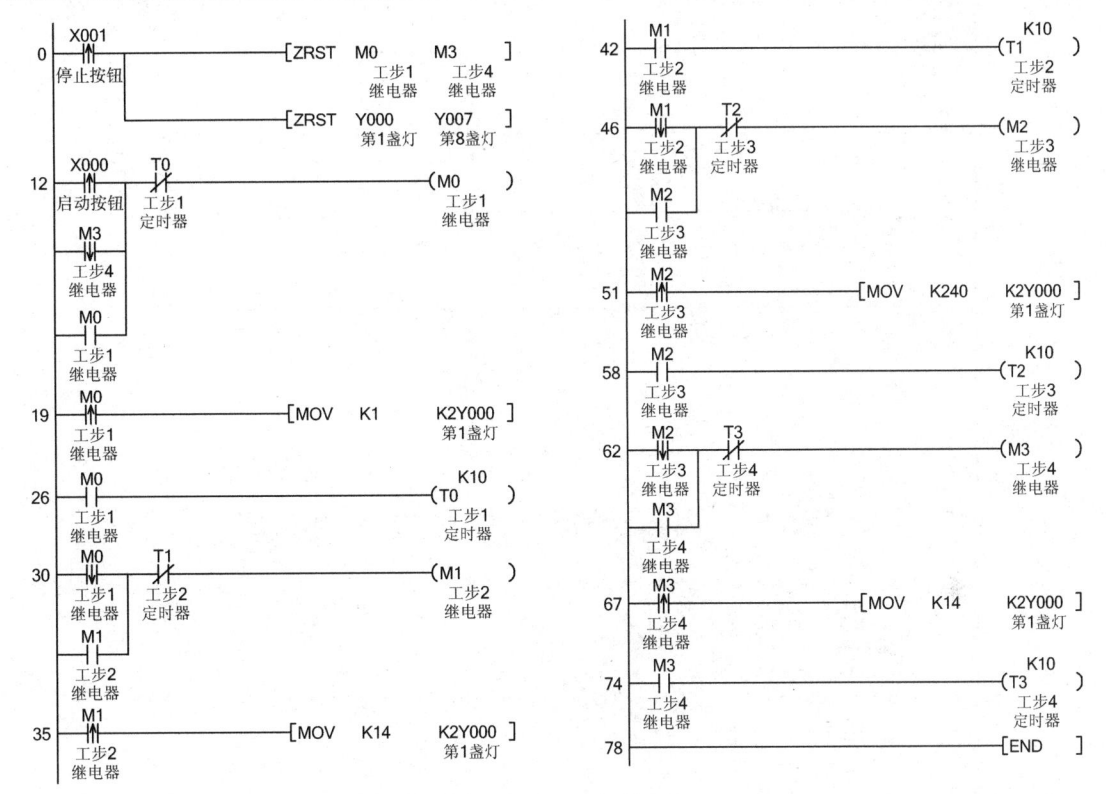

图 5-1-3　天塔之光梯形图 2

（3）用触点比较指令设计。

用触点比较指令编写的天塔之光程序如图 5-1-4 所示。

程序说明：按下启动按钮 SB1，PLC 执行[SET　M0]指令，使 M0 线圈得电。在 M0 线圈得电期间，定时器 T0 对灯光系统工作时间进行计时。

PLC 执行[>　T0　K0]指令和[<　T0　K10]指令，判断 T0 的经过值是否在 0~1 秒时间段内，如果 T0 的经过值在 0~1 秒时间段内，则上述两个比较触点接通，PLC 执行[MOV　K1　K2Y000]指令，使 Y0 线圈得电，第 1 组灯点亮。

PLC 执行[>=　T0　K10]指令和[<　T0　K20]指令，判断 T0 的经过值是否在 1~2 秒时间段内，如果 T0 的经过值在 1~2 秒时间段内，则上述两个比较触点接通，PLC 执行[MOV　K14　K2Y000]指令，使 Y1、Y2 和 Y3 线圈得电，第 2 组灯点亮。

PLC 执行[>=　T0　K20]指令和[<　T0　K30]指令，判断 T0 的经过值是否在 2~3 秒时间段内，如果 T0 的经过值在 2~3 秒时间段内，则上述两个比较触点接通，PLC 执行[MOV　K240　K2Y000]指令，使 Y4、Y5、Y6 和 Y7 线圈得电，第 3 组灯点亮。

PLC 执行[>=　T0　K30]指令和[<　T0　K40]指令，判断 T0 的经过值是否在 3~4 秒时间段内，如果 T0 的经过值在 3~4 秒时间段内，则上述两个比较触点接通，PLC 执行[MOV　K14　K2Y000]指令，使 Y1、Y2 和 Y3 线圈得电，第 2 组灯点亮。

PLC 执行[=　T0　K40]指令，如果定时器 T0 的当前值等于 4 秒，则比较触点接通，PLC 执行[MOV　K0　T0]指令，使定时器 T0 复位，程序进入循环执行状态。

按下停止按钮 SB2，PLC 执行[RST　M0]指令，使 M0 线圈失电；PLC 执行[ZRST　Y000　Y007]指令，使 Y0~Y7 线圈失电，天塔灯光熄灭。

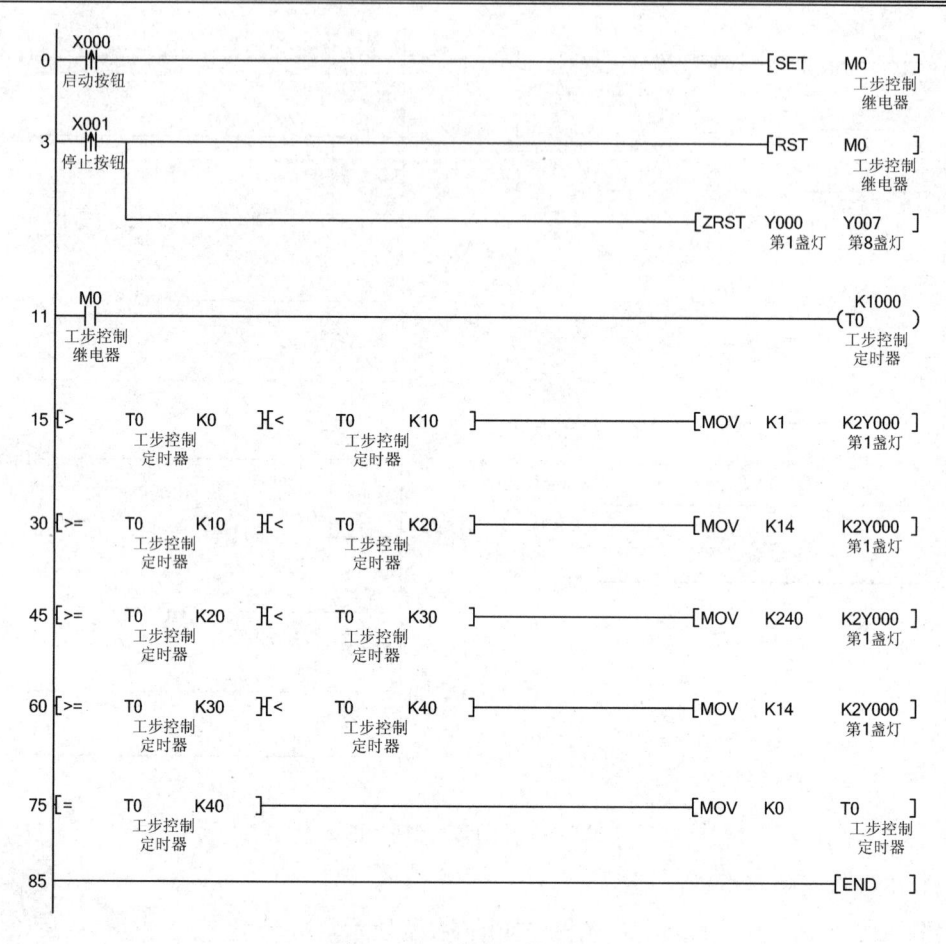

```
         X000
  0      ─┤├─────────────────────────────────────[SET    M0        ]
         启动按钮                                         工步控制
                                                        继电器
         X001
  3      ─┤├─────────────────────────────────────[RST    M0        ]
         停止按钮                                         工步控制
           │                                            继电器
           │
           └──────────────────────────────[ZRST   Y000   Y007      ]
                                                 第1盏灯  第8盏灯

          M0                                                K1000
 11      ─┤├─────────────────────────────────────────────(T0       )
         工步控制                                          工步控制
         继电器                                           定时器

 15     [> T0   K0 ][< T0   K10 ]─────────────[MOV    K1     K2Y000 ]
         工步控制      工步控制                                第1盏灯
         定时器        定时器

 30     [>= T0  K10][< T0   K20 ]─────────────[MOV    K14    K2Y000 ]
         工步控制      工步控制                                第1盏灯
         定时器        定时器

 45     [>= T0  K20][< T0   K30 ]─────────────[MOV    K240   K2Y000 ]
         工步控制      工步控制                                第1盏灯
         定时器        定时器

 60     [>= T0  K30][< T0   K40 ]─────────────[MOV    K14    K2Y000 ]
         工步控制      工步控制                                第1盏灯
         定时器        定时器

 75     [= T0   K40 ]────────────────────────[MOV     K0     T0     ]
         工步控制                                             工步控制
         定时器                                               定时器

 85     ─────────────────────────────────────────────────────[END   ]
```

图 5-1-4　天塔之光梯形图 3

【经验总结】

在本实例中，编者推荐了 3 种编程方法用于顺序控制，这 3 种方法都具有普适性、易用性和程序化的特点，因此读者在编程时可以直接套用，但具体选用哪一种方法主要看个人习惯。

实例 5-2　电动机星/角减压启动控制程序设计

设计要求：当按下启动按钮时，电动机先以星形方式启动；启动延时 5 秒后，电动机再以角形方式运行。当按下停止按钮时，电动机停止运行。

1. 输入/输出元件及其控制功能

实例 5-2 中用到的输入/输出元件地址如表 5-2-1 所示。

表 5-2-1　实例 5-2 输入/输出元件地址

说　明	PLC 软元件	元件文字符号	元 件 名 称	控 制 功 能
输入	X0	SB1	启动按钮	启动控制
	X1	SB2	停止按钮	停止控制

项目 5 顺序控制程序设计

续表

说　明	PLC 软元件	元件文字符号	元 件 名 称	控 制 功 能
输出	Y0	KM1	主接触器	接通或分断电源
	Y1	KM2	星启动接触器	星启动
	Y2	KM3	角运行接触器	角运行

2. 控制程序设计

【思路点拨】

电动机星/角减压启动控制过程可分为 2 个状态步，即启动步和运行步。第 1 个状态步的激活条件是按下启动按钮；第 2 个状态步的激活条件是定时器触点动作。

（1）用步进指令设计。

用步进指令编写的电动机星/角减压启动程序如图 5-2-1 所示。

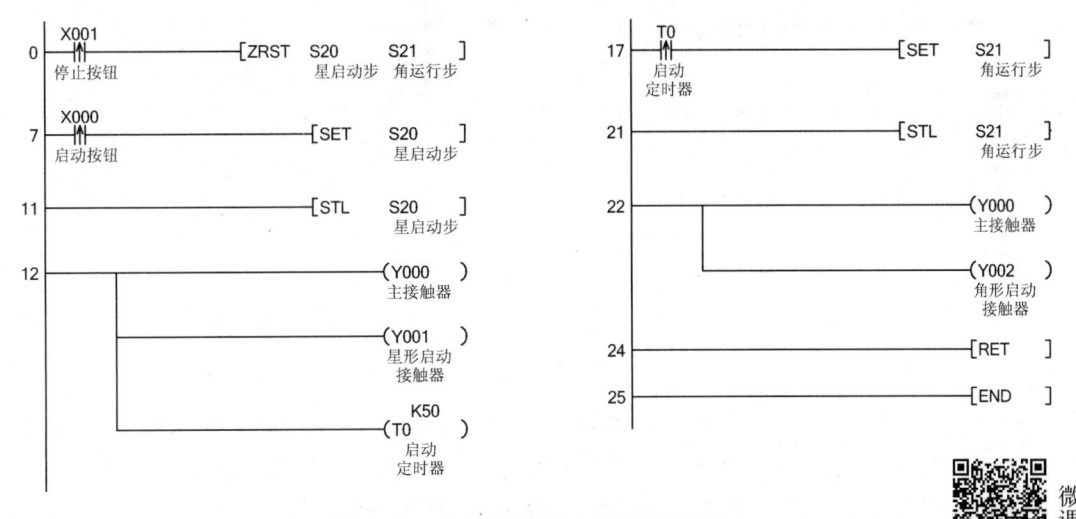

```
 0  ─┤├─X001────────[ZRST  S20   S21 ]
      停止按钮           星启动步 角运行步

 7  ─┤├─X000────────────────[SET  S20 ]
      启动按钮                     星启动步

11  ───────[STL  S20 ]
                 星启动步

12  ─────────────────────────( Y000 )
                              主接触器

    ─────────────────────────( Y001 )
                              星形启动
                              接触器

    ─────────────────────────( T0  K50 )
                              启动
                              定时器

17  ─┤├─T0─────────────────[SET  S21 ]
      启动                         角运行步
      定时器

21  ───────[STL  S21 ]
                 角运行步

22  ─────────────────────────( Y000 )
                              主接触器

    ─────────────────────────( Y002 )
                              角形启动
                              接触器

24  ─────────────────────────[RET]

25  ─────────────────────────[END]
```

图 5-2-1　电动机星/角减压启动梯形图 1

程序说明：按下启动按钮 SB1，PLC 执行[SET　S20]指令，使状态器 S20 被激活，S20 步变为活动步。在 S20 步，PLC 执行[OUT　Y000]和[OUT　Y001]指令，使 Y0 和 Y1 线圈得电，电动机处于星形启动状态；在 Y1 线圈得电期间，定时器 T0 对电动机启动时间进行计时。

当定时器 T0 计时满 5 秒时，PLC 执行[SET　S21]指令，使状态器 S21 被激活，S21 步变为活动步。在 S21 步，PLC 执行[OUT　Y000]和[OUT　Y002]指令，使 Y0 和 Y2 线圈得电，电动机处于角形运行状态。

按下停止按钮 SB2，PLC 执行[ZRST　S20　S21]指令，状态器 S20 和 S21 复位，S20～S21 步变为静止步，电动机停止运行。

【注意事项】

① 初始状态应预先驱动，否则程序不能向下执行，驱动初始状态通常用控制系统的初始条件，若无初始条件，可用 M8002 触点进行驱动。

② 不同步序的状态继电器编号不能重复。

③ 当上下步序转移时，上一步序中的元件会自动复位（SET 指令作用的元件除外）。

④ 在不同步序中允许使用同一个输出线圈。
⑤ 统一编号的定时器不要在相邻的步序中使用，可在不相邻的步序中使用。
⑥ 不能同时动作的输出线圈尽量不要设在相邻的步序中，防止出现下一步程序开始执行时上一步程序未完全复位的现象。如果必须这样做，可以在相邻的步序中采用软联锁保护。
⑦ 在步进程序中可以使用跳转指令，但在中断程序和子程序中不能出现步进程序。
⑧ 在选择分支和并行分支程序中，分支数最多不能超过8条，总的支路数不能超过16条。
⑨ 如果希望在停电恢复后继续维持停电前的运行状态，可使用S500～S899停电保持型状态继电器。

（2）用数据传送指令设计。
用数据传送指令编写的电动机星/角减压启动程序如图5-2-2所示。

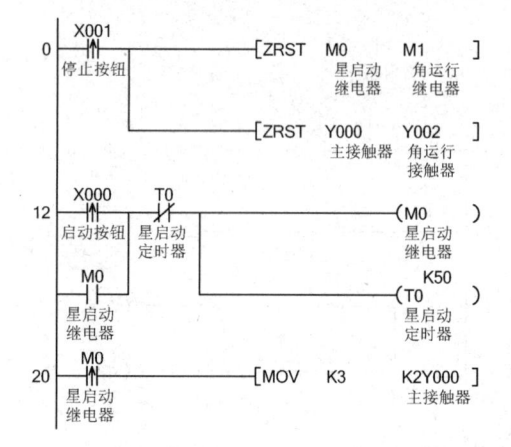

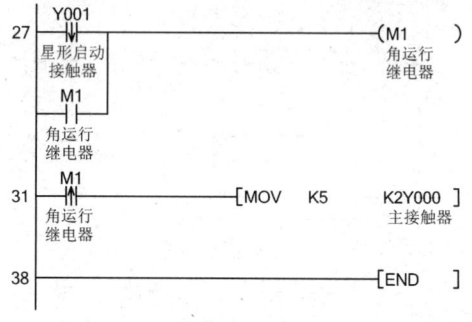

图5-2-2　电动机星/角减压启动梯形图2

程序说明：按下启动按钮SB1，PLC执行[OUT　M0]指令，使M0线圈得电，M0的常开触点变为常闭，PLC执行[MOV　K3　K2Y000]指令，使Y0和Y1线圈得电，电动机处于星启动状态；在M0线圈得电期间，定时器T0对M0线圈得电时间进行计时。

当定时器T0计时满5秒时，T0的常闭触点动作，使M0线圈失电。在M0常开触点下降沿脉冲作用下，PLC执行[OUT　M1]指令，使M1线圈得电，M1的常开触点变为常闭，PLC执行[MOV　K5　K2Y000]指令，使Y0和Y2线圈得电，电动机处于角运行状态。

按下停止按钮SB2，PLC执行[ZRST　M0　M1]指令，使M0～M1线圈失电；PLC执行[ZRST　Y000　Y002]指令，使Y0～Y2线圈失电，电动机停止运行。

（3）用触点比较指令设计。
用触点比较指令编写的电动机星/角减压启动程序如图5-2-3所示。
程序说明：按下启动按钮SB1，PLC执行[SET　M0]指令，使M0线圈得电。在M0线圈得电期间，定时器T0对星/角启动控制系统工作时间进行计时。

PLC执行[>　T0　K0]指令和[<　T0　K50]指令，判断T0的经过值是否在0～5秒时间段内，如果T0的经过值在0～5秒时间段内，则上述两个比较触点接通，PLC执行[MOV　K3　K2Y000]指令，使Y0和Y1线圈得电，电动机处于星启动状态。

PLC执行[>=　T0　K50]指令，判断T0的经过值是否在大于5秒时间段内，如果T0的经过值在大于5秒时间段内，则上述两个比较触点接通，PLC执行[MOV　K5　K2Y000]指令，使 Y0 和 Y2 线圈得电，电动机处于角运行状态。

按下停止按钮 SB2，PLC 执行[RST　M0]指令，使 M0 线圈失电；PLC 执行[ZRST　Y000　Y002]指令，使 Y0～Y2 线圈失电，电动机停止运行。

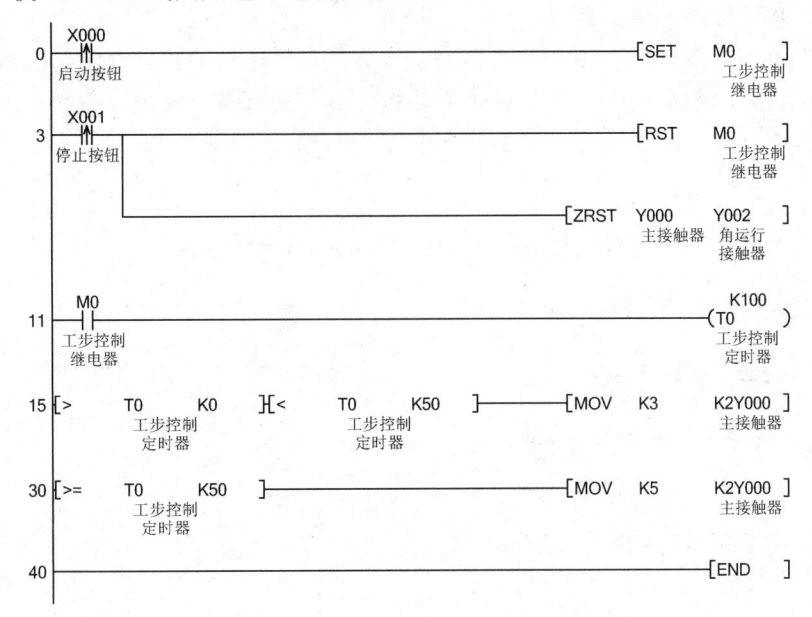

```
 0 ├─X000─────────────────────────────────[SET  M0  ]
     启动按钮                                   工步控制
                                              继电器

 3 ├─X001─────┬───────────────────────────[RST  M0  ]
     停止按钮 │                                 工步控制
              │                                继电器
              │
              └──────────────────────[ZRST  Y000  Y002 ]
                                          主接触器  角运行
                                                   接触器

11 ├─M0──────────────────────────────────────(T0  K100)
     工步控制                                   工步控制
     继电器                                     定时器

15 ├[>  T0  K0 ]─[<  T0  K50 ]──────────[MOV  K3  K2Y000 ]
     工步控制       工步控制                           主接触器
     定时器         定时器

30 ├[>=  T0  K50 ]────────────────────────[MOV  K5  K2Y000 ]
     工步控制                                          主接触器
     定时器

40 ├─────────────────────────────────────────────[END ]
```

图 5-2-3　电动机星/角减压启动梯形图 3

实例 5-3　小车定时往复运行控制程序设计

> **设计要求**：使用两个常开控制按钮，控制一台小车在 A、B 两点之间做往复运行。小车初始位在 A 点，当按下启动按钮后，小车开始从 A 点向 B 点运行。当小车运行到 B 点时，小车停止运行，在 B 点原地等待 5 秒。当小车原地等待满 5 秒时，小车开始从 B 点向 A 点运行。当小车运行到 A 点时，小车停止运行，在 A 点原地等待 5 秒。当小车原地等待满 5 秒时，小车开始下一次往复运行。当按下停止按钮后，小车停止运行。

1. 输入/输出元件及其控制功能

实例 5-3 中用到的输入/输出元件地址如表 5-3-1 所示。

表 5-3-1　实例 5-3 输入/输出元件地址

说　明	PLC 软元件	元件文字符号	元 件 名 称	控 制 功 能
输入	X0	SB1	启动按钮	启动控制
	X1	SB2	停止按钮	停止控制
	X2	SQ1	行程开关	A 点位置检测
	X3	SQ2	行程开关	B 点位置检测
输出	Y0	KM1	右行接触器	接通或分断电源
	Y1	KM2	左行接触器	接通或分断电源

2. 控制程序设计

【思路点拨】

小车定时往复运行控制过程可分为 4 个状态步，即小车右行步、B 限位点停留步、小车左行步和 A 限位点停留步。第 1 个状态步的激活条件是按下启动按钮或定时器触点动作；第 2 个状态步的激活条件是 B 限位点行程开关动作；第 3 个状态步的激活条件是定时器触点动作；第 4 个状态步的激活条件是 A 限位点行程开关动作。

（1）用步进指令设计。

用步进指令编写小车定时往复运行控制程序如图 5-3-1 所示。

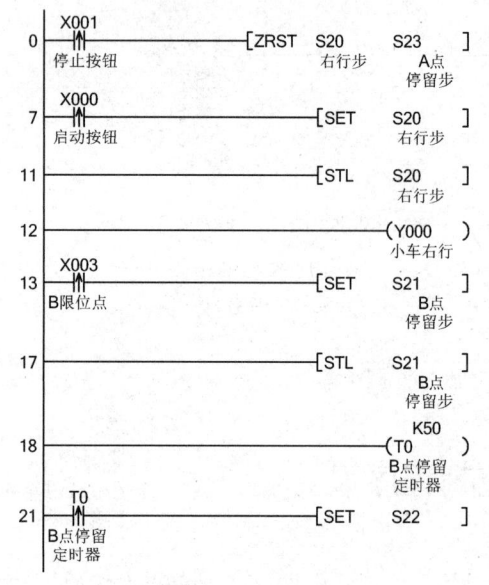

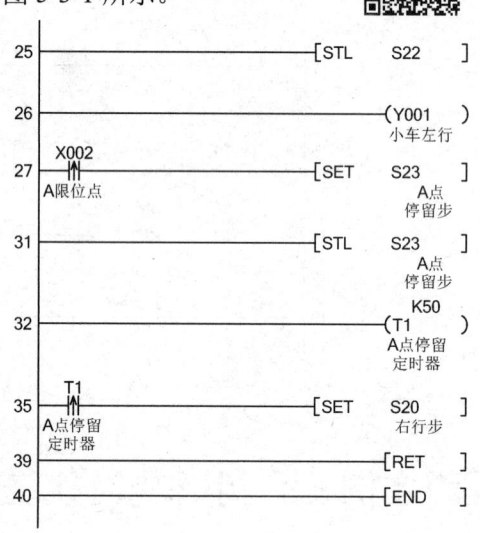

```
 0  X001
    ─┤├─────────────────────[ZRST  S20   S23 ]
    停止按钮                        右行步  A点
                                          停留步
    X000
 7  ─┤├─────────────────────────[SET   S20    ]
    启动按钮                             右行步

11  ──────────────────────────[STL   S20    ]
                                      右行步

12  ───────────────────────────(Y000  )
                                       小车右行
    X003
13  ─┤├─────────────────────────[SET   S21    ]
    B限位点                              B点
                                         停留步

17  ──────────────────────────[STL   S21    ]
                                      B点
                                      停留步
                                         K50
18  ───────────────────────────(T0   )
                                     B点停留
                                     定时器
    T0
21  ─┤├─────────────────────────[SET   S22    ]
    B点停留
    定时器

25  ──────────────────────────[STL   S22    ]

26  ───────────────────────────(Y001  )
                                       小车左行
    X002
27  ─┤├─────────────────────────[SET   S23    ]
    A限位点                              A点
                                         停留步

31  ──────────────────────────[STL   S23    ]
                                      A点
                                      停留步
                                         K50
32  ───────────────────────────(T1   )
                                     A点停留
                                     定时器
    T1
35  ─┤├─────────────────────────[SET   S20    ]
    A点停留                              右行步
    定时器

39  ─────────────────────────────[RET       ]

40  ─────────────────────────────[END       ]
```

图 5-3-1　小车定时往复运行梯形图 1

程序说明：按下启动按钮 SB1，PLC 执行[SET　S20]指令，使状态器 S20 被激活，S20 步变为活动步。在 S20 步，PLC 执行[OUT　Y000]指令，使 Y0 线圈得电，小车右行。

当小车行驶到 B 限位点时，PLC 执行[SET　S21]指令，使状态器 S21 被激活，S21 步变为活动步。在 S21 步，Y0 线圈失电，小车停留在 B 限位点，定时器 T0 对小车停留时间进行计时。

当定时器 T0 计时满 5 秒时，PLC 执行[SET　S22]指令，使状态器 S22 被激活，S22 步变为活动步。在 S22 步，PLC 执行[OUT　Y001]指令，使 Y1 线圈得电，小车左行。

当小车行驶到 A 限位点时，PLC 执行[SET　S23]指令，使状态器 S23 被激活，S23 步变为活动步。在 S23 步，Y1 线圈失电，小车停留在 A 限位点，定时器 T1 对小车停留时间进行计时。

当定时器 T1 计时满 5 秒时，PLC 执行[SET　S20]指令，使状态器 S20 被激活，S20 步变为活动步。在 S20 步，程序进入循环执行状态。

按下停止按钮 SB2，PLC 执行[ZRST　S20　S23]指令，状态器 S20～S23 复位，S20～S23 步变为静止步，小车停止运行。

（2）用启保停电路设计。

用启保停电路编写小车定时往复运行控制程序如图 5-3-2 所示。

项目 5 顺序控制程序设计

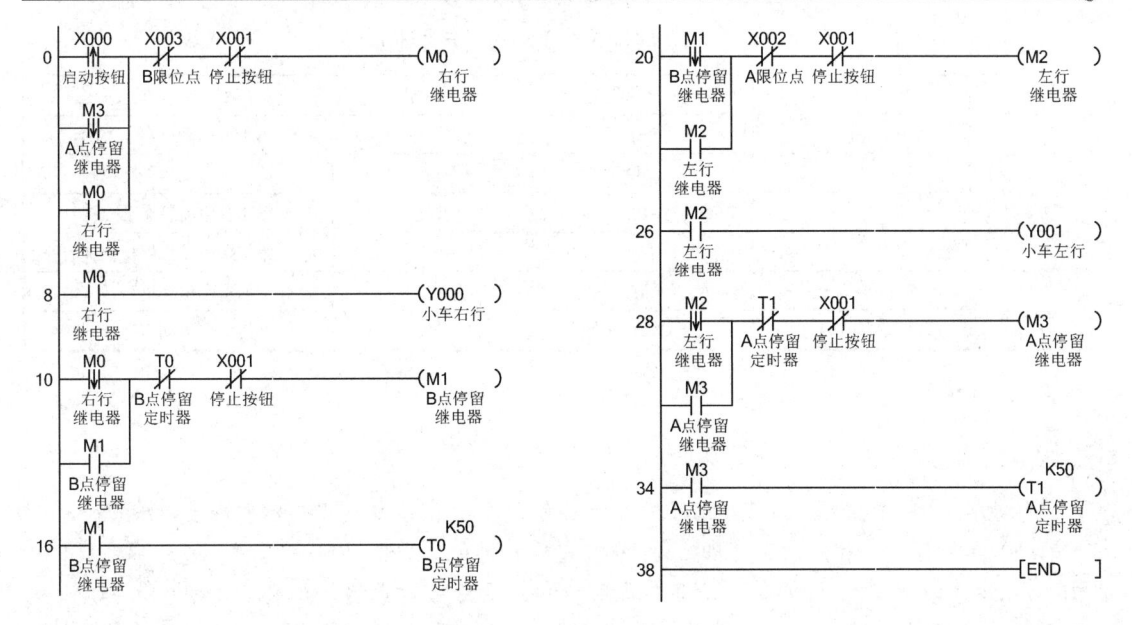

```
 0  ├─X000──X003──X001──────────────(M0)
     │启动按钮 B限位点 停止按钮            右行
     │                                  继电器
     ├─M3─┤
     │A点停留
     │继电器
     ├─M0─┤
     │右行
     │继电器

 8  ├─M0──────────────────────────(Y000)
     │右行                              小车右行
     │继电器

10  ├─M0──T0──X001────────────────(M1)
     │右行  B点停留 停止按钮            B点停留
     │继电器 定时器                      继电器
     ├─M1─┤
     │B点停留
     │继电器

16  ├─M1──────────────────────────(T0 K50)
     │B点停留                          B点停留
     │继电器                            定时器

20  ├─M1──X002──X001──────────────(M2)
     │B点停留 A限位点 停止按钮          左行
     │继电器                            继电器
     ├─M2─┤
     │左行
     │继电器

26  ├─M2──────────────────────────(Y001)
     │左行                              小车左行
     │继电器

28  ├─M2──T1──X001────────────────(M3)
     │左行  A点停留 停止按钮            A点停留
     │继电器 定时器                      继电器
     ├─M3─┤
     │A点停留
     │继电器

34  ├─M3──────────────────────────(T1 K50)
     │A点停留                          A点停留
     │继电器                            定时器

38  ├──────────────────────────────[END]
```

图 5-3-2 小车定时往复运行梯形图 2

程序说明：按下启动按钮 SB1，PLC 执行[OUT　M0]指令，使 M0 线圈得电，M0 的常开触点变为常闭，PLC 执行[OUT　Y000]指令，使 Y0 线圈得电，小车处于右行状态。

当小车行驶到 B 限位点时，X3 的常闭触点动作，使 M0 线圈失电，小车停止。在 M0 常开触点下降沿脉冲作用下，PLC 执行[OUT　M1]指令，使 M1 线圈得电。在 M1 线圈得电期间，定时器 T0 对小车停留在 B 限位点的时间进行计时。

当定时器 T0 计时满 5 秒时，T0 的常闭触点动作，使 M1 线圈失电。在 M1 常开触点下降沿脉冲作用下，PLC 执行[OUT　M2]指令，使 M2 线圈得电，小车处于左行状态。

当小车行驶到 A 限位点时，X2 的常闭触点动作，使 M2 线圈失电，小车停止。在 M2 常开触点下降沿脉冲作用下，PLC 执行[OUT　M3]指令，使 M3 线圈得电。在 M3 线圈得电期间，定时器 T1 对小车停留在 A 限位点的时间进行计时。

当定时器 T1 计时满 5 秒时，T1 的常闭触点动作，使 M3 线圈失电。在 M3 常开触点下降沿脉冲作用下，PLC 执行[OUT　M0]指令，使 M0 线圈得电，小车处于右行状态。

按下停止按钮 SB2，M0~M3 线圈失电，Y0 和 Y1 线圈失电，小车停止运行。

实例 5-4　两台电动机限时启动、限时停止控制程序设计

设计要求：某生产机械由两台三相异步电动机拖动。控制要求如下：第 1 台电动机优先于第 2 台电动机启动，只有在第 1 台电动机运行 10 秒后，第 2 台电动机才允许启动；第 2 台电动机优先于第 1 台电动机停止，只有在第 2 台电动机停止运行 10 秒后，第 1 台电动机才允许停止运行；在第 2 台电动机未启动的情况下，允许第 1 台电动机停止运行。

1. 输入/输出元件及其控制功能

实例 5-4 中用到的输入/输出元件地址如表 5-4-1 所示。

表 5-4-1 实例 5-4 输入/输出元件地址

说　明	PLC 软元件	元件文字符号	元 件 名 称	控 制 功 能
输入	X0	SB1	按钮	第 1 台电动机启动控制
	X1	SB2	按钮	第 1 台电动机停止控制
	X2	SB3	按钮	第 2 台电动机启动控制
	X3	SB4	按钮	第 2 台电动机停止控制
输出	Y0	KM1	接触器	第 1 台电动机运行
	Y1	KM2	接触器	第 2 台电动机运行

2. 程序设计

【思路点拨】

两台电动机限时启动、限时停止控制过程可分为 7 个状态步，即初始待机步、第 1 台电动机运行 10 秒之内步、第 1 台电动机运行 10 秒之后步、第 2 台电动机启动步、第 2 台电动机停止 10 秒之内步、第 2 台电动机停止 10 秒之后步和第 1 台电动机停止步。

第 1 个状态步的激活条件是特殊功能继电器 M8002 瞬时得电；第 2 个状态步的激活条件是按下第 1 台电动机的启动按钮；第 3 个状态步的激活条件是第 1 个定时器触点动作；第 4 个状态步的激活条件是按下第 2 台电动机的启动按钮；第 5 个状态步的激活条件是按下第 2 台电动机的停止按钮；第 6 个状态步的激活条件是第 2 个定时器触点动作；第 7 个状态步的激活条件是按下第 1 台电动机的停止按钮。

当第 2 个状态步为活动步时，如果按下第 1 台电动机的停止按钮，则步序流程又转移到初始待机步。

两台电动机限时启动、限时停止控制程序如图 5-4-1 所示。

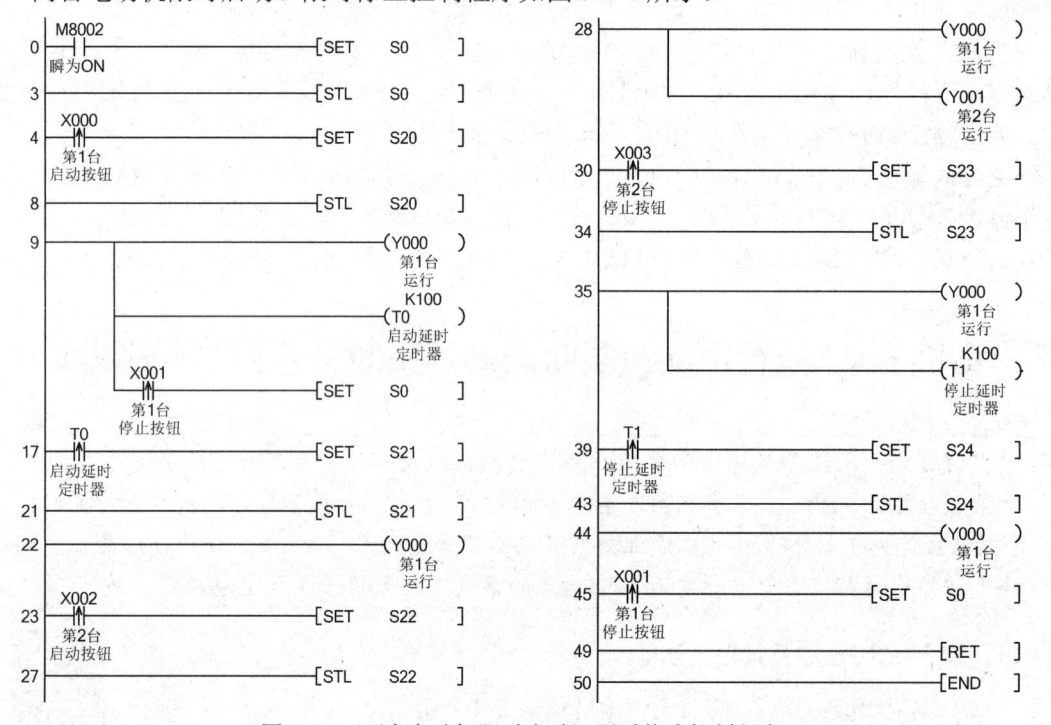

```
 0  M8002                              ─[SET   S0   ]
    瞬为ON
 3                                     ─[STL   S0   ]
 4  X000                               ─[SET   S20  ]
    第1台
    启动按钮
 8                                     ─[STL   S20  ]
 9                                      (Y000  )
                                         第1台
                                         运行
                                         K100
                                        (T0    )
                                         启动延时
                                         定时器
    X001                               ─[SET   S0   ]
    第1台
    停止按钮
17  T0                                 ─[SET   S21  ]
    启动延时
    定时器
21                                     ─[STL   S21  ]
22                                      (Y000  )
                                         第1台
                                         运行
23  X002                               ─[SET   S22  ]
    第2台
    启动按钮
27                                     ─[STL   S22  ]
28                                      (Y000  )
                                         第1台
                                         运行
                                        (Y001  )
                                         第2台
                                         运行
30  X003                               ─[SET   S23  ]
    第2台
    停止按钮
34                                     ─[STL   S23  ]
35                                      (Y000  )
                                         第1台
                                         运行
                                         K100
                                        (T1    )
                                         停止延时
                                         定时器
39  T1                                 ─[SET   S24  ]
    停止延时
    定时器
43                                     ─[STL   S24  ]
44                                      (Y000  )
                                         第1台
                                         运行
45  X001                               ─[SET   S0   ]
    第1台
    停止按钮
49                                     ─[RET       ]
50                                     ─[END       ]
```

图 5-4-1 两台电动机限时启动、限时停止控制程序

项目 5　顺序控制程序设计

程序说明：当 PLC 上电后，在 M8002 驱动下，PLC 执行[SET　S0]指令，使状态器 S0 被激活，S0 步变为活动步。在 S0 步，PLC 执行空操作，系统处于待机状态，两台电动机处于停止状态，等待启动控制信号。

按下第 1 台电动机启动按钮 SB1，PLC 执行[SET　S20]指令，使状态器 S20 被激活，S20 步变为活动步。在 S20 步，PLC 执行[OUT　Y000]指令，使 Y0 线圈得电，第 1 台电动机运行，定时器 T0 对第 1 台电动机运行时间进行计时。在定时器 T0 计时未满 10 秒期间，如果按下第 1 台电动机停止按钮 SB2，PLC 执行[SET　S0]指令，使状态器 S0 被激活，S0 步变为活动步，第 1 台电动机停止运行，系统处于待机状态。

当定时器 T0 计时满 10 秒时，PLC 执行[SET　S21]指令，使状态器 S21 被激活，S21 步变为活动步。在 S21 步，PLC 执行[OUT　Y000]指令，使 Y0 线圈得电，第 1 台电动机运行。

按下第 2 台电动机启动按钮 SB3，PLC 执行[SET　S22]指令，使状态器 S22 被激活，S22 步变为活动步。在 S22 步，PLC 执行[OUT　Y000]指令和[OUT　Y001]指令，使 Y0 和 Y1 线圈得电，第 1 台和第 2 台电动机同时运行。

按下第 2 台电动机停止按钮 SB4，PLC 执行[SET　S23]指令，使状态器 S23 被激活，S23 步变为活动步。在 S23 步，PLC 执行[OUT　Y000]指令，使 Y0 线圈得电，第 1 台电动机继续运行，第 2 台电动机停止运行；在 S23 步，定时器 T1 对第 1 台电动机运行时间（即第 2 台电动机停止时间）进行计时。

当定时器 T1 计时满 10 秒时，PLC 执行[SET　S24]指令，使状态器 S24 被激活，S24 步变为活动步。在 S24 步，PLC 执行[OUT　Y000]指令，使 Y0 线圈得电，第 1 台电动机运行。

按下第 1 台电动机停止按钮 SB2，PLC 执行[SET　S0]指令，使状态器 S0 被激活，S0 步变为活动步。在 S0 步，第 1 台电动机也停止运行，等待下一个启动控制信号。

实例 5-5　洗衣机控制程序设计

设计要求：设计一个洗衣机的 PLC 控制系统。控制要求如下：启动后，打开进水阀，向洗衣机注水，当水位上升到高水位时，关闭进水阀，开始洗涤。在洗涤期间，电动机先正转 20 秒，再暂停 5 秒，然后反转 20 秒，暂停 5 秒，如此循环 2 次后，打开排水阀，洗衣机排水。当水位下降到低水位时，开始脱水，脱水时间为 10 秒，脱水结束后关闭排水阀，洗衣全过程结束，系统自动停机。

1．输入/输出元件及其控制功能

实例 5-5 中用到的输入/输出元件地址如表 5-5-1 所示。

表 5-5-1　实例 5-5 输入/输出元件地址

说　明	PLC 软元件	元件文字符号	元　件　名　称	控　制　功　能
输入	X0	SB1	启动按钮	启动控制
	X1	SB2	停止按钮	停止控制
	X2	SL1	传感器	高水位检测
	X3	SL2	传感器	低水位检测

续表

说　明	PLC 软元件	元件文字符号	元件名称	控制功能
输出	Y0	YV1	电磁阀	进水控制
	Y1	YV2	电磁阀	排水控制
	Y2	KM1	接触器	脱水电动机控制
	Y3	KM2	接触器	洗涤电动机正转控制
	Y4	KM3	接触器	洗涤电动机反转控制

2．程序设计

【思路点拨】

洗衣机控制过程可分为 6 个状态步，即系统待机步、注水步、正转洗涤步、反转洗涤步、排水步和脱水步。本实例程序设计的难点是如何实现步进转移，因此需要使用计数器来记录步进转移的次数，再根据计数器触点的动作状态最终确定步进方向。

用步进指令编写的洗衣机控制程序如图 5-5-1 所示。

程序说明：按下停止按钮 SB2，PLC 执行[ZRST　S20　S26]指令，状态器 S20~S26 复位；PLC 执行[MOV　K0　K2Y000]指令，洗衣机停止工作。

按下启动按钮 SB1，PLC 执行[SET　S20]指令，使状态器 S20 被激活，S20 步变为活动步。在 S20 步，PLC 执行[OUT　Y000]指令，使 Y0 线圈得电，进水电磁阀被打开，洗衣机开始注水。

当水位上升到高水位时，X2 的常开触点闭合，PLC 执行[SET　S21]指令，使状态器 S21 被激活，S21 步变为活动步。在 S21 步，PLC 执行[OUT　Y003]指令，使 Y3 线圈得电，洗涤电动机正转运行；定时器 T0 对正转洗涤时间进行计时；计数器 C0 对洗涤电动机正转运行次数进行计数。

当定时器 T0 计时满 20 秒时，PLC 执行[SET　S22]指令，使状态器 S22 被激活，S22 步变为活动步，洗涤电动机停止运行。在 S22 步，定时器 T1 对洗涤电动机停止时间进行计时。

当定时器 T1 计时满 5 秒时；PLC 执行[SET　S23]指令，使状态器 S23 被激活，S23 步变为活动步。在 S23 步，PLC 执行[OUT　Y004]指令，使 Y4 线圈得电，洗涤电动机反转运行，定时器 T2 对洗涤电动机反转运行时间进行计时。

当定时器 T2 计时满 20 秒时，洗涤电动机停止运行。如果计数器 C0 计数不满 2 次，则 PLC 执行[SET　S24]指令，使状态器 S24 被激活，S24 步变为活动步。在 S24 步，定时器 T3 对洗涤电动机停止时间进行计时，当定时器 T3 计时满 5 秒时；PLC 执行[SET　S21]指令，使状态器 S21 被激活，S21 步变为活动步，洗衣机再次正转洗涤。

当定时器 T2 计时满 20 秒时，洗涤电动机停止运行。如果计数器 C0 计数已满 2 次，则 PLC 执行[SET　S25]指令，使状态器 S25 被激活，S25 步变为活动步。在 S25 步，PLC 执行[OUT　Y001]指令，使 Y1 线圈得电，排水阀被打开，洗衣机开始排水；PLC 执行[RST　C0]指令，计数器 C0 复位。

当水位下降到低水位时，PLC 执行[SET　S26]指令，使状态器 S26 有效，S26 步变为活动步。在 S26 步，PLC 执行[OUT　Y001]和[OUT　Y002]指令，使 Y1 和 Y2 线圈得电，排水阀被打开，脱水电动机开始运行；定时器 T4 对脱水电动机运行时间进行计时。

项目 5 顺序控制程序设计

当定时器 T4 计时满 10 秒时，PLC 执行[SET S0]指令，使状态器 S0 被激活，S0 步变为活动步。在 S0 步，洗衣机处于待机状态，等待启动控制信号。

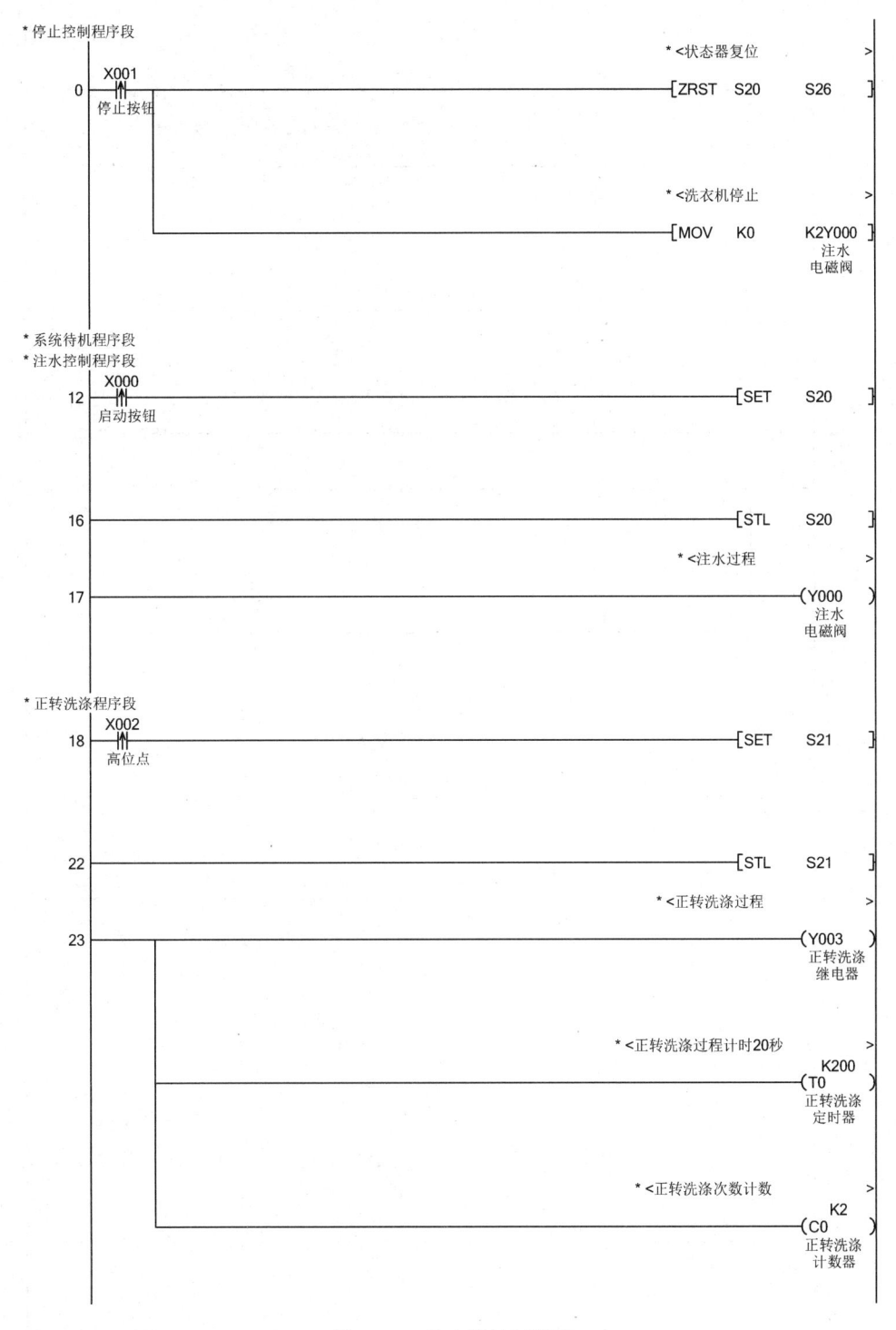

```
* 停止控制程序段
       X001                                          * <状态器复位>
   0 ──┤↑├─────────────────────────────[ZRST  S20   S26]
       停止按钮
                                                    * <洗衣机停止>
       ├──────────────────────────────[MOV   K0    K2Y000]
                                                          注水
                                                          电磁阀

* 系统待机程序段
* 注水控制程序段
       X000
  12 ──┤ ├──────────────────────────────────[SET   S20]
       启动按钮

  16 ─────────────────────────────────────[STL   S20]
                                             * <注水过程>
  17 ─────────────────────────────────────(Y000)
                                              注水
                                              电磁阀

* 正转洗涤程序段
       X002
  18 ──┤ ├──────────────────────────────────[SET   S21]
       高位点

  22 ─────────────────────────────────────[STL   S21]
                                             * <正转洗涤过程>
  23 ─────────────────────────────────────(Y003)
                                              正转洗涤
                                              继电器
                                             * <正转洗涤过程计时20秒>
                                                        K200
                                           ─(T0)
                                             正转洗涤
                                             定时器
                                             * <正转洗涤次数计数>
                                                        K2
                                           ─(C0)
                                             正转洗涤
                                             计数器
```

图 5-5-1　洗衣机控制程序

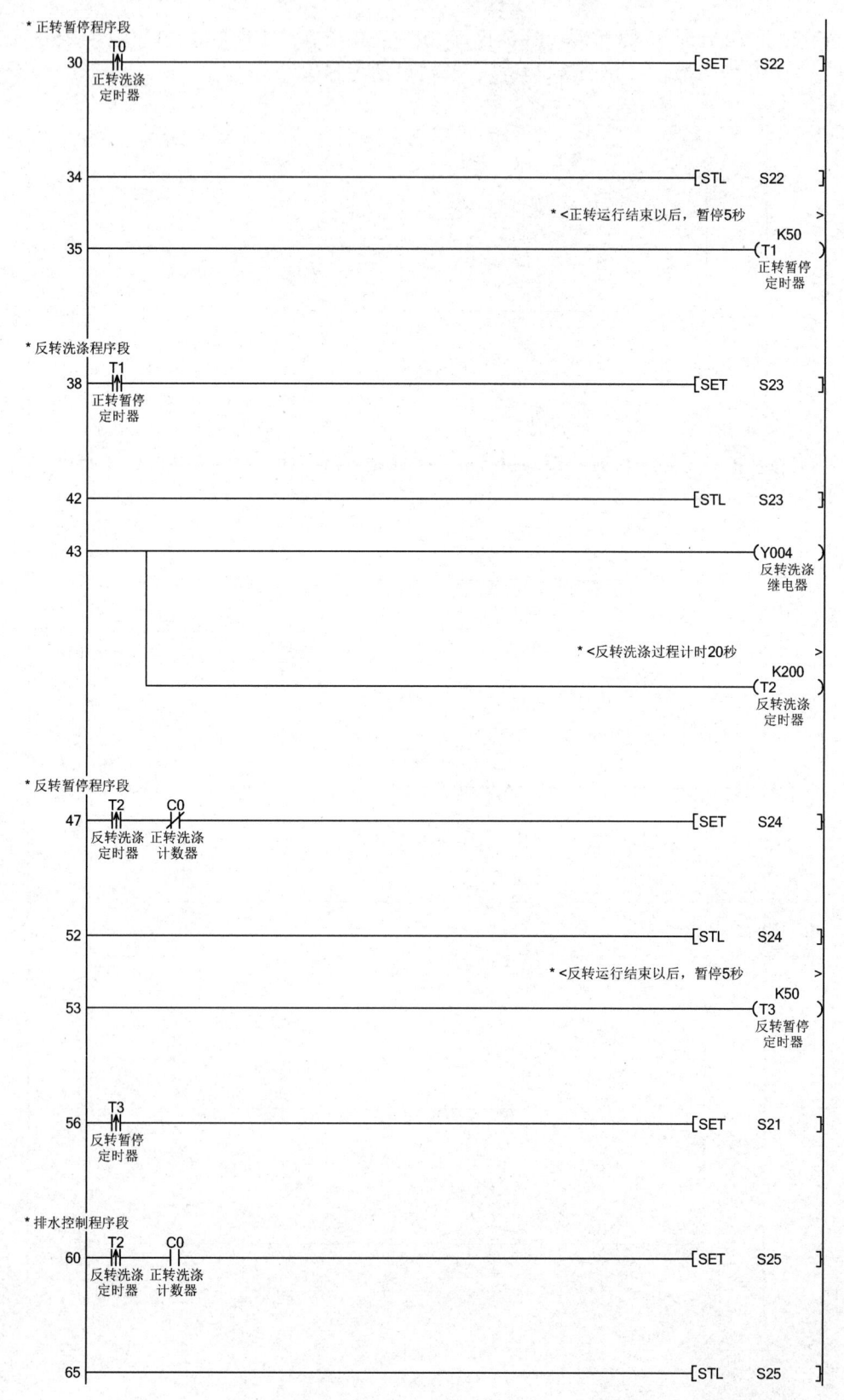

三菱 FX3U PLC 应用实例教程（第 2 版）

```
* 正转暂停程序段
         T0
30       ┤├──────────────────────────────[SET   S22  ]
       正转洗涤
       定时器


34       ───────────────────────────────[STL   S22  ]

                                        * <正转运行结束以后，暂停5秒 >
                                                                K50
35       ───────────────────────────────(T1        )
                                                              正转暂停
                                                              定时器


* 反转洗涤程序段
         T1
38       ┤├──────────────────────────────[SET   S23  ]
       正转暂停
       定时器


42       ───────────────────────────────[STL   S23  ]


43       ─────────┬─────────────────────(Y004      )
                 │                                            反转洗涤
                 │                                            继电器
                 │
                 │                      * <反转洗涤过程计时20秒 >
                 │                                              K200
                 └─────────────────────(T2        )
                                                              反转洗涤
                                                              定时器


* 反转暂停程序段
         T2    C0
47       ┤├────┤/├───────────────────[SET   S24  ]
       反转洗涤 正转洗涤
       定时器   计数器


52       ───────────────────────────────[STL   S24  ]

                                        * <反转运行结束以后，暂停5秒 >
                                                                K50
53       ───────────────────────────────(T3        )
                                                              反转暂停
                                                              定时器


         T3
56       ┤├──────────────────────────────[SET   S21  ]
       反转暂停
       定时器


* 排水控制程序段
         T2    C0
60       ┤├────┤├───────────────────[SET   S25  ]
       反转洗涤 正转洗涤
       定时器   计数器


65       ───────────────────────────────[STL   S25  ]
```

图 5-5-1　洗衣机控制程序（续）

项目 5　顺序控制程序设计

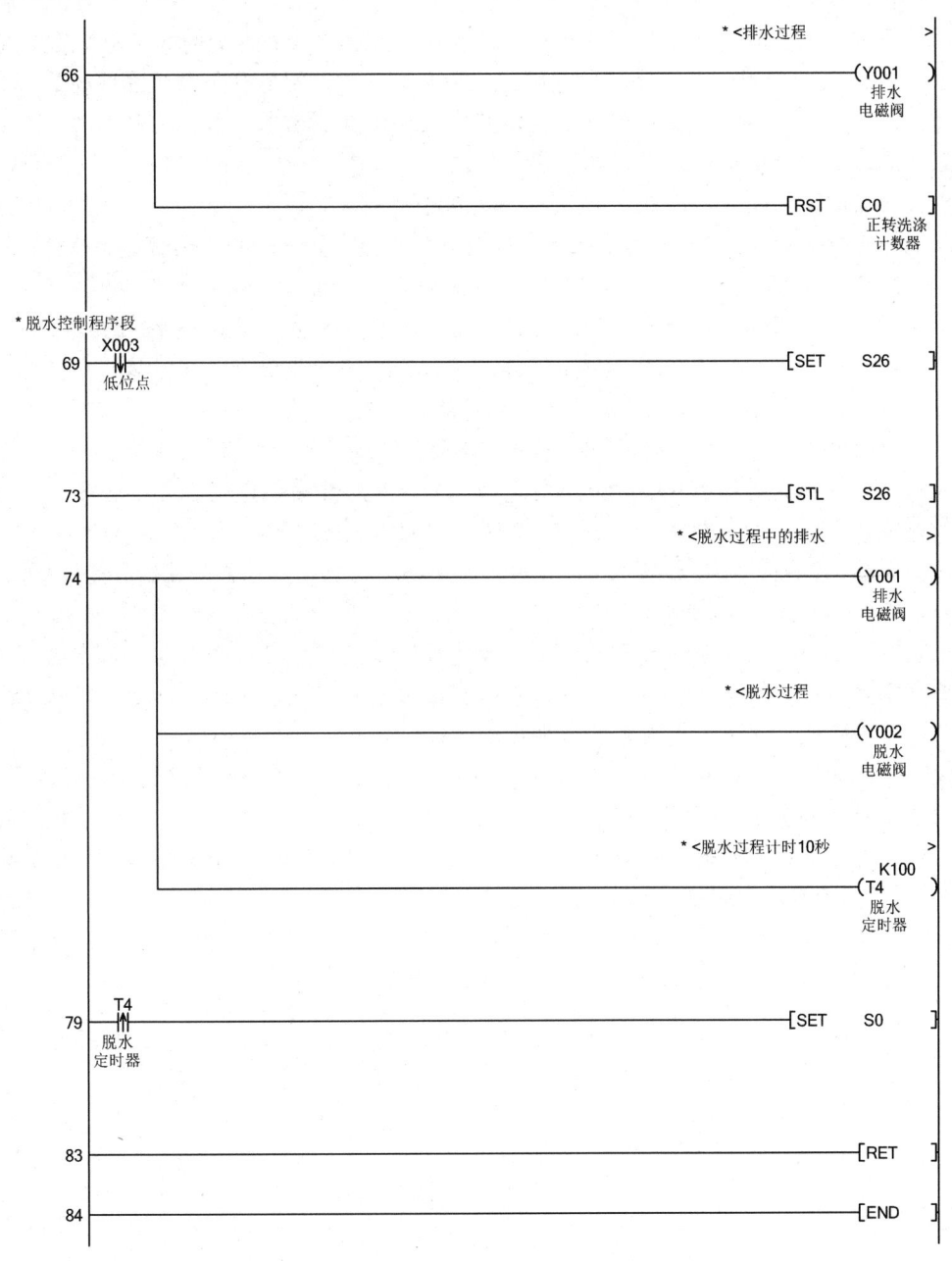

```
          *<排水过程>
66 ────────────────────────────(Y001)
    │                            排水
    │                            电磁阀
    │
    │                      ─[RST  C0 ]
    │                            正转洗涤
    │                            计数器

*脱水控制程序段
      X003
69 ────┤├─────────────────[SET  S26 ]
      低位点


73 ──────────────────────────[STL  S26 ]

                        *<脱水过程中的排水>
74 ────────────────────────────(Y001)
    │                            排水
    │                            电磁阀
    │
    │                     *<脱水过程>
    │                           (Y002)
    │                            脱水
    │                            电磁阀
    │
    │                   *<脱水过程计时10秒>
    │                            K100
    │                           (T4)
    │                            脱水
    │                            定时器

      T4
79 ────┤├──────────────────[SET   S0 ]
      脱水
      定时器

83 ──────────────────────────────[RET ]

84 ──────────────────────────────[END ]
```

图 5-5-1　洗衣机控制程序（续）

思政元素映射

从小小检修工到电力专家的"电网医生"

他有一双"千里眼"，只要看一眼设备故障信号，就能迅速判断故障部位、故障原因，他就是"电网医生"张霁明。从一名普通的电力检修工，成长为首席电力专家，成为"全国五一奖章"获得者、全国示范性劳模、工匠创新工作室领衔人，这条路对于大多数人来说都艰

· 109 ·

难无比，更何况张霁明因幼年时的医疗事故造成双耳失聪，一直靠着助听器与外界交流。

2000年，大学刚毕业的张霁明被分配到电力系统工作，刚好赶上鄞州电网的第一次自动化改造，张霁明就"泡"在变电站里，只要厂家技术人员来安装，他就全程参与，从设备拆箱安装开始，直至上电调试结束，从不落下任何一道工序。2019年6月，宁波鄞州区10kV民晏线突发故障，故障线路涉及17家企业和3000余家居民用户。千钧一发之际，配电自动化系统的全自动FA功能迅速启动，立即搜索到故障位置，并自动开启远程遥控操作，仅用了50秒就完成了对故障区域的隔离和非故障区域的恢复，一场停电事故悄然消除。

演绎这场完美操作的就是张霁明，他将一场原本需要50分钟的抢修缩短至50秒，刷新了浙江电网的速度。2020年，张霁明和同事们完成了国内最先进的"毫秒级"光纤差动分布式全自动FA环试点建设，可实现在毫秒内隔离故障，恢复供电，相当于"一眨眼"时间。这意味着，鄞州电网的停电恢复时长从原来的"小时级"缩短到"秒级"，再缩短至"毫秒级"，将城市供电可靠性提高到了99.99%，配电自动化接入站点规模和建设速度在全省、全国领先。

鄞州地域广阔，平常哪怕一个小小的故障，巡检人员处理故障往返时间动辄1个小时，甚至几个小时，如果有个机器人可以代替人工实现排障与自动巡检就好了。智能检修机器人，要求精准定位，误差必须控制在0.02毫米以内，张霁明开始了全新领域探索，他天天跑图书馆，查阅各种资料，研究不同的解决方案，最终破解了不可能完成的任务。正是他的这股韧劲，迎来了黑科技"哪吒"机器人的诞生。张霁明依然不满足，希望"哪吒"可以精细化水平更高、更加轻便、适用性更强、调试期更短，使配电室成为真正的无人化配电室。

没有平凡的岗位，只有不平凡的心。张霁明说，自己不过是一名平凡的"卖油翁"，幸而这门技艺正好能服务于"改善人民生活、建设繁荣富强的国家"这一终极目标，技艺便有了价值。但工匠不是终身制的，在技术日新月异的当下，必须随时更新自己的技能，这也是支持他20多年来奔跑在"创新"前线的原因。

项目 6

顺序功能图（SFC）程序设计

在工业自动化系统中，大部分控制都属于顺序控制，所谓顺序控制就是将整个生产过程按步序进行，每个步序对应一个控制任务，各步序按照转移方向与转移条件要求进行转移。基于"步骤化"编程这一特点，PLC 厂商开发了顺序功能图（SFC）编程语言，现已被越来越多的电气技术人员所接受。

实例 6-1　8 个彩灯单点左右循环控制程序设计

> **设计要求：** 用两个控制按钮控制 8 个彩灯，实现单点左右循环点亮，时间间隔为 1 秒。当按下启动按钮时，彩灯开始循环点亮；当按下停止按钮时，彩灯立即全部熄灭。

1. 输入/输出元件及其控制功能

实例 6-1 中用到的输入/输出元件地址如表 6-1-1 所示。

表 6-1-1　实例 6-1 输入/输出元件地址

说　明	PLC 软元件	元件文字符号	元 件 名 称	控 制 功 能
输入	X0	SB1	启动按钮	启动控制
	X1	SB2	停止按钮	停止控制
输出	Y0	HL1	彩灯 1	状态显示
	Y1	HL2	彩灯 2	状态显示
	Y2	HL3	彩灯 3	状态显示
	Y3	HL4	彩灯 4	状态显示
	Y4	HL5	彩灯 5	状态显示
	Y5	HL6	彩灯 6	状态显示
	Y6	HL7	彩灯 7	状态显示
	Y7	HL8	彩灯 8	状态显示

2. 控制程序设计

【思路点拨】

依据题意，8 个彩灯单点左右循环点亮全过程有 14 个状态步，将 14 个状态步"串联"起来，由定时器控制状态步转移，使 14 个状态步形成一个顺控大闭环。

根据彩灯单点左右循环点亮控制要求，确定其控制流程图如图 6-1-1 所示。

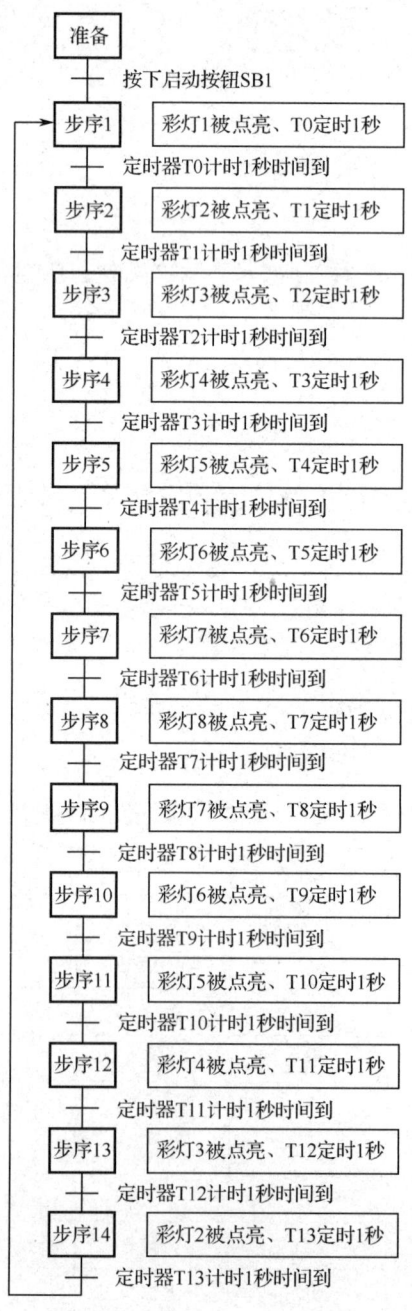

```
        准备
         │ 按下启动按钮SB1
    ┌─ 步序1    彩灯1被点亮、T0定时1秒
    │    │ 定时器T0计时1秒时间到
    │  步序2    彩灯2被点亮、T1定时1秒
    │    │ 定时器T1计时1秒时间到
    │  步序3    彩灯3被点亮、T2定时1秒
    │    │ 定时器T2计时1秒时间到
    │  步序4    彩灯4被点亮、T3定时1秒
    │    │ 定时器T3计时1秒时间到
    │  步序5    彩灯5被点亮、T4定时1秒
    │    │ 定时器T4计时1秒时间到
    │  步序6    彩灯6被点亮、T5定时1秒
    │    │ 定时器T5计时1秒时间到
    │  步序7    彩灯7被点亮、T6定时1秒
    │    │ 定时器T6计时1秒时间到
    │  步序8    彩灯8被点亮、T7定时1秒
    │    │ 定时器T7计时1秒时间到
    │  步序9    彩灯7被点亮、T8定时1秒
    │    │ 定时器T8计时1秒时间到
    │  步序10   彩灯6被点亮、T9定时1秒
    │    │ 定时器T9计时1秒时间到
    │  步序11   彩灯5被点亮、T10定时1秒
    │    │ 定时器T10计时1秒时间到
    │  步序12   彩灯4被点亮、T11定时1秒
    │    │ 定时器T11计时1秒时间到
    │  步序13   彩灯3被点亮、T12定时1秒
    │    │ 定时器T12计时1秒时间到
    │  步序14   彩灯2被点亮、T13定时1秒
    └────┤ 定时器T13计时1秒时间到
```

图 6-1-1　彩灯控制流程图

项目6 顺序功能图（SFC）程序设计

【课堂讨论】

SFC程序由梯形图块和SFC块两部分组成。梯形图块里有初始步S0置位程序和初始化程序，如图6-1-2所示；SFC块里有驱动负载程序、转移条件程序和转移方向程序，如图6-1-3所示。

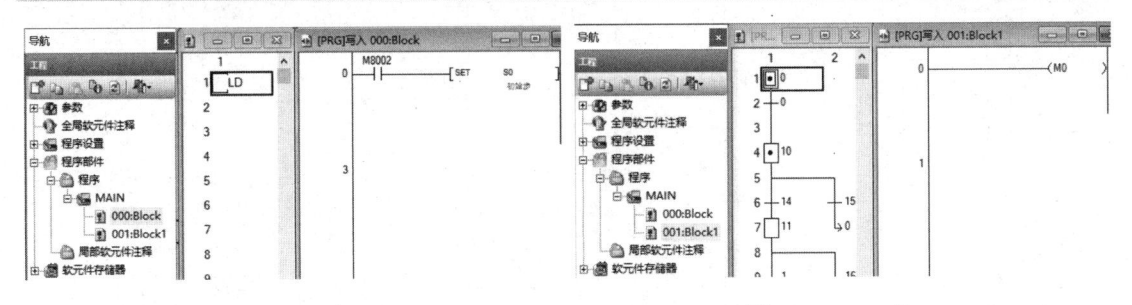

图 6-1-2 梯形图块　　　　　　　　　　图 6-1-3 SFC块

【特别提示】

在SFC程序中，用鼠标单击不同位置，会显示该位置对应的梯形图，如单击第2行，则显示步序转移条件，如图6-1-4所示；如单击第4行，则显示S10步中的梯形图，如图6-1-5所示。由于在三菱GX Works2编程软件中不能同时显示每个状态步和转移条件，所以本项目将SFC程序进行了拆分，按照步序进行程序分析，请读者对照阅读。

图 6-1-4 步序转移条件　　　　　　　　图 6-1-5 步内程序

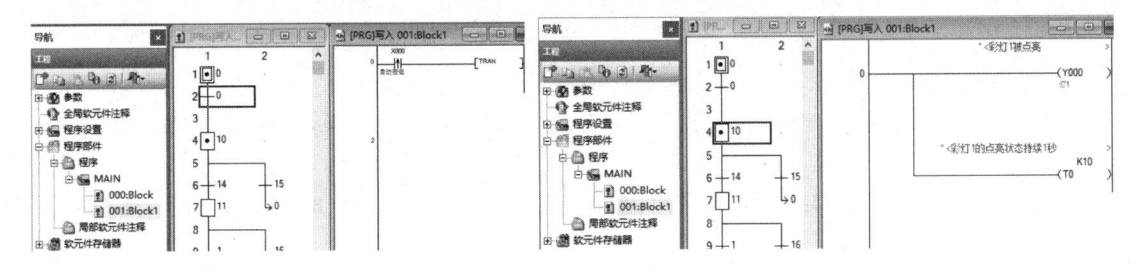

（1）梯形图块程序设计。

如图6-1-6所示，PLC上电后，在M8002驱动下，PLC执行[SET　S0]指令，使状态器S0被激活，S0步变为活动步，启动步进进程。

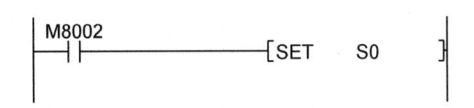

图 6-1-6 梯形图块程序

（2）SFC块程序设计。

SFC块程序如图6-1-7所示。

【注意事项】

SFC编程有3个要素，即驱动负载、转移条件和转移方向。转移条件、转移方向是不可缺的，驱动负载视控制要求而定。在编写程序时，一定要遵守"先驱动、后转移"原则。另外，初始状态一般用M8002驱动，如图6-1-6所示。

· 113 ·

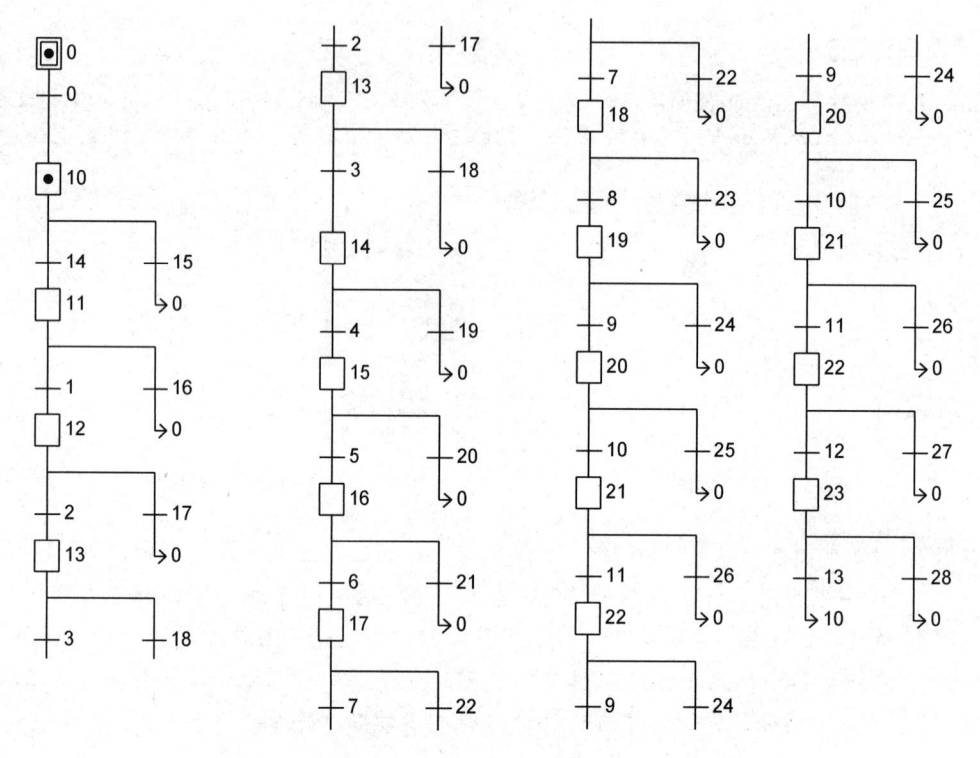

图 6-1-7　SFC 块程序

在 S0 状态步中，PLC 执行空操作，系统处于待机状态。

按下启动按钮 SB1，PLC 执行[TRAN]指令，使进程发生转移，S10 步变为活动步，如图 6-1-8 所示。

在 S10 步中，Y0 线圈得电，彩灯 1 被点亮，定时器 T0 开始计时，如图 6-1-9 所示。

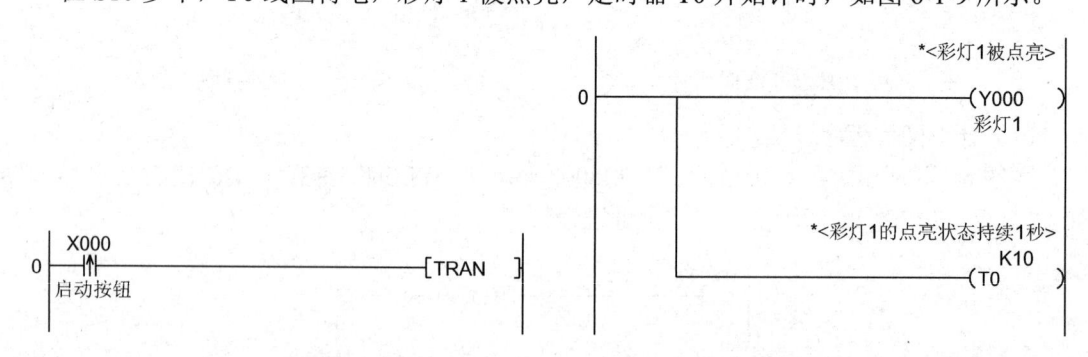

图 6-1-8　S10 步转换梯形图　　　　图 6-1-9　S10 步梯形图

当定时器 T0 计时满 1 秒时，T0 的常开触点闭合，PLC 执行[TRAN]指令，使进程发生转移，S11 步变为活动步，如图 6-1-10 所示。

在 S11 步中，Y1 线圈得电，彩灯 2 被点亮，定时器 T1 开始计时，如图 6-1-11 所示。

当定时器 T1 计时满 1 秒时，T1 的常开触点闭合，PLC 执行[TRAN]指令，使进程发生转移，S12 步变为活动步，如图 6-1-12 所示。

在 S12 步中，Y2 线圈得电，彩灯 3 被点亮，定时器 T2 开始计时，如图 6-1-13 所示。

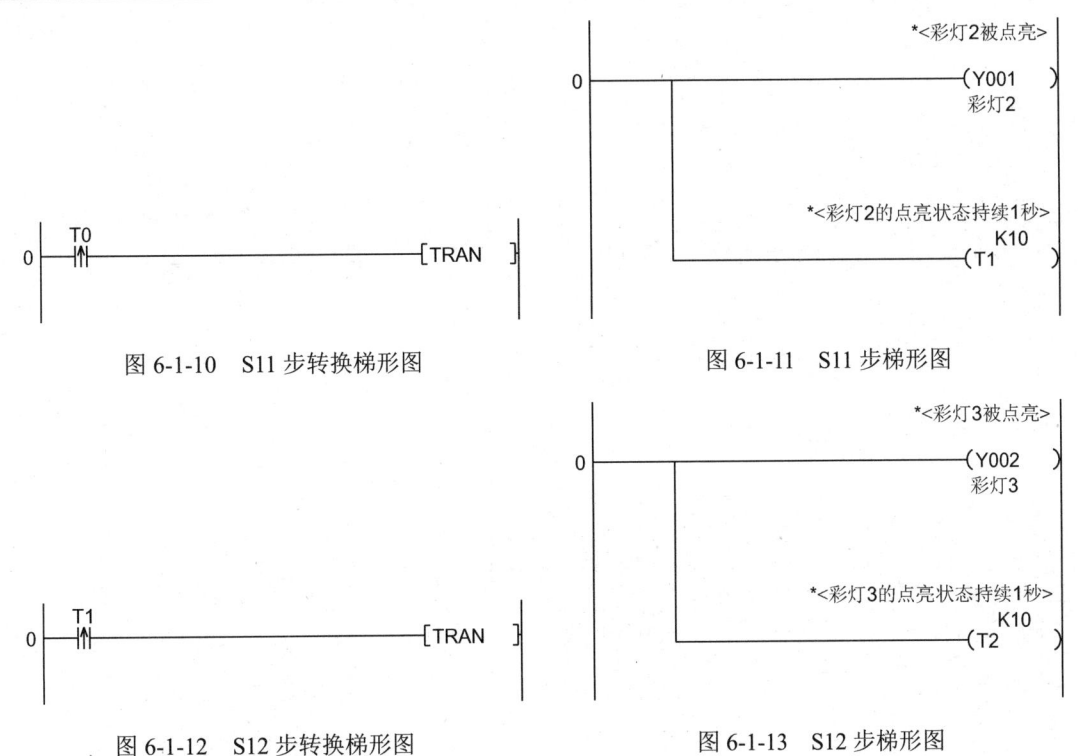

图 6-1-10　S11 步转换梯形图　　　　　　　图 6-1-11　S11 步梯形图

图 6-1-12　S12 步转换梯形图　　　　　　　图 6-1-13　S12 步梯形图

当定时器 T2 计时满 1 秒时，T2 的常开触点闭合，PLC 执行[TRAN]指令，使进程发生转移，S13 步变为活动步，如图 6-1-14 所示。

在 S13 步中，Y3 线圈得电，彩灯 4 被点亮，定时器 T3 开始计时，如图 6-1-15 所示。

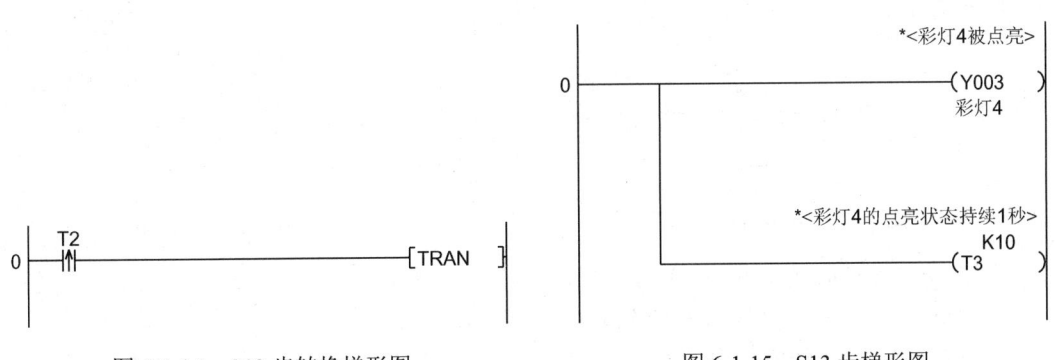

图 6-1-14　S13 步转换梯形图　　　　　　　图 6-1-15　S13 步梯形图

当定时器 T3 计时满 1 秒时，T3 的常开触点闭合，PLC 执行[TRAN]指令，使进程发生转移，S14 步变为活动步，如图 6-1-16 所示。

在 S14 步中，Y4 线圈得电，彩灯 5 被点亮，定时器 T4 开始计时，如图 6-1-17 所示。

当定时器 T4 计时满 1 秒时，T4 的常开触点闭合，PLC 执行[TRAN]指令，使进程发生转移，S15 步变为活动步，如图 6-1-18 所示。

在 S15 步中，Y5 线圈得电，彩灯 6 被点亮，定时器 T5 开始计时，如图 6-1-19 所示。

当定时器 T5 计时满 1 秒时，T5 的常开触点闭合，PLC 执行[TRAN]指令，使进程发生转移，S16 步变为活动步，如图 6-1-20 所示。

在 S16 步中，Y6 线圈得电，彩灯 7 被点亮，定时器 T6 开始计时，如图 6-1-21 所示。

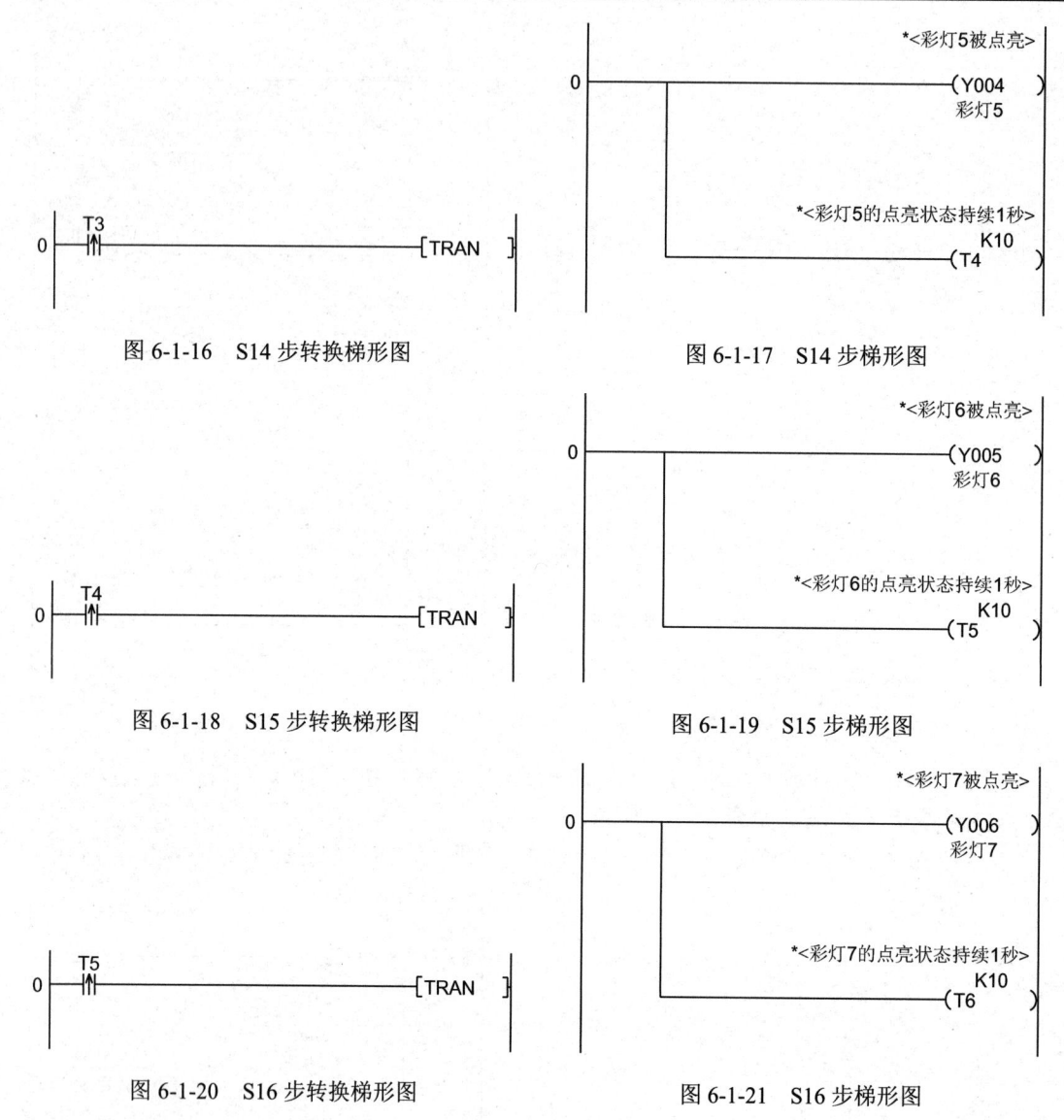

```
     T3
0 ───┤/├──────────────────[TRAN]
```

图 6-1-16 S14 步转换梯形图

```
                              *<彩灯5被点亮>
0 ─────────────────────────(Y004)
                              彩灯5

                              *<彩灯5的点亮状态持续1秒>
                              K10
                           ──(T4)
```

图 6-1-17 S14 步梯形图

```
     T4
0 ───┤/├──────────────────[TRAN]
```

图 6-1-18 S15 步转换梯形图

```
                              *<彩灯6被点亮>
0 ─────────────────────────(Y005)
                              彩灯6

                              *<彩灯6的点亮状态持续1秒>
                              K10
                           ──(T5)
```

图 6-1-19 S15 步梯形图

```
     T5
0 ───┤/├──────────────────[TRAN]
```

图 6-1-20 S16 步转换梯形图

```
                              *<彩灯7被点亮>
0 ─────────────────────────(Y006)
                              彩灯7

                              *<彩灯7的点亮状态持续1秒>
                              K10
                           ──(T6)
```

图 6-1-21 S16 步梯形图

当定时器 T6 计时满 1 秒时，T6 的常开触点闭合，PLC 执行[TRAN]指令，使进程发生转移，S17 步变为活动步，如图 6-1-22 所示。

在 S17 步中，Y7 线圈得电，彩灯 8 被点亮，定时器 T7 开始计时，如图 6-1-23 所示。

```
                              *<彩灯8被点亮>
0 ─────────────────────────(Y007)
                              彩灯8

                              *<彩灯8的点亮状态持续1秒>
                              K10
                           ──(T7)
```

```
     T6
0 ───┤/├──────────────────[TRAN]
```

图 6-1-22 S17 步转换梯形图

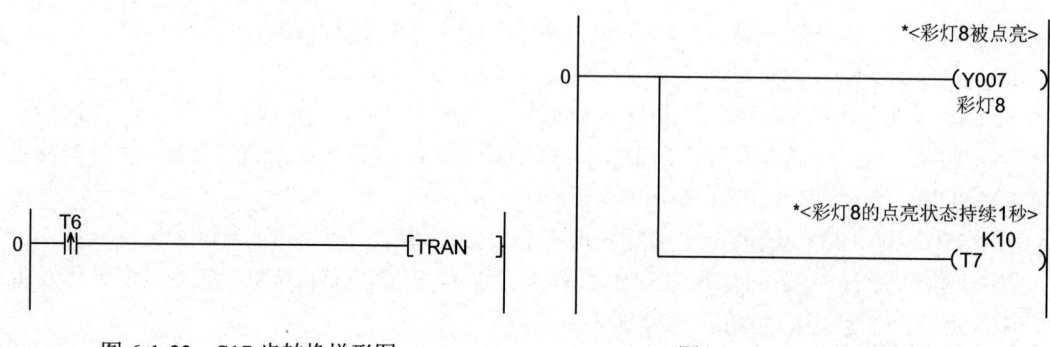

图 6-1-23 S17 步梯形图

当定时器 T7 计时满 1 秒时，T7 的常开触点闭合，PLC 执行[TRAN]指令，使进程发生转移，S18 步变为活动步，如图 6-1-24 所示。

在 S18 步中，Y6 线圈得电，彩灯 7 被点亮，定时器 T8 开始计时，如图 6-1-25 所示。

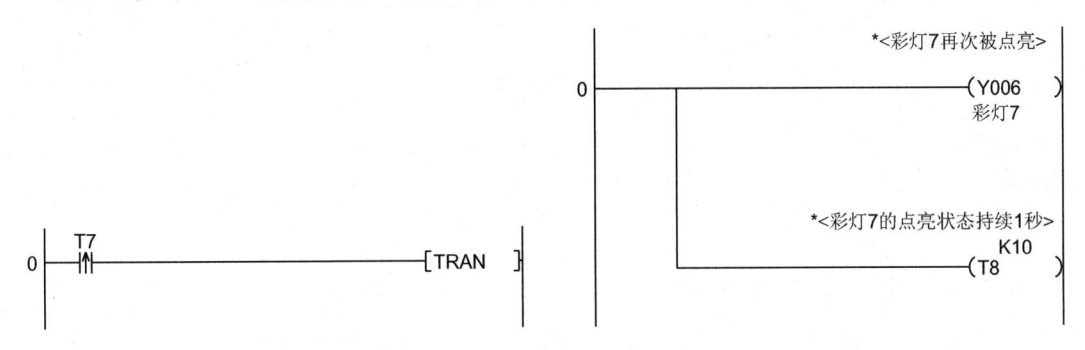

图 6-1-24　S18 步转换梯形图

图 6-1-25　S18 步梯形图

当定时器 T8 计时满 1 秒时，T8 的常开触点闭合，PLC 执行[TRAN]指令，使进程发生转移，S19 步变为活动步，如图 6-1-26 所示。

在 S19 步中，Y5 线圈得电，彩灯 6 被点亮，定时器 T9 开始计时，如图 6-1-27 所示。

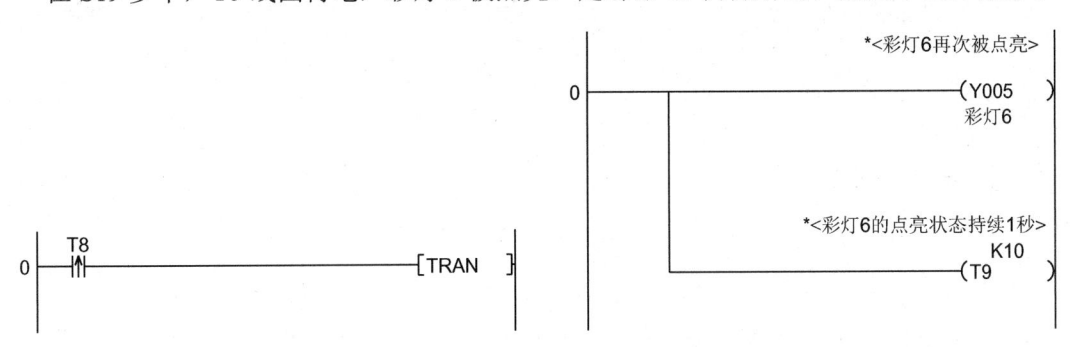

图 6-1-26　S19 步转换梯形图

图 6-1-27　S19 步梯形图

当定时器 T9 计时满 1 秒时，T9 的常开触点闭合，PLC 执行[TRAN]指令，使进程发生转移，S20 步变为活动步，步进进程转入 S20 步，如图 6-1-28 所示。

在 S20 步中，Y4 线圈得电，彩灯 5 被点亮，定时器 T10 开始计时，如图 6-1-29 所示。

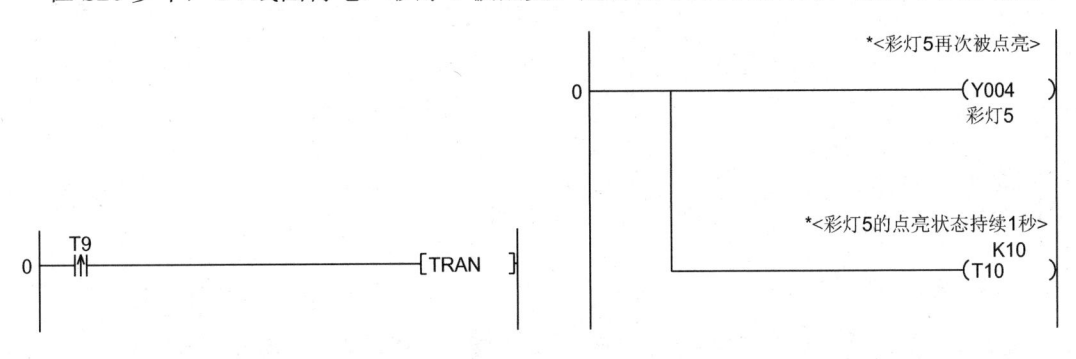

图 6-1-28　S20 步转换梯形图

图 6-1-29　S20 步梯形图

当定时器 T10 计时满 1 秒时，T10 的常开触点闭合，PLC 执行[TRAN]指令，使进程发生转移，S21 步变为活动步，如图 6-1-30 所示。

· 117 ·

在 S21 步中，Y3 线圈得电，彩灯 4 被点亮，定时器 T11 开始计时，如图 6-1-31 所示。

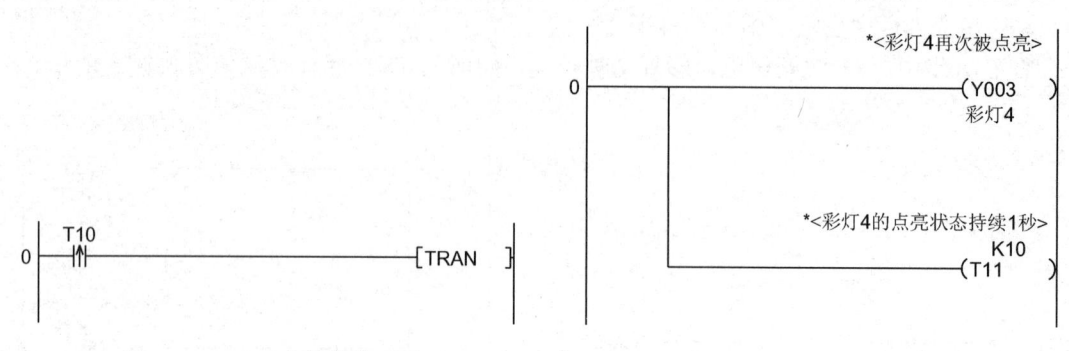

图 6-1-30 S21 步转换梯形图

图 6-1-31 S21 步梯形图

当定时器 T11 计时满 1 秒时，T11 的常开触点闭合，PLC 执行[TRAN]指令，使进程发生转移，S22 步变为活动步，如图 6-1-32 所示。

在 S22 步中，Y2 线圈得电，彩灯 3 被点亮，定时器 T12 开始计时，如图 6-1-33 所示。

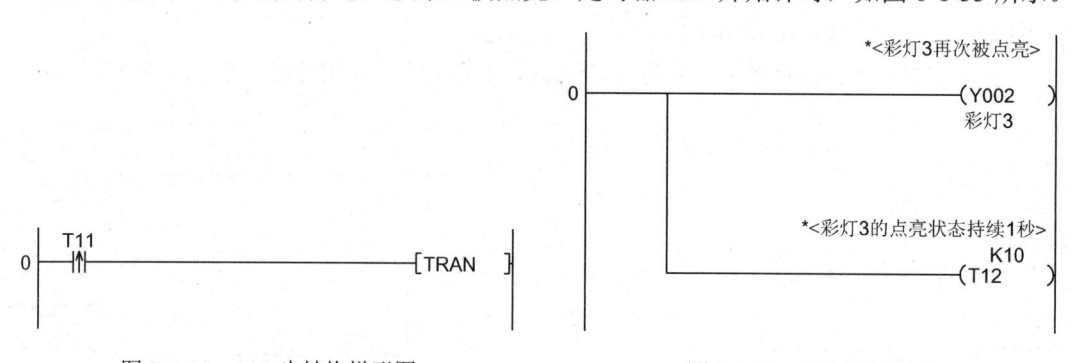

图 6-1-32 S22 步转换梯形图

图 6-1-33 S22 步梯形图

当定时器 T12 计时满 1 秒时，T12 的常开触点闭合，PLC 执行[TRAN]指令，使进程发生转移，S23 步变为活动步，如图 6-1-34 所示。

在 S23 步中，Y1 线圈得电，彩灯 2 被点亮，定时器 T13 开始计时，如图 6-1-35 所示。

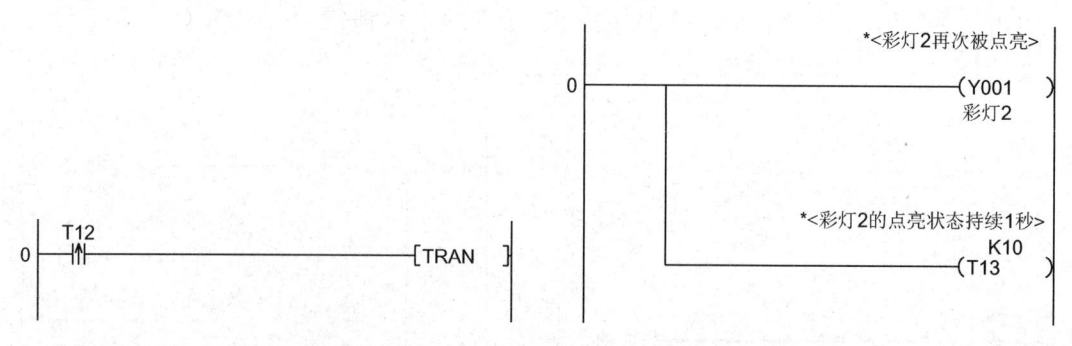

图 6-1-34 S23 步转换梯形图

图 6-1-35 S23 步梯形图

当定时器 T13 计时满 1 秒时，T13 的常开触点闭合，PLC 执行[TRAN]指令，使进程发生转移，S10 步变为活动步，程序进入循环执行状态，如图 6-1-36 所示。

在执行步进控制的过程中，只要按下停止按钮 SB2，PLC 就执行[TRAN]指令，使状态器 S0 被激活，彩灯全部熄灭，如图 6-1-37 所示。

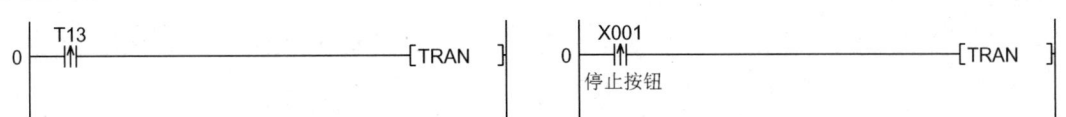

项目 6　顺序功能图（SFC）程序设计

```
    ┤├T13                         [TRAN]
  0
```

图 6-1-36　S10 步转换梯形图

```
    ┤├X001                        [TRAN]
  0   停止按钮
```

图 6-1-37　S0 步转换梯形图

【编程体会】

SFC 按照工艺流程顺序编制程序，上手非常容易。以本实例为例，状态步之间自带"互锁"，无须另外编写"互锁"程序，只要在状态步中驱动相应的彩灯，再把转移条件写对，就能轻松设计出程序。

实例 6-2　3 条传送带顺序控制程序设计

设计要求：传送带工作示意图如图 6-2-1 所示。按下启动按钮，传送带 3 运行；延时 5 秒后，传送带 2 自动运行；再延时 5 秒后，传送带 1 自动运行。按下停止按钮，传送带 1 停止；延时 5 秒后，传送带 2 自动停止；再延时 5 秒后，传送带 3 自动停止。按下停止按钮，采用"后启先停"原则，停止已启动的传送带。

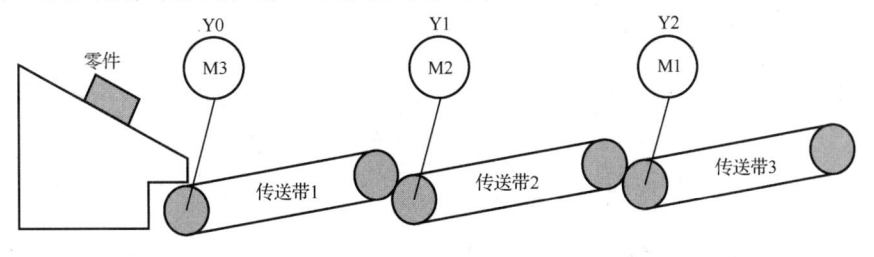

图 6-2-1　传送带工作示意图

1. 输入/输出元件及其控制功能

实例 6-2 中用到的输入/输出元件地址如表 6-2-1 所示。

表 6-2-1　实例 6-2 输入/输出元件地址

说　明	PLC 软元件	元件文字符号	元 件 名 称	控 制 功 能
输入	X0	SB1	按钮	启动控制
	X1	SB2	按钮	停止控制
输出	Y0	KM1	接触器	传送带 1 控制
	Y1	KM2	接触器	传送带 2 控制
	Y2	KM3	接触器	传送带 3 控制

2. 控制程序设计

【思路点拨】

依据题意，3 条传送带的控制过程有 5 个状态步，即传送带 3 运行、传送带 2 运行、传送带 1 运行、传送带 2 运行和传送带 3 运行。程序采用单流程结构，依据判断结果控制状态

· 119 ·

步的转换，如果选择顺序执行，则传送带依次正常运行；如果选择跳转执行，则传送带依次停止运行，判断条件为停止按钮是否被按下。

根据传送带运行控制要求，确定其控制流程图如图 6-2-2 所示。

（1）梯形图块程序设计。

如图 6-2-3 所示，当 PLC 上电后，在 M8002 驱动下，PLC 执行[SET　S0]指令，使状态器 S0 被激活，S0 步变为活动步，启动步进进程。

（2）SFC 块程序设计。

SFC 块程序如图 6-2-4 所示。

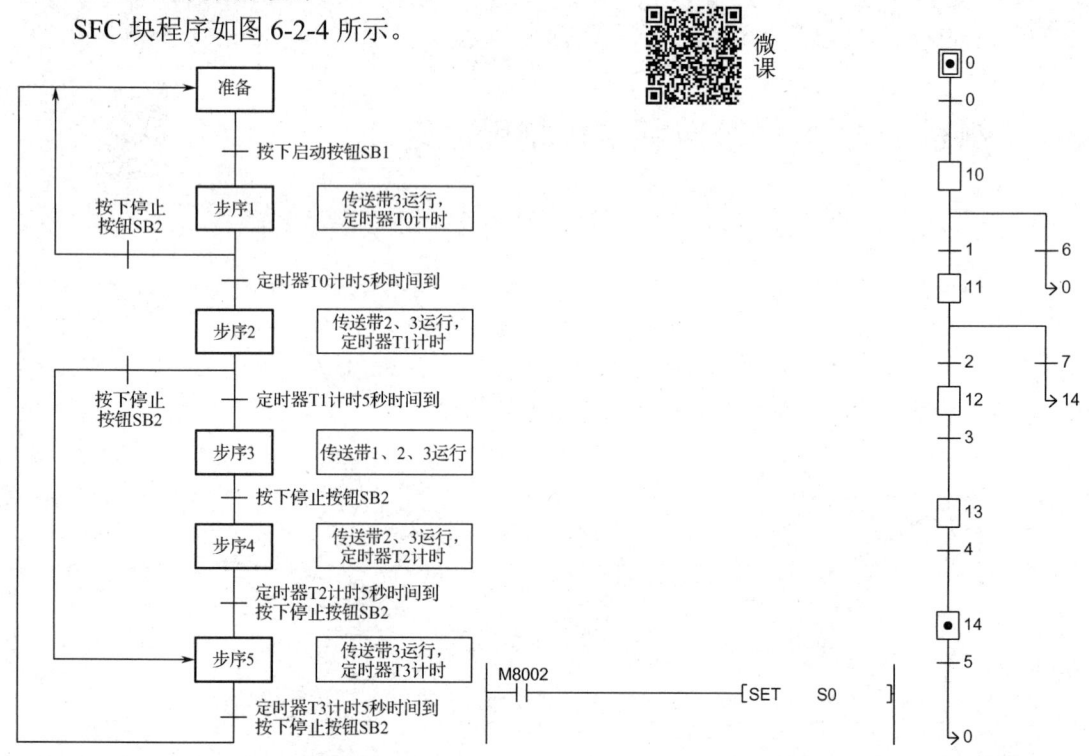

图 6-2-2　传送带控制流程图　　图 6-2-3　传送带顺序控制梯形图块程序　图 6-2-4　SFC块程序

在 S0 状态步中，PLC 执行空操作，系统处于待机状态。

按下启动按钮 SB1，PLC 执行[TRAN]指令，使进程发生转移，S10 步变为活动步，如图 6-2-5 所示。

在 S10 步中，Y2 线圈得电，传送带 3 运行，定时器 T0 对传送带 3 的运行时间进行计时，如图 6-2-6 所示。

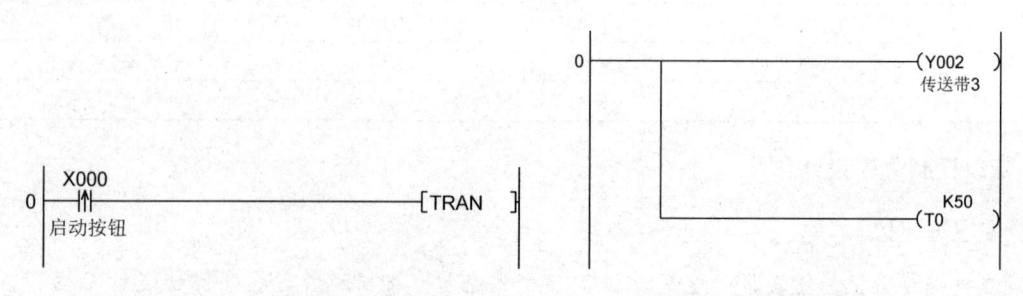

图 6-2-5　S10 步转换梯形图　　　　　　图 6-2-6　S10 步梯形图

当定时器 T0 计时满 5 秒时，T0 的常开触点闭合，PLC 执行[TRAN]指令，使进程发生转移，S11 步变为活动步，如图 6-2-7 所示。如果定时器 T0 计时未满 5 秒，按下停止按钮 SB2，则进程发生转移，S0 步变为活动步，传送带 3 停止运行，如图 6-2-8 所示。

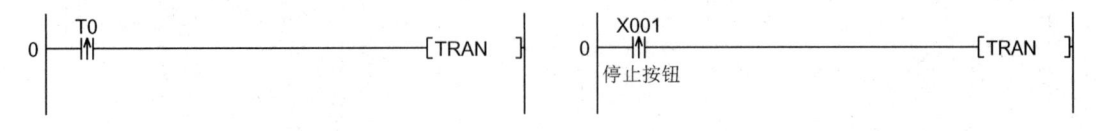

图 6-2-7　S11 步转换梯形图　　　　图 6-2-8　S0 步转换梯形图

在 S11 步中，Y1 和 Y2 线圈得电，传送带 2 和传送带 3 运行，定时器 T1 对两条传送带的运行时间进行计时，如图 6-2-9 所示。

当定时器 T1 计时满 5 秒时，T1 的常开触点闭合，PLC 执行[TRAN]指令，使进程发生转移，S12 步变为活动步，如图 6-2-10 所示。如果定时器 T1 计时未满 5 秒，按下停止按钮 SB2，则进程发生转移，S14 步变为活动步。

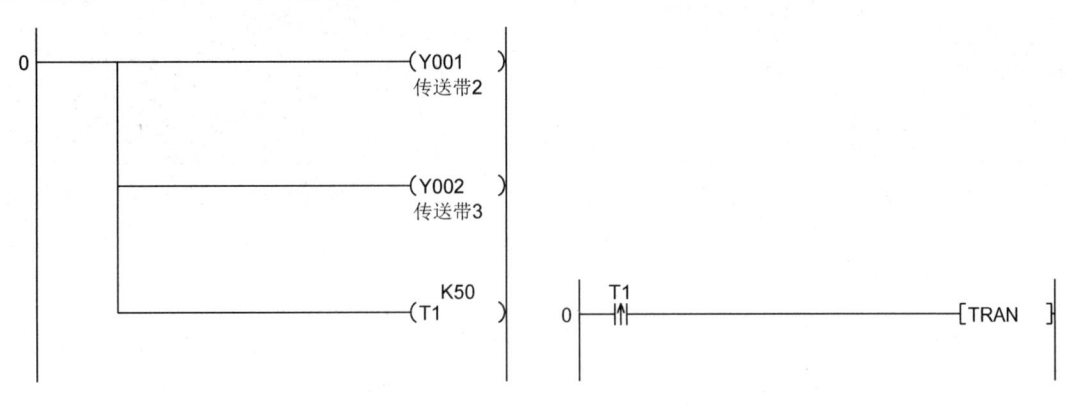

图 6-2-9　S11 步梯形图　　　　图 6-2-10　S12 步转换梯形图

在 S12 步中，Y0、Y1 和 Y2 线圈得电，3 条传送带都运行，如图 6-2-11 所示。

在 S12 步中，按下停止按钮 SB2，PLC 执行[TRAN]指令，使进程发生转移，S13 步变为活动步，如图 6-2-12 所示。

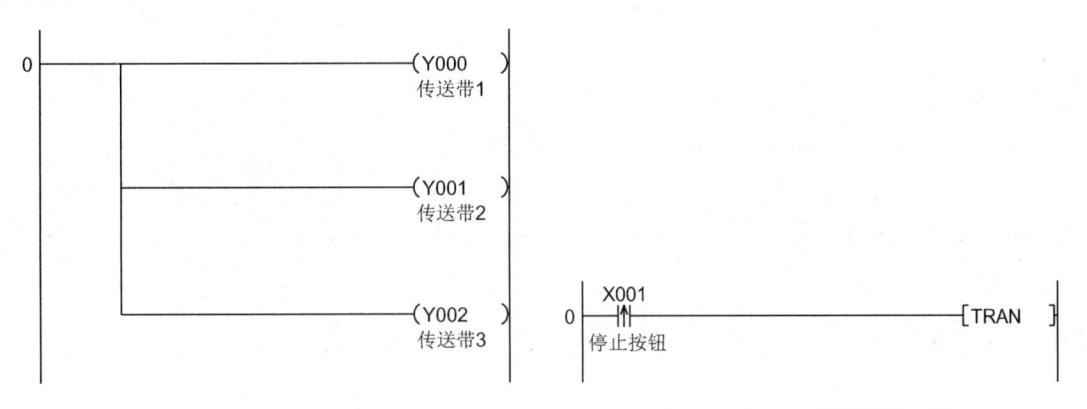

图 6-2-11　S12 步梯形图　　　　图 6-2-12　S13 步转换梯形图

在 S13 步中，Y1 和 Y2 线圈得电，传送带 2 和传送带 3 运行，定时器 T2 对两条传送带的运行时间进行计时，如图 6-2-13 所示。

按下停止按钮 SB2，PLC 执行[TRAN]指令，使进程发生转移，S14 步变为活动步；或当定时器 T2 计时满 5 秒时，T2 的常开触点闭合，PLC 执行[TRAN]指令，使进程发生转移，S14 步变为活动步，如图 6-2-14 所示。

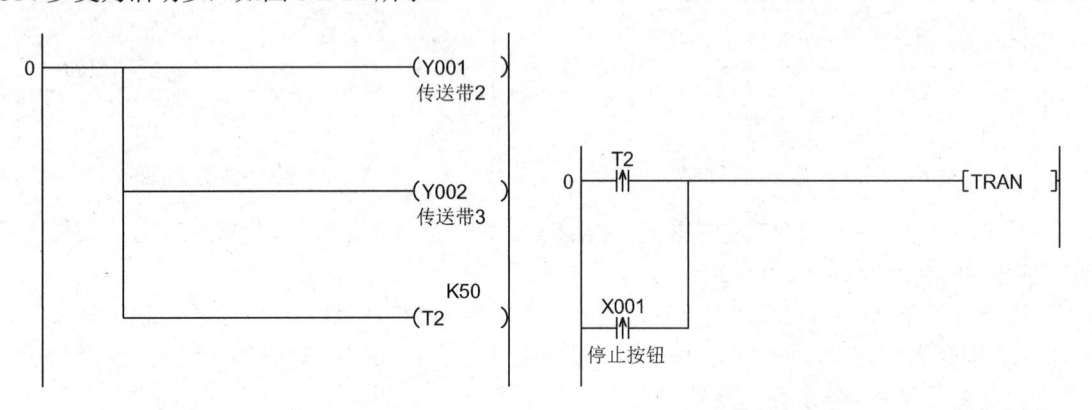

图 6-2-13　S13 步梯形图　　　　图 6-2-14　S14 步转换梯形图

在 S14 步中，Y2 线圈得电，传送带 3 运行，定时器 T3 对传送带 3 的运行时间进行计时，如图 6-2-15 所示。

按下停止按钮 SB2，PLC 执行[TRAN]指令，使进程发生转移，S0 步变为活动步；或当定时器 T3 计时满 5 秒时，T3 的常开触点闭合，PLC 执行[TRAN]指令，使进程发生转移，S0 步变为活动步，3 条传送带停止，如图 6-2-16 所示。

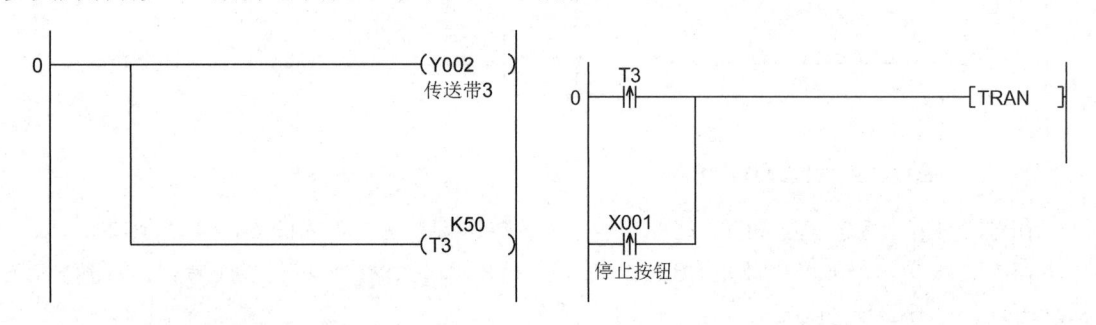

图 6-2-15　S14 步梯形图　　　　图 6-2-16　S0 步转换梯形图

【课堂讨论】

在 S10 步和 S11 步中重复出现了 Y2 线圈，像这种不同时启动的双线圈是合法的。相邻步使用的 T、C 不能相同，如在 S11 步转换中使用了 T0，而在 S12 步转换中使用了 T1。转移条件可以是多个元件的逻辑组合，如在 S14 步转换中使用了 T2&X1。

实例 6-3　电动机"正-反-停"运行控制程序设计

设计要求：用 3 个常开按钮控制一台三相异步电动机正/反转运行，且正/反转运行状态的切换可以通过启动按钮直接进行，中间不需要有停止操作过程，即"正-反-停"控制。

项目6 顺序功能图（SFC）程序设计

1. 输入/输出元件及其控制功能

实例 6-3 中用到的输入/输出元件地址如表 6-3-1 所示。

表 6-3-1 实例 6-3 输入/输出元件地址

说 明	PLC 软元件	元件文字符号	元 件 名 称	控 制 功 能
输入	X0	SB1	按钮	正转启动控制
	X1	SB2	按钮	反转启动控制
	X2	SB3	按钮	停止控制
输出	Y0	KM1	接触器	正转接通或分断电源
	Y1	KM2	接触器	反转接通或分断电源

2. 控制程序设计

【思路点拨】

依据题意，电动机"正-反-停"运行控制有正转控制和反转控制 2 个状态步，采用选择性分支结构，通过条件判断来选择执行哪一个状态步。

根据电动机"正-反-停"运行控制要求，确定其控制流程图如图 6-3-1 所示。

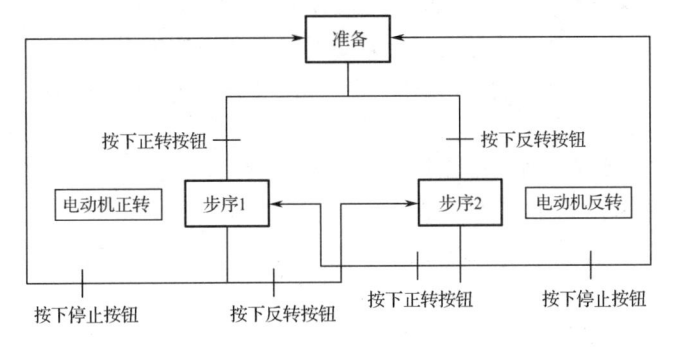

图 6-3-1 电动机"正-反-停"控制流程图

（1）梯形图块程序设计。

如图 6-3-2 所示，当 PLC 上电后，在 M8002 驱动下，PLC 执行[SET S0]指令，使状态器 S0 被激活，S0 步变为活动步，启动步进进程。

（2）SFC 块程序设计。

SFC 块程序如图 6-3-3 所示。在 S0 状态步中，PLC 执行空操作，系统处于待机状态。

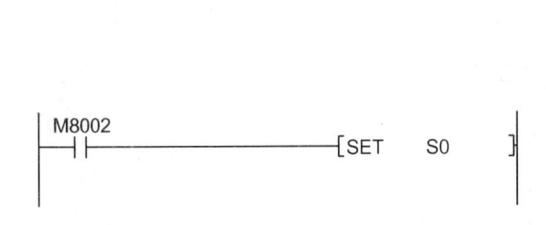

图 6-3-2 电动机"正-反-停"控制梯形图块程序　　　图 6-3-3 SFC 块程序

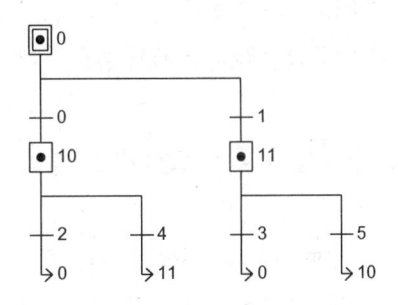

① "正-反"控制。在待机状态下，如果按下正转启动按钮 SB1，则 PLC 执行[TRAN]指令，进程发生转移，S10 步变为活动步，如图 6-3-4 所示。

在 S10 步中，Y0 线圈得电，电动机正转运行，如图 6-3-5 所示。

```
      X000
0 ────┤ ├──────────────────────[TRAN ]
      正转启动
       按钮
```

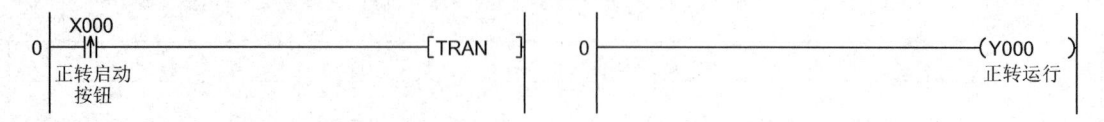

```
0 ──────────────────────────────( Y000 )
                                 正转运行
```

图 6-3-4　S10 步转换梯形图　　　　　图 6-3-5　S10 步梯形图

在 S10 步中，如果按下反转按钮 SB2，则 PLC 执行[TRAN]指令，进程发生转移，S11 步变为活动步，如图 6-3-6 所示。

在 S11 步中，Y1 线圈得电，电动机反转运行，如图 6-3-7 所示。

```
      X001
0 ────┤ ├──────────────────────[TRAN ]
      反转启动
       按钮
```

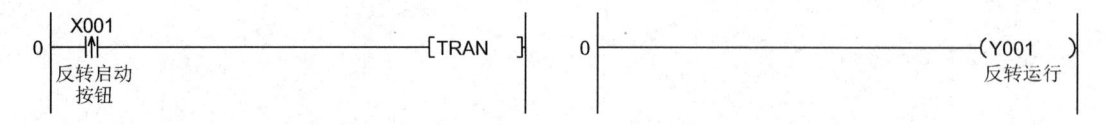

```
0 ──────────────────────────────( Y001 )
                                 反转运行
```

图 6-3-6　S11 步转换梯形图　　　　　图 6-3-7　S11 步梯形图

② "反-正"控制。在待机状态下，按下反转启动按钮 SB2，PLC 执行[TRAN]指令，进程发生转移，S11 步变为活动步，如图 6-3-6 所示。

在 S11 步中，Y1 线圈得电，电动机反转运行，如图 6-3-7 所示。

在 S11 步中，如果按下正转按钮 SB1，则 PLC 执行[TRAN]指令，进程发生转移，S10 步变为活动步，如图 6-3-4 所示。

在 S10 步中，Y0 线圈得电，电动机正转运行，如图 6-3-5 所示。

③ 停止控制。在 S10 步或 S11 步中，如果按下停止按钮 SB3，则 PLC 执行[TRAN]指令，进程发生转移，S0 步变为活动步，电动机停止运行，系统处于待机状态，如图 6-3-8 所示。

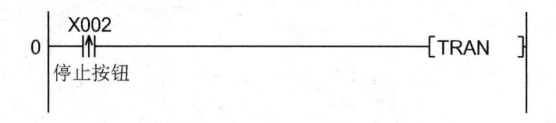

```
      X002
0 ────┤ ├──────────────────────[TRAN ]
      停止按钮
```

图 6-3-8　S0 步转换梯形图

【编程体会】

我个人喜欢用 SFC 编程，主要是看中了它简洁明了的编程方式和多块分类化的程序排列方式，相较于梯形图编程，采用 SFC 编程不仅程序结构更加清晰，而且便于修改和调试程序，因为多块化的分割使线圈可以重复使用，这样 BUG 更少，稳定性更高。

实例 6-4　交通信号灯控制程序设计

设计要求：按下启动按钮，交通信号灯控制系统按图 6-4-1 所示要求工作。绿灯闪烁的周期为 0.4 秒。按下停止按钮，所有信号灯熄灭。

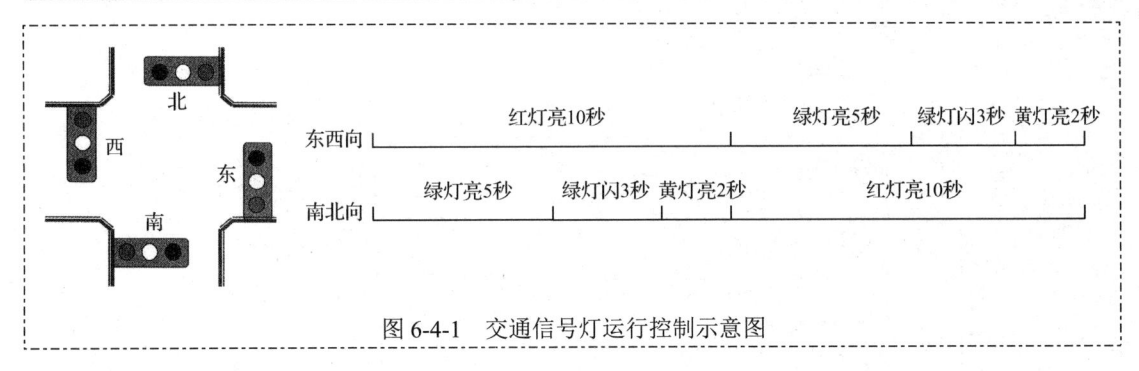

图 6-4-1 交通信号灯运行控制示意图

1. 输入/输出元件及其控制功能

实例 6-4 中用到的输入/输出元件地址如表 6-4-1 所示。

表 6-4-1 实例 6-4 输入/输出元件地址

说 明	PLC 软元件	元件文字符号	元 件 名 称	控 制 功 能
输入	X0	SB1	启动按钮	交通信号灯系统启动
	X1	SB2	停止按钮	交通信号灯系统停止
输出	Y0	HL1	东西向红灯	东西向禁行指示
	Y1	HL2	东西向绿灯	东西向通行指示
	Y2	HL3	东西向黄灯	东西向信号转换指示
	Y3	HL4	南北向红灯	南北向禁行指示
	Y4	HL5	南北向绿灯	南北向通行指示
	Y5	HL6	南北向黄灯	南北向信号转换指示

2. 控制程序设计

【思路点拨】

依据题意，东西向和南北向的信号灯控制是 2 个独立的并行性分支，在每个分支内又包含 3 个状态步，在每个分支的第 3 个状态步结束后，再跳回重复执行第 1 个状态步。

根据交通信号灯运行控制要求，我们可以采用并行性分支结构进行程序设计，其控制流程图如图 6-4-2 所示。

（1）梯形图块程序设计。

如图 6-4-3 所示，PLC 上电后，定时器 T100 开始计时。每当定时器 T100 的计时时间满 0.2 秒，定时器 T100 的常开触点就会闭合一次，驱动执行一次[ALT M100]指令，使 M100 周期性得电，成为 0.4 秒时基脉冲继电器。在 M8002 驱动下，PLC 执行[SET S0]指令，使状态器 S0 被激活，S0 步变为活动步，启动步进进程。

（2）SFC 块程序设计。

SFC 块程序如图 6-4-4 所示。

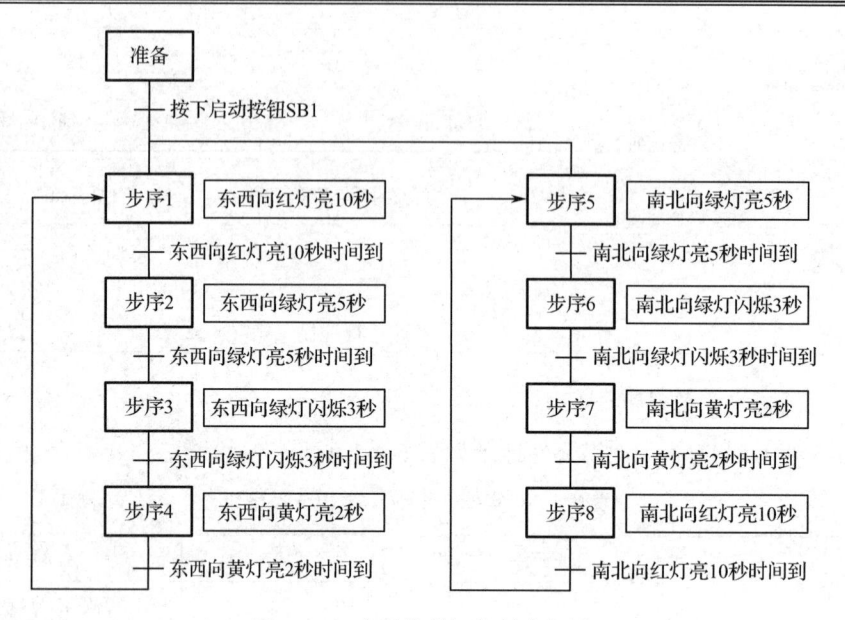

图 6-4-2 交通信号灯控制流程图

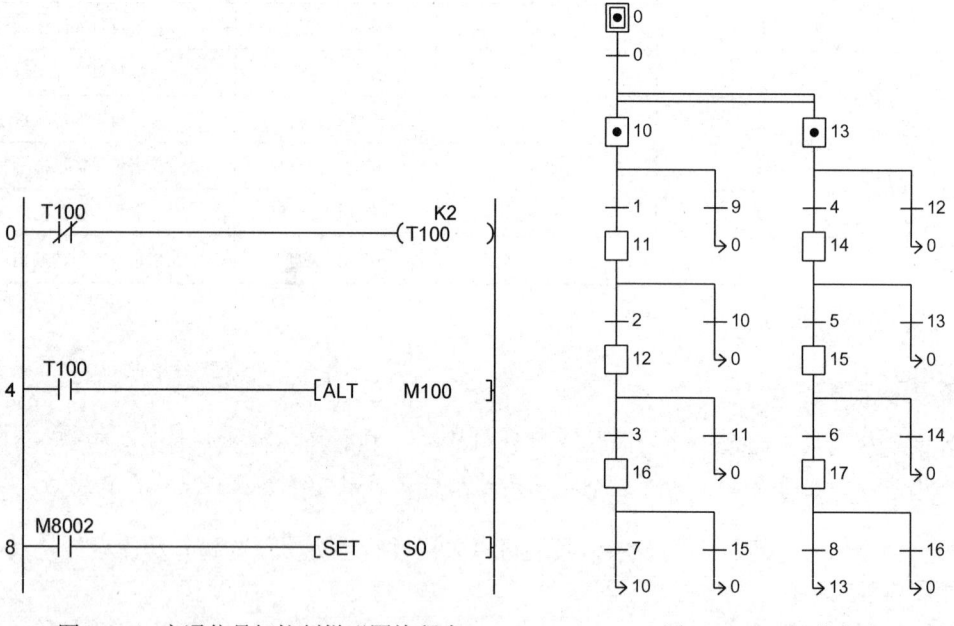

图 6-4-3 交通信号灯控制梯形图块程序

图 6-4-4 SFC 块程序

在 S0 状态步中，PLC 执行空操作，系统处于待机状态。

按下启动按钮 SB1，PLC 执行[TRAN]指令，进程发生转移，S10 步和 S13 步同时变为活动步，如图 6-4-5 所示。

① 东西向信号灯控制。在 S10 步中，Y0 线圈得电，东西向红灯亮，定时器 T0 开始计时，如图 6-4-6 所示。

当定时器 T0 计时 10 秒时间到时，T0 的常开触点闭合，PLC 执行[TRAN]指令，进程发生转移，S11 步变为活动步，如图 6-4-7 所示。

在 S11 步，Y1 线圈得电，东西向绿灯亮，定时器 T1 开始计时，如图 6-4-8 所示。

项目6 顺序功能图（SFC）程序设计

图 6-4-5　S10 步和 S13 步转换梯形图

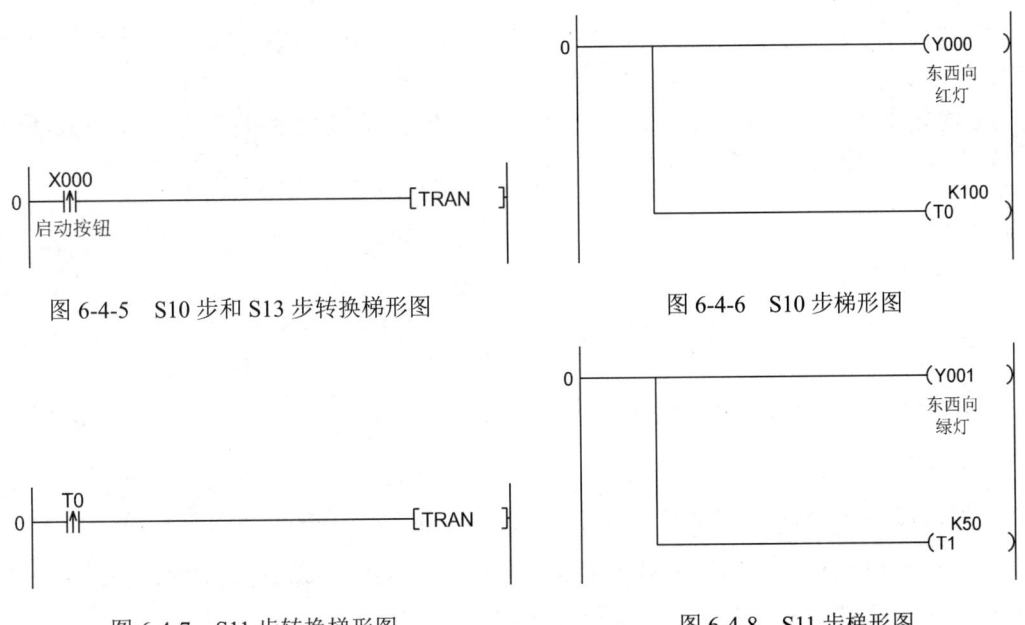

图 6-4-6　S10 步梯形图

图 6-4-7　S11 步转换梯形图

图 6-4-8　S11 步梯形图

当定时器 T1 计时 5 秒时间到时，T1 的常开触点闭合，PLC 执行[TRAN]指令，进程发生转移，S12 步变为活动步，如图 6-4-9 所示。

在 S12 步，继电器 M100 驱动 Y1 线圈间歇式得电，东西向绿灯闪烁，定时器 T2 开始计时，如图 6-4-10 所示。

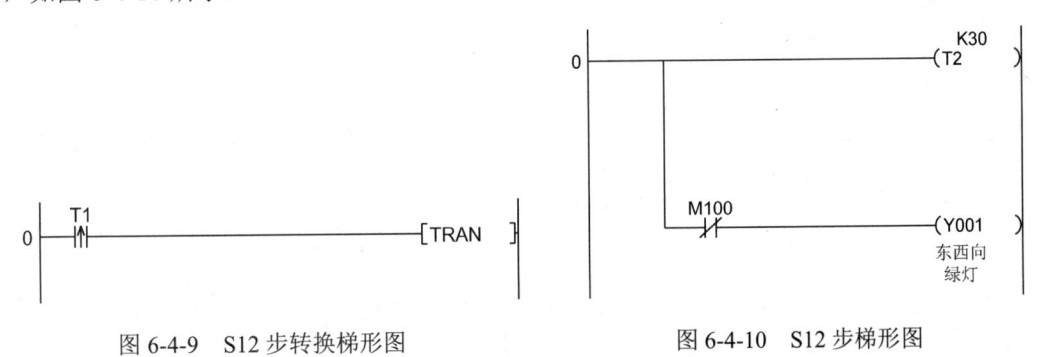

图 6-4-9　S12 步转换梯形图

图 6-4-10　S12 步梯形图

当定时器 T2 计时 3 秒时间到时，T2 的常开触点闭合，PLC 执行[TRAN]指令，进程发生转移，S16 步变为活动步，如图 6-4-11 所示。

在 S16 步，Y2 线圈得电，东西向黄灯亮，定时器 T3 开始计时，如图 6-4-12 所示。

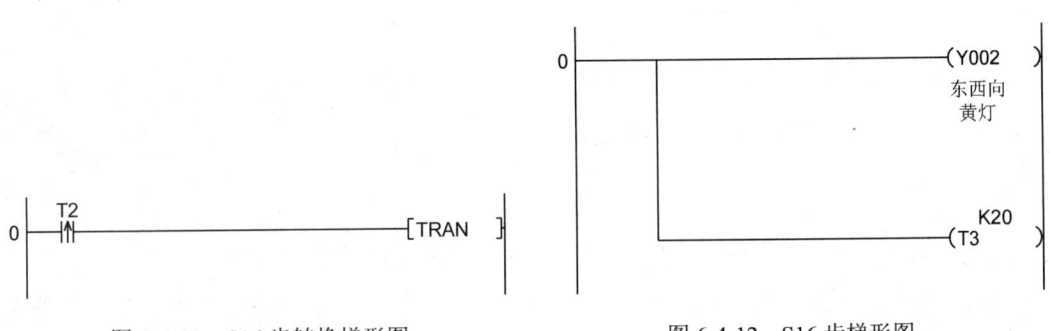

图 6-4-11　S16 步转换梯形图

图 6-4-12　S16 步梯形图

· 127 ·

当定时器 T3 计时 3 秒时间到时，T3 的常开触点闭合，PLC 执行[TRAN]指令，进程发生转移，S10 步变为活动步，如图 6-4-13 所示。

② 南北向信号灯控制。在 S13 步中，Y4 线圈得电，南北向绿灯亮，定时器 T10 开始计时，如图 6-4-14 所示。

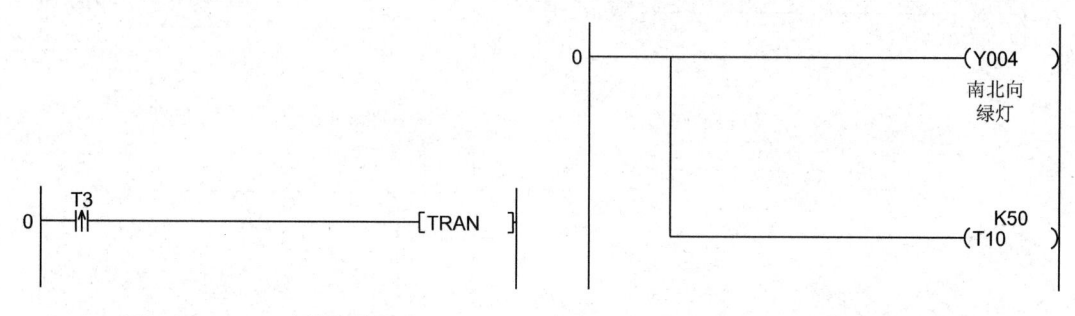

图 6-4-13　S10 步转换梯形图　　　　图 6-4-14　S13 步梯形图

当定时器 T10 计时 5 秒时间到时，T10 的常开触点闭合，PLC 执行[TRAN]指令，进程发生转移，S14 步变为活动步，如图 6-4-15 所示。

在 S14 步，继电器 M100 驱动 Y4 线圈间歇式得电，南北向绿灯闪烁，定时器 T11 开始计时，如图 6-4-16 所示。

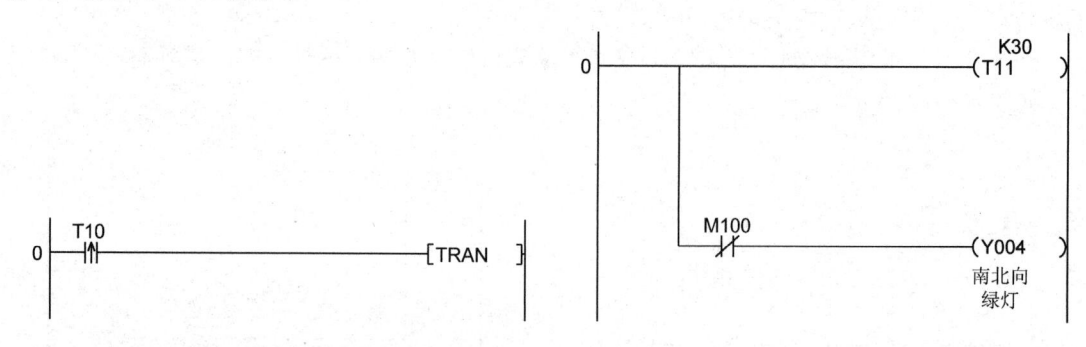

图 6-4-15　S14 步转换梯形图　　　　图 6-4-16　S14 步梯形图

当定时器 T11 计时 3 秒时间到时，T11 的常开触点闭合，PLC 执行[TRAN]指令，进程发生转移，S15 步变为活动步，如图 6-4-17 所示。

在 S15 步，Y5 线圈得电，东西向黄灯亮，定时器 T12 开始计时，如图 6-4-18 所示。

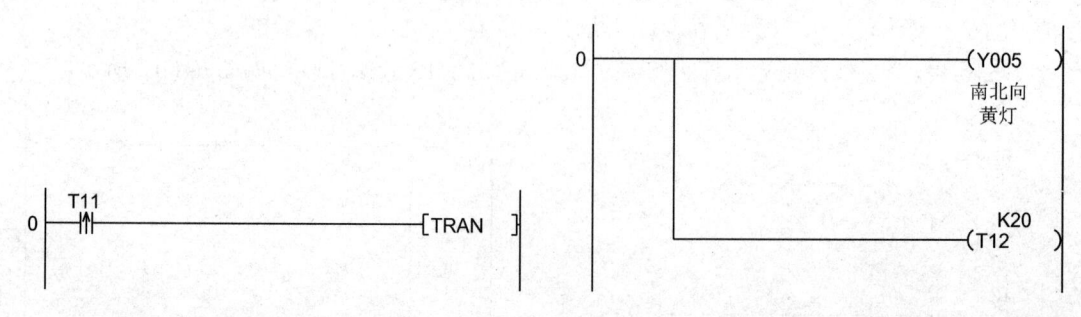

图 6-4-17　S15 步转换梯形图　　　　图 6-4-18　S15 步梯形图

当定时器 T12 计时 2 秒时间到时，T12 的常开触点闭合，PLC 执行[TRAN]指令，进程发生转移，S17 步变为活动步，如图 6-4-19 所示。

在 S17 步，Y3 线圈得电，南北向红灯亮，定时器 T13 开始计时，如图 6-4-20 所示。

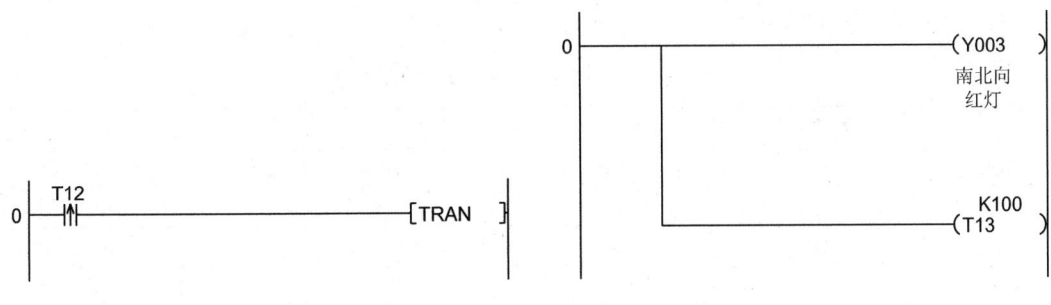

图 6-4-19 S17 步转换梯形图

图 6-4-20 S17 步梯形图

当定时器 T13 计时 10 秒时间到时，T13 的常开触点闭合，PLC 执行[TRAN]指令，进程发生转移，S13 步变为活动步，如图 6-4-21 所示。

③ 停止控制。在执行步进控制过程中，如果按下停止按钮 SB2，PLC 执行[TRAN]指令，则进程发生转移，S0 步变为活动步，交通信号灯停止运行，如图 6-4-22 所示。

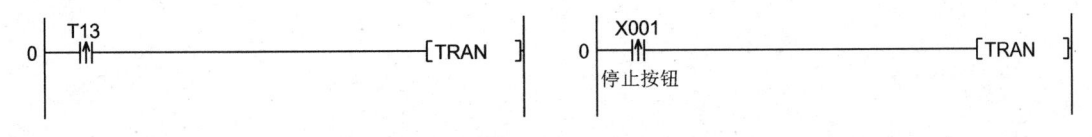

图 6-4-21 S13 步转换梯形图

图 6-4-22 S0 步转换梯形图

实例 6-5 小车 5 位自动循环往返控制程序设计

设计要求：用三相异步电动机拖动一辆小车在 A、B、C、D、E 5 个点位之间自动循环往返运行。小车运行过程如图 6-5-1 所示，小车初始位置在 A 点。按下启动按钮，小车依次前行到 B、C、D、E 点，并分别停止 2 秒返回到 A 点停止。按下停止按钮，不管小车处于何种运行状态，小车都要立即返回到 A 点停止。

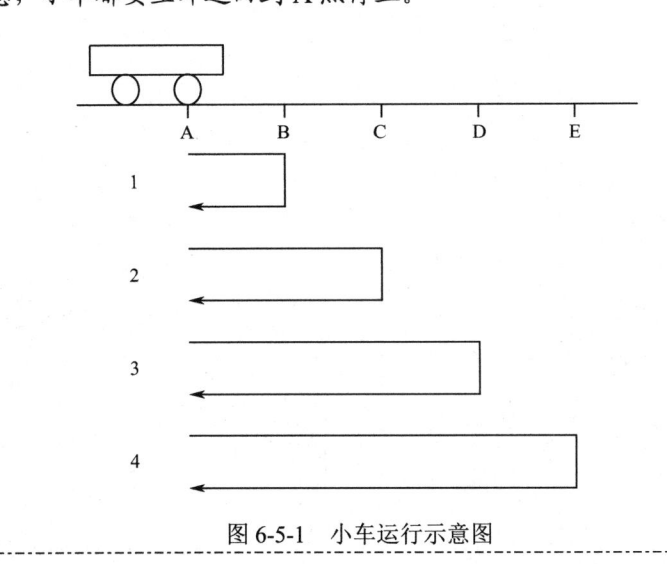

图 6-5-1 小车运行示意图

1. 输入/输出元件及其控制功能

实例 6-5 中用到的输入/输出元件地址如表 6-5-1 所示。

表 6-5-1 实例 6-5 输入/输出元件地址

说 明	PLC 软元件	元件文字符号	元 件 名 称	控 制 功 能
输入	X0	SB1	按钮	启动控制
	X1	SB2	按钮	停止控制
	X2	SQ1	行程开关	A 点位置检测
	X3	SQ2	行程开关	B 点位置检测
	X4	SQ3	行程开关	C 点位置检测
	X5	SQ4	行程开关	D 点位置检测
	X6	SQ5	行程开关	E 点位置检测
输出	Y0	KM1	接触器	正转运行
	Y1	KM2	接触器	反转运行

2. 控制程序设计

【思路点拨】

依据题意，小车的运行过程有 3 个状态步，即正转运行、驻点延时等待和反转运行。程序采用单流程结构，依据判断结果控制状态步的转换。如果选择顺序执行，则小车正常运行；如果选择跳转执行，则小车返回至初始点，判断条件为停止按钮是否被按下。

根据小车在 A、B、C、D、E 5 个点位之间自动循环往返运行控制要求，确定其控制流程图如图 6-5-2 所示。

（1）梯形图块程序设计。

如图 6-5-3 所示，PLC 上电后，在 M8002 驱动下，PLC 执行[SET S0]指令，使状态器 S0 被激活，S0 步变为活动步，启动步进进程。

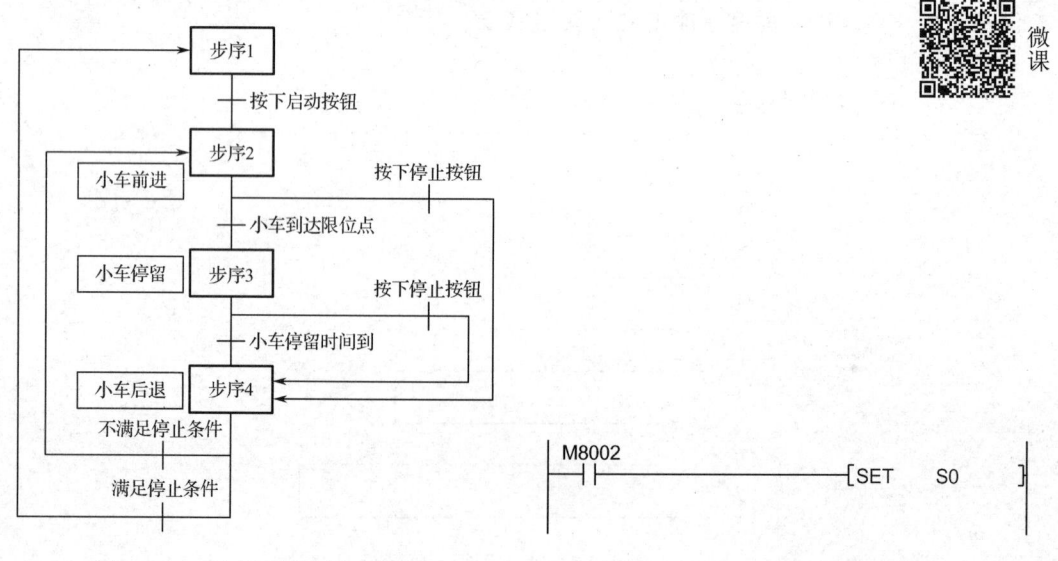

图 6-5-2 小车运行控制流程图

图 6-5-3 梯形图块程序

（2）SFC 块程序设计。

SFC 块程序如图 6-5-4 所示。

在 S0 状态步中，PLC 执行[RST　D0]指令，使（D0）=0，系统处于待机状态，如图 6-5-5 所示。

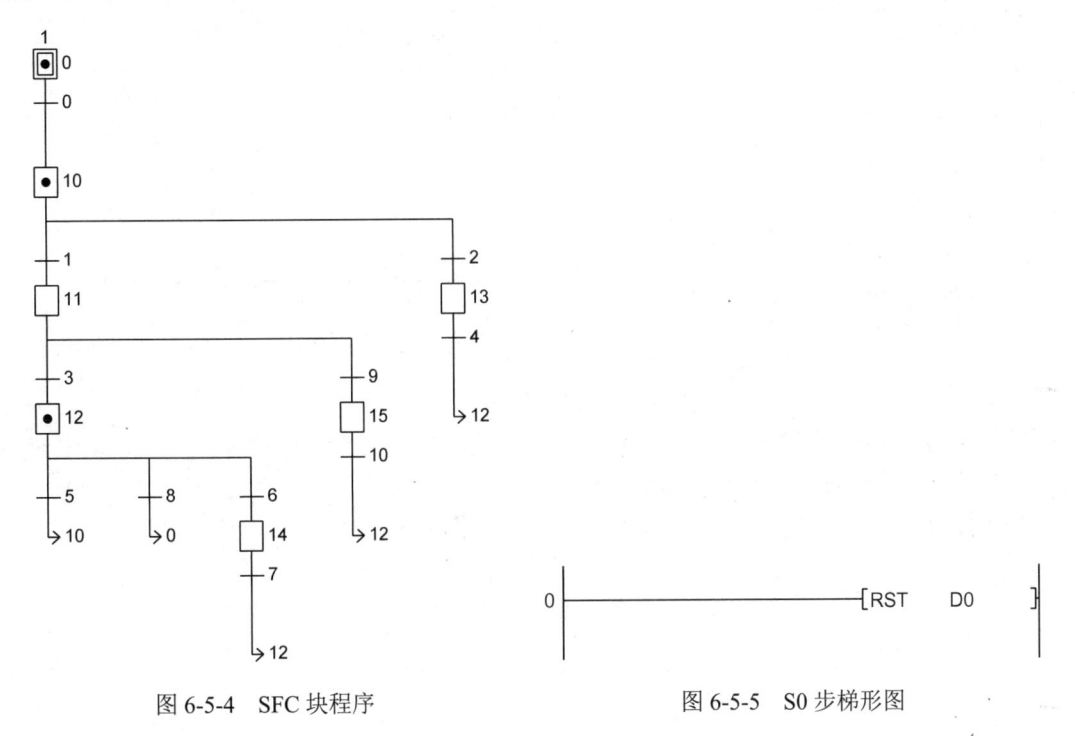

图 6-5-4　SFC 块程序　　　　　　　　　图 6-5-5　S0 步梯形图

① 运行控制。

第一圈：从 A 限位点运行至 B 限位点，再由 B 限位点返回至 A 限位点。

按下启动按钮 SB1，PLC 执行[TRAN]指令，进程发生转移，S10 步变为活动步，如图 6-5-6 所示。

在 S10 步中，Y0 线圈得电，小车正向运行，PLC 执行[INCP　D0]指令，使（D0）=1，如图 6-5-7 所示。

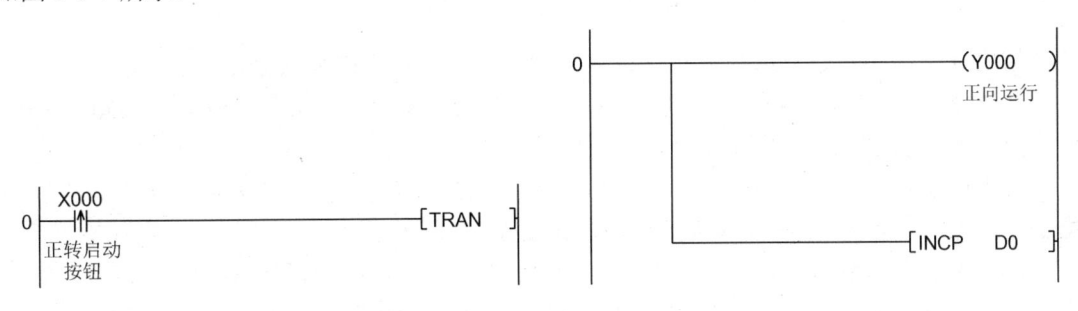

图 6-5-6　S0 步转换至 S10 步梯形图　　　　图 6-5-7　S10 步梯形图

当小车正向运行到 B 限位点时，[=　D0　K1]指令对应的比较触点接通，PLC 执行[TRAN]指令，进程发生转移，S11 步变为活动步，如图 6-5-8 所示。

在 S11 步中，Y0 线圈失电，小车停留在 B 限位点，定时器 T0 开始计时，如图 6-5-9 所示。

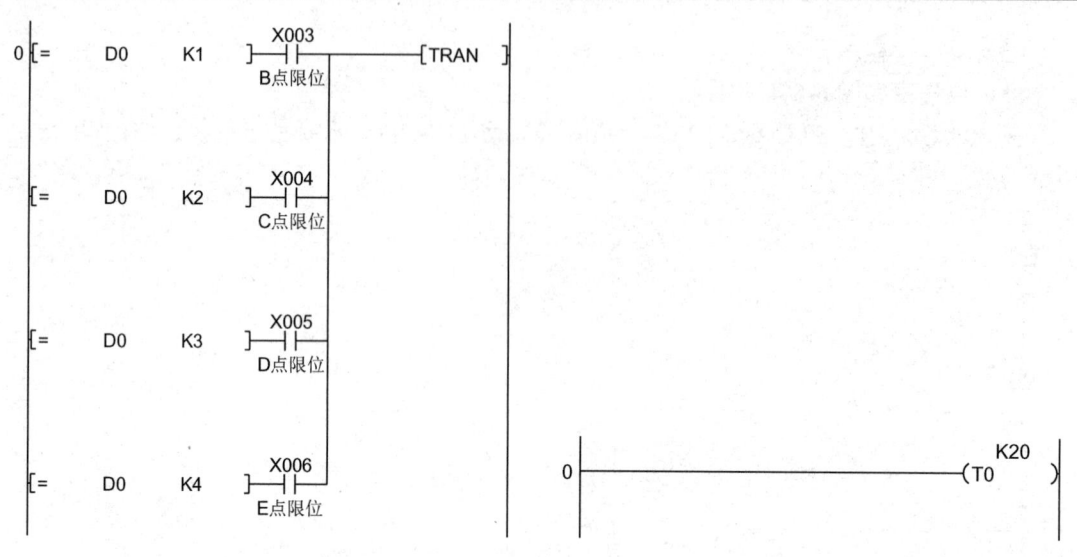

```
 0 ─[= D0 K1]─┤X003├──────────[TRAN]
              B点限位

   ─[= D0 K2]─┤X004├──────────
              C点限位

   ─[= D0 K3]─┤X005├──────────
              D点限位

   ─[= D0 K4]─┤X006├──────────
              E点限位
```

```
                                       K20
 0 ──────────────────────────────(T0 )
```

图 6-5-8　S11 步转换梯形图　　　　　图 6-5-9　S11 步梯形图

当定时器 T0 计时满 2 秒时，T0 的常开触点闭合，PLC 执行[TRAN]指令，进程发生转移，S12 步变为活动步，如图 6-5-10 所示。

在 S12 步中，Y1 线圈得电，小车反向运行，如图 6-5-11 所示。

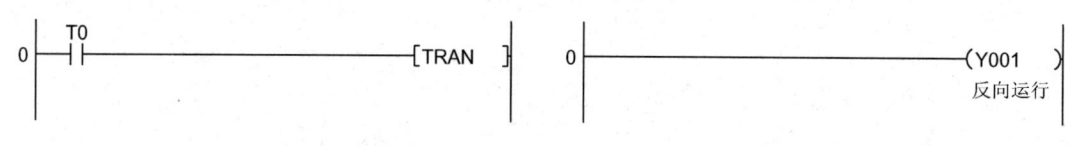

```
   T0
 0 ─┤├──────────────[TRAN]       0 ──────────────(Y001)
                                                  反向运行
```

图 6-5-10　S12 步转换梯形图　　　　图 6-5-11　S12 步梯形图

当小车返回到 A 限位点时，由于（D0）=1，所以[< D0 K4]指令对应的比较触点接通，PLC 执行[TRAN]指令，进程发生转移，S10 步变为活动步，如图 6-5-12 所示。

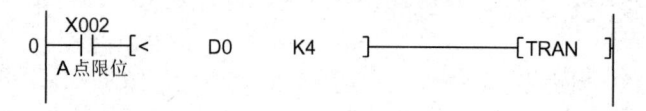

```
   X002
 0 ─┤├──[< D0 K4]──────────────[TRAN]
   A点限位
```

图 6-5-12　S10 步转换梯形图

第二圈：从 A 限位点运行至 C 限位点，再由 C 限位点返回至 A 限位点。

在 S10 步中，Y0 线圈再次得电，小车再次正向运行，PLC 再次执行[INCP D0]指令，使（D0）=2，如图 6-5-7 所示。

当小车正向运行到 C 限位点时，[= D0 K2]指令对应的比较触点接通，PLC 执行[TRAN]指令，进程发生转移，S11 步变为活动步，如图 6-5-8 所示。

在 S11 步中，小车停留在 C 限位点，定时器 T0 开始计时，如图 6-5-9 所示。

当定时器 T0 计时满 2 秒时，T0 的常开触点闭合，进程发生转移，S12 步变为活动步，如图 6-5-10 所示。

在 S12 步中，Y1 线圈得电，小车反向运行，如图 6-5-11 所示。

当小车返回到 A 限位点时，由于（D0）=2，所以[< D0 K4]指令对应的比较触点接通，PLC 执行[TRAN]指令，进程发生转移，S10 步变为活动步，如图 6-5-12 所示。

项目 6　顺序功能图（SFC）程序设计

第三圈：从 A 限位点运行至 D 限位点，再由 D 限位点返回至 A 限位点。

在 S10 步中，Y0 线圈再次得电，小车再次正向运行，PLC 再次执行[INCP　D0]指令，使（D0）=3，如图 6-5-7 所示。

当小车正向运行到 D 限位点时，[=　D0　K3]指令对应的比较触点接通，PLC 执行[TRAN]指令，进程发生转移，S11 步变为活动步，如图 6-5-8 所示。

在 S11 步中，小车停留在 D 限位点，定时器 T0 开始计时，如图 6-5-9 所示。

当定时器 T0 计时满 2 秒时，T0 的常开触点闭合，进程发生转移，S12 步变为活动步，如图 6-5-10 所示。

在 S12 步中，Y1 线圈得电，小车反向运行，如图 6-5-11 所示。

当小车返回到 A 限位点时，由于（D0）=3，所以[<　D0　K4]指令对应的比较触点接通，PLC 执行[TRAN]指令，进程发生转移，S10 步变为活动步，如图 6-5-12 所示。

第四圈：从 A 限位点运行至 E 限位点，再由 E 限位点返回至 A 限位点。

在 S10 步中，Y0 线圈再次得电，小车再次正向运行，PLC 再次执行[INCP　D0]指令，使（D0）=4，如图 6-5-7 所示。

当小车正向运行到 E 限位点时，[=　D0　K4]指令对应的比较触点接通，PLC 执行[TRAN]指令，进程发生转移，S11 步变为活动步，如图 6-5-8 所示。

在 S11 步中，小车停留在 E 限位点，定时器 T0 开始计时，如图 6-5-9 所示。

当定时器 T0 计时满 2 秒时，T0 的常开触点闭合，进程发生转移，S12 步变为活动步，如图 6-5-10 所示。

在 S12 步中，Y1 线圈得电，小车反向运行，如图 6-5-11 所示。

当小车返回到 A 限位点时，由于（D0）=4，所以[>=　D0　K4]指令对应的比较触点接通，PLC 执行[TRAN]指令，进程发生转移，S0 步变为活动步，小车停留在 A 限位点，如图 6-5-13 所示。

② 停止控制。在 S10 步、S11 步、S12 步中，如果按下停止按钮 SB2，则 PLC 执行[TRAN]指令，进程发生转移，S13 步、S15 步、S14 步变为活动步，如图 6-5-14 所示。在 S13 步、S14 步、S15 步中，PLC 执行[MOV　K10　D0]指令，使（D0）=10，如图 6-5-15 所示。由于（D0）=10，所以 PLC 执行[TRAN]指令，进程发生转移，S12 步变为活动步，如图 6-5-16 所示。

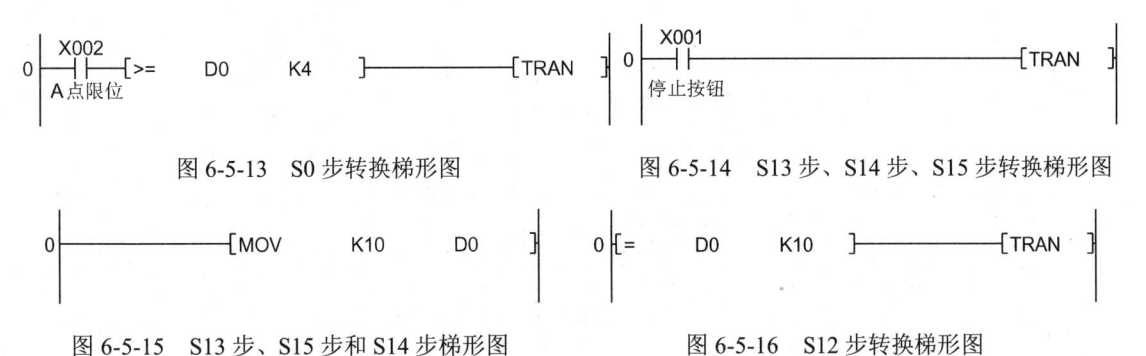

图 6-5-13　S0 步转换梯形图　　　　图 6-5-14　S13 步、S14 步、S15 步转换梯形图

图 6-5-15　S13 步、S15 步和 S14 步梯形图　　　　图 6-5-16　S12 步转换梯形图

在 S12 步中，当小车返回到 A 限位点时，如果（D0）=10，则 PLC 执行[TRAN]指令，进程发生转移，S0 步变为活动步，小车停止运行，如图 6-5-13 所示。

【编程体会】

通过本项目 5 个实例的程序设计，对比纯梯形图编程方法，大家可以体会到 SFC 编程有很多优点：第一，程序的可读性强，根据状态的转移便可知道各动作间的相互关系；第二，不需要复杂的互锁电路，这使编程更加容易，且不易出错；第三，编程人员只需要了解工艺动作流程即可实现快速编程，上手比较容易；第四，在程序中可以很直观地监视设备动作的先后顺序，程序调试非常方便。建议读者在编写此类程序时，首选 SFC 编程方法。

思政元素映射

炼钢技能大师

林学斌是鞍钢股份有限公司炼钢总厂三分厂连检三作业区电气专业点检员、高级技师，先后获得鞍钢科技成果特等奖、鞍钢特级技师、鞍钢劳动模范、鞍山市劳动模范、辽宁省杰出贡献高技能人才、辽宁省功勋高技能人才、全国技术能手、全国"五一"劳动奖章、全国劳动模范等荣誉称号。

林学斌长期扎根生产一线，坚持开展科技攻关。他将连铸机的日文资料和电气图纸形成内容高达几十万字"手抄本""手抄图"；他将计算机系统中上千条机内日文源代码全部转换成汉字码，实现了对 PLC 操作系统操作界面的汉化；他将多年总结编写的《电气故障处理与查找四种方法》《PLC 常见故障与处理方法》等资料送给徒弟，还建立了连铸电气实验室，摸索出一套适合快速入门的教学方法——模拟实践教学法，使从实验室里走出的技工成为技术骨干，为总厂的发展储备了雄厚的后备力量。

经过多年的刻苦努力，他创立了"三勤、三精、三准"的点检理念和"清、紧、调、控"的点检模式，并在全厂推广。他整理出连铸电气设备故障档案，形成上百个电气故障事例。在连铸拉漏预报系统安装调试过程中，他创造性地在报警系统中加入自动降速程序，使预报系统在连铸机发生黏结漏钢时，在发出报警信号后，能够立即启动自动降速功能，大大减少了因黏结而引发的漏钢事故。他还参与了与该系统相配套的热电偶国产化工艺开发、补偿电缆国产化两大改造项目，解决了进口电偶补偿电缆不防水、接线插头寿命短和插针易断等问题，确保连铸漏钢预报设备正常运行，实现了设计目标。

在第 21 届全国发明展览会上，他的"RH 精炼炉设备功能优化与低成本能源介质冶炼技术开发"成果获得银奖；他主研的"一种防 RH 铝斗、FeSi 斗煤气爆炸技术开发"和"RH 顶枪防回火烧损技术开发"两项成果获鞍钢集团技师成果一等奖；以他名字命名的"林学斌技能大师工作站"和"林学斌创新工作室"共完成技师创新成果 300 多项，涌现出一大批炼钢、连铸、机械、电气等领域蓝领技术人才，为"鞍钢制造"享誉中外提供了强力支撑。

项目 7

时钟控制程序设计

在工艺生产和日常生活中,有的被控对象并不要求在全时域范围内连续工作,而是仅在某个特殊时段内工作,为满足此类控制要求,就需要使用时钟数据指令,并将时钟数据指令和 PLC 的实时时钟数据结合起来运用。

实例 7-1 PLC 时钟设置程序设计

设计要求:设定 PLC 当前时钟为 2022 年 6 月 30 日 23 时 59 分 0 秒、星期四。

1. 输入/输出元件及其控制功能

实例 7-1 中用到的输入元件地址如表 7-1-1 所示。

表 7-1-1 实例 7-1 输入元件地址

说　明	PLC 软元件	元件文字符号	元　件　名　称	控　制　功　能
输入	X0	SB1	按钮	对时控制

2. 控制程序设计

【思路点拨】

设置 PLC 的时钟可以采用两种方法:一种方法是使用实时时钟校准指令 TWR 设置,另一种方法是使用特殊功能寄存器设置。

(1)使用实时时钟校准指令 TWR 设计。使用实时时钟校准指令 TWR 设计的程序如图 7-1-1 所示。

程序说明:按下按钮 X0,PLC 执行[MOV K22 D0]指令,将年份数据 22 存储在 D0 单元;PLC 执行[MOV K6 D1]指令,将月份数据 6 存储在 D1 单元;PLC 执行[MOV K30 D2]指令,将日期数据 30 存储在 D2 单元;PLC 执行[MOV K23 D3]指令,将小时数据 23 存储在 D3 单元;PLC 执行[MOV K59 D4]指令,将分钟数据 59 存储在 D4 单元;PLC 执行[MOV K0 D5]指令，将秒数据 0 存储在 D5 单元；PLC 执行[MOV K4 D6]指令，将星期数据 4 存储在 D6 单元。

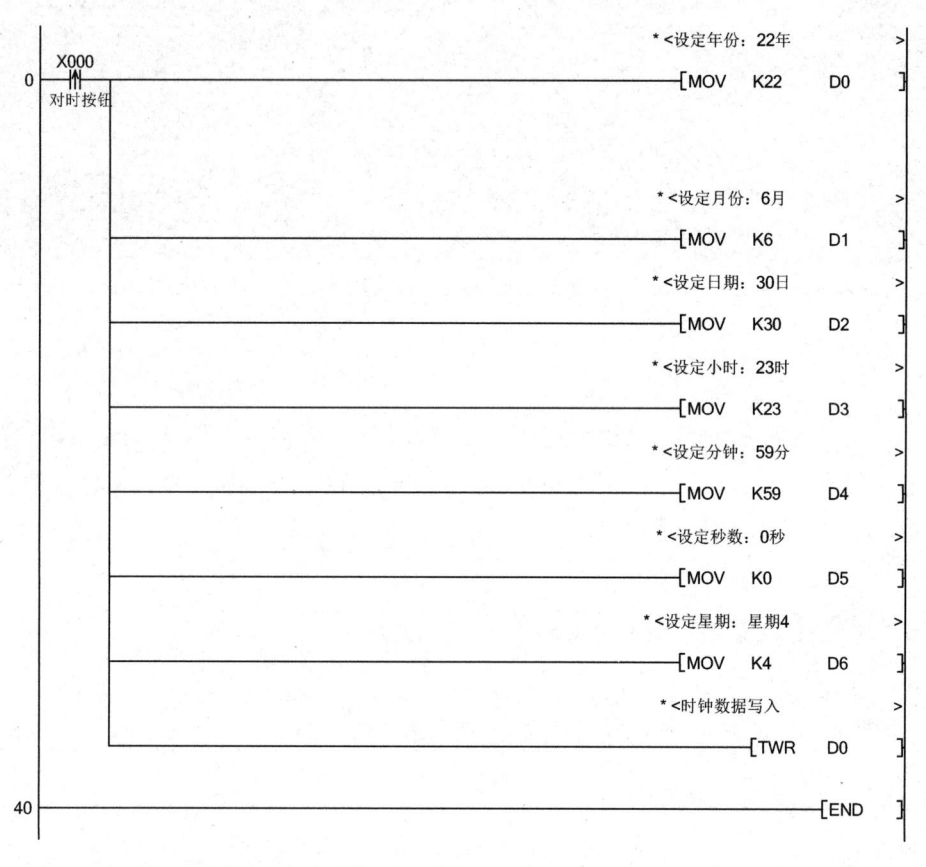

```
         X000                                    *<设定年份: 22年        >
   0 ─┤├──────────────────────────────────[MOV  K22   D0 ]

                                                 *<设定月份: 6月         >
        │                                 ─[MOV   K6   D1 ]

                                                 *<设定日期: 30日        >
        │                                 ─[MOV  K30   D2 ]

                                                 *<设定小时: 23时        >
        │                                 ─[MOV  K23   D3 ]

                                                 *<设定分钟: 59分        >
        │                                 ─[MOV  K59   D4 ]

                                                 *<设定秒数: 0秒         >
        │                                 ─[MOV   K0   D5 ]

                                                 *<设定星期: 星期4       >
        │                                 ─[MOV   K4   D6 ]

                                                 *<时钟数据写入          >
        │                                       ─[TWR  D0 ]

  40                                                    ─[END]
```

图 7-1-1　时钟校准程序 1

最后，PLC 执行[TWR D0]指令，对实时时钟进行校准，也就是将 D6 单元数据（星期 4）写入 D8019、D0 单元数据（22 年）写入 D8018、D1 单元数据（6 月）写入 D8017、D2 单元数据（30 日）写入 D8016、D3 单元数据（23 时）写入 D8015、D4 单元数据（59 分）写入 D8014、D5 单元数据（0 秒）写入 D8013。

（2）使用 MOV 指令设计。使用 MOV 指令设计的程序如图 7-1-2 所示。

程序说明：当按下按钮 X0 时，PLC 执行[MOV K0 D8013]指令，将秒数据（0 秒）写入 D8013；PLC 执行[MOV K59 D8014]指令，将分钟数据（59 分）写入 D8014；PLC 执行[MOV K23 D8015]指令，将小时数据（23 时）写入 D8015；PLC 执行[MOV K30 D8016]指令，将日期数据（30 日）写入 D8016；PLC 执行[MOV K6 D8017]指令，将月份数据（6 月）写入 D8017；PLC 执行[MOV K22 D8018]指令，将年份数据（22 年）写入 D8018；PLC 执行[MOV K4 D8019]指令，将星期数据（星期 4）写入 D8019。

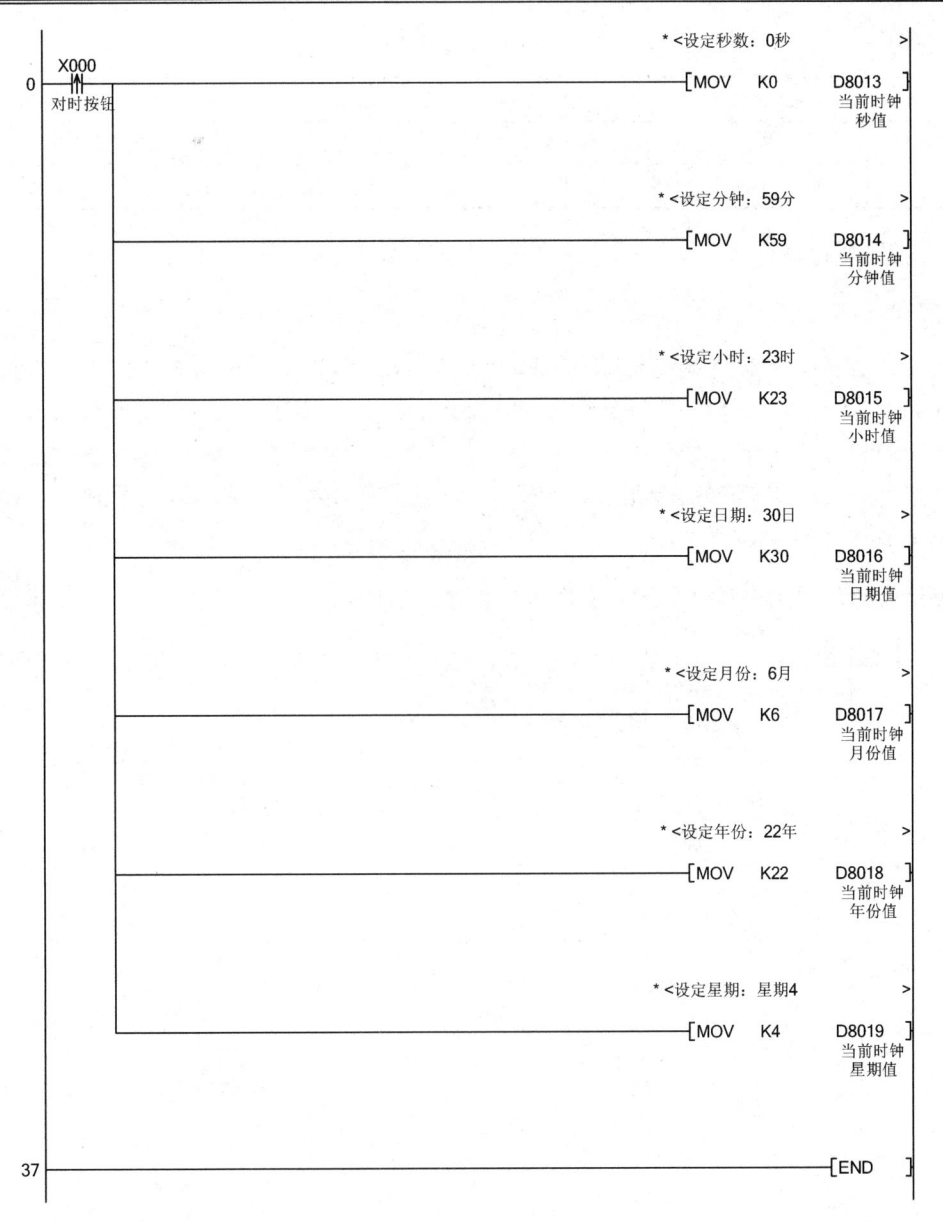

```
      X000                                    *<设定秒数：0秒              >
 0    ─┤↑├──────────────────────────────[MOV    K0     D8013 ]
      对时按钮                                                当前时钟
                                                              秒值

                                              *<设定分钟：59分            >
       ├──────────────────────────────[MOV    K59    D8014 ]
                                                              当前时钟
                                                              分钟值

                                              *<设定小时：23时            >
       ├──────────────────────────────[MOV    K23    D8015 ]
                                                              当前时钟
                                                              小时值

                                              *<设定日期：30日            >
       ├──────────────────────────────[MOV    K30    D8016 ]
                                                              当前时钟
                                                              日期值

                                              *<设定月份：6月             >
       ├──────────────────────────────[MOV    K6     D8017 ]
                                                              当前时钟
                                                              月份值

                                              *<设定年份：22年            >
       ├──────────────────────────────[MOV    K22    D8018 ]
                                                              当前时钟
                                                              年份值

                                              *<设定星期：星期4           >
       └──────────────────────────────[MOV    K4     D8019 ]
                                                              当前时钟
                                                              星期值

37                                                          [END ]
```

图 7-1-2 时钟校准程序 2

实例 7-2 整点报时程序设计

> **设计要求**：对 PLC 的时钟进行整点报时，要求当前是几点钟就对应响铃几次，且每次响铃持续时间为 2 秒。为了不影响晚间休息，PLC 只允许在早晨 6 点至晚上 18 点时间段内报时。

1. 输入/输出元件及其控制功能

实例 7-2 中用到的输入/输出元件地址 7-2-1 所示。

表 7-2-1　实例 7-2 输入/输出元件地址

说　明	PLC 软元件	元件文字符号	元 件 名 称	控 制 功 能
输入	X0	SB1	开关	报时控制
输出	Y0	HA	电铃	整点报时

2. 控制程序设计

【思路点拨】

> PLC 当前的时钟数据存放在特殊数据寄存器 D8013～D8019 中，利用触点比较指令判断 D8015 的当前值是否大于 5 或小于 19，以此确定响铃报时的时间段。利用触点比较指令判断 D8013 和 D8014 的当前值是否为 0，如果为 0，说明当前时间是整点。响铃的持续时间可以采用两个定时器交替控制；响铃的次数可以采用计数器通过间接寻址的方式来控制，计数器的设定值由 D8015 确定。

使用触点比较指令设计的整点报时程序如图 7-2-1 所示。

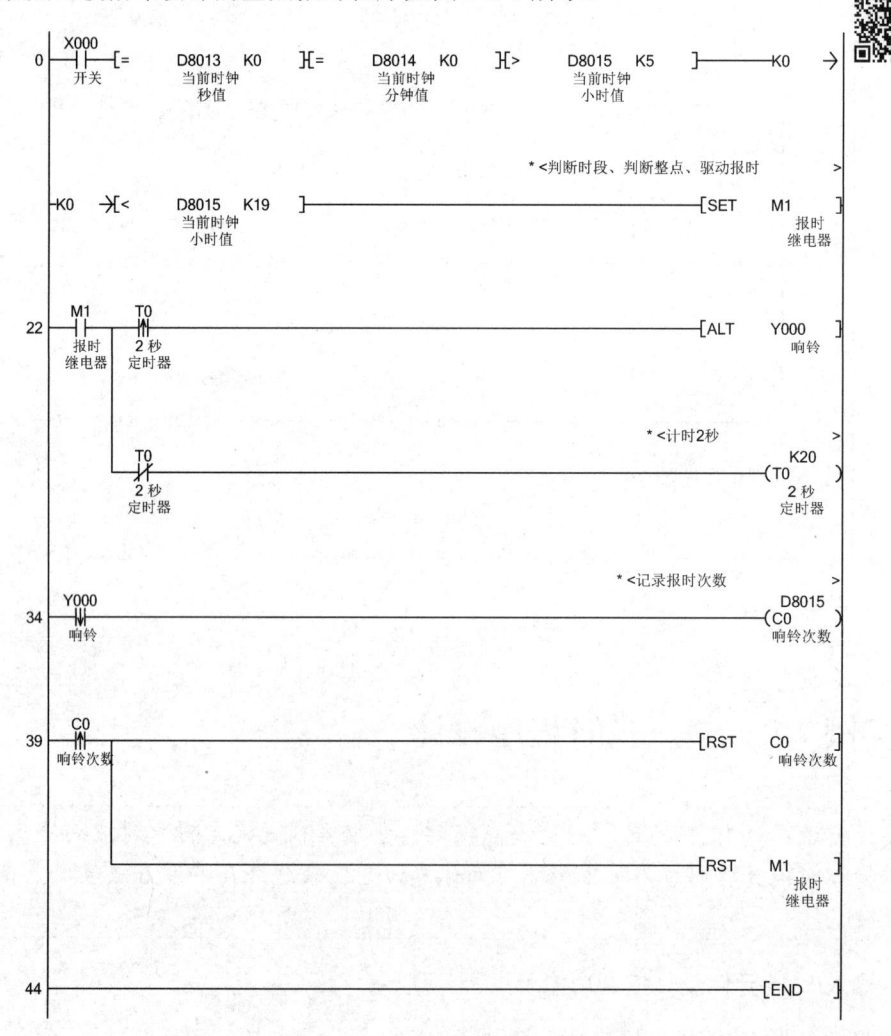

```
 0  ├─X000─┤[= D8013 K0]├─┤[= D8014 K0]├─┤[> D8015 K5]├──────────────(K0)
       开关   当前时钟          当前时钟            当前时钟
              秒值               分钟值              小时值

                                               *<判断时段、判断整点、驱动报时>

    ├─K0─┤/[< D8015 K19]├──────────────────────────────────[SET M1]
              当前时钟                                          报时
              小时值                                          继电器

22  ├─M1─┤/├─T0─┤──────────────────────────────────────────[ALT Y000]
       报时  2秒                                                 响铃
       继电器 定时器

                                                    *<计时2秒>
                                                              K20
    ├─T0─┤/├────────────────────────────────────────────────(T0)
       2秒                                                   2秒
       定时器                                                定时器

                                                    *<记录报时次数>
                                                              D8015
34  ├─Y000─┤────────────────────────────────────────────────(C0)
       响铃                                                  响铃次数

39  ├─C0─┤─────────────────────────────────────────[RST C0]
       响铃次数                                       响铃次数

                                                   [RST M1]
                                                      报时
                                                      继电器

44                                                    [END]
```

图 7-2-1　整点报时程序

程序说明：将开关 X0 闭合，PLC 执行[= D8013 K0]和[= D8014 K0]指令，判断当前时间是否为 0 分 0 秒（整点）；PLC 执行[> D8015 K5]和[< D8015 K19]指令，判断当前时间是否处在早晨 6 点至晚上 18 点时间段内。如果以上判断条件满足，说明当前时间是规定时段中的整点，PLC 执行[SET M1]指令，M1 线圈得电，控制整点报时的时长。在 M1 线圈得电期间，定时器 T0 常开触点每 2 秒闭合一次，驱动 PLC 每 2 秒执行一次[ALT Y000]指令，使 Y0 每隔 2 秒响铃一次，每次响铃时长为 2 秒。计数器 C0 对 Y0 的下降沿脉冲进行计数，计数器的设定值由 D8015 确定，即响铃次数由 D8015 确定，当 C0 计数达到设定值时，PLC 执行[RST M1]和[RST C0]指令，继电器 M1 失电、计数器 C0 复位，整点报时过程结束。

实例 7-3　电动机工作时段限制程序设计

设计要求：在每天的 8:00—17:00 时间段内，当按下启动按钮时，电动机可以启动并连续运行；当按下停止按钮时，电动机停止运行。在每天的 8:00—17:00 时间段以外，当按下启动按钮时，电动机不可以启动。

1. 输入/输出元件及其控制功能

实例 7-3 中用到的输入/输出元件地址如表 7-3-1 所示。

表 7-3-1　实例 7-3 输入/输出元件地址

说　明	PLC 软元件	元件文字符号	元　件　名　称	控　制　功　能
输入	X0	SB1	启动按钮	启动控制
	X1	SB2	停止按钮	停止控制
输出	Y0	KM1	主接触器	接通或分断主电路

2. 控制程序设计

【思路点拨】

PLC 的时钟数据可以使用时钟数据读出指令读取，也可以使用特殊功能寄存器读取。为满足电动机能在指定的时段运行，可以使用时钟数据比较指令、时钟数据区间比较指令和触点比较指令进行程序设计。

（1）使用时钟数据比较指令 TCMP 设计。使用时钟数据比较指令 TCMP 设计的程序如图 7-3-1 所示。

程序说明：当系统上电后，在 M8000 触点的驱动下，PLC 执行[TRD D0]指令，读取当前的时钟实时数据，并且将小时的时钟实时数据存储在 D3 单元。在 M8000 触点的驱动下，PLC 执行[TCMP K8 K0 K0 D3 M100]指令，判断当前时钟值是否大于 8 时，如果 D3、D4 和 D5 单元中存放的时钟数据大于基准数据（8 时 0 分 0 秒），则中间继电器 M100 得电。在 M8000 触点的驱动下，PLC 执行[TCMP K17 K0 K0 D3 M200]指令，判断当前时钟值是否小于 17 时，如果 D3、D4 和 D5 单元中存放的时钟数据小于基准数据（17 时 0 分 0 秒），则中间继电器 M202 得电。在中间继电器 M100 和 M202 得电期间，其常开触点闭合，允许[SET Y000]指令执行,即允许电动机在每天的 8:00—17:00 时间段内运行。

```
      M8000
  0───┤├──────────────────────────────────[TRD    D0  ]
      常为ON

      M8000
  4───┤├──────────────[TCMP  K8    K0    K0    D3    M100 ]
      常为ON                小时值 下限时间      实时   比较
                                              存储单元 大于标志

      M8000
 16───┤├──────────────[TCMP  K17   K0    K0    D3    M200 ]
      常为ON                小时值 上限时间      实时   比较
                                              存储单元 大于标志

      X000  M100  M202
 28───┤├───┤├───┤/├──────────────────────────[SET   Y000 ]
      启动按钮 下限时间 上限时间                      电动机运行
            比较   比较                              继电器
            大于标志 小于标志

      X001
 33───┤├─────────────────────────────────────[RST   Y000 ]
      停止按钮                                      电动机运行
                                                   继电器

 36──────────────────────────────────────────[END        ]
```

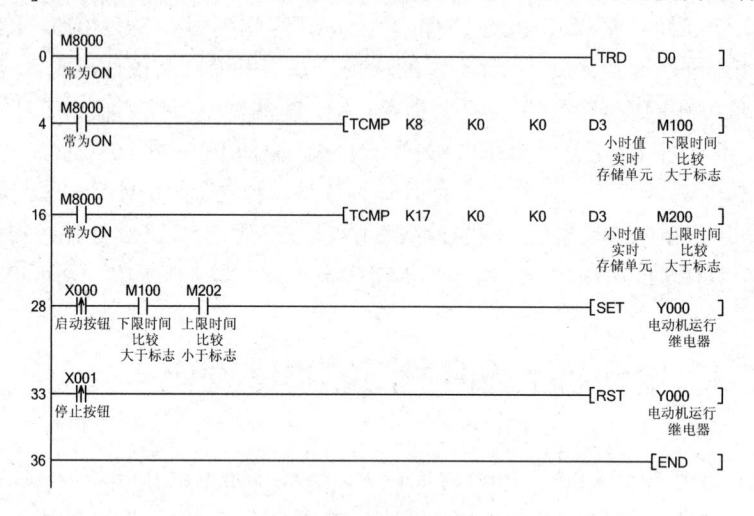

图 7-3-1 使用时钟数据比较指令设计的程序

(2)使用时钟数据区间比较指令 TZCP 设计。使用时钟数据区间比较指令 TZCP 设计的程序如图 7-3-2 所示。

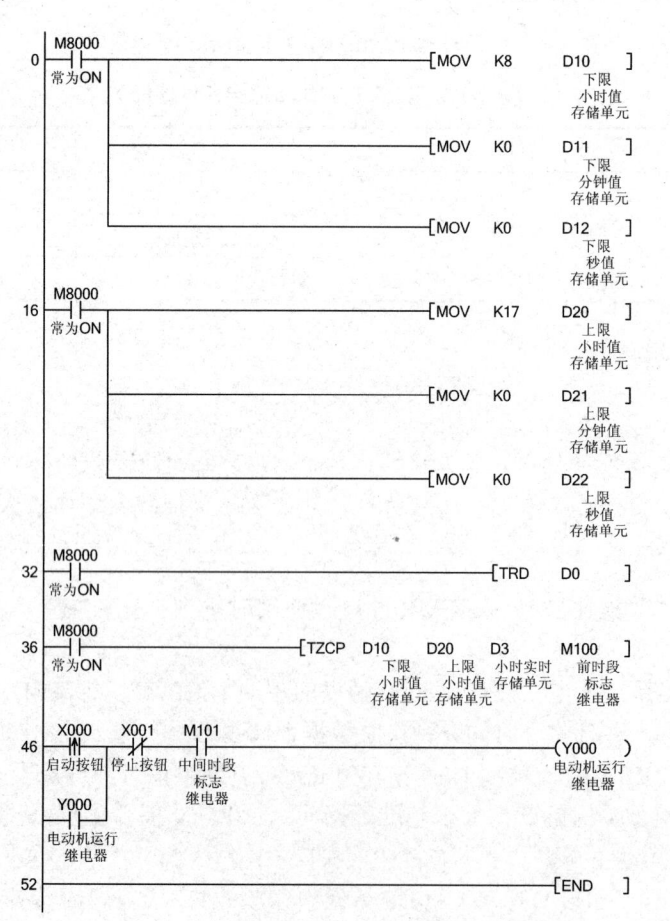

```
      M8000
  0───┤├──────────────────────────────[MOV   K8    D10 ]
      常为ON                                      下限
                                                 小时值
                                                 存储单元

                                      [MOV   K0    D11 ]
                                                   下限
                                                 分钟值
                                                 存储单元

                                      [MOV   K0    D12 ]
                                                   下限
                                                 秒值
                                                 存储单元

      M8000
 16───┤├──────────────────────────────[MOV   K17   D20 ]
      常为ON                                      上限
                                                 小时值
                                                 存储单元

                                      [MOV   K0    D21 ]
                                                   上限
                                                 分钟值
                                                 存储单元

                                      [MOV   K0    D22 ]
                                                   上限
                                                 秒值
                                                 存储单元

      M8000
 32───┤├──────────────────────────────────────[TRD    D0  ]
      常为ON

      M8000
 36───┤├──────────[TZCP  D10   D20   D3    M100 ]
      常为ON            下限   上限   小时实时  前时段
                       小时值  小时值 存储单元  标志
                       存储单元 存储单元         继电器

      X000  X001  M101
 46───┤├───┤/├───┤├──────────────────────────(Y000 )
      启动按钮 停止按钮 中间时段                      电动机运行
                     标志                         继电器
      Y000           继电器
     ─┤├──
      电动机运行
      继电器

 52──────────────────────────────────────────[END        ]
```

图 7-3-2 使用时钟数据区间比较指令设计的程序

程序说明：当系统上电后，在 M8000 触点的驱动下，PLC 执行[TRD D0]指令，读取当前的时钟实时数据，并且将小时的时钟实时数据存储在 D3 单元。在 M8000 触点的驱动下，PLC 连续执行[MOV K8 D10] 指令、[MOV K0 D11] 指令和[MOV K0 D12]指令，目的是设定电动机运行的下限时间（8 时 0 分 0 秒）。在 M8000 触点的驱动下，PLC 连续执行[MOV K17 D20] 指令、[MOV K0 D21] 指令和[MOV K0 D22]指令，目的是设定电动机运行的上限时间(17 时 0 分 0 秒)。在 M8000 触点的驱动下，PLC 执行 [TZCP D10 D20 D3 M100] 指令，判断时钟的当前值是否处在 8 时 0 分 0 秒至 17 时 0 分 0 秒的时间段内，如果时钟数据区间比较的结果是等于，则说明当前时钟实时数据正处在该时间段内，中间继电器 M101 得电。在中间继电器 M101 得电期间，其常开触点闭合，允许输出继电器 Y0 得电，电动机可以在每天的 8:00—17:00 时间段内运行。

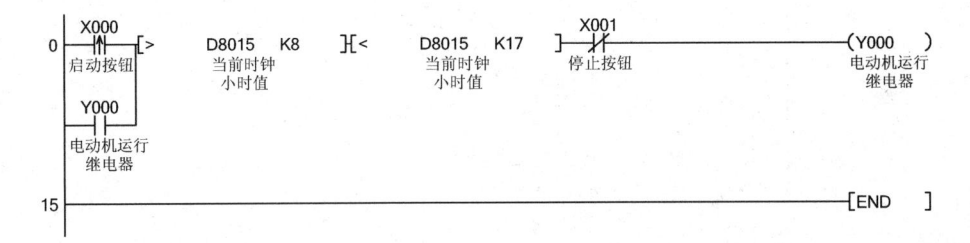

（3）使用触点比较指令设计。使用触点比较指令设计的程序如图 7-3-3 所示。

图 7-3-3　使用触点比较指令设计的程序

程序说明：当系统上电后，PLC 执行[> D8015 K8]指令，用来判断当前时钟实时数据是否大于 8 时，PLC 执行[< D8015 K17]指令，用来判断当前时钟实时数据是否小于 17 时。如果当前时钟实时数据处在 8:00—17:00 时间段内，则上述触点比较指令所对应的触点闭合，允许输出继电器 Y0 得电，电动机可以在每天的 8:00—17:00 时间段内运行。

实例 7-4　打铃控制程序设计

设计要求：某工厂的上下班作息时间有 4 个响铃时刻，分别是 8:00、11:30、13:00 和 17:30，并且每次响铃持续时间为 20 秒，试编写打铃控制程序。

1．输入/输出元件及其控制功能

实例 7-4 中用到的输入/输出元件地址如表 7-4-1 所示。

表 7-4-1　实例 7-4 输入/输出元件地址

说　明	PLC 软元件	元件文字符号	元件名称	控　制　功　能
输出	Y0	HA	打铃器	响铃

2．控制程序设计

【思路点拨】

本实例的编程重点是判断当前时钟实时数据是否为设定值，如果判断的结果为真，则打铃。判断的方法可以使用时钟数据比较指令，也可以使用触点比较指令。

（1）使用时钟数据比较指令 TCMP 设计。使用时钟数据比较指令 TCMP 设计的程序如图 7-4-1 所示。

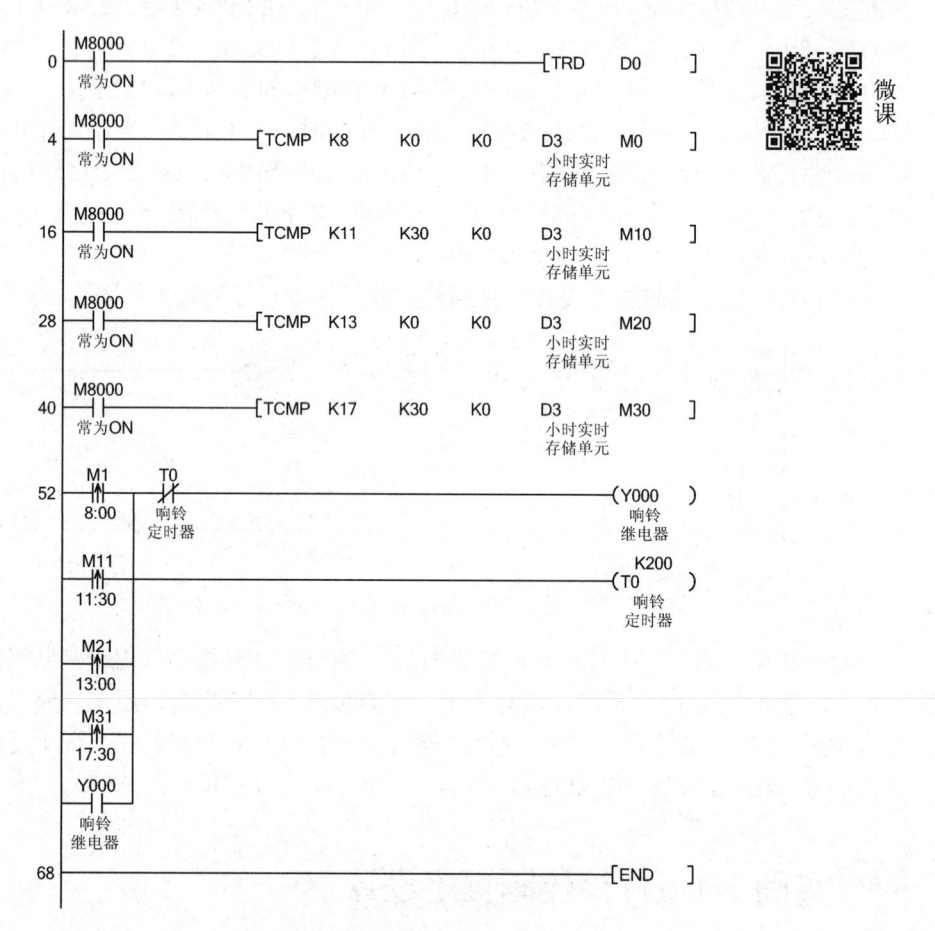

```
  0 ──┤M8000├──────────────────────────[TRD   D0 ]
       常为ON

  4 ──┤M8000├──────[TCMP  K8   K0   K0   D3   M0 ]
       常为ON                            小时实时
                                        存储单元

 16 ──┤M8000├──────[TCMP  K11  K30  K0   D3   M10]
       常为ON                            小时实时
                                        存储单元

 28 ──┤M8000├──────[TCMP  K13  K0   K0   D3   M20]
       常为ON                            小时实时
                                        存储单元

 40 ──┤M8000├──────[TCMP  K17  K30  K0   D3   M30]
       常为ON                            小时实时
                                        存储单元

 52 ──┤M1├──┤/T0├──────────────────────────( Y000 )
      8:00  响铃                             响铃
            定时器                           继电器
      ──┤M11├─                                K200
        11:30                              ( T0   )
                                             响铃
      ──┤M21├─                              定时器
        13:00
      ──┤M31├─
        17:30
      ──┤Y000├─
        响铃
        继电器

 68 ─────────────────────────────────────[END]
```

图 7-4-1 使用时钟数据比较指令设计的程序

程序说明：在 M8000 触点的驱动下，PLC 执行[TRD D0]指令，PLC 读取当前的时钟实时数据，并且将时钟实时数据存入相应的数据寄存器，其中，小时的时钟值存储在 D3 单元、分钟的时钟值存储在 D4 单元。

在 M8000 触点的驱动下，PLC 执行[TCMP K8 K0 K0 D3 M0]指令，用来判断当前的时钟值是否为 8 点整；PLC 执行[TCMP K11 K30 K0 D3 M10]指令，用来判断当前的时钟值是否为 11 点 30 分；PLC 执行[TCMP K13 K0 K0 D3 M20]指令，用来判断当前的时钟值是否为 13 点整；PLC 执行[TCMP K17 K30 K0 D3 M30]指令，用来判断当前的时钟值是否为 17 点 30 分。如果时钟数据比较的结果是相等，则输出继电器 Y0 得电并自锁，打铃器持续响铃 20 秒；如果时钟数据比较的结果是不相等，则输出继电器 Y0 不得电，打铃器不响铃。

（2）使用触点比较指令设计。使用触点比较指令设计的程序如图 7-4-2 所示。

程序说明：PLC 执行一组由[= D8015 K8]、[= D8014 K0]和[<= D8013 K20]相互

串联的指令，用来判断当前时钟值是否处在 8 时 0 分 0 秒至 8 时 0 分 20 秒的时间段内；PLC 执行一组由[= D8015 K11]、[= D8014 K30]和[<= D8013 K20]相互串联的指令，用来判断当前时钟值是否处在 11 时 30 分 0 秒至 11 时 30 分 20 秒的时间段内；PLC 执行一组由[= D8015 K13]、[= D8014 K0]和[<= D8013 K20]相互串联的指令，用来判断当前时钟值是否处在 13 时 0 分 0 秒至 13 时 0 分 20 秒的时间段内，PLC 执行一组由[= D8015 K17]、[= D8014 K30]和[<= D8013 K20]相互串联的指令，用来判断当前时钟值是否处在 17 时 30 分 0 秒至 17 时 30 分 20 秒的时间段内。对于上述 4 条并联支路，不管哪一条支路的判断条件得到满足，输出继电器 Y0 都将得电，打铃器持续响铃 20 秒。

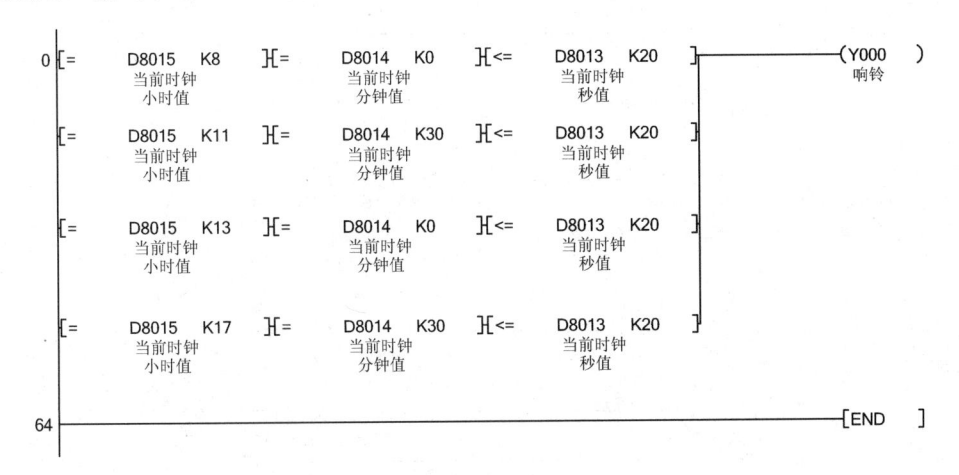

图 7-4-2 使用触点比较指令设计的程序

实例 7-5　时间预设控制程序设计

设计要求：某工艺流程要求每年的 6 月 30 日 23 点 59 分关闭 PLC 的所有输出，试编写控制程序。

控制程序设计

【思路点拨】

使用比较指令或触点比较指令判断当前时钟数据是否为设定值，如果判断的结果为真，则关闭 PLC 的所有输出。

（1）使用比较指令 CMP 设计。使用比较指令 CMP 设计的程序如图 7-5-1 所示。

程序说明：当系统上电后，在 M8000 触点的驱动下，PLC 执行[MOV K6 D1]指令，将 6 月作为月份的设定值，该设定值存储在 D1 单元；PLC 执行[MOV K30 D2]指令，将 30 日作为日期的设定值，该设定值存储在 D2 单元；PLC 执行[MOV K23 D3]指令，将 23 时作为小时的设定值，该设定值存储在 D3 单元；PLC 执行[MOV K59 D4]指令，将 59 分作为分钟的设定值，该设定值存储在 D4 单元。

当系统上电后，在 M8000 触点的驱动下，PLC 执行[TRD D10]指令，读取当前的时钟实时数据，其中，月份的时钟值存储在 D11 单元、日期的时钟值存储在 D12 单元、小时的时钟值存储在 D13 单元、分钟的时钟值存储在 D14 单元。

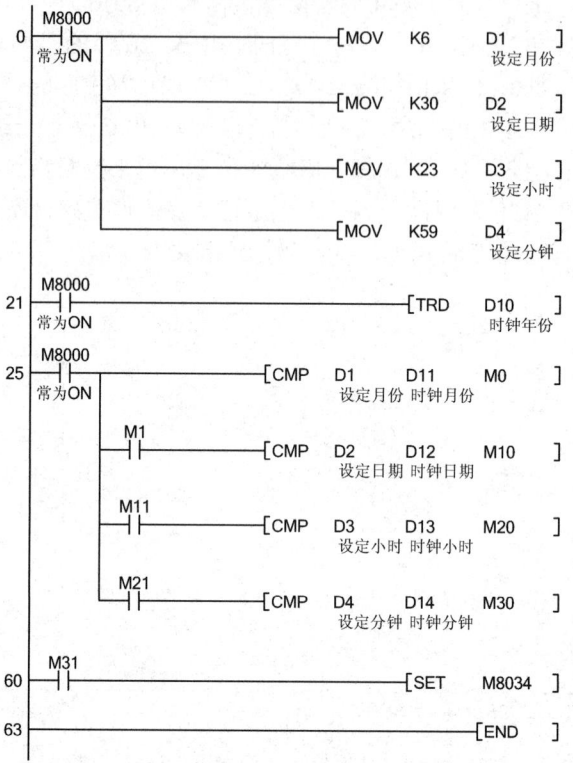

```
     M8000
 0   ──┤├──────────────────────────[MOV   K6    D1  ]
        常为ON                                    设定月份

                                   [MOV   K30   D2  ]
                                                 设定日期

                                   [MOV   K23   D3  ]
                                                 设定小时

                                   [MOV   K59   D4  ]
                                                 设定分钟

     M8000
 21  ──┤├──────────────────────────────[TRD   D10 ]
        常为ON                                 时钟年份

     M8000
 25  ──┤├──────────────────────[CMP   D1    D11    M0 ]
        常为ON                        设定月份 时钟月份

        M1
     ──┤├────────────────────[CMP   D2    D12    M10]
                                    设定日期 时钟日期

        M11
     ──┤├────────────────────[CMP   D3    D13    M20]
                                    设定小时 时钟小时

        M21
     ──┤├────────────────────[CMP   D4    D14    M30]
                                    设定分钟 时钟分钟

        M31
 60  ──┤├────────────────────────────────[SET   M8034 ]

 63  ────────────────────────────────────────[END ]
```

图 7-5-1　使用比较指令设计的程序

当系统上电后，在 M8000 触点的驱动下，PLC 执行[CMP　D1　D11　M0]指令，判断当前时钟的月份值是否为 6，如果(D1)=(D11)，则继电器 M1 的常开触点闭合；PLC 执行[CMP　D2　D12　M10]指令，判断当前时钟的日期值是否为 30，如果（D2）=（D12），则继电器 M11 的常开触点闭合；PLC 执行[CMP　D3　D13　M20]指令，判断当前时钟的小时值是否为 23，如果(D3)=(D13)，则继电器 M21 的常开触点闭合；PLC 执行[CMP　D4　D14　M30]指令，判断当前时钟的分钟值是否为 59，如果（D4）=（D14），则继电器 M31 的常开触点闭合，PLC 执行[SET　M8034]指令，M8034 为 ON 状态，PLC 停止一切输出。如果当前的时间不为 6 月 30 日 23 点 59 分，则 M8034 为 OFF 状态。

（2）使用触点比较指令设计。使用触点比较指令设计的程序如图 7-5-2 所示。

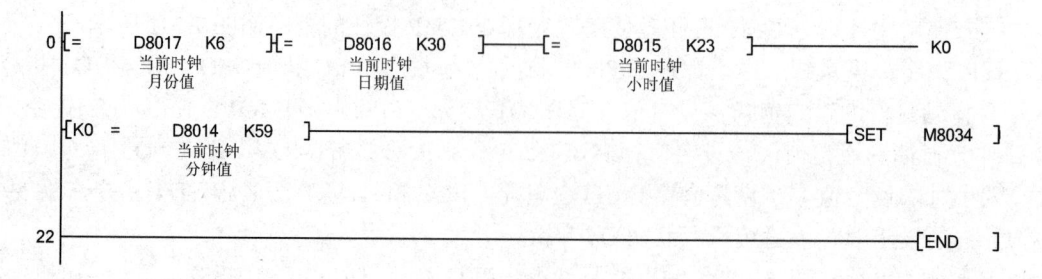

```
 0  [= D8017 K6 ]─[= D8016 K30 ]─[= D8015 K23 ]──────── K0
       当前时钟      当前时钟        当前时钟
       月份值        日期值          小时值

    [K0 = D8014 K59 ]────────────────────────[SET   M8034]
         当前时钟
         分钟值

 22 ──────────────────────────────────────────[END ]
```

图 7-5-2　使用触点比较指令设计的程序

程序说明：当系统上电后，PLC 执行[= D8017 K6] 指令，用来判断当前时钟的月份值是否为 6；PLC 执行[= D8016 K30] 指令，用来判断当前时钟的日期值是否为 30；PLC 执行[= D8015 K23] 指令，用来判断当前时钟的小时值是否为 23；PLC 执行[= D8014 K59] 指令，用来判断当前时钟的分钟值是否为 59。如果当前的时间为 6 月 30 日 23 点 59 分，则上述触点比较指令所对应的触点均闭合，PLC 执行[SET M8034]指令，M8034 为 ON 状态，PLC 停止一切输出。如果当前的时间不为 6 月 30 日 23 点 59 分，则 M8034 为 OFF 状态。

思政元素映射

用心铸就梦想

2012 年年底，贺潇强入厂，师父让他干最基础的工作，并分给他一台普通的铣床。当时他觉得设备好落后，自己在学校干的还都是数控的。可当师傅对他加工完的毛坯料的六个面进行测量时，竟没有一个面是合格的，50 毫米的边长最大竟差了 2 毫米。"航天品质就是要精益求精，航天产品不容许一丝马虎。"这是车间里每个师傅经常挂在嘴边的一句话。万丈高楼平地起，就在那时贺潇强突然明白，对平面的粗加工是各项技能的基础，没有反复地"打方"练习，就无法扎实地掌握切削的余量，无法保证产品精度。正是师父让他反复练习基本功，才让他的心态沉静下来，也让他更深刻地理解了航天产品的高标准和严要求。

贺潇强出生于 1991 年，还很年轻，提到年轻，我们会想到初生牛犊不怕虎，他确实也是这样一个人。有一次，面对一个复杂异形零件的加工，采用传统加工工艺是根本无法按时完成任务的，于是贺潇强提出采用高速切削的方式，但师傅认为这种切削方式可能会把机床撞了，还有可能会使零件变形，而一旦这个零件有问题，就会影响总装分厂的装配，这个风险是谁都无法承担的。贺潇强却认为只要重新设置程序，合理利用设备和零件本身的特点，减少刀具的吃刀量，用"浅吃快跑"的方式就可以避免零件在切削过程中产生高温变形，且可以提高加工效率，为后续装配赢得更多宝贵的时间。在看到他一次次试切的数据后，师傅最终"妥协"了，最终，他们提前完成了这项紧急任务。

在创新思考和认真实践的基础上，他坚持自己的想法。多年来，他将机床的功能发挥到极致，精雕细琢过无数的产品，完成多项急、难、险、重的任务。能取得如此令人瞩目的成就，很大一部分归功于他那颗不断钻研、好学不倦的心。他深知一台价值昂贵的机床的功用，于是多次去现场试切设备，一方面是将自己这些年在制造仿真、数控编程、工装设计、零件加工工序设计等方面积累的经验应用于国产数控系统，将机床的功能发挥到极致，另一方面是为了提前发现这些新设备存在的问题，减少国产设备及国产系统在现场应用的磨合时间。机床的技术材料几乎被他翻烂，他发现并提出的 90 多个问题全部被解决，功夫不负有心人，他提前测试了所有生产线运行功能，完成了所有设备的调试工作。

一把工具，一双妙手，他将一块块"冷冰冰"的铁疙瘩变成"亮晶晶"的零件，以精湛的技艺和过人的胆识，为航天事业默默奉献。从新手到老手，从老手到高手，从高手到工匠，他没有什么豪言壮语，觉得自己就是航天一线普通的一员，从事着自己热爱的工作，怀揣一颗匠心去实现自己的梦想。

项目 8 运算控制程序设计

在控制系统中，PLC 不仅可以处理逻辑关系，还可以处理数据，对数据进行各种数学运算。

实例 8-1 定时器控制电动机运行时间程序设计

设计要求：控制一台电动机，当按下启动按钮时，电动机启动并运行；电动机运行一段时间后能自行停止运行；电动机运行时间的长短通过两个按钮来调整，时间调整间距为 10 秒，初始设定时间为 1000 秒，最小设定时间为 100 秒，最大设定时间为 3000 秒。当按下停止按钮时，电动机停止运行。

1. 输入/输出元件及其控制功能

实例 8-1 中用到的输入/输出元件地址如表 8-1-1 所示。

表 8-1-1 实例 8-1 输入/输出元件地址

说 明	PLC 软元件	元件文字符号	元件名称	控制功能
输入	X0	SB1	控制按钮	启动控制
	X1	SB2	控制按钮	停止控制
	X2	SB3	控制按钮	运行时间增加
	X3	SB4	控制按钮	运行时间减少
输出	Y0	KM1	接触器	接通或分断电源

2. 控制程序设计

【思路点拨】

电动机运行时间采用定时器计时控制，定时器的设定值由数据寄存器 D 确定。通过运算指令改变寄存器 D 的数值，从而改变定时器的设定值，也就改变了电动机的运行时间。

用定时控制方式编写的电动机运行时间控制程序如图 8-1-1 所示。

项目 8　运算控制程序设计

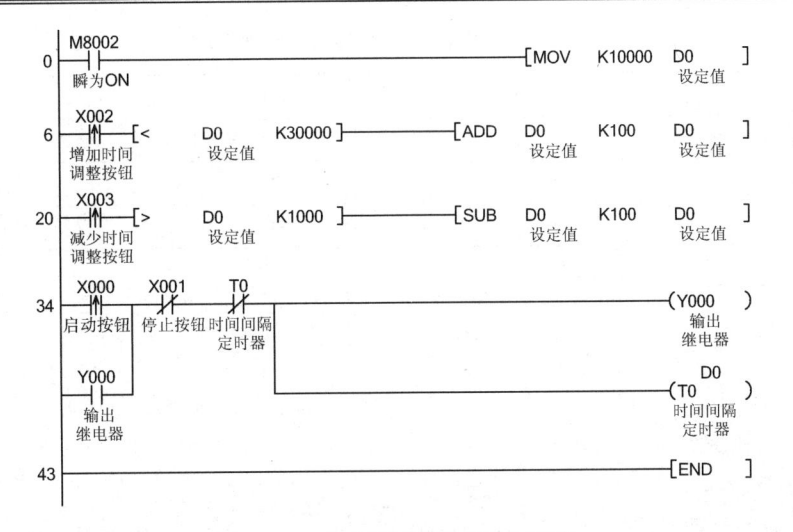

```
     M8002
 0 ───┤├──────────────────────────────[MOV  K10000  D0 ]
     瞬为ON                                          设定值

     X002
 6 ───┤├──[< D0    K30000]─────[ADD  D0    K100   D0 ]
     增加时间     设定值                    设定值         设定值
     调整按钮

     X003
20 ───┤├──[> D0    K1000 ]─────[SUB  D0    K100   D0 ]
     减少时间     设定值                    设定值         设定值
     调整按钮

     X000  X001  T0
34 ───┤├───┤/├───┤/├──────────────────────────( Y000 )
     启动按钮 停止按钮 时间间隔                            输出
                  定时器                              继电器
     Y000                                          D0
     ───┤├─────────────────────────────────────( T0  )
     输出                                         时间间隔
     继电器                                        定时器

43 ──────────────────────────────────────────[ END ]
```

图 8-1-1　电动机运行时间控制程序

程序说明：当系统上电后，继电器 M8002 常开触点瞬时闭合，PLC 执行[MOV　K10000　D0]指令，将常数 K10000 传送到 D0，设定电动机运行的初始时间为 1000 秒。

按下启动按钮 SB1，Y0 线圈得电，电动机运行，定时器 T0 处在计时状态；当 T0 计时达到设定值时，T0 常闭触点动作，Y0 线圈失电，电动机停止运行。

在（D0）< 30000 时，每按下一次按钮 SB3，PLC 执行[ADD　D0　K100　D0]指令，D0 中的存储值增加 K100，电动机运行时间的设定值增加 10 秒。

在（D0）> 1000 时，每按下一次按钮 SB4，PLC 执行[SUB　D0　K100　D0]指令，D0 中的存储值减少 K100，电动机运行时间的设定值减少 10 秒。

按下停止按钮 SB2，Y0 线圈失电，电动机停止运行。

实例 8-2　转速测量程序设计

设计要求：电动机转速测量装置如图 8-2-1 所示，旋转编码器与电动机同轴连接，当码盘边沿上的孔眼靠近接近开关时，接近开关会产生一个脉冲输出。测速时，将编码器的输出与 PLC 的输入端子连接，通过对脉冲采样值的计算处理，最终可得知电动机的转速。

图 8-2-1　转速测量装置

1．输入/输出元件及其控制功能

实例 8-2 中用到的输入/输出元件地址如表 8-2-1 所示。

表 8-2-1　实例 8-2 输入/输出元件地址

说　明	PLC 软元件	元件文字符号	元件名称	控　制　功　能
输入	X0	SQ	计数端子	脉冲输入
	X1	SB1	控制按钮	启动控制
	X2	SB2	控制按钮	停止控制

2. 控制程序设计

【思路点拨】

设旋转编码器旋转 1 周输出的脉冲数为 360，$N=360$；计时周期为 100ms，$T=100$ms；在 1 个周期内，编码器输出的脉冲数为 D；则电动机转速表达式为

$$n = \left(\frac{60 \cdot D}{N \cdot T} \cdot 10^3\right) \text{r/min}$$

$$= \left(\frac{60 \cdot D}{360 \cdot 100} \cdot 10^3\right) \text{r/min}$$

$$= \left(\frac{5 \cdot D}{3}\right) \text{r/min}$$

根据 n 的表达式可知，只要使用运算指令计算出 n 的数值，就可以得知电动机的转速。

电动机转速测量梯形图如图 8-2-2 所示。

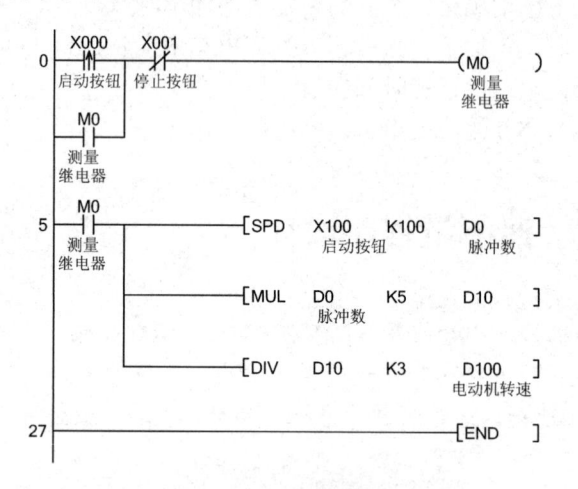

图 8-2-2　电动机转速测量梯形图

程序说明：按下启动按钮 SB1，中间继电器 M0 线圈得电并自锁。在 M0 得电期间，PLC 执行[SPD　X100　K100　D0]指令，用于测量在 100ms 设定时间内输入到 X0 口的脉冲数，并将测量结果存放在寄存器 D0 单元中；PLC 执行[MUL　D0　K5　D10]指令，用于将 D0 单元中的脉冲个数值与 5 相乘，并将计算结果存放在寄存器 D10 单元中；PLC 执行[DIV　D10　K3　D100]指令，用于将 D10 单元中的数值除以 3，并将计算结果存放在寄存器 D100 单元中，D100 单元中的数值即为电动机的转速。

实例 8-3 自动售货机控制程序设计

设计要求： 自动售货机控制要求如下。

（1）币值可分为 1 元、5 元、10 元，果汁单价为 12 元，咖啡单价为 15 元。投币时，要求系统能自动计算和显示当前投币的总额。消费时，要求系统能自动计算和显示当前余额。

（2）在资费足额的情况下，如果按压购买果汁按钮，则果汁饮料窗口自动出水，出水状态延时 5 秒后停止；如果按压购买咖啡按钮，则咖啡饮料窗口自动出水，出水状态延时 5 秒后停止。

（3）每次购买饮料完成之后可以继续投币进行购买。

（4）如果按压退款按钮，则系统能自动退出当前余款，退款状态延时 3 秒后停止。

1. 输入/输出元件及其控制功能

实例 8-3 中用到的输入/输出元件地址如表 8-3-1 所示。

表 8-3-1 实例 8-3 输入/输出元件地址

说 明	PLC 软元件	元件文字符号	元件名称	控制功能
输入	X1	SB1	控制按钮	购买果汁
	X2	SB2	控制按钮	购买咖啡
	X3	SB3	投币传感器	1 元面值投币
	X4	SB4	投币传感器	5 元面值投币
	X5	SB5	投币传感器	10 元面值投币
	X6	SB6	控制按钮	启动退钱
输出	Y0	KV1	电磁阀	果汁出水
	Y1	KV2	电磁阀	咖啡出水
	Y2	HL1	指示灯	购买果汁足额指示
	Y3	HL2	指示灯	购买咖啡足额指示
	Y4	HL3	指示灯	资费不足指示
	Y5	KV3	电磁阀	退钱

2. 控制程序设计

【思路点拨】

自动售货机的工作过程大致可分为三个步骤。第一步记录投币情况，统计总额；第二步判断消费水平，购买饮料；第三步统计余额，退款。

（1）使用区间比较指令 ZCP 设计。使用区间比较指令 ZCP 设计的梯形图如图 8-3-1 所示。

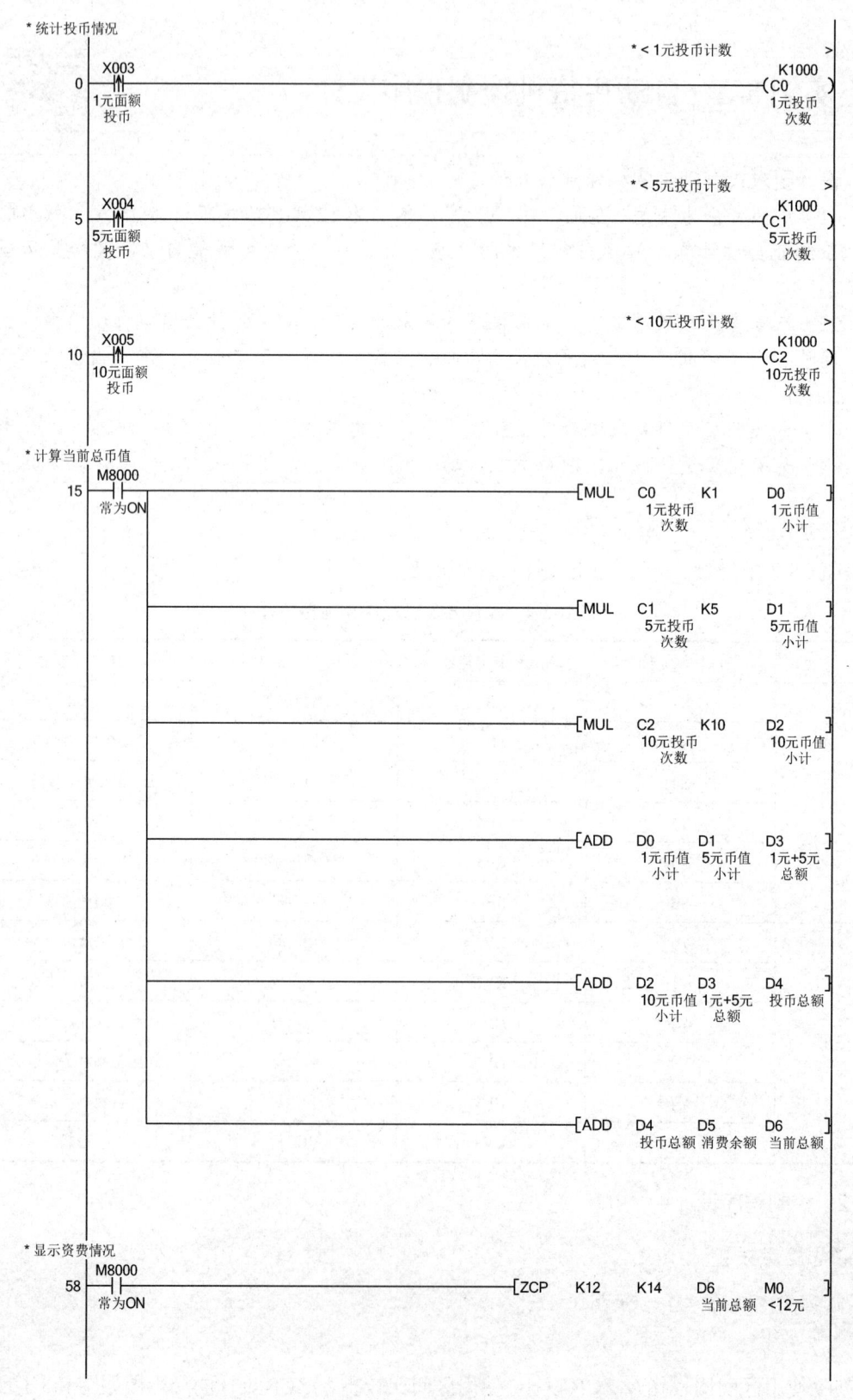

```
* 统计投币情况
                                                              * <1元投币计数
         X003                                                              K1000
 0       ─┤├───────────────────────────────────────────────────────────(C0  )
         1元面额                                                            1元投币
          投币                                                              次数

                                                              * <5元投币计数
         X004                                                              K1000
 5       ─┤├───────────────────────────────────────────────────────────(C1  )
         5元面额                                                            5元投币
          投币                                                              次数

                                                              * <10元投币计数
         X005                                                              K1000
10       ─┤├───────────────────────────────────────────────────────────(C2  )
         10元面额                                                           10元投币
          投币                                                              次数

* 计算当前总币值
         M8000
15       ─┤├───────────────────────────────────[MUL   C0     K1     D0   ]
         常为ON                                      1元投币         1元币值
                                                    次数           小计

                                               [MUL   C1     K5     D1   ]
                                                    5元投币         5元币值
                                                    次数           小计

                                               [MUL   C2     K10    D2   ]
                                                    10元投币        10元币值
                                                    次数           小计

                                               [ADD   D0     D1     D3   ]
                                                    1元币值  5元币值  1元+5元
                                                    小计    小计    总额

                                               [ADD   D2     D3     D4   ]
                                                   10元币值 1元+5元 投币总额
                                                    小计    总额

                                               [ADD   D4     D5     D6   ]
                                                   投币总额 消费余额 当前总额

* 显示资费情况
         M8000
58       ─┤├───────────────────────────[ZCP   K12    K14    D6     M0    ]
         常为ON                                               当前总额  <12元
```

图 8-3-1　使用区间比较指令设计的梯形图

项目 8　运算控制程序设计

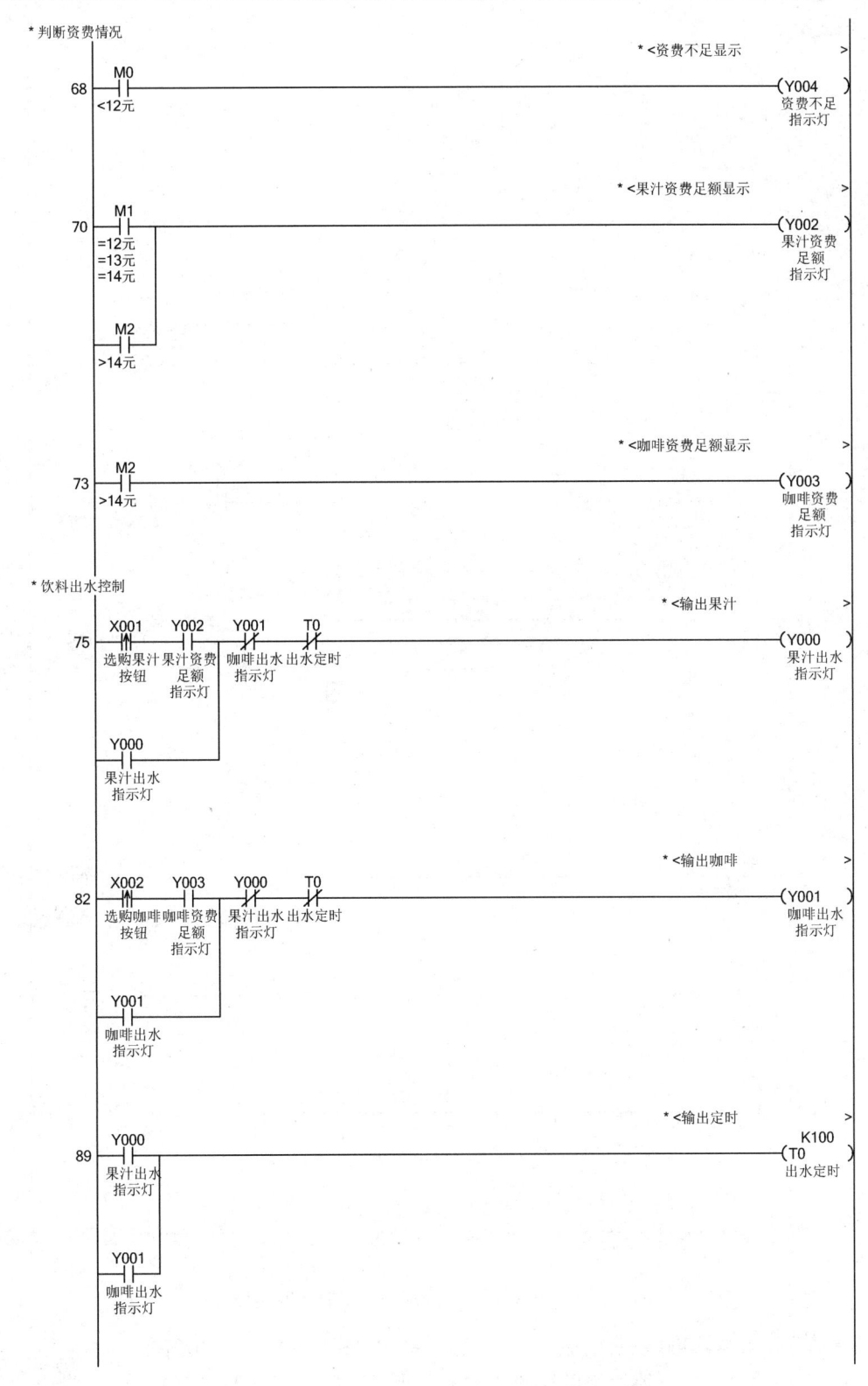

```
* 判断资费情况
                                                           * <资费不足显示>
       M0
  68  ─┤├──────────────────────────────────────────────────(Y004)
      <12元                                                 资费不足
                                                            指示灯

                                                           * <果汁资费足额显示>
       M1
  70  ─┤├──────────────────────────────────────────────────(Y002)
      =12元                                                 果汁资费
      =13元                                                 足额
      =14元                                                 指示灯

       M2
      ─┤├──
      >14元

                                                           * <咖啡资费足额显示>
       M2
  73  ─┤├──────────────────────────────────────────────────(Y003)
      >14元                                                 咖啡资费
                                                            足额
                                                            指示灯

* 饮料出水控制
                                                           * <输出果汁>
       X001   Y002   Y001   T0
  75  ─┤├─────┤├─────┤/├────┤/├─────────────────────────────(Y000)
      选购果汁 果汁资费 咖啡出水 出水定时                     果汁出水
      按钮    足额     指示灯                                 指示灯
             指示灯
       Y000
      ─┤├──
      果汁出水
      指示灯

                                                           * <输出咖啡>
       X002   Y003   Y000   T0
  82  ─┤├─────┤├─────┤/├────┤/├─────────────────────────────(Y001)
      选购咖啡 咖啡资费 果汁出水 出水定时                     咖啡出水
      按钮    足额     指示灯                                 指示灯
             指示灯
       Y001
      ─┤├──
      咖啡出水
      指示灯

                                                           * <输出定时>
       Y000                                                 K100
  89  ─┤├──────────────────────────────────────────────────(T0)
      果汁出水                                               出水定时
      指示灯

       Y001
      ─┤├──
      咖啡出水
      指示灯
```

图 8-3-1　使用区间比较指令设计的梯形图（续）

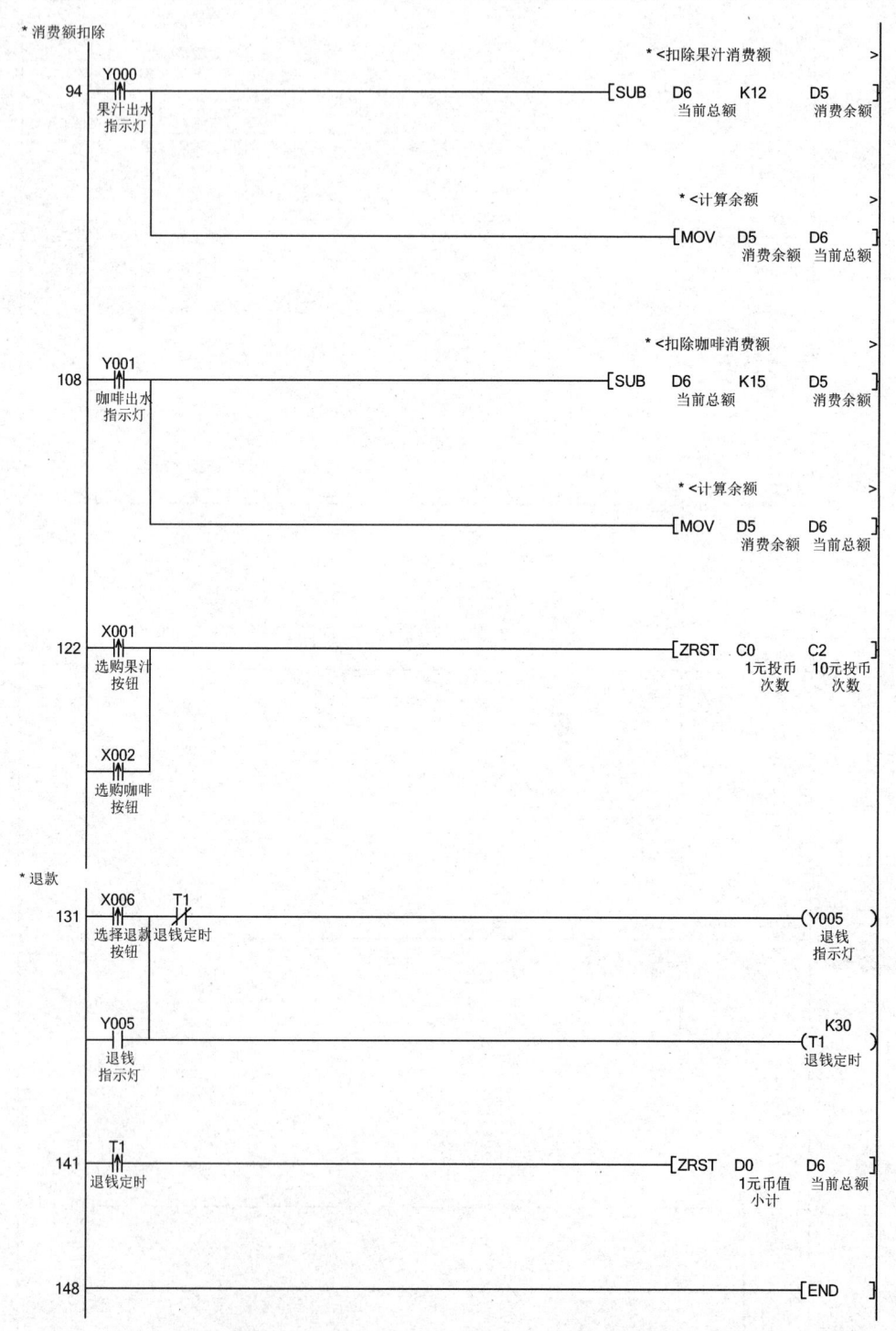

```
* 消费额扣除
        Y000
94      ─┤├─────────────────────────────[SUB   D6    K12   D5  ]
        果汁出水                              * <扣除果汁消费额>
        指示灯                                     当前总额    消费余额

                                                 * <计算余额>
                                         ──────[MOV   D5    D6  ]
                                                     消费余额  当前总额

        Y001
108     ─┤├─────────────────────────────[SUB   D6    K15   D5  ]
        咖啡出水                              * <扣除咖啡消费额>
        指示灯                                     当前总额    消费余额

                                                 * <计算余额>
                                         ──────[MOV   D5    D6  ]
                                                     消费余额  当前总额

        X001
122     ─┤├─────────────────────────────────[ZRST   C0    C2  ]
        选购果汁                                       1元投币  10元投币
        按钮                                           次数    次数
        X002
        ─┤├─
        选购咖啡
        按钮

* 退款
        X006    T1
131     ─┤├────┤/├──────────────────────────────────────(Y005)
        选择退款  退钱定时                                       退钱
        按钮                                                  指示灯

        Y005                                                  K30
        ─┤├─────────────────────────────────────────────(T1  )
        退钱                                                  退钱定时
        指示灯

        T1
141     ─┤├──────────────────────────────────[ZRST   D0    D6  ]
        退钱定时                                       1元币值  当前总额
                                                     小计

148                                                       [END ]
```

图 8-3-1 使用区间比较指令设计的梯形图（续）

程序说明：在 M8000 触点的驱动下，PLC 执行[MUL C0 K1 D0]指令，计算 1 元面额的投币额，该投币额存储在 D0 单元；PLC 执行[MUL C1 K5 D1]指令，计算 5 元面额的投币额，该投币额存储在 D1 单元；PLC 执行[MUL C2 K10 D2]指令，计算 10 元面额的投币额，该投币额存储在 D2 单元。

在 M8000 触点的驱动下，PLC 执行[ADD D0 D1 D3]指令，该指令用来计算 1 元面额和 5 元面额的投币总额，并将投币总额存储在 D3 单元；PLC 执行[ADD D2 D3 D4]指令，该指令用来计算投币总额，并将投币总额存储在 D4 单元；PLC 执行[ADD D4 D5 D6]指令，该指令用来计算当前总额，并将当前总额存储在 D6 单元。

在 M8000 触点的驱动下，PLC 执行[ZCP K12 K14 D6 M0]指令，该指令用来判断当前的资费情况。如果（D6）<12，则中间继电器 M0 得电，其常开触点闭合，驱动 Y4 线圈得电，资费不足指示灯被点亮。如果（D6）>=12，则 M1 线圈得电，其常开触点闭合，驱动 Y2 线圈得电，果汁资费足额指示灯被点亮，允许选购果汁。如果（D6）>14，则 M2 线圈得电，其常开触点闭合，驱动 Y3 线圈得电，咖啡资费足额指示灯被点亮，允许选购咖啡。

以购买果汁为例，当按钮 X1 闭合时，Y0 线圈得电，自动售货机开始输出果汁，同时 PLC 执行[SUB D6 K12 D5]指令和[ZRST C0 C2]指令，SUB 指令用来扣除购买果汁的消费额，并将消费余额存储在 D5 单元，ZRST 指令用来清除当前的投币状态。在 Y0 线圈得电期间，定时器 T0 计时，当计时时间满 10 秒时，定时器 T0 触点动作，使 Y0 线圈失电，自动售货机停止输出果汁。

最后，当按钮 X6 闭合时，Y5 线圈得电，自动售货机开始退钱，在 Y5 线圈得电期间，定时器 T1 计时，当计时时间满 3 秒时，定时器 T1 触点动作，使 Y5 线圈失电，自动售货机恢复到待机状态。

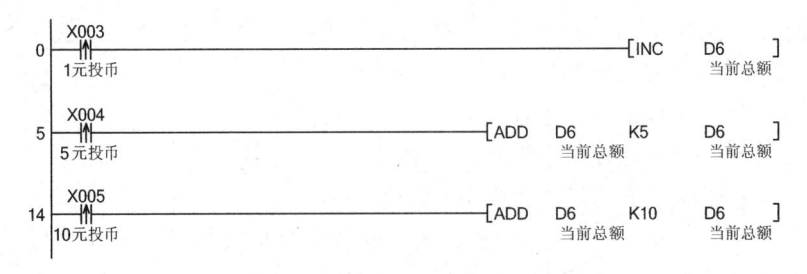

（2）使用触点比较指令设计。使用触点比较指令设计的梯形图如图 8-3-2 所示。

程序说明：按下按钮 SB3，PLC 执行[INC D6]指令；按下按钮 SB4，PLC 执行[ADD D6 K5 D6]指令；按下按钮 SB5，PLC 执行[ADD D6 K10 D6]指令，统计投币情况。

PLC 执行[< D6 K12] 指令，该指令用来判断当前总额是否小于 12 元，如果判断条件满足，则 Y4 线圈得电，资费不足指示灯被点亮。PLC 执行[>= D6 K12] 指令，该指令用来判断当前总额是否大于或等于 12 元，如果判断条件满足，则 Y2 线圈得电，果汁资费足额指示灯被点亮。PLC 执行[>= D6 K15] 指令，该指令用来判断当前总额是否大于 15 元，如果判断条件满足，则 Y3 线圈得电，咖啡资费足额指示灯被点亮。

以购买果汁为例，按下按钮 SB1，Y0 线圈得电，自动售货机开始输出果汁，PLC 执行[SUBP D6 K12 D6]指令，该指令用来扣除购买果汁的消费额。在 Y0 线圈得电期间，定时器 T0 计时，当计时时间满 10 秒时，定时器 T0 触点动作，使 Y0 线圈失电，自动售货机停止输出果汁。

最后，当按钮 X6 闭合时，Y5 线圈得电，自动售货机开始退钱。在 Y5 线圈得电期间，定时器 T2 计时，当计时时间满 3 秒时，定时器 T2 触点动作，使 Y5 线圈失电，自动售货机恢复到待机状态。

```
     X003
0 ───┤├──────────────────────────[INC    D6   ]
     1元投币                                当前总额

     X004
5 ───┤├──────────────────[ADD    D6    K5    D6   ]
     5元投币                      当前总额       当前总额

     X005
14 ──┤├──────────────────[ADD    D6    K10   D6   ]
     10元投币                     当前总额       当前总额
```

图 8-3-2　使用触点比较指令设计的梯形图

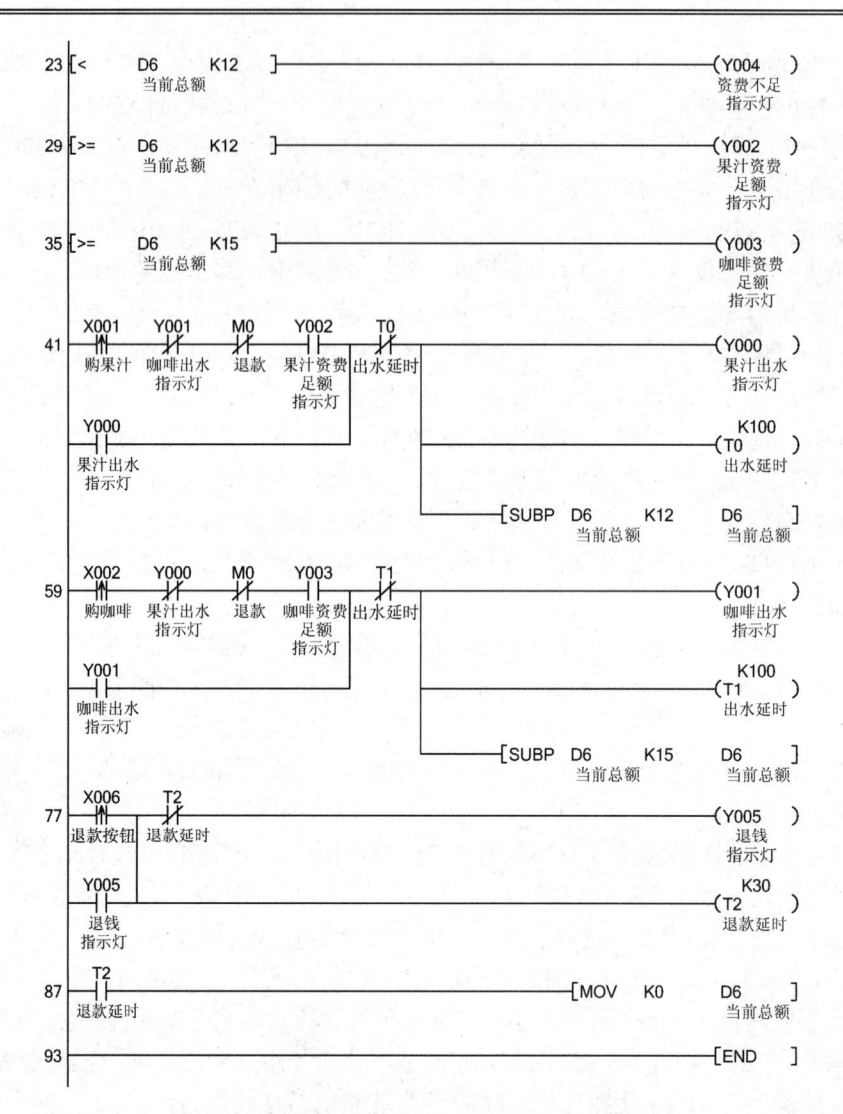

```
23 ─[< D6  K12]──────────────────────────(Y004)
     当前总额                                资费不足
                                           指示灯

29 ─[>= D6  K12]─────────────────────────(Y002)
     当前总额                               果汁资费
                                           足额
                                           指示灯

35 ─[>= D6  K15]─────────────────────────(Y003)
     当前总额                               咖啡资费
                                           足额
                                           指示灯

41 ──X001──Y001──M0──Y002──T0────────────(Y000)
     ││   │/│  │/│ ││   │/│             果汁出水
     购果汁 咖啡出水 退款 果汁资费 出水延时   指示灯
          指示灯      足额
                     指示灯
     ─Y000─┤                              K100
     ││                                  (T0)
     果汁出水                              出水延时
     指示灯
                    ─[SUBP D6  K12  D6]
                          当前总额      当前总额

59 ──X002──Y000──M0──Y003──T1────────────(Y001)
     ││   │/│  │/│ │/│   │/│             咖啡出水
     购咖啡 果汁出水 退款 咖啡资费 出水延时  指示灯
          指示灯      足额
                     指示灯
     ─Y001─┤                              K100
     ││                                  (T1)
     咖啡出水                              出水延时
     指示灯
                    ─[SUBP D6  K15  D6]
                          当前总额      当前总额

77 ──X006──T2────────────────────────────(Y005)
     ││   │/│                            退钱
     退款按钮 退款延时                      指示灯
     ─Y005─┤                              K30
     ││                                  (T2)
     退钱                                 退款延时
     指示灯

87 ──T2──────────────────────[MOV K0  D6]
     退款延时                             当前总额

93 ─────────────────────────────────────[END]
```

图 8-3-2 使用触点比较指令设计的梯形图（续）

思政元素映射

匠心点亮人生

洪家光是中航工业沈阳黎明航空发动机（集团）有限责任公司首席技能专家，中国航发黎明工装制造厂数控车工。2018年荣获"全国五一劳动奖章"，2020年荣获"全国劳动模范"荣誉称号，2022年荣获"大国工匠年度人物"称号。

洪家光初中毕业后选择了一所技校，从家到技校的路程，洪家光乘车往返需要四个多小时。当其他人在车上睡觉的时候，珍惜时间的洪家光却选择了看书，将公共汽车变成了他的移动图书馆。凭着这股刻苦的劲头，洪家光以第一名的毕业成绩被分配到中航工业沈阳黎明航空发动机（集团）有限责任公司第58车间。他所在的车间拥有3个全国劳模、13个省市级劳模、10几个技能大赛状元。洪家光聆听完他们的事迹后，暗下决心，自己也要榜上有名，成为受人尊敬的技术状元。洪家光决定拜全国劳模孟宪新为师，向他学习技术。当时，孟宪新师傅与洪家光不在同一车间，俩人根本不认识，如何拜师成为难题。洪家光用了个最笨的方法——死磨硬泡，主动当起了孟师傅的助手。在工作中，洪家光不断学习，不断积累，他加班加点抢着干各种脏活、难活和累活，技术水平得到了突飞猛进的提高。

2011年，洪家光获得第七届"振兴杯"全国青年职业技能大赛车工组冠军，实现了自己多年来想成为全国最优秀车工的梦想。洪家光说："有人问我，你这么拼命，苦不苦？"我说："奋斗者在旁观者眼里是艰辛的，但其精神世界会因奋斗而充实和快乐。"有苦才有甜，有苦才知甜，就像洪家光所言那样，奋斗能够给予人精神的收获和心灵的成长，只有奋斗者，才能真正品尝到苦尽甘来的最美滋味。

项目 9 数码显示程序设计

在 PLC 控制系统中，被控对象的受控状态可能需要通过数字显示的方式反映出来，这就需要使用译码指令，并将译码指令和有关硬件结合起来运用。

实例 9-1 数字循环显示程序设计

设计要求：控制一个数码管循环显示数字，先依次显示十进制数字 0~9，再依次显示 9~0，每个数字的显示时间为 1 秒。

1. 输入/输出元件及其控制功能

实例 9-1 中用到的输入/输出元件地址如表 9-1-1 所示。

表 9-1-1 实例 9-1 输入/输出元件地址

说 明	PLC 软元件	元件文字符号	元件名称	控制功能
输出	Y000	数码管	a 段笔画	显示数字
	Y001		b 段笔画	
	Y002		c 段笔画	
	Y003		d 段笔画	
	Y004		e 段笔画	
	Y005		f 段笔画	
	Y006		g 段笔画	

2. 控制程序设计

【思路点拨】

数字的显示可以通过七段译码指令来实现，数字的循环可以通过可逆计数器来控制。

使用可逆计数器控制数码管循环显示数字 0~9 的程序如图 9-1-1 所示。

项目 9 数码显示程序设计

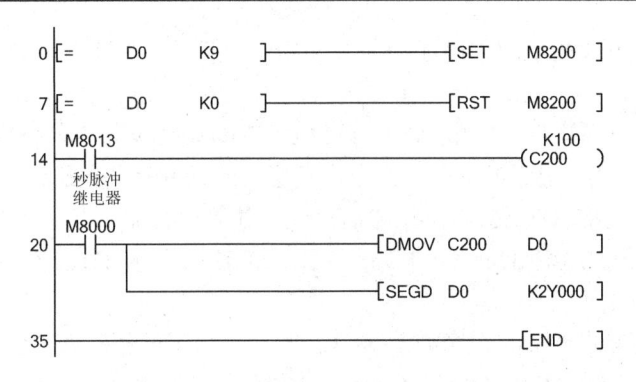

```
 0 ─[= D0 K9 ]──────────────[SET  M8200]
 7 ─[= D0 K0 ]──────────────[RST  M8200]
        M8013                          K100
14 ──┤├──────────────────────(C200    )
     秒脉冲
     继电器
        M8000
20 ──┤├──────────────────[DMOV  C200  D0]
                         [SEGD  D0  K2Y000]
35 ─────────────────────────────[END]
```

图 9-1-1　数码管循环显示数字的控制程序

程序说明：当 PLC 上电后，PLC 执行[= D0 K0]指令，用于判断 D0 中的数值是否等于 0；如果（D0）=K0，则继电器 M8200 线圈失电，计数器 C200 处于加计数状态，使 D0 中的数值由 0 一直增加到 9。PLC 执行[= D0 K9]指令，用于判断 D0 中的数值是否等于 9；如果（D0）=K9，则继电器 M8200 线圈得电，计数器 C200 处于减计数状态，使 D0 中的数值由 9 一直减小到 0。在 M8000 触点的驱动下，PLC 执行[DMOV C200 D0]指令，将 C200 中的低 16 位数据存放到 D0 当中；PLC 执行[SEGD D0 K2Y000]指令，将 D0 中的数据译成七段码，通过#0 输出单元显示当前数值。

实例 9-2　电梯指层显示程序设计

设计要求：现有一台 4 个层站的电梯，要求显示电梯轿厢当前所在的位置。

1. 输入/输出元件及其控制功能

实例 9-2 中用到的输入/输出元件地址如表 9-2-1 所示。

表 9-2-1　实例 9-2 输入/输出元件地址

说　明	PLC 软元件	元件文字符号	元件名称	控 制 功 能
输入	X1	SQ1	行程开关	检测轿厢位置
	X2	SQ2	行程开关	
	X3	SQ3	行程开关	
	X4	SQ4	行程开关	
输出	Y000～Y007		数码管	当前层站显示

2. 控制程序设计

（1）使用数据传送指令 MOV 设计。

【思路点拨】

当检测到有层站信号时，通过传送指令将特定的立即数传送到指定的输出单元，以"人工译码"方式显示轿厢当前所在的位置；也可以通过传送指令将层站所对应的立即数传送到指定的数据存储单元，以"自动译码"方式显示轿厢当前所在的位置。

① 以直接译码方式显示的程序如图 9-2-1 所示。程序说明：当一楼层站的行程开关 X1 闭合时，PLC 执行[MOV K6 K2Y000]指令，将 K6 传送到#0 输出单元，使数码管显示数字"1"。当二楼层站的行程开关 X2 闭合时，PLC 执行[MOV K91 K2Y000]指令，将 K91 传送到#0 输出单元，使数码管显示数字"2"。当三楼层站的行程开关 X3 闭合时，PLC 执行[MOV K79 K2Y000]指令，将 K79 传送到#0 输出单元，使数码管显示数字"3"。当四楼层站的行程开关 X4 闭合时，PLC 执行[MOV K102 K2Y000]指令，将 K102 传送到#0 输出单元，使数码管显示数字"4"。

② 以自动译码方式显示的程序如图 9-2-2 所示。程序说明：当一楼层站的行程开关 X1 闭合时，PLC 执行[MOV K1 D0]指令；当二楼层站的行程开关 X2 闭合时，PLC 执行[MOV K2 D0]指令；当三楼层站的行程开关 X3 闭合时，PLC 执行[MOV K3 D0]指令；当四楼层站的行程开关 X4 闭合时，PLC 执行[MOV K4 D0]指令。在 M8000 触点的驱动下，PLC 执行[SEGD D0 K2Y000]指令，将 D0 中的数据译成七段码，通过#0 输出单元显示当前层站数。

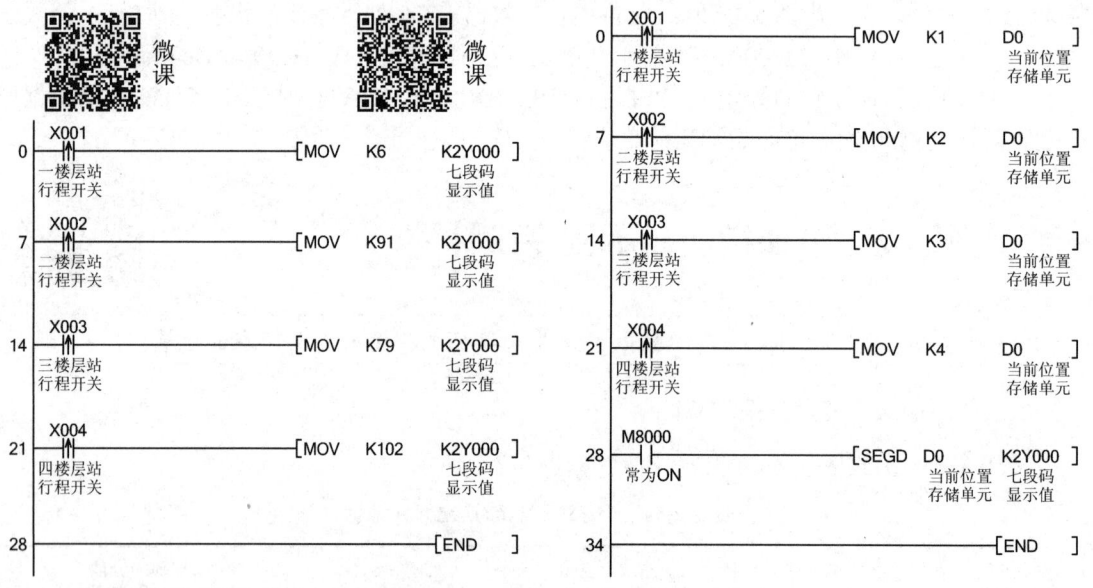

图 9-2-1 以人工译码方式显示的梯形图

图 9-2-2 以自动译码方式显示的梯形图

（2）使用编码指令 ENCO 设计。

【思路点拨】

先使用编码指令检测轿厢当前所在的位置，然后使用七段译码指令显示轿厢当前所在的位置。

使用编码指令 ENCO 设计的程序如图 9-2-3 所示。

程序说明：在 M8000 触点的驱动下，PLC 执行[ENCO X000 D0 K3]指令，将 X0～X7 中置 ON 的位元件的位置编号转换成 BIN 码，并存放到 D0 中。例如，如果 X4 位为 ON，则该位的位置序号"4"将存放在 D0 中。在 M8000 触点的驱动下，PLC 执行[SEGD D0 K2Y000]指令，将 D0 中的数据译成七段码，通过#0 输出单元显示当前层站数。

项目9 数码显示程序设计

```
     M8000
 0 ──┤├──────────────────────[ENCO  X000   D0    K3  ]
     常为ON                          当前层站
                                    存储单元

                                ─[SEGD  D0        K2Y000 ]
                                      当前层站    七段码
                                      存储单元    显示值

13 ──────────────────────────────[END ]
```

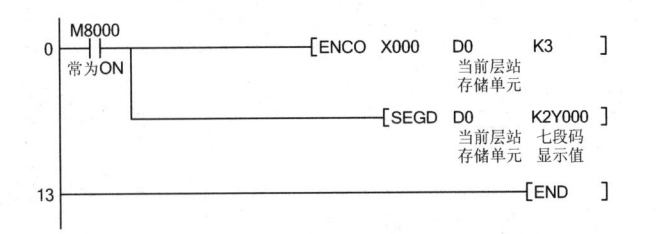

图 9-2-3　使用编码指令设计的梯形图

（3）使用组合位元件设计。

【思路点拨】

通过比较指令判断输入端口的当前值，该数值就是轿厢当前所在的层站数。

使用组合位元件设计的程序如图 9-2-4 所示。

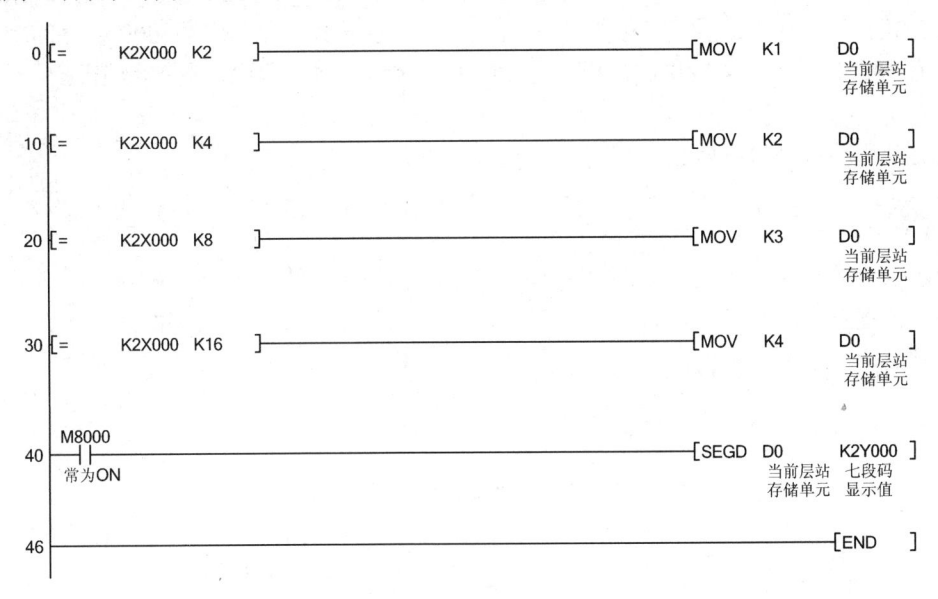

```
 0 [= K2X000  K2 ]──────────────[MOV  K1    D0  ]
                                           当前层站
                                           存储单元

10 [= K2X000  K4 ]──────────────[MOV  K2    D0  ]
                                           当前层站
                                           存储单元

20 [= K2X000  K8 ]──────────────[MOV  K3    D0  ]
                                           当前层站
                                           存储单元

30 [= K2X000  K16]──────────────[MOV  K4    D0  ]
                                           当前层站
                                           存储单元

     M8000
40 ──┤├──────────────────────[SEGD  D0      K2Y000 ]
     常为ON                         当前层站   七段码
                                   存储单元   显示值

46 ──────────────────────────────[END ]
```

图 9-2-4　使用组合位元件设计的梯形图

程序说明：以一楼层站显示为例，PLC 执行[= K2X000 K2]指令，用于判断（K2X000）是否等于 K2；如果（K2X000）=K2，则说明行程开关 X1 受压，轿厢在一楼层站。PLC 执行 [MOV K1 D0]指令，将立即数 K1 存入当前层站存储器 D0 中。PLC 执行 [SEGD D0 K2Y000]指令，使数码管显示数字"1"。

（4）使用加/减 1 指令 INC/DEC 设计。

【思路点拨】

当轿厢在基站时，通过初始化方式给轿厢位置设定一个初始值。当轿厢上行时，通过加 1 指令记录轿厢位置的当前值；当轿厢下行时，通过减 1 指令记录轿厢位置的当前值。

使用加/减 1 指令 INC/DEC 设计的程序如图 9-2-5 所示。

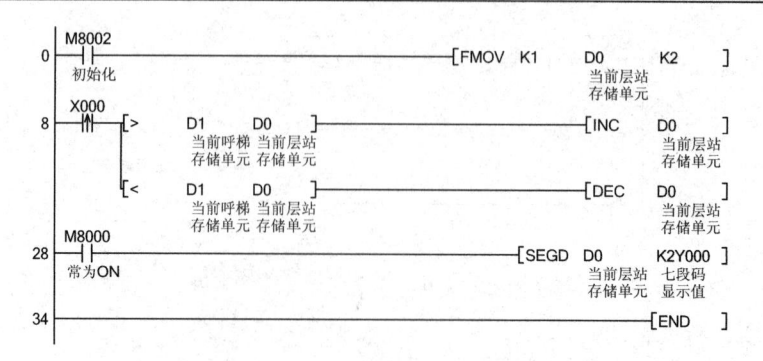

```
         M8002
    ┌────┤ ├──────────────────────────────[FMOV  K1   D0   K2 ]
  0     初始化                                        当前层站
                                                    存储单元
         X000
    ┌────┤ ├──┬──[> D1    D0   ]─────────────────────[INC   D0  ]
  8         │    当前呼梯 当前层站                            当前层站
            │    存储单元 存储单元                            存储单元
            │
            └──[< D1    D0   ]─────────────────────[DEC   D0  ]
                 当前呼梯 当前层站                           当前层站
                 存储单元 存储单元                           存储单元
         M8000
 28  ────┤ ├──────────────────────────────[SEGD  D0   K2Y000 ]
         常为ON                                     当前层站  七段码
                                                   存储单元  显示值

 34  ─────────────────────────────────────────────────[END  ]
```

图 9-2-5 使用加/减 1 指令设计的梯形图

程序说明：当 PLC 上电后，在 M8002 触点的驱动下，PLC 执行[FMOV K1 D0 K2]指令，使（D0）=（D1）=K1。当（D1）>（D0）时，电梯上行，如果层站行程开关 X0 闭合，则 PLC 执行[INC D0]指令，电梯层站数加 1；当（D1）<（D0）时，电梯下行，如果层站行程开关 X0 闭合，则 PLC 执行[DEC D0]指令，电梯层站数减 1。在 M8000 触点的驱动下，PLC 执行[SEGD D0 K2Y000]指令，将 D0 中的数据译成七段码，通过#0 输出单元显示当前层站数。

（5）使用可逆计数器设计。

【思路点拨】

当轿厢在基站时，通过初始化方式给可逆计数器设定一个初始值。当轿厢上行时，控制可逆计数器进行加计数；当轿厢下行时，控制可逆计数器进行减计数。根据可逆计数器当前的经过值显示轿厢当前位置。

使用可逆计数器设计的程序如图 9-2-6 所示。

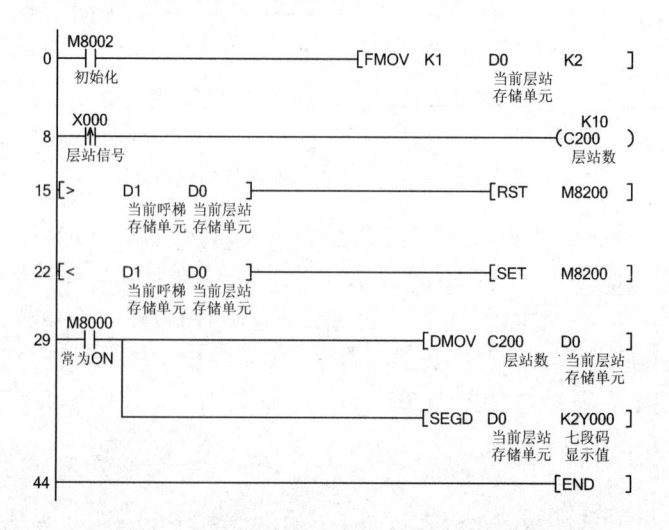

```
         M8002
  0  ────┤ ├──────────────────────────────[FMOV  K1   D0   K2 ]
         初始化                                     当前层站
                                                   存储单元
         X000                                              K10
  8  ────┤ ├───────────────────────────────────────(C200    )
         层站信号                                      层站数

 15  ──[> D1    D0   ]────────────────────────────[RST   M8200 ]
          当前呼梯 当前层站
          存储单元 存储单元

 22  ──[< D1    D0   ]────────────────────────────[SET   M8200 ]
          当前呼梯 当前层站
          存储单元 存储单元

         M8000
 29  ────┤ ├──┬───────────────────────────[DMOV  C200  D0 ]
         常为ON│                                   层站数 当前层站
              │                                          存储单元
              │
              └───────────────────────────[SEGD  D0   K2Y000 ]
                                                 当前层站  七段码
                                                 存储单元  显示值

 44  ─────────────────────────────────────────────────[END  ]
```

图 9-2-6 使用可逆计数器设计的梯形图

程序说明：当 PLC 上电后，M8002 常开触点瞬时闭合，PLC 执行[FMOV K1 D0 K2]指令，使（D0）=（D1）=K1。当（D1）>（D0）时，电梯上行，如果层站行程开关 X0 闭合，则计数器 C200 进行加 1 计数，电梯层站数加 1；当（D1）<（D0）时，电梯下行，如果层站

行程开关 X0 闭合，则计数器 C200 进行减 1 计数，电梯层站数减 1。在 M8000 触点的驱动下，PLC 执行[SEGD D0 K2Y000]指令，将 D0 中的数据译成七段码，通过#0 输出单元显示当前层站数。

实例 9-3 抢答器程序设计

设计要求：抢答器有 7 个选手抢答台和 1 个主持人工作台，在每个选手抢答台上设有 1 个抢答按钮，在主持人工作台上设有 1 个开始按钮和 1 个复位按钮。如果有选手在主持人按下开始按钮后抢答，那么数码管显示最先抢答的台号，同时蜂鸣器产生声音提示。如果有选手在主持人按下开始按钮前抢答，那么该抢答台对应的指示灯亮起，同时蜂鸣器也产生声音提示。当主持人按下复位按钮时，数码管熄灭、指示灯熄灭、蜂鸣器熄鸣。

1. 输入/输出元件及其控制功能

实例 9-3 中用到的输入/输出元件地址如表 9-3-1 所示。

表 9-3-1　实例 9-3 输入/输出元件地址

说　明	PLC 软元件	元件文字符号	元件名称	控制功能
输入	X1～X6	SB1～SB6	按钮	控制 1～6 号台抢答
	X10	SB7	按钮	控制开始
	X11	SB8	按钮	控制复位
输出	Y001～Y007	HL1～HL7	指示灯	1～6 号台提前抢答指示
	Y010～Y016		数码管	显示抢答台号
	Y020	HA	蜂鸣器	抢答声音提示

2. 控制程序设计

（1）程序范例 1 分析。

【思路点拨】

因为继电器的常开触点和常闭触点互为反逻辑关系，所以可以使用同一个继电器的常闭触点控制违规抢答过程，再使用同一个继电器的常开触点控制正常抢答过程。

抢答器程序设计范例 1 的梯形图如图 9-3-1 所示。

程序说明：以下从三个方面对程序进行分析，具体分析如下。

① 提前抢答控制。以 1 号台为例，在主持人没有按下开始按钮 X010 的情况下，继电器 M0 不得电。在 M0 不得电期间，如果 1 号台选手按下了抢答按钮 X001，则 PLC 执行[SET Y001]指令，使 Y001 线圈得电，1 号台指示灯被点亮。由于（K2X000）>K0，所以 PLC 执行[SET Y020]指令，使 Y020 线圈得电，蜂鸣器发出声音提示。

② 正常抢答控制。以 1 号台为例，在主持人已经按下开始按钮 X010 的情况下，继电器 M0 得电。在 M0 得电期间，如果 1 号台选手按下了抢答按钮 X001，则 PLC 执行[MOV K1 D0]指令，使（D0）=K1。在 M8000 继电器驱动下，PLC 执行[SEGD D0 K2Y010]指令，数码

管显示的台号为 1。在 1 号台选手抢答成功以后，因为（D0）>K0，所以即使再有其他选手进行抢答，PLC 都将不再执行传送指令，数码管显示的台号仍然为 1。

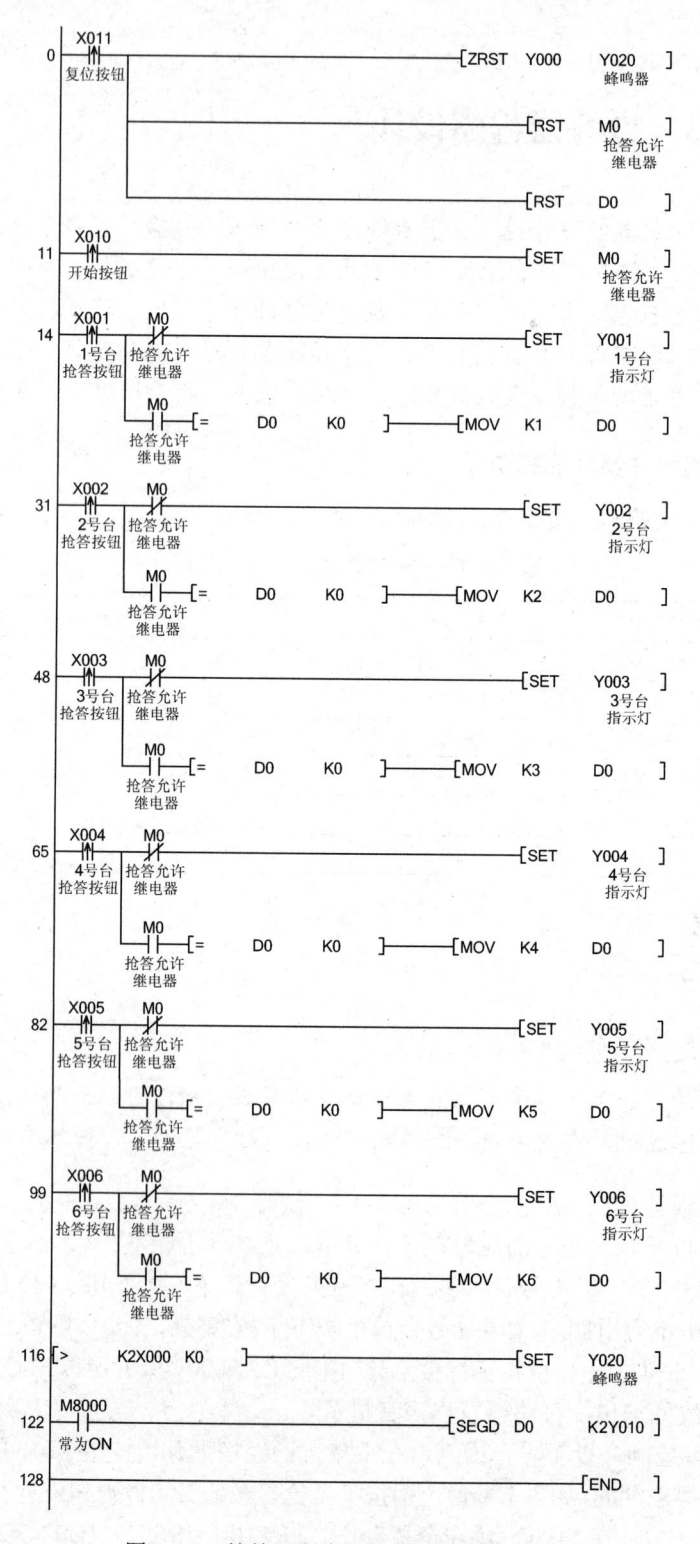

```
         X011
0   ─────┤ ├──────────────┬──────────────[ZRST  Y000   Y020 ]
         复位按钮          │                         蜂鸣器
                           │
                           ├──────────────────────[RST   M0  ]
                           │                            抢答允许
                           │                            继电器
                           │
                           └──────────────────────[RST   D0  ]

         X010
11  ─────┤ ├─────────────────────────────────────[SET   M0  ]
         开始按钮                                       抢答允许
                                                       继电器

         X001    M0
14  ─────┤ ├────┤/├──────┬──────────────────────[SET   Y001 ]
         1号台   抢答允许 │                              1号台
         抢答按钮 继电器  │                              指示灯
                         │ M0
                         └┤ ├──[= D0 K0 ]──[MOV  K1   D0 ]
                          抢答允许
                          继电器

         X002    M0
31  ─────┤ ├────┤/├──────┬──────────────────────[SET   Y002 ]
         2号台   抢答允许 │                              2号台
         抢答按钮 继电器  │                              指示灯
                         │ M0
                         └┤ ├──[= D0 K0 ]──[MOV  K2   D0 ]
                          抢答允许
                          继电器

         X003    M0
48  ─────┤ ├────┤/├──────┬──────────────────────[SET   Y003 ]
         3号台   抢答允许 │                              3号台
         抢答按钮 继电器  │                              指示灯
                         │ M0
                         └┤ ├──[= D0 K0 ]──[MOV  K3   D0 ]
                          抢答允许
                          继电器

         X004    M0
65  ─────┤ ├────┤/├──────┬──────────────────────[SET   Y004 ]
         4号台   抢答允许 │                              4号台
         抢答按钮 继电器  │                              指示灯
                         │ M0
                         └┤ ├──[= D0 K0 ]──[MOV  K4   D0 ]
                          抢答允许
                          继电器

         X005    M0
82  ─────┤ ├────┤/├──────┬──────────────────────[SET   Y005 ]
         5号台   抢答允许 │                              5号台
         抢答按钮 继电器  │                              指示灯
                         │ M0
                         └┤ ├──[= D0 K0 ]──[MOV  K5   D0 ]
                          抢答允许
                          继电器

         X006    M0
99  ─────┤ ├────┤/├──────┬──────────────────────[SET   Y006 ]
         6号台   抢答允许 │                              6号台
         抢答按钮 继电器  │                              指示灯
                         │ M0
                         └┤ ├──[= D0 K0 ]──[MOV  K6   D0 ]
                          抢答允许
                          继电器

116 ─[> K2X000 K0 ]──────────────────────────────[SET   Y020 ]
                                                       蜂鸣器

         M8000
122 ─────┤ ├─────────────────────────────────[SEGD  D0   K2Y010 ]
         常为ON

128                                                     [END  ]
```

图 9-3-1　抢答器程序设计范例 1 的梯形图

项目 9 数码显示程序设计

③ 主持人控制。主持人按下开始按钮 X010，继电器 M0 线圈得电，允许选手抢答。主持人按下复位按钮 X011，PLC 执行[ZRST Y000 Y020]、[RST M0] 和[RST D0]指令，PLC 停止对外输出，M0 和 D0 复位。

（2）程序范例 2 分析。

【思路点拨】

抢答器程序设计的重点是如何确定谁是最先抢答者，这里可以使用编码指令来进行确定，再通过七段译码指令显示最先抢答的台号。

抢答器程序设计范例 2 的梯形图如图 9-3-2 所示。

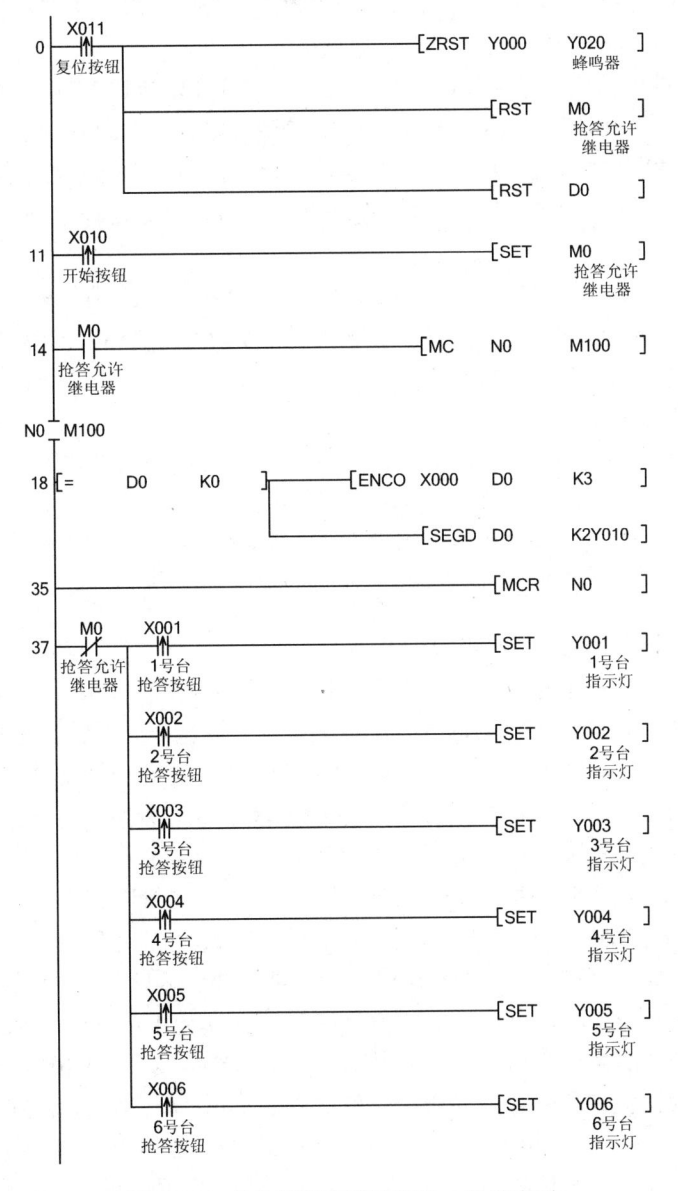

```
  X011
0 ─┤├──────────────────────[ZRST  Y000    Y020 ]
   复位按钮                             蜂鸣器

                          ─────────[RST    M0   ]
                                       抢答允许
                                       继电器

                          ─────────[RST    D0   ]

   X010
11 ─┤├──────────────────────────[SET    M0   ]
   开始按钮                            抢答允许
                                       继电器

   M0
14 ─┤├──────────────────────────[MC  N0  M100 ]
   抢答允许
   继电器

N0─┬M100
18 │[= D0 K0]──────────[ENCO  X000  D0  K3 ]
   │
   │                   ─────────[SEGD  D0  K2Y010 ]

35 ─────────────────────────────[MCR    N0 ]

   M0   X001
37 ─┤├───┤├─────────────────────[SET    Y001 ]
   抢答允许 1号台                         1号台
   继电器  抢答按钮                        指示灯

        X002
        ─┤├─────────────────────[SET    Y002 ]
        2号台                            2号台
        抢答按钮                          指示灯

        X003
        ─┤├─────────────────────[SET    Y003 ]
        3号台                            3号台
        抢答按钮                          指示灯

        X004
        ─┤├─────────────────────[SET    Y004 ]
        4号台                            4号台
        抢答按钮                          指示灯

        X005
        ─┤├─────────────────────[SET    Y005 ]
        5号台                            5号台
        抢答按钮                          指示灯

        X006
        ─┤├─────────────────────[SET    Y006 ]
        6号台                            6号台
        抢答按钮                          指示灯
```

图 9-3-2 抢答器程序设计范例 2 的梯形图

```
 62 ─[>    K2X000   K0 ]─────────────[SET    Y020 ]
                                             蜂鸣器

 68 ─────────────────────────────────────────[END ]
```

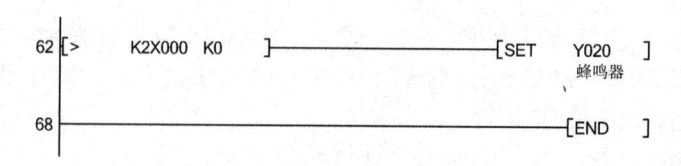

图 9-3-2　抢答器程序设计范例 2 的梯形图（续）

程序说明：以下从三个方面对程序进行分析，具体分析如下。

① 蜂鸣器和指示灯控制。以 1 号台为例，如果 1 号台选手按下了抢答按钮 X001，则（K2X000）>K0，PLC 执行[SET　Y020]指令，蜂鸣器发出声音提示。如果 1 号台选手为提前抢答，则继电器 M0 不得电，PLC 执行[SET　Y001]指令，使 Y001 线圈得电，1 号台的指示灯被点亮。如果 1 号台选手为正常抢答，则继电器 M0 得电，PLC 不执行[SET　Y001]指令，使 Y001 线圈不得电，1 号台的指示灯不能被点亮。

② 正常抢答控制。以 1 号台为例，主持人按下抢答开始按钮 X010，X010 的常开触点闭合，PLC 执行[SET　M0]指令，继电器 M0 得电，PLC 执行[MC　N0　M100]指令，主控触点 M100 闭合，允许 PLC 执行抢答程序块。在该程序块内，如果 1 号台选手按下按钮 X001，则 PLC 执行[ENCO　X000　D0　K3]指令，使（D0）=K1，PLC 执行[SEGD　D0　K2Y010]指令，数码管显示的台号为 1。

③ 主持人控制。主持人按下开始按钮 X010，继电器 M0 线圈得电，允许选手抢答。主持人按下复位按钮 X011，PLC 执行[ZRST　Y000　Y020]、[RST　M0] 和[RST　D0]指令，PLC 停止对外输出，M0 和 D0 复位。

（3）程序范例 3 分析。

> 【思路点拨】
>
> 在抢答时，抢答器对每个抢答台同时进行抢答计时，用时最少的抢答台得到抢答权。那么，如何确定哪个抢答台用时最少呢？这里可以通过数据检索指令来进行确定。

抢答器程序设计范例 3 的梯形图如图 9-3-3 所示。

程序说明：以下从三个方面对程序进行分析，具体分析如下。

① 提前抢答控制。假如 1 号台选手在主持人按下开始按钮之前提前抢答了，则（K2X000）>K0，PLC 执行[SET　Y020]指令，蜂鸣器发出声音提示。由于继电器 M0 不得电，所以 M0 的常闭触点保持闭合状态，PLC 执行[SET　Y001]指令，1 号台指示灯被点亮。

② 正常抢答控制。假如 1 号台选手在主持人按下开始按钮之后抢答，则（K2X000）>K0，PLC 执行[SET　Y020]指令，蜂鸣器发出声音提示。由于继电器 M0 得电，定时器 T0 开始计时，PLC 执行[SET　M1]指令，M1 的常闭触点变为常开；PLC 停止执行[MOV　T0　D1]指令。在继电器 M0 得电期间，PLC 执行[SER　D1　K1000　D11　K6]指令，在 D1~D6 单元中选取数值最小的对应单元，该单元的位置存储在 D14 单元中，（D14）=K0；由于数据位置编号是从 0 开始编号的，所以 PLC 还需要执行[ADD　D14　K1　D20]指令，使（D20）=K1，D20 中所存放的数据就是最先抢答的台号；PLC 执行[SEGD　D20　K2Y010]指令，数码管显示的台号为 1。如果在 1 号台选手之后又有其他选手抢答了，由于 D1 单元中存储的数值始终最小，所以（D14）=K0 不变、（D20）=K1 不变，数码管显示的台号仍然为 1。

③ 主持人控制。主持人按下开始按钮 X010，继电器 M0 线圈得电，允许选手抢答。主

项目 9 数码显示程序设计

持人按下复位按钮 X011，PLC 执行[ZRST Y000 Y020]、[ZRST D0 D20] 和[ZRST M0 M6]指令，PLC 停止对外输出，D0～D20 单元清零，继电器 M0～M6 复位。

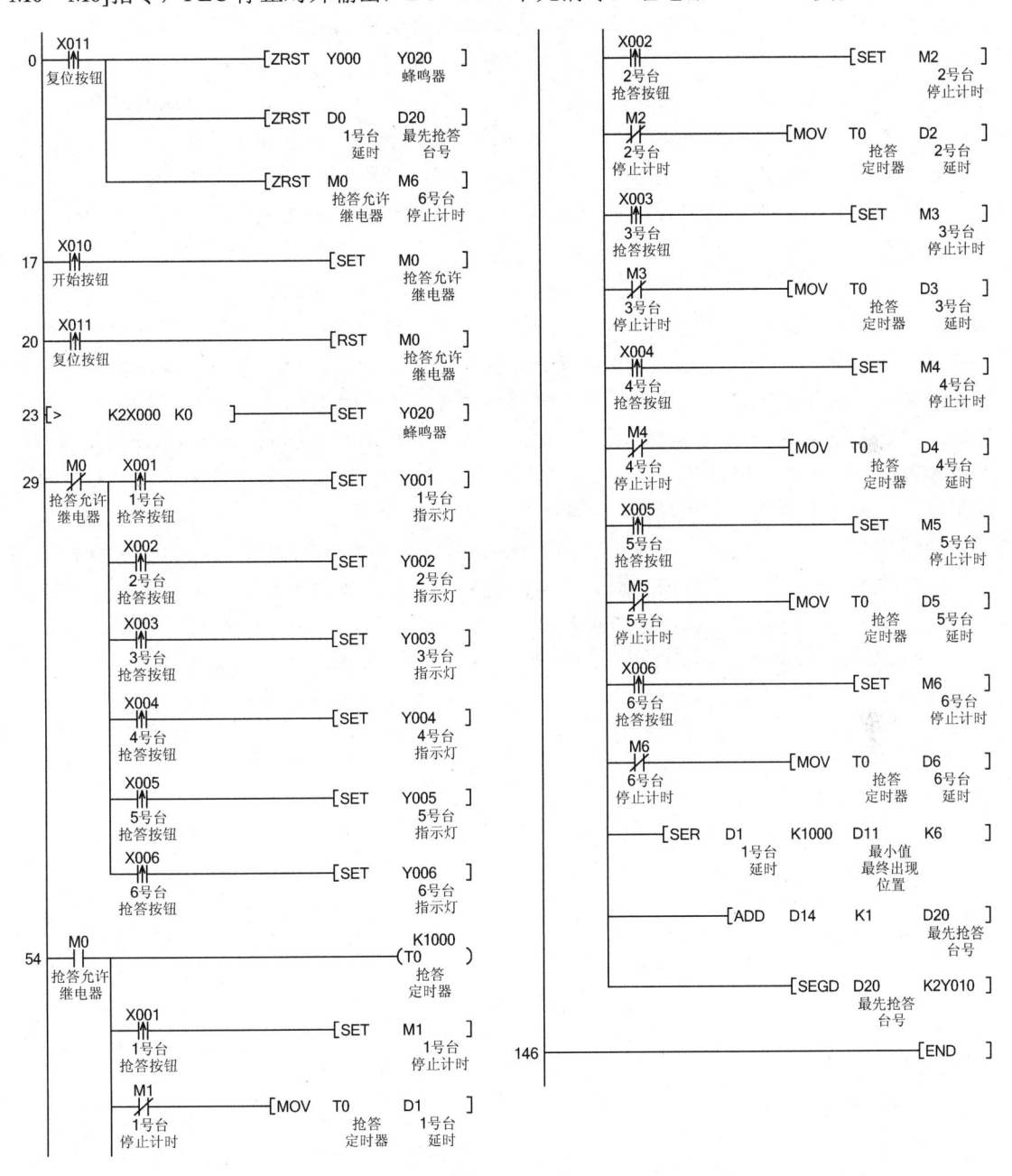

图 9-3-3 抢答器程序设计范例 3 的梯形图

思政元素映射

世界技能大赛冠军

2015 年，曾正超夺得第 43 届世界技能大赛焊接项目冠军，为中国在该项目上摘得"首

· 165 ·

金"，被授予"国家最优选手"奖。2016年，他多次随同"周树春焊接工程队"参与支援焊接项目，以精湛的技艺和过硬的作风，圆满完成增援任务。2017年，他在工作中研发了新的焊接技术，形成了《大直径筒体高空焊接工艺评定报告》技术创新成果。

曾正超初中毕业后听从父亲的建议，来到攀枝花技师学院学习焊接专业。然而，学习的过程并非一帆风顺。作为初学者，曾正超常会被弧光伤到眼睛，一到晚上，眼睛就像进了沙子一样，不断地流眼泪。刚开始，班上有40多名同学，上了一天实操课，第二天班上就只剩下一半学生了。但曾正超的字典里没有"逃兵"二字，他卷起衣袖，咬牙坚持。就这样，经过两年的磨炼，无论哪一种焊接工艺，他手里的焊枪都能灵活地在钢板间游走，焊缝像鱼脊般均匀平滑。

2014年，成绩优异的曾正超经过层层选拔，成功入选第43届世界技能大赛国家队，代表中国队向焊接项目的金牌发起冲击。第一天的比赛，曾正超原本最有把握得分的探伤检测只拿到了3个B级，丢了6分。然而，曾正超没有慌乱，第二天的比赛他顶住压力，对于打底的最里层，他凭借肌肉记忆实现高水平盲焊；对于最外面的盖面层，他也焊出了完美的外观，拿到了全场最高分，排名大幅提升。此后两天，曾正超状态越来越好，数据把握精确，手法游刃有余，操作表现稳定。终于，2015年8月16日，曾正超站上了冠军领奖台，为中国队摘得一枚世界技能大赛金牌，这一年，曾正超只有20岁。

荣誉面前，曾正超没有丝毫骄傲自满，他依旧扎根一线，哪里有焊接难题，他就奔赴哪里。曾正超还当起了攀枝花技师学院的老师，只要没任务，他就住在学生寝室，每天进行11个小时甚至更长时间的焊接训练，不断向学生进行演示和讲解。曾正超说："希望有更多青年人能体会到技能成才带给技术工人的价值感，为企业贡献青春与才智。我也将继续努力，精益求精，培养和影响更多的高级技术工人，将中国制造品牌推向全世界。"

项目 10 电梯程序设计

电梯属于大型机电一体化设备，通常采用随机控制方式。电梯的输入信号需要自锁保持、优先级排队和判断比较；电梯的输出信号需要互锁保护、实时显示和定时控制。因此，PLC 的编程工作主要是针对各种信号进行实时采样、实时显示、实时逻辑判断和响应处理。

实例 10-1 杂物梯程序设计

设计要求： 杂物梯是一种运送小型货物的电梯，它的特点是轿厢小、不能载人，并且只能通过手动方式打开或关闭电梯门。杂物梯主要应用在图书馆、办公楼及饭店等场所，用于运送图书、文件及食品等杂物。下面以 4 个层站杂物梯为例，编写杂物梯运行控制程序，具体要求如下。

（1）电梯初始位置在一楼层站，指层器显示数字"1"。

（2）当按下呼梯按钮时，目标层站指示灯和占用指示灯被点亮，电梯向目标层站方向运行。当杂物梯到达目标层站后电梯停止运行，目标层站指示灯被熄灭。

（3）在电梯停留的最初 10 秒钟内，占用指示灯仍然在亮。在此期间，如果按下当前层站所对应的呼梯按钮，则占用指示灯将再延长亮 10 秒。

（4）在占用指示灯亮时，任何选层操作均无效。

（5）当按下急停按钮时，电梯立即停止运行。

（6）电梯具有指层显示和运行指示功能。

1. 输入/输出元件及其控制功能

实例 10-1 中用到的输入/输出元件地址如表 10-1-1 所示。

表 10-1-1 实例 10-1 输入/输出元件地址

说　明	PLC 软元件	元件文字符号	元件名称	控制功能
输入	X001	SQ1	行程开关	一楼层站检测
	X002	SQ2	行程开关	二楼层站检测

续表

说 明	PLC 软元件	元件文字符号	元 件 名 称	控 制 功 能
输入	X003	SQ3	行程开关	三楼层站检测
	X004	SQ4	行程开关	四楼层站检测
	X005	SB1	按钮	一楼层站 1 号呼梯
	X006	SB2	按钮	一楼层站 2 号呼梯
	X007	SB3	按钮	一楼层站 3 号呼梯
	X010	SB4	按钮	一楼层站 4 号呼梯
	X011	SB5	按钮	二楼层站 1 号呼梯
	X012	SB6	按钮	二楼层站 2 号呼梯
	X013	SB7	按钮	二楼层站 3 号呼梯
	X014	SB8	按钮	二楼层站 4 号呼梯
	X015	SB9	按钮	三楼层站 1 号呼梯
	X016	SB10	按钮	三楼层站 2 号呼梯
	X017	SB11	按钮	三楼层站 3 号呼梯
	X020	SB12	按钮	三楼层站 4 号呼梯
	X021	SB13	按钮	四楼层站 1 号呼梯
	X022	SB14	按钮	四楼层站 2 号呼梯
	X023	SB15	按钮	四楼层站 3 号呼梯
	X024	SB16	按钮	四楼层站 4 号呼梯
输出	Y001	HL1	指示灯	电梯去一楼层站指示
	Y002	HL2	指示灯	电梯去二楼层站指示
	Y003	HL3	指示灯	电梯去三楼层站指示
	Y004	HL4	指示灯	电梯去四楼层站指示
	Y010	KM1	接触器	电梯上行控制
	Y011	KM2	接触器	电梯下行控制
	Y012	HL5	指示灯	占用指示
	Y020~Y027		数码管	当前层站显示

2．控制程序设计

（1）程序范例 1 分析。杂物梯程序设计范例 1 的梯形图如图 10-1-1 所示。

程序说明：以下从 4 个方面进行程序分析，具体分析如下。

① 电梯初始化。在 M8002 继电器的驱动下，PLC 执行[FMOV K1 D0 K2]指令，使（D0）=（D1）=K1，将一楼层站设置为基站。

② 层站检测。在 M8000 继电器的驱动下，PLC 执行[ENCO X000 D0 K3]指令。如果行程开关 SQ1 受压，则 X1 常开触点闭合，使（D0）= K1，说明轿厢在一楼层站；如果行程开关 SQ2 受压，则 X2 常开触点闭合，使（D0）= K2，说明轿厢在二楼层站；如果行程开关 SQ3 受压，则 X3 常开触点闭合，使（D0）= K3，说明轿厢在三楼层站；如果行程开关 SQ4 受压，则 X4 常开触点闭合，使（D0）= K4，说明轿厢在四楼层站。

项目 10 电梯程序设计

③ 指层显示。在 M8000 继电器的驱动下，PLC 执行[SEGD D0 K2Y020]指令，通过 #2 输出单元显示轿厢的当前位置。

④ 呼梯信号处理。以呼叫电梯去四楼层站为例，在电梯没被占用且轿厢不在四楼层站的情况下，按下呼梯按钮 SB16，PLC 执行[MOV K4 D1]指令，使（D1）=K4，同时 Y4 线圈得电，4 号指示灯被点亮，四楼层站被指定为目标层站。当轿厢到达四楼层站时，四楼层站的行程开关 SQ4 受压，X4 常闭触点断开，使 Y4 线圈失电，4 号指示灯熄灭。

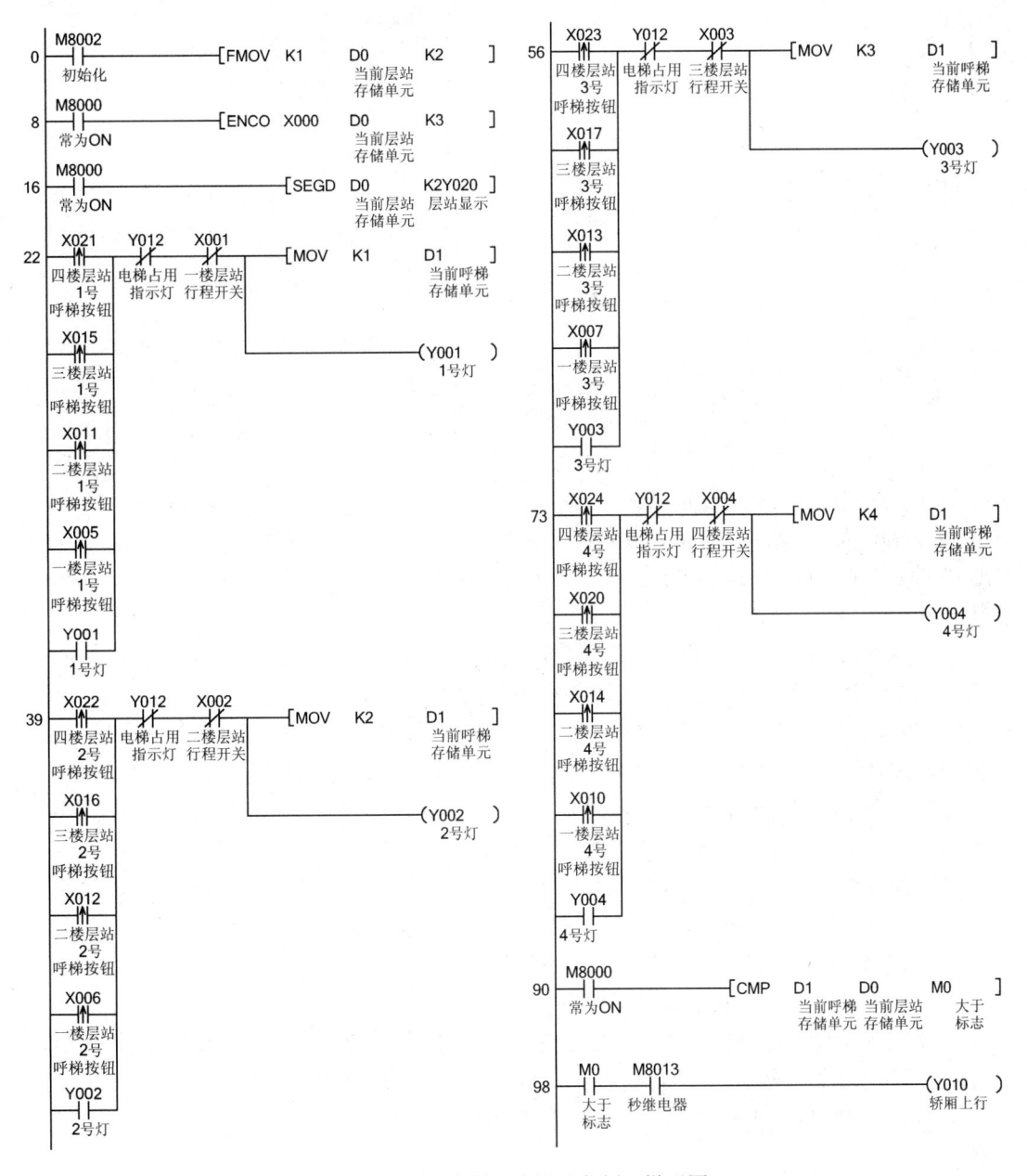

图 10-1-1 杂物梯程序设计范例 1 梯形图

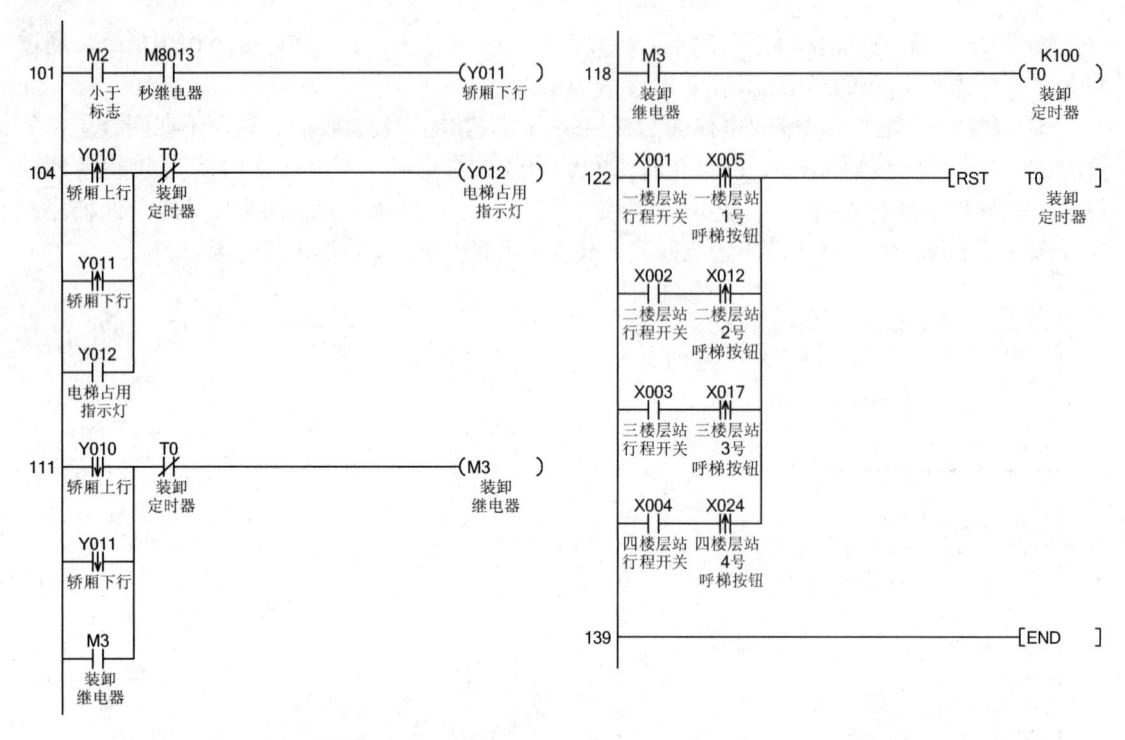

图 10-1-1 杂物梯程序设计范例 1 梯形图（续）

⑤ 运行控制。在 M8000 继电器的驱动下，PLC 执行[CMP D1 D0 M0]指令，当（D1）＞（D0）时，M0 为 ON 状态，Y10 线圈得电，轿厢上行；当（D1）＝（D0）时，M1 为 ON 状态，Y10 和 Y11 线圈不得电，轿厢停止运行；当（D1）＜（D0）时，M2 为 ON 状态，Y11 线圈得电，轿厢下行。

⑥ 占用灯控制。以呼叫电梯去四楼层站为例，当按下呼梯按钮 SB16 时，由于 Y10 线圈得电，Y10 的常开触点变为常闭，所以 Y12 线圈得电，占用灯被点亮。当 Y10 线圈失电时，M3 线圈得电，定时器 T0 开始装卸计时。如果在 10 秒钟内没能完成装卸工作，可再次按下呼梯按钮 SB16，PLC 执行[RST T0]指令，使定时器 T0 被强制复位，定时器 T0 又重新开始装卸计时。当定时器 T0 计时满 10 秒时，Y12 和 M3 线圈失电，占用灯熄灭。当然，在电梯占用期间，由于 Y12 的常闭触点变为常开，所以任何呼梯操作均无效。

（2）程序范例 2 分析。杂物梯程序设计范例 2 的梯形图如图 10-1-2 所示。

程序说明：以下从 4 个方面进行程序分析，具体分析如下。

① 电梯初始化。在 M8002 继电器的驱动下，PLC 执行[FMOV K1 D0 K2]指令，使（D0）＝（D1）＝K1，将一楼层站设置为基站。

② 层站检测。在轿厢上行期间，M0 为 ON 状态，行程开关每受压一次，PLC 就执行一次 [INC D0]指令，使 D0 中的数据加 1。例如，如果轿厢初始位置在一楼层站，一旦行程开关 SQ2 受压，则 X2 常开触点闭合，PLC 执行[INC D0]指令，使（D0）＝K2，说明轿厢在二楼层站。

项目 10 电梯程序设计

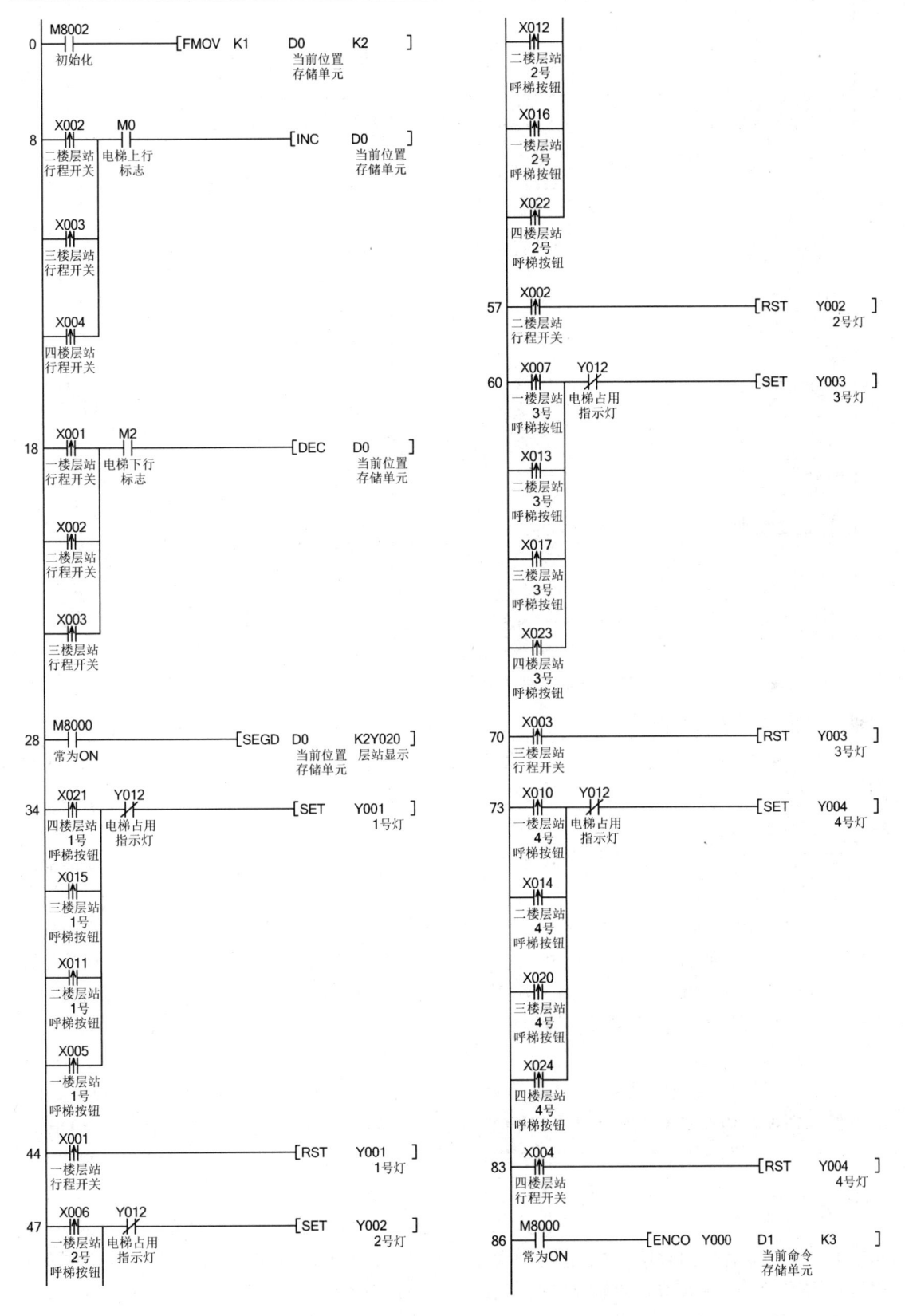

图 10-1-2 杂物梯程序设计范例 2 梯形图

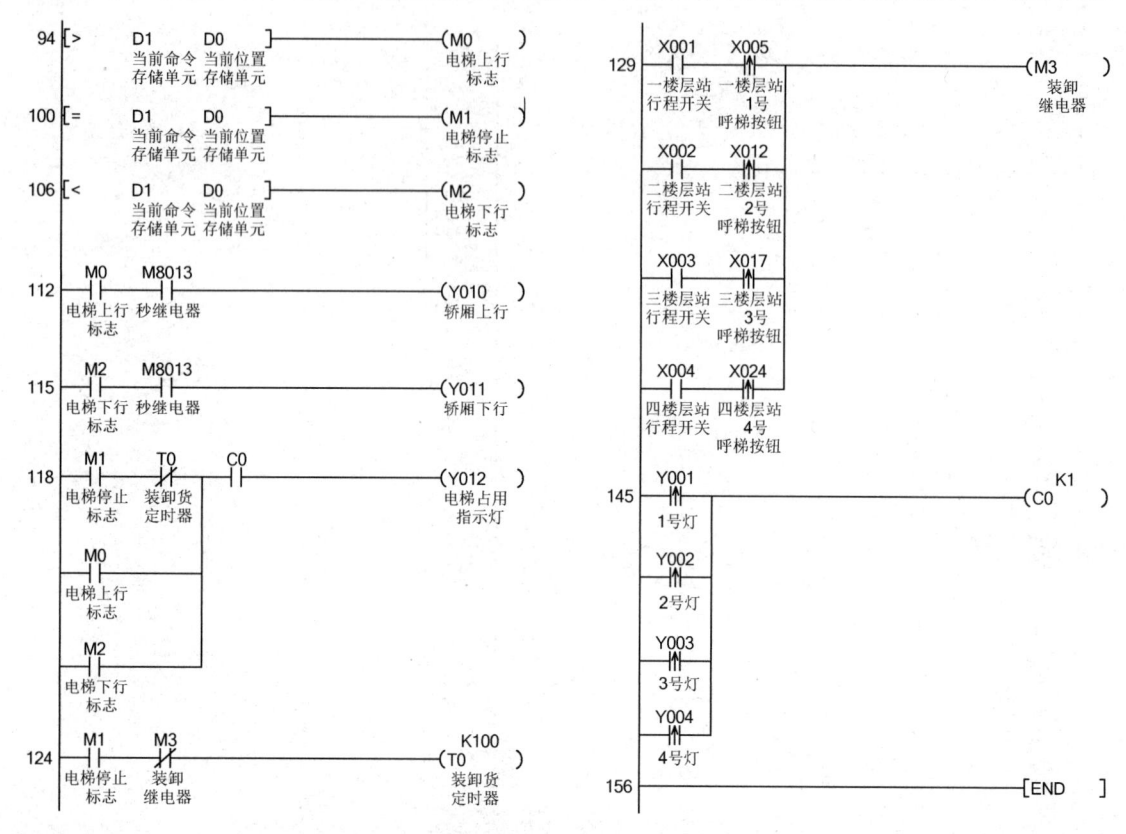

图 10-1-2　杂物梯程序设计范例 2 梯形图（续）

在轿厢下行期间，M2 为 ON 状态，行程开关每受压一次，PLC 就执行一次[DEC　D0]指令，使 D0 中的数据减 1。例如，如果轿厢初始位置在四楼层站，如果行程开关 SQ3 受压，则 X3 常开触点闭合，PLC 执行[DEC　D0]指令，使（D0）= K3，说明轿厢在三楼层站。

③ 指层显示。在 M8000 继电器的驱动下，PLC 执行[SEGD　D0　K2Y020]指令，通过 #2 输出单元显示轿厢的当前位置。

④ 呼梯信号处理。下面以呼叫电梯去四楼层站为例，在电梯没被占用且轿厢不在四楼层站的情况下，按下呼梯按钮 SB16，PLC 执行[SET　Y004]指令，Y4 线圈得电，4 号指示灯被点亮。PLC 执行[ENCO　Y000　D1　K3]指令，使（D1）=K4，四楼层站被指定为目标层站。当轿厢到达四楼层站时，四楼层站的行程开关 X4 受压，X4 常开触点闭合，PLC 执行[RST Y004]指令，使 Y4 线圈失电，4 号指示灯熄灭。

⑤ 运行控制。PLC 执行[>　D1　D0]指令，如果（D1）>（D0），则 M0 为 ON 状态，Y10 线圈得电，电梯运行方向为上行。PLC 执行[=　D1　D0]指令，如果（D1）=（D0），则 M1 为 ON 状态，Y10 和 Y11 线圈不得电，轿厢停止运行。PLC 执行[<　D1　D0]指令，如果（D1）<（D0），则 M2 为 ON 状态，Y11 线圈得电，电梯运行方向为下行。

⑥ 占用灯控制。下面以呼叫电梯去四楼层站为例分析占用灯的控制过程。在 PLC 上电初始时，由于没有任何呼梯信号出现，所以计数器 C0 的常开触点保持常开状态，Y12 线圈不得电，占用灯没有被点亮。当按下呼梯按钮 SB16 时，M0 为 ON 状态，Y4 线圈得电，使计数器 C0 动作，C0 的常开触点变为常闭，Y12 线圈得电，占用灯被点亮。当轿厢到达四楼层

站时，M1 为 ON 状态，使 Y12 线圈继续得电，占用灯长亮。在 M1 为 ON 状态期间，定时器 T0 开始装卸货计时。如果在 10 秒钟内没能完成装卸工作，可再次按下呼梯按钮 SB16，PLC 执行[OUT　M3]指令，M3 的常闭触点变为常开，使定时器 T0 被强制复位，定时器 T0 又重新开始装卸货计时。当定时器 T0 计时满 10 秒时，Y12 线圈失电，占用灯熄灭。当然，在电梯占用期间，由于 Y12 的常闭触点变为常开，所以任何呼梯操作均无效。

实例 10-2　客梯程序设计

设计要求：客梯是专门为运送乘客而设计的，它的特点是具有十分可靠的安全装置，轿厢宽敞，自动化程度高。客梯主要应用在宾馆、饭店、办公楼及大型商场等客流量大的场合。下面以 4 个层站客梯为例，编写客梯控制程序，具体要求如下。

（1）电梯初始位置在一楼层站，指层器显示数字"1"，此时允许选层操作。
（2）当电梯在一楼处于待机状态时，如果有呼梯信号，则轿厢上行。
（3）轿厢在上行过程中，如果有呼梯信号，且该信号对应的层站高于当前层站，则电梯继续上行，直至运行到"最高"目标层站。
（4）轿厢在下行过程中，如果有呼梯信号，且该信号对应的层站低于当前层站，则电梯继续下行，直至运行到一楼层站。
（5）在运行过程中，电梯只能响应同方向的呼梯信号，对于反方向的呼梯信号不响应，只作"记忆"。
（6）当电梯运行到"最高"目标层站后，若没有高于当前层站的呼梯信号出现，则轿厢自动下降，目标是一楼层站。
（7）电梯具有手动和自动开关电梯门功能。当电梯平层后，电梯门能自动或手动开启；在开门等待 5 秒钟后，电梯门能自动关闭。在关门过程中，按下与运行方向相同的外呼梯按钮，电梯门能再次自动开启。
（8）首次按下呼梯按钮，该呼梯信号被登记；再次按下呼梯按钮，该呼梯信号被解除。
（9）电梯具有指层显示和运行指示功能。

1. 输入/输出元件及其控制功能

实例 10-2 中用到的输入/输出元件地址如表 10-2-1 所示。

表 10-2-1　实例 10-2 输入/输出元件地址

说　明	PLC 软元件	元件文字符号	元件名称	控制功能
输入	X001	SQ1	行程开关	一楼层站检测
	X002	SQ2	行程开关	二楼层站检测
	X003	SQ3	行程开关	三楼层站检测
	X004	SQ4	行程开关	四楼层站检测
	X005	SB1	按钮	一楼层站上行呼梯
	X006	SB2	按钮	二楼层站下行呼梯

续表

说　明	PLC 软元件	元件文字符号	元件名称	控制功能
输入	X007	SB3	按钮	二楼层站上行呼梯
	X010	SB4	按钮	三楼层站下行呼梯
	X011	SB5	按钮	三楼层站上行呼梯
	X012	SB6	按钮	四楼层站下行呼梯
	X013	SB7	按钮	一楼层站内呼梯
	X014	SB8	按钮	二楼层站内呼梯
	X015	SB9	按钮	三楼层站内呼梯
	X016	SB10	按钮	四楼层站内呼梯
	X017	SB11	按钮	手动开门控制
	X020	SB12	按钮	手动关门控制
	X021	SQ5	行程开关	开门到位检测
	X022	SQ6	行程开关	关门到位检测
输出	Y000	KM1	接触器	电梯上行控制
	Y001	KM2	接触器	电梯下行控制
	Y002	KM3	接触器	电梯开门控制
	Y003	KM4	接触器	电梯关门控制
	Y004	HL1	指示灯	电梯开门指示
	Y005	HL2	指示灯	电梯关门指示
	Y006	HL3	指示灯	一楼层站上行呼梯登记指示
	Y007	HL4	指示灯	二楼层站下行呼梯登记指示
	Y010	HL5	指示灯	二楼层站上行呼梯登记指示
	Y011	HL6	指示灯	三楼层站下行呼梯登记指示
	Y012	HL7	指示灯	三楼层站上行呼梯登记指示
	Y013	HL8	指示灯	四楼层站下行呼梯登记指示
	Y014	HL9	指示灯	轿厢内去一楼层站呼梯登记指示
	Y015	HL10	指示灯	轿厢内去二楼层站呼梯登记指示
	Y016	HL11	指示灯	轿厢内去三楼层站呼梯登记指示
	Y017	HL12	指示灯	轿厢内去四楼层站呼梯登记指示
	Y020	HL12	指示灯	电梯上行指示
	Y021	HL13	指示灯	电梯下行指示
	Y030～Y037		指层显示器	当前层站显示

2. 控制程序设计

（1）程序范例 1 分析。客梯程序设计范例 1 的梯形图如图 10-2-1 所示。

项目 10 电梯程序设计

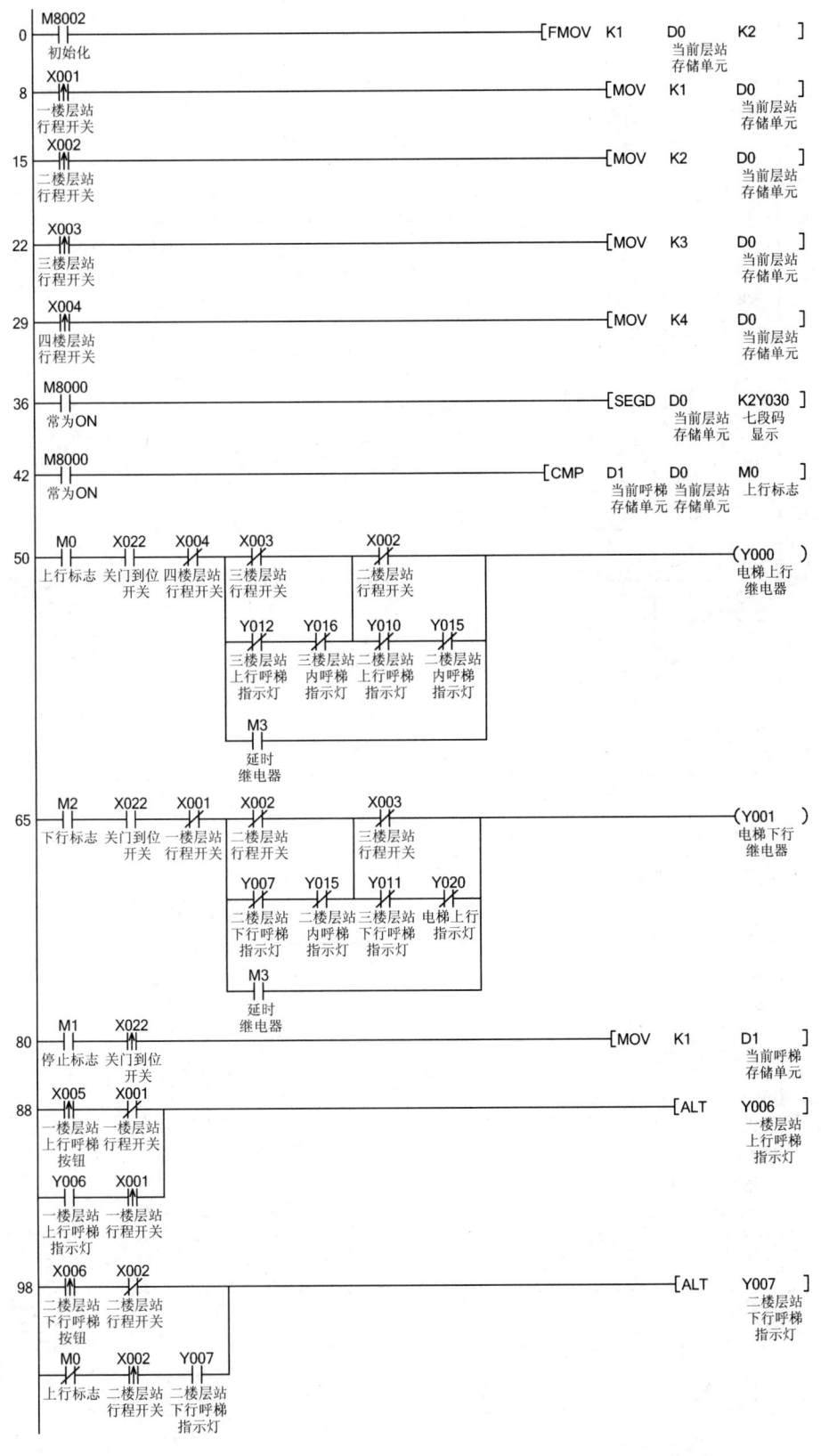

图 10-2-1 客梯程序设计范例 1 的梯形图

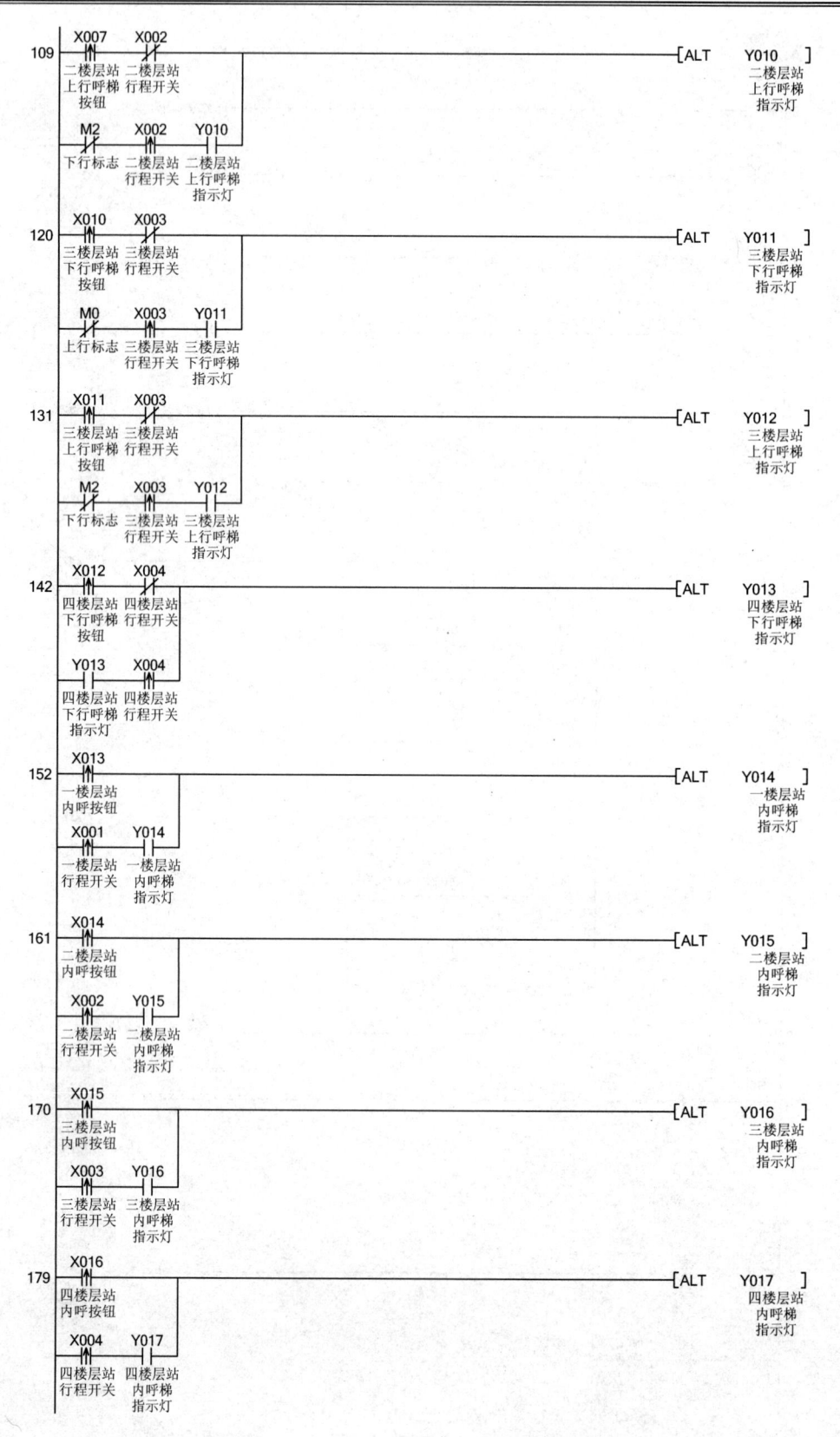

```
109  X007   X002                                          ─[ALT  Y010 ]
     二楼层站 二楼层站                                           二楼层站
     上行呼梯 行程开关                                           上行呼梯
     按钮                                                    指示灯
     M2     X002   Y010
     下行标志 二楼层站 二楼层站
            行程开关 上行呼梯
                   指示灯

120  X010   X003                                          ─[ALT  Y011 ]
     三楼层站 三楼层站                                           三楼层站
     下行呼梯 行程开关                                           下行呼梯
     按钮                                                    指示灯
     M0     X003   Y011
     上行标志 三楼层站 三楼层站
            行程开关 下行呼梯
                   指示灯

131  X011   X003                                          ─[ALT  Y012 ]
     三楼层站 三楼层站                                           三楼层站
     上行呼梯 行程开关                                           上行呼梯
     按钮                                                    指示灯
     M2     X003   Y012
     下行标志 三楼层站 三楼层站
            行程开关 上行呼梯
                   指示灯

142  X012   X004                                          ─[ALT  Y013 ]
     四楼层站 四楼层站                                           四楼层站
     下行呼梯 行程开关                                           下行呼梯
     按钮                                                    指示灯
     Y013   X004
     四楼层站 四楼层站
     下行呼梯 行程开关
     指示灯

152  X013                                                 ─[ALT  Y014 ]
     一楼层站                                                 一楼层站
     内呼按钮                                                 内呼梯
                                                         指示灯
     X001   Y014
     一楼层站 一楼层站
     行程开关 内呼梯
            指示灯

161  X014                                                 ─[ALT  Y015 ]
     二楼层站                                                 二楼层站
     内呼按钮                                                 内呼梯
                                                         指示灯
     X002   Y015
     二楼层站 二楼层站
     行程开关 内呼梯
            指示灯

170  X015                                                 ─[ALT  Y016 ]
     三楼层站                                                 三楼层站
     内呼按钮                                                 内呼梯
                                                         指示灯
     X003   Y016
     三楼层站 三楼层站
     行程开关 内呼梯
            指示灯

179  X016                                                 ─[ALT  Y017 ]
     四楼层站                                                 四楼层站
     内呼按钮                                                 内呼梯
                                                         指示灯
     X004   Y017
     四楼层站 四楼层站
     行程开关 内呼梯
            指示灯
```

图 10-2-1 客梯程序设计范例 1 的梯形图（续）

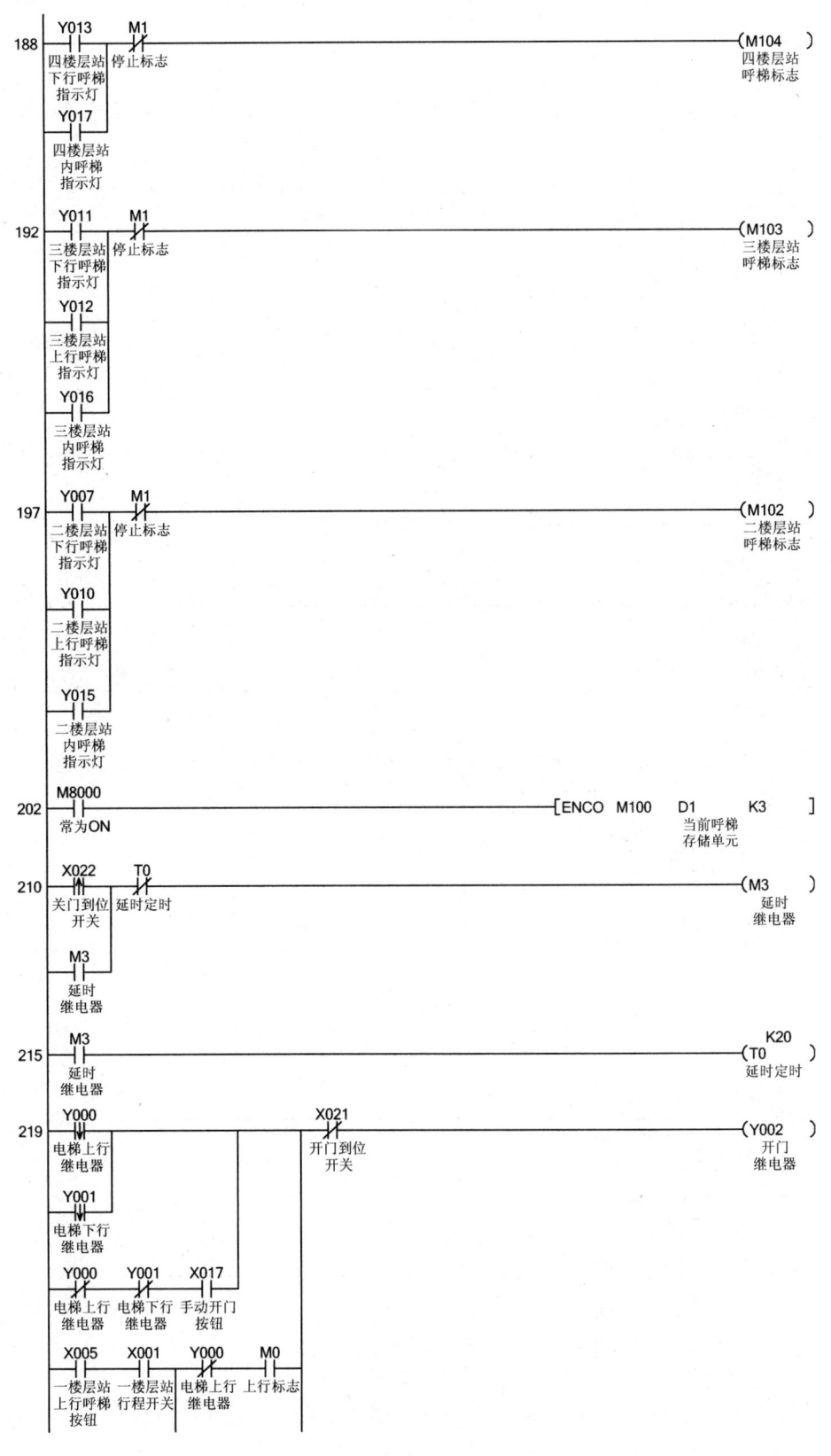

图 10-2-1 客梯程序设计范例 1 的梯形图（续）

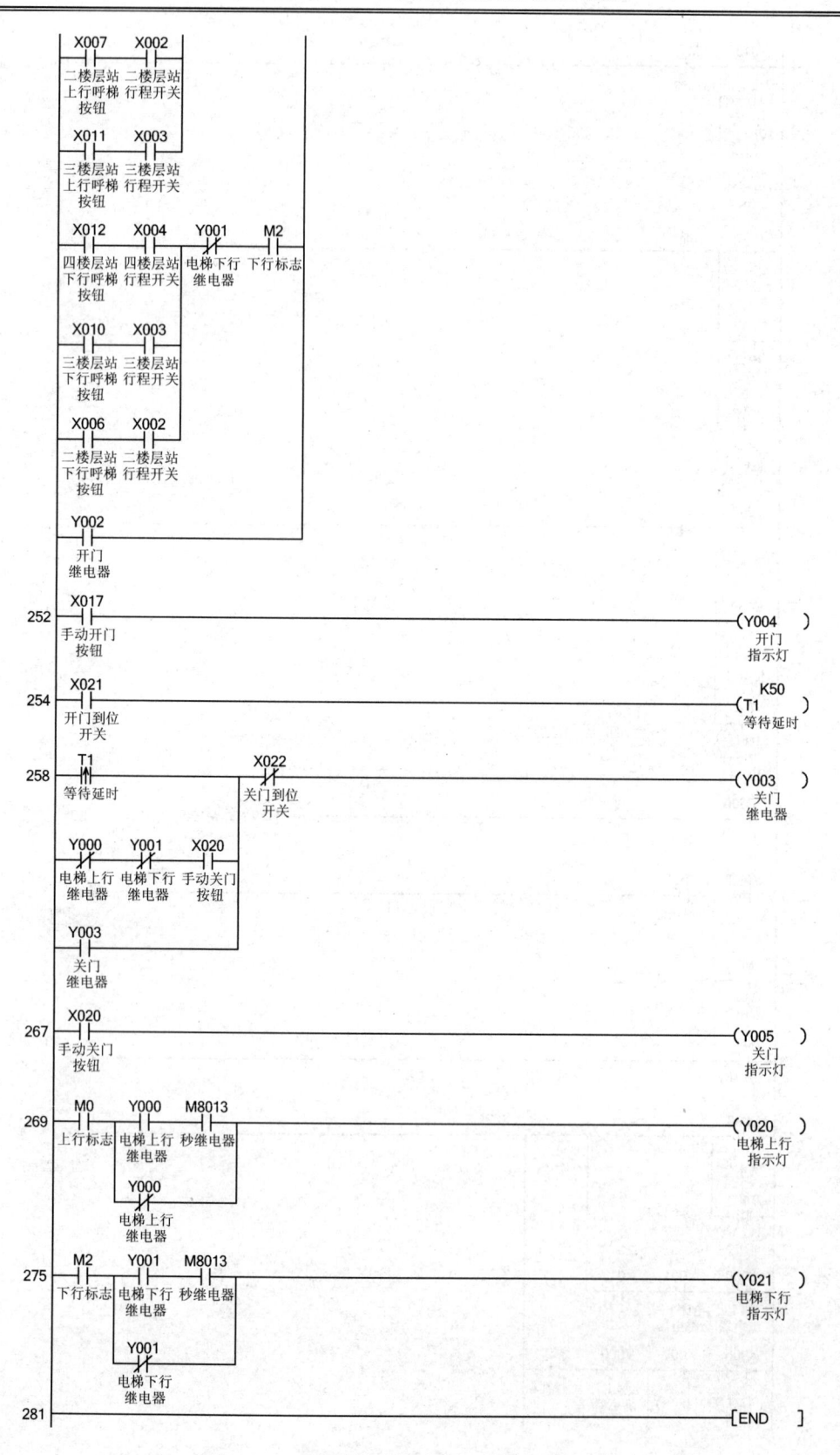

图 10-2-1　客梯程序设计范例 1 的梯形图（续）

程序说明：以下从 13 个方面对程序进行分析，具体分析如下。

① 电梯初始化。在 M8002 继电器的驱动下，PLC 执行[FMOV K1 D0 K2]指令，使（D0）=（D1）=K1，将一楼层站设置为基站。

② 层站检测。当轿厢在一楼层站时，行程开关 SQ1 受压，X1 常开触点闭合，PLC 执行[MOV K1 D0]指令，将立即数 K1 存入 D0 存储单元。当轿厢在二楼层站时，行程开关 SQ2 受压，X2 常开触点闭合，PLC 执行[MOV K2 D0]指令，将立即数 K2 存入 D0 存储单元。当轿厢在三楼层站时，行程开关 SQ3 受压，X3 常开触点闭合，PLC 执行[MOV K3 D0]指令，将立即数 K3 存入 D0 存储单元。当轿厢在四楼层站时，行程开关 SQ4 受压，X4 常开触点闭合，PLC 执行[MOV K4 D0]指令，将立即数 K4 存入 D0 存储单元。

③ 指层显示。在 M8000 继电器驱动下，PLC 执行[SEGD D0 K2Y030]指令，通过#3 输出单元显示轿厢的当前位置。

④ 电梯运行方向的判断。在 M8000 继电器驱动下，PLC 执行[CMP D1 D0 M0]指令，如果（D1）>（D0），则继电器 M0 得电，电梯运行方向为上行；如果（D1）<（D0），则继电器 M2 得电，电梯运行方向为下行；如果（D1）=（D0），则继电器 M1 得电，电梯停止运行。

⑤ 上行控制。设轿厢当前在一楼层站，如果按下四楼层站的内呼梯按钮 SB10，则继电器 M0 得电，确定轿厢将要上行；同时 Y17 线圈得电，四楼层站的内呼梯指示灯被点亮。当关门到位后，Y0 线圈得电，轿厢开始上行。

在轿厢上行过程中，按下二楼层站的外上呼梯按钮 SB3，Y10 线圈得电，二楼层站的外上呼梯指示灯被点亮，Y10 的常闭触点变为常开；按下三楼层站内呼梯按钮 SB9，Y16 线圈得电，三楼层站内呼梯指示灯被点亮，Y16 的常闭触点变为常开。

当轿厢到达二楼层站时，行程开关 SQ2 受压，Y0 线圈失电，轿厢上行暂停；Y10 线圈失电，二楼层站的外上呼梯指示灯熄灭。当电梯门在二楼层站关闭后，由于 M3 的常开触点短暂闭合，使 Y0 线圈得电，轿厢又开始上行。一旦轿厢上行，行程开关 SQ2 不再受压，即使 M3 的常开触点恢复常开，电梯也能继续上行。

当轿厢到达三楼层站时，行程开关 SQ3 受压，Y0 线圈失电，轿厢上行暂停；Y16 线圈失电，三楼层站内呼梯指示灯熄灭。当轿厢门在三楼层站关闭后，Y0 线圈再次得电，电梯再次上行。

当轿厢到达四楼层站时，行程开关 SQ4 受压，M0、Y0 和 Y17 线圈均失电，轿厢停止运行，四楼层站的内呼梯指示灯熄灭。

当电梯在四楼层站关门到位后，由于（D1）=（D0）=K4，所以继电器 M1 得电，PLC 执行[MOV K1 D1]指令，使（D1）=K1。

⑥ 下行控制。设轿厢当前在四楼层站，由于（D1）<（D0），所以继电器 M2 得电，Y1 线圈得电，轿厢开始下行。

在轿厢下行过程中，按下二楼层站的外上呼梯按钮 SB3，Y10 线圈得电，二楼层站的外上呼梯指示灯被点亮，Y10 的常闭触点变为常开；按下三楼层站内呼梯按钮 SB9，Y16 线圈得电，三楼层站内呼梯指示灯被点亮，Y16 的常闭触点变为常开。

当轿厢到达三楼层站时，行程开关 SQ3 受压，Y1 线圈失电，轿厢下行暂停；Y16 线圈失电，三楼层站内呼梯指示灯熄灭。当电梯门在三楼层站关闭后，由于 M3 的常开触点短暂闭合，使 Y1 线圈得电，轿厢又开始下行。

当轿厢到达二楼层站时，由于该站没有相应的呼梯信号，尽管行程开关 SQ2 受压，但

Y1线圈仍然得电，轿厢继续下行。

当轿厢到达一楼层站时，行程开关SQ1受压，M2和Y1线圈均失电，轿厢停止运行。

当电梯在一楼层站关门到位后，由于（D1）=K2、（D0）=K1，所以继电器M0得电，Y0线圈得电，轿厢转为上行。

⑦ 呼梯信号的登记。以二楼层站的外上呼梯信号登记为例，在轿厢不在二楼层站的情况下，按下二楼层站的外上呼梯按钮SB3，PLC执行[ALT Y010]指令，使Y10线圈得电，二楼层站上行呼梯指示灯被点亮，该呼梯信号被登记。

⑧ 呼梯信号的解除。以二楼层站的外上呼梯信号解除为例，通常有三种情况可以解除呼梯信号登记。第一种情况：在轿厢上行期间，二楼层站是必经且需要停留的目标层站；第二种情况：在轿厢上行期间，二楼层站是当前"最高"目标层站；第三种情况：想放弃本次呼梯，再次按下按钮SB3。对于前两种情况，当轿厢到达二楼层站时，行程开关SQ2受压，PLC再次执行[ALT Y010]指令，使Y10线圈失电，指示灯熄灭，该呼梯信号被解除。对于第三种情况，PLC的执行过程与前两种情况一样，呼梯信号也能被解除。

⑨ "最高"目标层站的确定。设轿厢当前在一楼层站，那么能够召唤轿厢去四楼层站的呼梯信号有四楼层站内呼梯信号和四楼层站下行呼梯信号，因此使用继电器M104对以上两个呼梯信号进行归纳综合；能够召唤轿厢去三楼层站的呼梯信号有三楼层站内呼梯信号、三楼层站上行呼梯信号和三楼层站下行呼梯信号，使用继电器M103对以上三个呼梯信号进行归纳综合；能够召唤轿厢去二楼层站的呼梯信号有二楼层站内呼梯信号、二楼层站上行呼梯信号和二楼层站下行呼梯信号，使用继电器M102对以上三个呼梯信号进行归纳综合。在M8000继电器驱动下，PLC执行[ENCO X000 D1 K3]指令，保证D1中的数据在轿厢上行期间始终对应"最高"目标层站。

⑩ 电梯再启动控制。轿厢在二楼层站经停期间，一旦轿厢门关门到位，继电器M3线圈就得电，M3的常开触点变为常闭，Y0线圈得电，电梯又开始上行，定时器T0开始计时。当定时器T0计时满2秒时，继电器M3线圈失电，定时器T0被复位，电梯继续上行。

⑪ 电梯开门控制。以轿厢在二楼层站开门为例，通常有三种情况要求电梯在二楼层站开门。第一种情况：当需要轿厢在二楼层站停留时，一旦轿厢运行到二楼层站，电梯自动开门；第二种情况：轿厢在二楼层站停留期间，在轿厢内按下开门按钮SB11，电梯手动开门；第三种情况：轿厢在二楼层站停留期间，在厅门外按下二楼层站的外上呼梯按钮SB3，电梯手动开门。对于第一种情况，一旦轿厢运行到二楼层站，Y0或Y1的触点会产生一个下降沿信号，使Y2线圈得电，实现自动开门。对于第二种情况，由于Y0和Y1线圈已经失电，所以按下开门按钮SB11，Y2线圈得电，实现手动开门。对于第三种情况，由于M0已经为ON，Y0线圈已经失电，所以按下二楼层站的外上呼梯按钮SB3，Y2线圈得电，实现手动开门。

⑫ 电梯关门控制。以轿厢在二楼层站关门为例，通常有两种情况要求电梯在二楼层站关门。第一种情况：当轿厢在二楼层站停留时间满5秒时，电梯自动关门；第二种情况：在轿厢内按下关门按钮SB12，电梯手动关门。对于第一种情况，当定时器T1计时满5秒时，T1的常开触点变为常闭，使Y3线圈得电，实现自动关门。对于第二种情况，由于Y0和Y1线圈已经失电，所以当按下关门按钮SB12时，Y3线圈得电，实现手动关门。

⑬ 电梯运行指示。在M0为ON期间，如果Y0线圈得电，在继电器M8013的作用下，Y20线圈周期性得电和失电，电梯上行指示灯闪亮；如果Y0线圈失电，Y20线圈长时间得电，电梯上行指示灯长亮。在M2为ON期间，如果Y1线圈得电，在继电器M8013作用下，Y21

线圈间歇性得电，电梯下行指示灯间歇性闪亮；如果 Y1 线圈失电，Y21 线圈长时间得电，电梯下行指示灯长亮。

（2）程序范例 2 分析。客梯程序设计范例 2 的梯形图如图 10-2-2 所示。

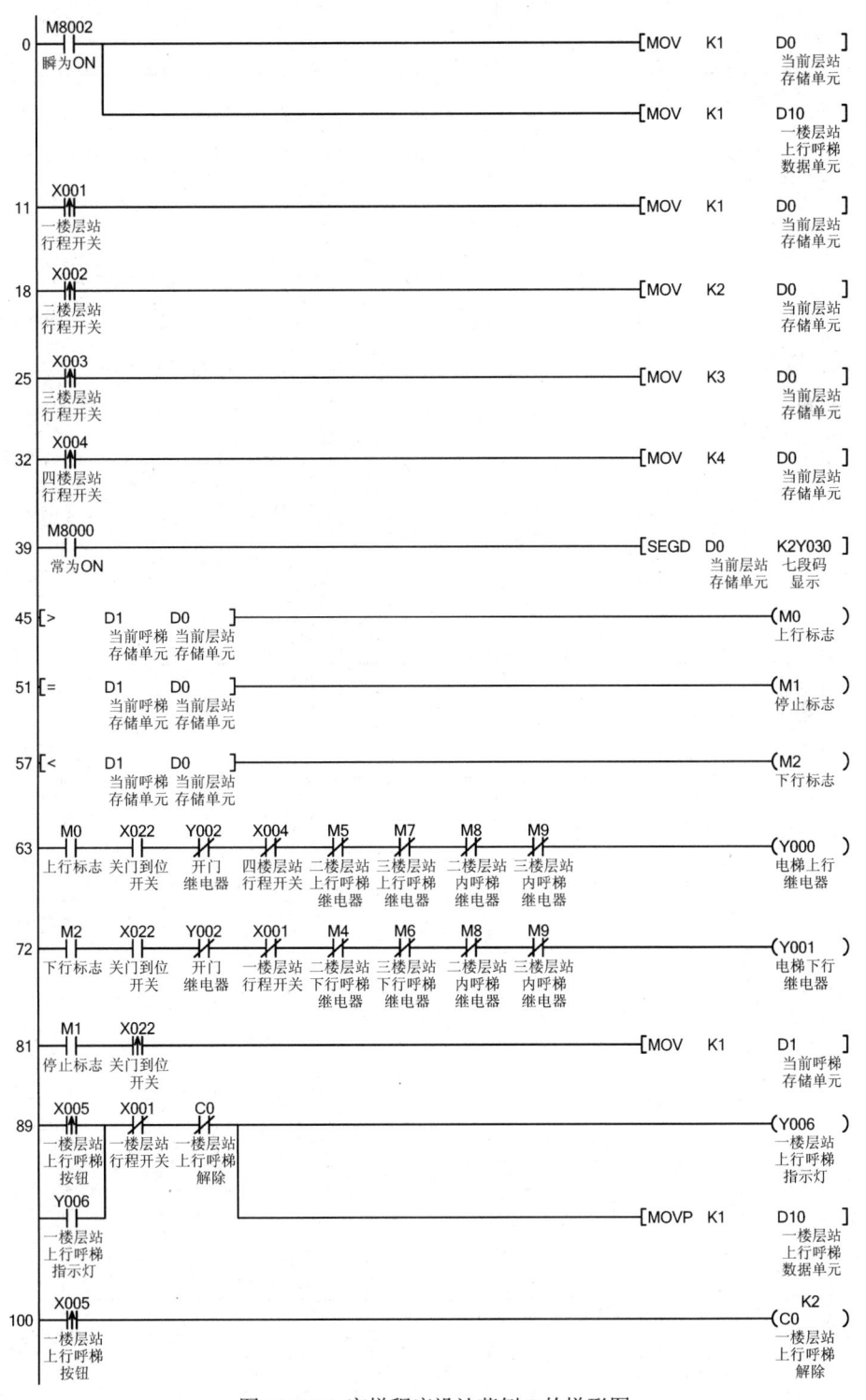

图 10-2-2　客梯程序设计范例 2 的梯形图

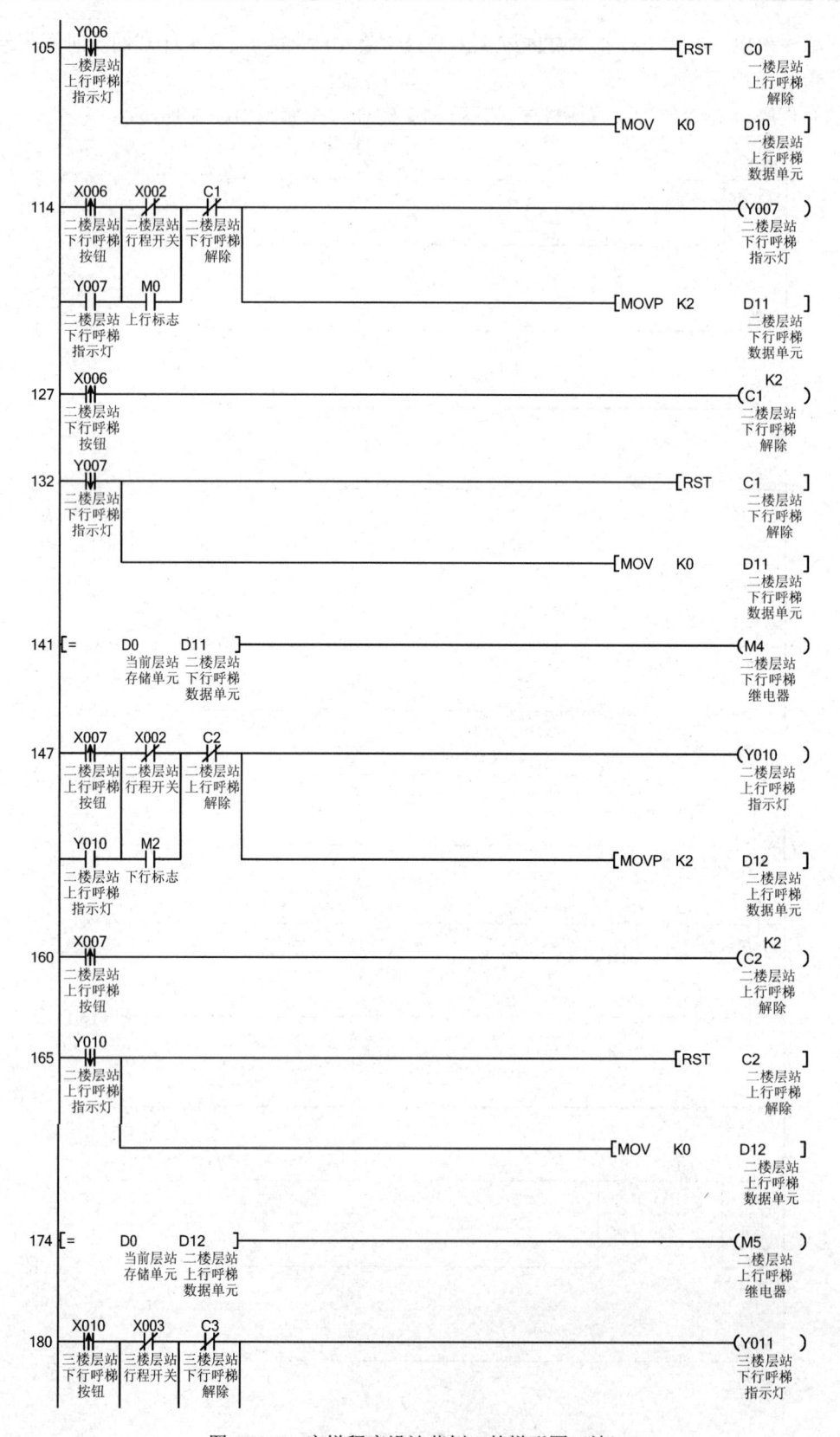

```
 105 ──┤/├──────────────────────────────────────────[ RST   C0   ]
        Y006                                                 一楼层站
        一楼层站                                              上行呼梯
        上行呼梯                                              解除
        指示灯
        │                                          [ MOV   K0   D10  ]
        │                                                    一楼层站
        │                                                    上行呼梯
        │                                                    数据单元

 114 ──┤├────┤/├────┤/├─────────────────────────────────────( Y007 )
        X006  X002  C1                                       二楼层站
        二楼层站 二楼层站 二楼层站                              下行呼梯
        下行呼梯 行程开关 下行呼梯                              指示灯
        按钮       解除
        │
        ├──┤├──┤├──
        Y007 M0                                    [ MOVP  K2   D11  ]
        二楼层站 上行标志                                      二楼层站
        下行呼梯                                              下行呼梯
        指示灯                                                数据单元

 127 ──┤├───────────────────────────────────────────────────( C1  K2 )
        X006                                                 二楼层站
        二楼层站                                              下行呼梯
        下行呼梯                                              解除
        按钮

 132 ──┤├──────────────────────────────────────────[ RST   C1   ]
        Y007                                                 二楼层站
        二楼层站                                              下行呼梯
        下行呼梯                                              解除
        指示灯
        │                                          [ MOV   K0   D11  ]
        │                                                    二楼层站
        │                                                    下行呼梯
        │                                                    数据单元

 141 ──[= D0  D11]──────────────────────────────────────────( M4  )
         当前层站 二楼层站                                      二楼层站
         存储单元 下行呼梯                                      下行呼梯
                 数据单元                                     继电器

 147 ──┤├────┤/├────┤/├─────────────────────────────────────( Y010 )
        X007  X002  C2                                       二楼层站
        二楼层站 二楼层站 二楼层站                              上行呼梯
        上行呼梯 行程开关 上行呼梯                              指示灯
        按钮       解除
        │
        ├──┤├──┤├──
        Y010 M2                                    [ MOVP  K2   D12  ]
        二楼层站 下行标志                                      二楼层站
        上行呼梯                                              上行呼梯
        指示灯                                                数据单元

 160 ──┤├───────────────────────────────────────────────────( C2  K2 )
        X007                                                 二楼层站
        二楼层站                                              上行呼梯
        上行呼梯                                              解除
        按钮

 165 ──┤├──────────────────────────────────────────[ RST   C2   ]
        Y010                                                 二楼层站
        二楼层站                                              上行呼梯
        上行呼梯                                              解除
        指示灯
        │                                          [ MOV   K0   D12  ]
        │                                                    二楼层站
        │                                                    上行呼梯
        │                                                    数据单元

 174 ──[= D0  D12]──────────────────────────────────────────( M5  )
         当前层站 二楼层站                                      二楼层站
         存储单元 上行呼梯                                      上行呼梯
                 数据单元                                     继电器

 180 ──┤├────┤/├────┤/├─────────────────────────────────────( Y011 )
        X010  X003  C3                                       三楼层站
        三楼层站 三楼层站 三楼层站                              下行呼梯
        下行呼梯 行程开关 下行呼梯                              指示灯
        按钮       解除
```

图 10-2-2　客梯程序设计范例 2 的梯形图（续）

项目 10 电梯程序设计

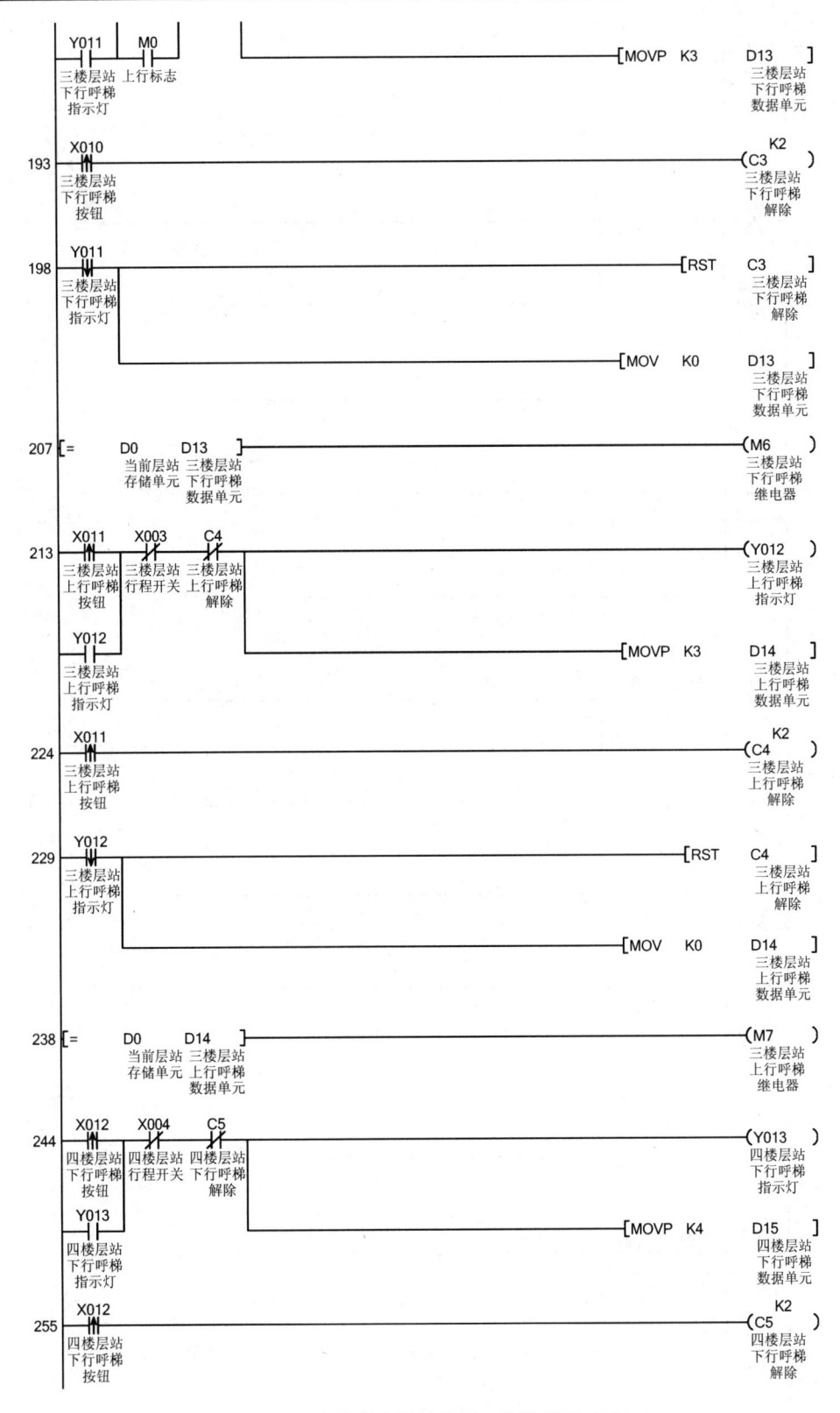

```
        Y011    M0
193 ────┤├────┤├──────────────────────────[MOVP  K3    D13 ]
       三楼层站 上行标志                                三楼层站
       下行呼梯                                        下行呼梯
       指示灯                                         数据单元

        X010                                                K2
    ────┤/├──────────────────────────────────────────(C3    )
       三楼层站                                       三楼层站
       下行呼梯                                       下行呼梯
       按钮                                          解除

        Y011
198 ────┤/├────────────────────────────────[RST  C3  ]
       三楼层站                                    三楼层站
       下行呼梯                                    下行呼梯
       指示灯                                     解除

                                          [MOV  K0    D13 ]
                                                      三楼层站
                                                      下行呼梯
                                                      数据单元

         D0    D13
207 [=  ────  ────]──────────────────────────────(M6     )
       当前层站 三楼层站                              三楼层站
       存储单元 下行呼梯                              下行呼梯
              数据单元                              继电器

        X011   X003   C4
213 ────┤├────┤/├────┤/├────────────────────────(Y012   )
       三楼层站 三楼层站 三楼层站                      三楼层站
       上行呼梯 行程开关 上行呼梯                      上行呼梯
       按钮           解除                         指示灯

        Y012
    ────┤├──────────────────────────────[MOVP  K3    D14 ]
       三楼层站                                      三楼层站
       上行呼梯                                      上行呼梯
       指示灯                                       数据单元

        X011                                               K2
224 ────┤/├──────────────────────────────────────(C4    )
       三楼层站                                     三楼层站
       上行呼梯                                     上行呼梯
       按钮                                        解除

        Y012
229 ────┤/├────────────────────────────────[RST  C4  ]
       三楼层站                                    三楼层站
       上行呼梯                                    上行呼梯
       指示灯                                     解除

                                          [MOV  K0    D14 ]
                                                      三楼层站
                                                      上行呼梯
                                                      数据单元

         D0    D14
238 [=  ────  ────]──────────────────────────────(M7     )
       当前层站 三楼层站                              三楼层站
       存储单元 上行呼梯                              上行呼梯
              数据单元                              继电器

        X012   X004   C5
244 ────┤├────┤/├────┤/├────────────────────────(Y013   )
       四楼层站 四楼层站 四楼层站                      四楼层站
       下行呼梯 行程开关 下行呼梯                      下行呼梯
       按钮           解除                         指示灯

        Y013
    ────┤├──────────────────────────────[MOVP  K4    D15 ]
       四楼层站                                      四楼层站
       下行呼梯                                      下行呼梯
       指示灯                                       数据单元

        X012                                               K2
255 ────┤/├──────────────────────────────────────(C5    )
       四楼层站                                     四楼层站
       下行呼梯                                     下行呼梯
       按钮                                        解除
```

图 10-2-2 客梯程序设计范例 2 的梯形图（续）

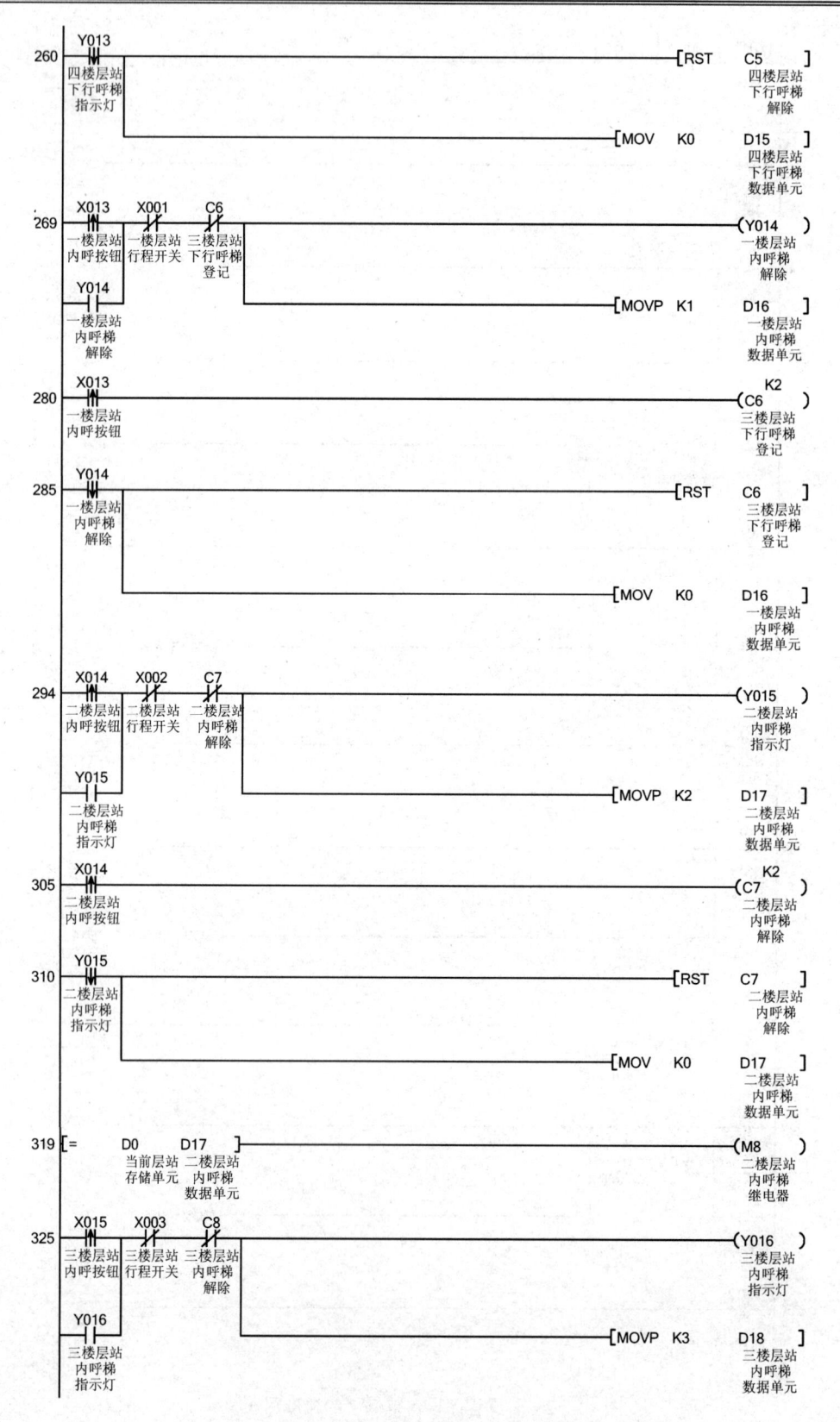

图 10-2-2　客梯程序设计范例 2 的梯形图（续）

项目 10 电梯程序设计

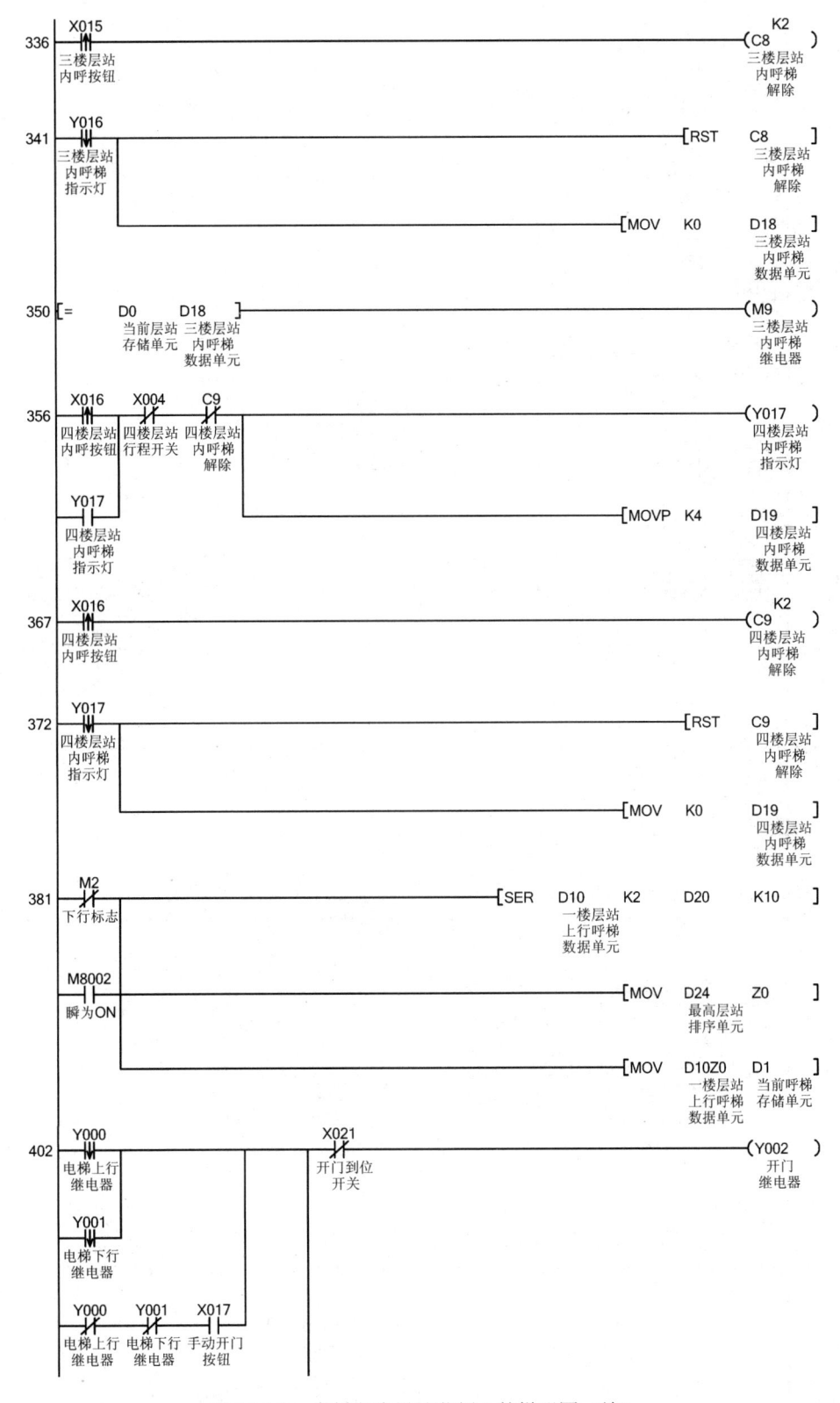

图 10-2-2 客梯程序设计范例 2 的梯形图（续）

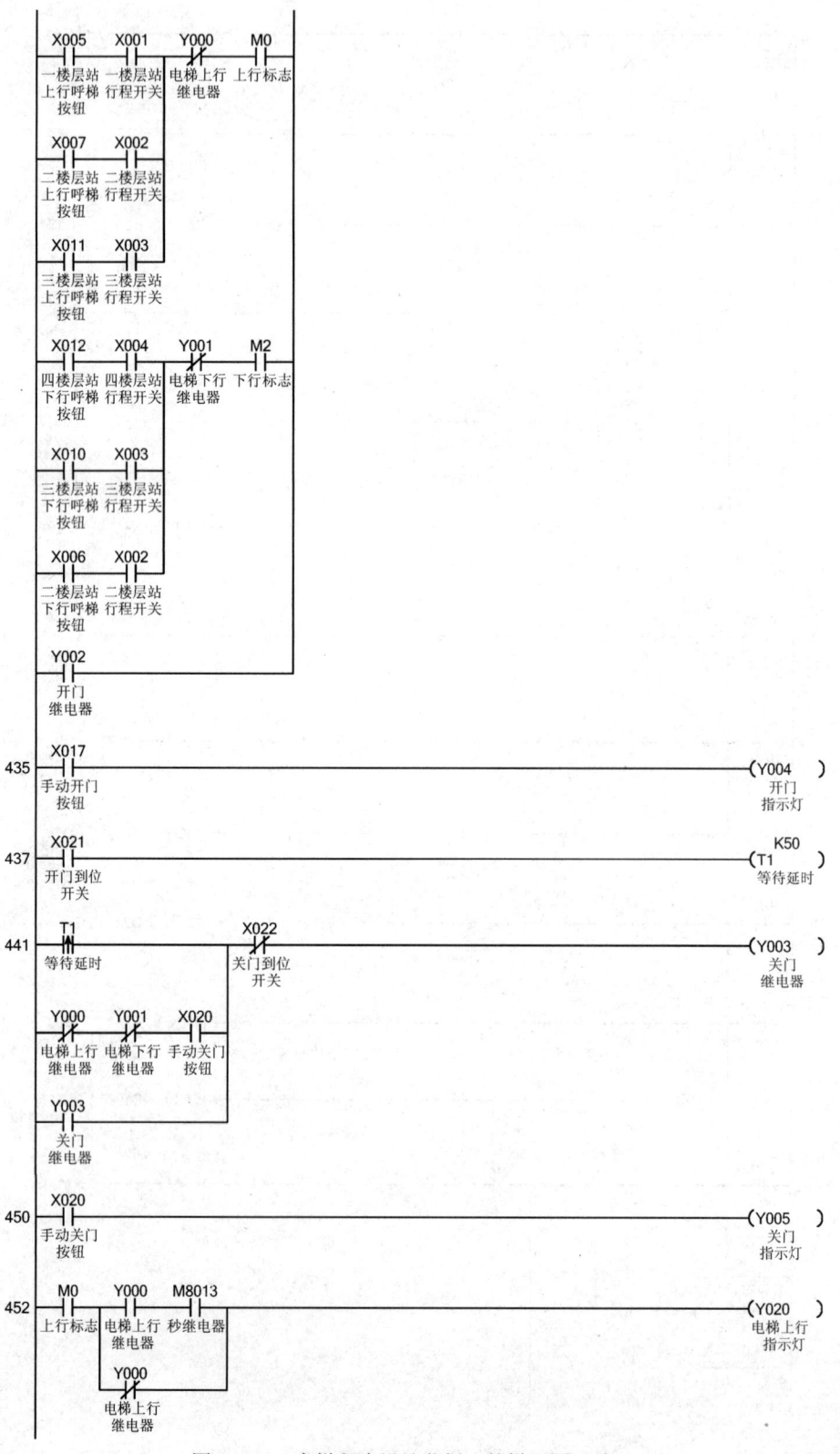

```
         X005   X001   Y000    M0
         ─┤├────┤/├────┤/├─────( )─
         一楼层站 一楼层站 电梯上行 上行标志
         上行呼梯 行程开关 继电器
         按钮

         X007   X002
         ─┤├────┤/├─
         二楼层站 二楼层站
         上行呼梯 行程开关
         按钮

         X011   X003
         ─┤├────┤/├─
         三楼层站 三楼层站
         上行呼梯 行程开关
         按钮

         X012   X004   Y001    M2
         ─┤├────┤/├────┤/├─────( )─
         四楼层站 四楼层站 电梯下行 下行标志
         下行呼梯 行程开关 继电器
         按钮

         X010   X003
         ─┤├────┤/├─
         三楼层站 三楼层站
         下行呼梯 行程开关
         按钮

         X006   X002
         ─┤├────┤/├─
         二楼层站 二楼层站
         下行呼梯 行程开关
         按钮

         Y002
         ─┤├─
         开门
         继电器

         X017                                      (Y004 )
   435   ─┤├──────────────────────────────────────
         手动开门                                   开门
         按钮                                      指示灯

         X021                                       K50
   437   ─┤├──────────────────────────────────────(T1   )
         开门到位                                   等待延时
         开关

         T1         X022                           (Y003 )
   441   ─┤├────────┤/├───────────────────────────
         等待延时   关门到位                        关门
                    开关                           继电器

         Y000  Y001   X020
         ─┤/├──┤/├────┤├─
         电梯上行 电梯下行 手动关门
         继电器  继电器   按钮

         Y003
         ─┤├─
         关门
         继电器

         X020                                      (Y005 )
   450   ─┤├──────────────────────────────────────
         手动关门                                   关门
         按钮                                      指示灯

         M0    Y000   M8013                        (Y020 )
   452   ─┤├───┤├─────┤├────────────────────────── 
         上行标志 电梯上行 秒继电器                  电梯上行
                 继电器                             指示灯
                 Y000
                 ─┤├─
                 电梯上行
                 继电器
```

图 10-2-2 客梯程序设计范例 2 的梯形图（续）

```
              M2    Y001   M8013                                    ( Y021  )
458          ─┤├────┤/├────┤├──────────────────────────────────────(       )
            下行标志 电梯下行 秒继电器                                    电梯下行
                   继电器                                              指示灯
                   Y001
                  ─┤├─
                  电梯下行
                   继电器

464                                                              [ END   ]
```

图 10-2-2 客梯程序设计范例 2 的梯形图（续）

程序说明：以下从 7 个方面对程序进行分析，具体分析如下。

① 电梯初始化。在 M8002 继电器的驱动下，PLC 分别执行[MOV　K1　D0]和[MOV　K1　D10]指令，使（D0）=（D1）=K1，将一楼层站设置为基站。

② 电梯运行方向的判断。PLC 执行[　＞　D1　D0]指令，如果（D1）＞（D0），则继电器 M0 得电，电梯运行方向为上行。PLC 执行[　＜　D1　D0]指令，如果（D1）＜（D0），则继电器 M2 得电，电梯运行方向为下行。PLC 执行[　＝　D1　D0]指令，如果（D1）＝（D0），则继电器 M1 得电，电梯停止运行。

③ 上行控制。设轿厢当前在一楼层站，如果按下四楼层站的内呼梯按钮 SB10，则继电器 M0 得电，确定轿厢将要上行；同时 Y17 线圈得电，四楼层站的内呼梯指示灯被点亮。当关门到位后，Y0 线圈得电，轿厢开始上行。

在轿厢上行过程中，按下二楼层站的外上呼梯按钮 SB3，Y10 线圈得电，二楼层站的外上呼梯指示灯被点亮；按下三楼层站内呼梯按钮 SB9，Y16 线圈得电，三楼层站内呼梯指示灯被点亮。

当轿厢到达二楼层站时，PLC 执行[　＝　D0　D12]指令，使继电器 M5 得电，Y0 线圈失电，轿厢上行暂停；Y10 线圈失电，二楼层站的外上呼梯指示灯熄灭，D12 单元被复位。当电梯门在二楼层站关闭后，关门到位开关 X22 闭合，Y0 线圈得电，轿厢开始上行。

当轿厢到达三楼层站时，PLC 执行[　＝　D0　D18]指令，使继电器 M9 得电，Y0 线圈失电，轿厢上行暂停；Y16 线圈失电，三楼层站内呼梯指示灯熄灭，D18 单元被复位。当轿厢门在三楼层站关闭后，关门到位开关 X22 闭合，Y0 线圈得电，轿厢开始上行。

当轿厢到达四楼层站时，行程开关 X4 受压，M0、Y0 和 Y17 线圈均失电，轿厢停止运行，四楼层站的内呼梯指示灯熄灭，D19 单元被复位。

当电梯在四楼层站关门到位后，关门到位开关 X22 闭合，由于（D1）=（D0）=K4，所以继电器 M1 得电，PLC 执行[MOV　K1　D1]指令，使（D1）=K1。

④ 下行控制。设轿厢当前在四楼层站，由于（D1）＜（D0），所以继电器 M2 得电，Y1 线圈得电，轿厢开始下行。在轿厢下行期间，由于 M2 的常闭触点变为常开，所以 PLC 不执行[SER　D10　K2　D20　K10]指令，只有轿厢到达一楼层站后，下行过程才能结束，这期间轿厢不会转为上行。

在轿厢下行过程中，按下二楼层站的外上呼梯按钮 SB3，Y10 线圈得电，二楼层站的外上呼梯指示灯被点亮；按下三楼层站内呼梯按钮 SB9，Y16 线圈得电，三楼层站内呼梯指示灯被点亮。

当轿厢到达三楼层站时，PLC 执行[　＝　D0　D18]指令，使继电器 M9 得电，Y1 线圈失电，轿厢下行暂停；Y16 线圈失电，三楼层站内呼梯指示灯熄灭，D18 单元被复位。当轿厢门在三楼层站关闭后,关门到位开关 X22 闭合,Y1 线圈得电,轿厢开始下行。

当轿厢到达二楼层站时,由于该站没有相应的呼梯信号,所以不是目标层站,轿厢继续下行。

当轿厢到达一楼层站时,行程开关 X1 受压,M2 和 Y1 线圈均失电,轿厢停止运行。由于 M2 的常闭触点恢复常闭,所以 PLC 不执行[SER D10 K2 D20 K10]指令,使(D1)=K2,继电器 M0 得电。

当电梯在一楼层站关门到位后,关门到位开关 X22 闭合,Y0 线圈得电,轿厢转为上行。

⑤ 呼梯信号的登记。以二楼层站的外上呼梯信号登记为例,在轿厢不在二楼层站的情况下,按下二楼层站的外上呼梯按钮 SB3,使 Y10 线圈得电,二楼层站上行呼梯指示灯被点亮,该呼梯信号被登记。

⑥ 呼梯信号的解除。以二楼层站的外上呼梯信号解除为例,通常有三种情况可以解除呼梯信号登记。第一种情况:在轿厢上行期间,二楼层站是必经且需要停留的目标层站;第二种情况:在轿厢上行期间,二楼层站是当前"最高"目标层站;第三种情况:想放弃本次呼梯,再次按下按钮 SB3。对于前两种情况,当轿厢到达二楼层站时,行程开关 X2 受压,X2 的常闭触点变为常开,使 Y10 线圈失电,指示灯熄灭,该呼梯信号被解除。对于第三种情况,由于计数器 C2 计满两次,C2 的常闭触点变为常开,使 Y10 线圈失电,指示灯熄灭,该呼梯信号被解除。

⑦ "最高"目标层站的确定。在轿厢上行或平层停站期间,PLC 执行[SER D10 K2 D20 K10]指令,在 D10～D19 中寻找存放最大值的单元,并将该单元的位置编号保存在 D24 单元中。PLC 再执行[MOV D24 Z0]和[MOV D10 Z0 D1]指令,将最大值保存在 D1 中,这样就保证了 D1 中的数据始终对应当前"最高"目标层站。

关于层站检测程序段、指层显示程序段、开关门控制程序段和运行指示程序段的分析与范例 1 相同,这里从略。

思政元素映射

北方重工技能大师

王士良,中华全国青年联合会第 13 届委员会常务委员会委员,第 20 届"中国青年五四奖章"获得者,现任内蒙古自治区北方重工业集团有限公司(以下简称北重集团)自控设备厂 604 车间数控车二班班长。

2003 年,21 岁的王士良从包头职业技术学院毕业,进入北重集团自控设备厂从事车工工作。这一年,工厂引进了 4 台数控车床。面对新式"武器",王士良异常兴奋。"白天跟师傅在普床上学,晚上回去琢磨编程,第二天早早来输入程序试着干。边干边摸索,一个月下来没挣几个钱,但很充实。"说起当时的情景,他颇为兴奋。

王士良所在的分厂承担着公司液压件、电气件的加工任务。车工是机加车间的龙头、核心,是车间的第一道工序,决定着车间任务的进度和质量。作为新一代车工,他练就了精湛的数控加工技术,车间许多关键零件都由他来加工。一次,某科研产品零件交到王士良的手中,如果采用常规加工方法,很难保证零件的工艺性,且效率很难提高。几经琢磨,他决定改进传统加工方法,完善夹具,改短刀具,增加刀具宽度,经过试验,大大降低了零件的加工难度，确保了零件优质高效地完成。

如今，数控车床已经不是什么新鲜设备，作为一个有心人，他深刻感受到了时代的变迁和技术的升级。爱钻研的他，在应用数控设备编程时，又开始琢磨数控设备背后的"系统"。在某高新产品研制阶段，有一组件是内外锥面配合使用的，加工难度很大，通过常规的加工方法加工出来的零件在使用中总是难以保证工艺性能。他凭借对软件的充分理解，重新编制程序，改变切削进给量，终于加工出满意的产品，积累了锥面零件加工的宝贵经验。

王士良坚持归纳总结每种零件的加工方法，用心体会每种零件加工工艺，快速成长为北重集团技能带头人。他潜心研究，开展科研试制、技术攻关和技术革新达80余项，为公司节约资金上百万元。

项目 11

流程转移程序设计

流程转移是指程序在顺序执行过程中发生了转移现象，即跳过一段程序去执行指定的程序。流程转移的形式有跳转、子程序调用、中断服务和循环。

实例 11-1　电动机运行时间累计程序设计

> **设计要求**：按下启动按钮时，电动机启动并连续运行；按下停止按钮时，电动机停止运行。在设定的累计时间范围内，电动机可以频繁启停；当累计运行时间达到 10 分钟时，电动机立即停止运行。

1. 输入/输出元件及其控制功能

实例 11-1 中用到的输入/输出元件地址如表 11-1-1 所示。

表 11-1-1　实例 11-1 输入/输出元件地址

说　明	PLC 软元件	元件文字符号	元 件 名 称	控 制 功 能
输入	X0	SB1	按钮	启动控制
	X1	SB2	按钮	停止控制
输出	Y0	KM1	接触器	接通或分断主电路

2. 控制程序设计

【思路点拨】

PLC 在扫描通用型定时器时，如果定时器的使能条件没有满足，那么定时器将会自行复位，也就是说定时器的当前值不能得到保持。为了使定时器的当前值能够得到保持，使定时器能够进行连续累计计时，使用程序流程转移指令，在不需要定时器累计计时时将程序流程转移到别处，使 PLC 不扫描定时器。

（1）程序范例 1 分析。

电动机运行时间累计程序设计范例 1 的梯形图如图 11-1-1 所示。

项目 11　流程转移程序设计

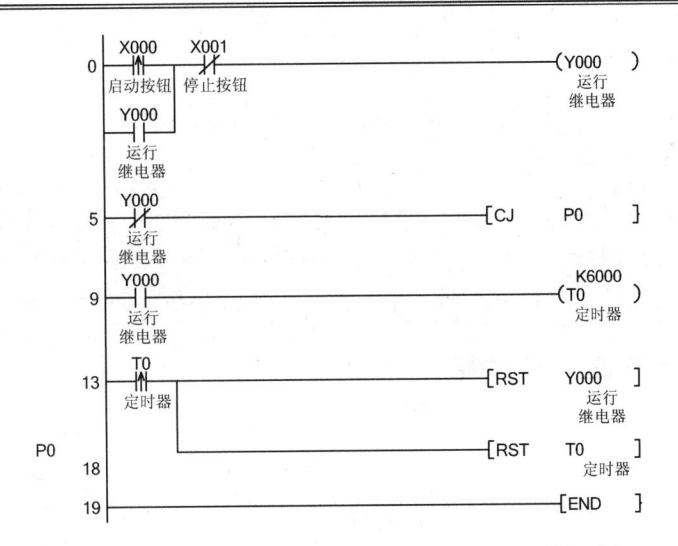

```
     X000  X001                              (Y000    )
 0   ─┤├──┤/├─────────────────────────────  运行
     启动按钮 停止按钮                         继电器
      Y000
     ─┤├─
      运行
      继电器

      Y000
 5   ─┤├──────────────────────────[CJ    P0 ]
      运行
      继电器

      Y000                                   K6000
 9   ─┤├──────────────────────────────(T0   )
      运行                                   定时器
      继电器

      T0
13   ─┤├──────────────────────[RST   Y000 ]
      定时器                          运行
                                      继电器

P0                              [RST   T0 ]
18                                     定时器

19                                   [END ]
```

图 11-1-1　电动机运行时间累计程序设计范例 1 梯形图

程序说明：按下启动按钮 SB1，Y0 线圈得电，电动机运行。在 Y0 线圈得电期间，PLC 不执行[CJ　P0]指令，定时器 T0 处于计时状态。按下停止按钮 SB2，Y0 线圈失电，电动机停止运行。在 Y0 线圈失电期间，PLC 执行[CJ　P0]指令，使程序流程发生跳转，跳转的入口地址在 P0，PLC 不再扫描程序中第 9 步至第 18 步之间的区域，该区域处于"静态"，定时器 T0 停止计时，但 T0 的当前值一直在保持。

如果定时器 T0 的累计计时时间达到 K6000，则 PLC 执行[RST　Y000]和[RST　T0]指令，电动机停止运行，定时器 T0 被复位。

（2）程序范例 2 分析。

电动机运行时间累计程序设计范例 2 的梯形图如图 11-1-2 所示。

程序说明：按下启动按钮 SB1，Y0 线圈得电，电动机运行。在 Y0 线圈得电期间，PLC 执行[CALL　P0]指令，PLC 调用子程序，子程序的入口地址为 P0。在子程序被调用期间，定时器 T0 处于计时状态。按下停止按钮 SB2，Y0 线圈失电，电动机停止运行。在 Y0 线圈失电期间，PLC 不执行[CALL　P0]指令，子程序不再被调用，定时器 T0 停止计时，但 T0 的当前值一直在保持。

如果定时器 T0 的累计计时时间达到 K6000，则 PLC 执行[RST　Y000]和[RST　T0]指令，Y0 线圈失电，定时器 T0 被复位，电动机停止运行。

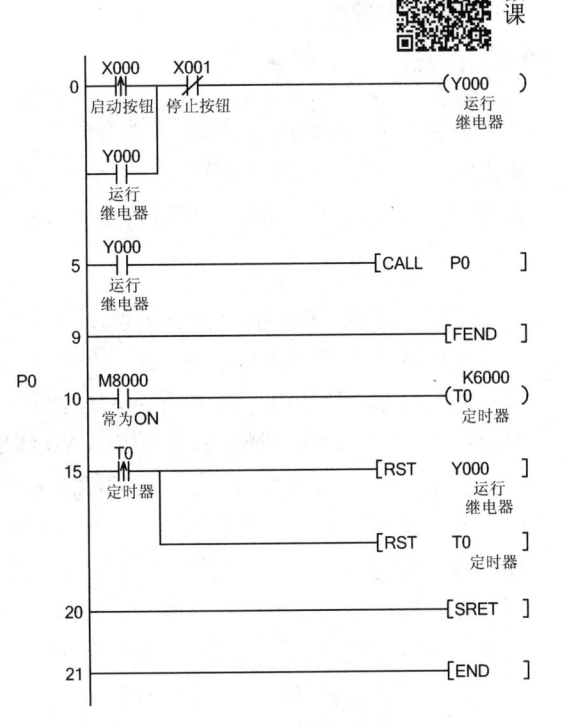

```
     X000  X001                              (Y000    )
 0   ─┤├──┤/├─────────────────────────────  运行
     启动按钮 停止按钮                         继电器
      Y000
     ─┤├─
      运行
      继电器

      Y000
 5   ─┤├──────────────────────[CALL    P0 ]
      运行
      继电器

 9                                   [FEND ]

P0    M8000                                  K6000
10   ─┤├──────────────────────────────(T0   )
      常为ON                                 定时器

      T0
15   ─┤├──────────────────────[RST   Y000 ]
      定时器                          运行
                                      继电器

                                [RST   T0 ]
                                       定时器

20                                   [SRET ]

21                                   [END ]
```

图 11-1-2　电动机运行时间累计程序设计
范例 2 梯形图

实例 11-2　电动机正反转运行程序设计

设计要求： 按正转按钮，电动机正转运行；按反转按钮，电动机反转运行；按暂停按钮，电动机暂时停止运行；按停止按钮，电动机停止运行。电动机不能由正转直接切换到反转，也不能由反转直接切换到正转，中间需要按停止按钮，即"正-停-反"控制。

1. 输入/输出元件及其控制功能

实例 11-2 中用到的输入/输出元件地址如表 11-2-1 所示。

表 11-2-1　实例 11-2 输入/输出元件地址

说　明	PLC 软元件	元件文字符号	元件名称	控制功能
输入	X0	SB1	按钮	正转启动控制
	X1	SB2	按钮	反转启动控制
	X2	SB3	按钮	停止控制
	X3	SB4	按钮	暂停控制
输出	Y0	KM1	接触器	正转接通或分断电源
	Y1	KM2	接触器	反转接通或分断电源

2. 控制程序设计

【思路点拨】

当系统规模很大、控制要求复杂时，如果将全部控制任务放在主程序中，主程序将会非常复杂，使主程序既难以调试，也难以阅读。为解决这一问题，通常把一些程序编成程序块放到副程序区，通过程序流程转移的方式来执行这些程序。

（1）程序范例 1 分析。

电动机正反转控制程序设计范例 1 的梯形图如图 11-2-1 所示。

程序说明：按下正转按钮 SB1，PLC 执行[SET　M0]指令，M0 线圈得电。在 M0 线圈得电期间，PLC 执行[CJ　P1]指令，程序流程发生跳转，PLC 开始执行跳转程序，跳转的入口地址在 P1。在 M8000 继电器驱动下，Y0 线圈得电，电动机正转运行。

按下反转按钮 SB2，PLC 执行[SET　M1]指令，M1 线圈得电。在 M1 线圈得电期间，PLC 执行[CJ　P2]指令，程序流程发生跳转，PLC 开始执行跳转程序，跳转的入口地址在 P2。在 M8000 继电器驱动下，Y1 线圈得电，电动机反转运行。

按下停止按钮 SB3，PLC 执行[ZRST　Y000　Y001]和[ZRST　M0　M1]指令，Y0 和 Y1 线圈不得电，电动机停止运行；M0 和 M1 线圈不得电，程序流程跳转结束。

按下暂停按钮 SB4，PLC 执行[ALT　M8034]指令，继电器 M8034 为 ON 状态，禁止 PLC 对外输出，电动机停止运行。在继电器 M8034 为 ON 期间，PLC 执行[CJ　P0]指令，程序流程发生跳转，PLC 开始执行跳转程序，跳转的入口地址在 P0，PLC 不再扫描程序中第 21 步至第 46 步之间的区域，该区域中软元件的状态还将得以保持。再次按下暂停按钮 SB4，PLC 又执行[ALT　M8034]指令，使继电器 M8034 为 OFF 状态，允许 PLC 对外输出。PLC 不执行

[CJ　P0]指令，程序流程不再发生跳转，PLC 恢复扫描整个程序步，电动机状态又恢复到暂停前的状态。

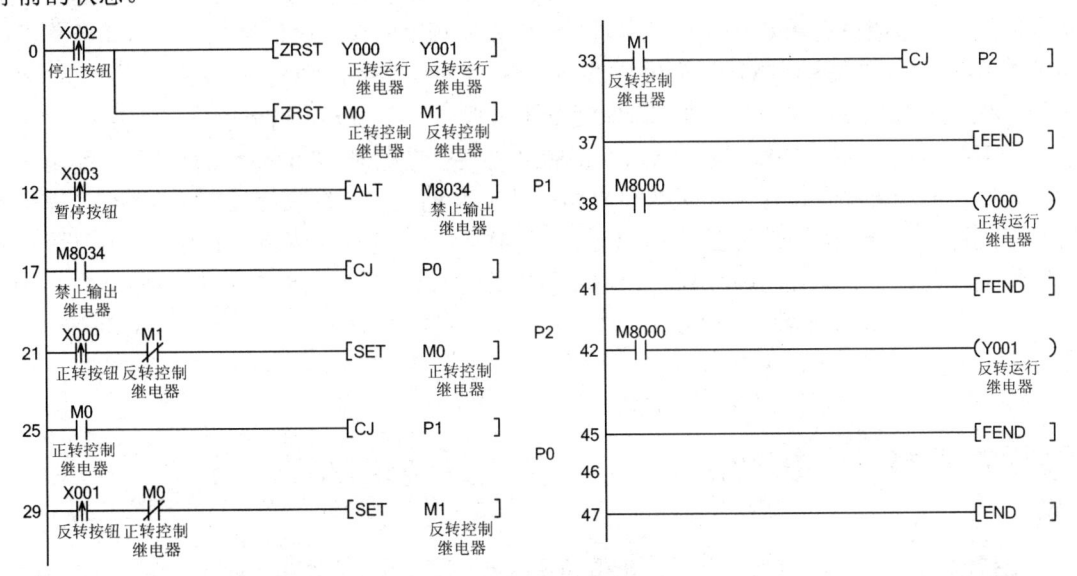

图 11-2-1　电动机正反转控制程序设计范例 1 梯形图

（2）程序范例 2 分析。

电动机正反转控制程序设计范例 2 的梯形图如图 11-2-2 所示。

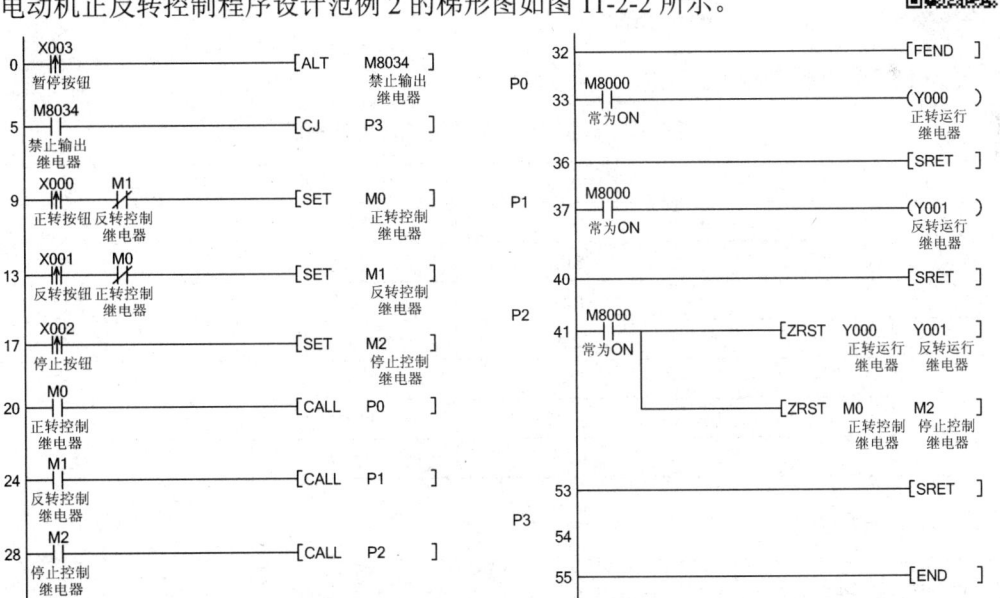

图 11-2-2　电动机正反转控制程序设计范例 2 梯形图

程序说明：按下正转按钮 SB1，PLC 执行[SET　M0]指令，M0 线圈得电。在 M0 线圈得电期间，PLC 执行[CALL　P0]指令，PLC 调用正转子程序，正转子程序的入口地址为 P0。在调用正转子程序期间，在 M8000 继电器驱动下，Y0 线圈得电，电动机正转运行。

按下反转按钮 SB2，PLC 执行[SET　M1]指令，M1 线圈得电。在 M1 线圈得电期间，PLC 执行[CALL　P1]指令，PLC 调用反转子程序，反转子程序的入口地址为 P1。在调用反转子程序期间，在 M8000 继电器驱动下，Y1 线圈得电，电动机反转运行。

按下停止按钮 SB3，PLC 执行[SET M2]指令，M2 线圈得电。在 M2 线圈得电期间，PLC 执行[CALL P2]指令，PLC 调用停止子程序，停止子程序的入口地址为 P2。在调用停止子程序期间，PLC 执行[ZRST Y000 Y001]指令，Y0 和 Y1 线圈不得电，电动机停止运行；PLC 执行 [ZRST M0 M1]指令，M0 和 M1 线圈不得电，子程序调用结束。

按下暂停按钮 SB4，PLC 执行[ALT M8034]指令，继电器 M8034 为 ON 状态，禁止 PLC 对外输出，电动机停止运行。在继电器 M8034 为 ON 期间，PLC 执行[CJ P3]指令，程序流程发生跳转，跳转的入口地址在 P3，PLC 不再扫描程序中第 9 步至第 54 步之间的区域，但该区域中软元件的状态还将得以保持。再次按下暂停按钮 SB4，PLC 又执行[ALT M8034]指令，使继电器 M8034 为 OFF 状态，允许 PLC 对外输出。PLC 不执行[CJ P3]指令，程序流程不再发生跳转，PLC 恢复扫描整个程序步，电动机状态又恢复到暂停前的状态。

实例 11-3　电动机星角启动和正反转控制程序设计

> **设计要求**：按正转按钮，电动机先正转星启动，启动 10 秒钟后，电动机改为正转角运行；按反转按钮，电动机先反转星启动，启动 10 秒钟后，电动机改为反转角运行；按停止按钮，电动机停止运行。

1. 输入/输出元件及其控制功能

实例 11-3 中用到的输入/输出元件地址如表 11-3-1 所示。

表 11-3-1　实例 11-3 输入/输出元件地址

说　明	PLC 软元件	元件文字符号	元 件 名 称	控 制 功 能
输入	X0	SB1	按钮	正转控制
	X1	SB2	按钮	反转控制
	X2	SB3	按钮	停止控制
输出	Y0	KM1	接触器	正转运行
	Y1	KM2	接触器	反转运行
	Y2	KM3	接触器	星启动
	Y3	KM4	接触器	角运行

2. 控制程序设计

> **【思路点拨】**
> 在一些用户程序中，有一些程序功能会在程序中反复执行，如本例中的星角启动，这时可将这些程序段编成子程序，不用在主程序中反复重写这些程序段。在需要使用子程序功能时，对其进行调用即可。这样可使主程序简单清晰，减少程序容量，缩短扫描时间。

（1）程序范例 1 分析。

电动机星角启动和正反转运行控制程序设计范例 1 的梯形图如图 11-3-1 所示。

程序说明：按下正转按钮 SB1，PLC 执行[SET Y000]指令，Y0 线圈得电。在 Y0 线圈得电期间，PLC 执行[CJ P0]指令，程序流程发生跳转，跳转的入口地址在 P0。在 M8000 继电器驱动下，PLC 执行[SET Y002]指令，Y2 线圈得电，电动机处于正转星启动状态。在 Y2 线圈得电期间，定时器 T0 计时；当定时器 T0 计时满 10 秒时，PLC 执行[RST Y002]指令，Y2 线圈失电，定时器 T0 复位，电动机正转星启动过程结束。由于 Y2 线圈失电，所以 PLC 执行[SET Y003]指令，Y3 线圈得电，电动机处于正转角运行状态。

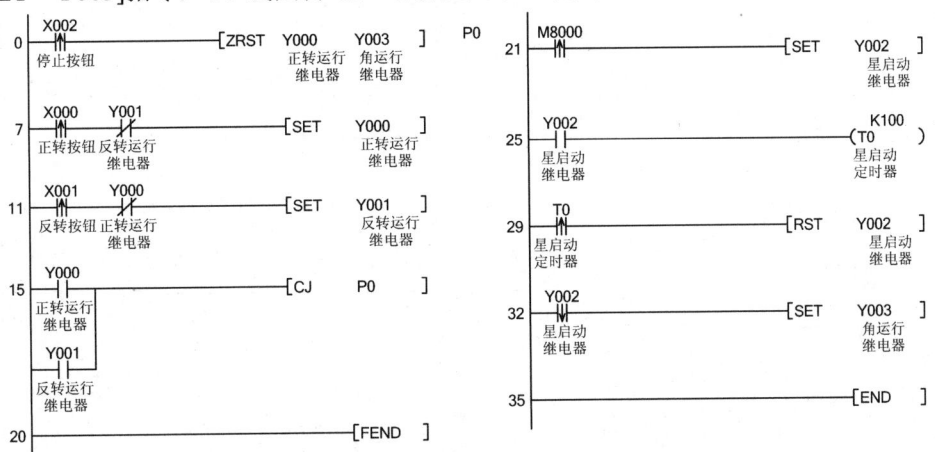

图 11-3-1 电动机星角启动和正反转运行控制程序设计范例 1 梯形图

按下反转按钮 SB2，PLC 执行[SET Y001]指令，Y1 线圈得电。在 Y1 线圈得电期间，PLC 执行[CJ P0]指令，程序流程发生跳转，跳转的入口地址在 P0。在 M8000 继电器驱动下，PLC 执行[SET Y002]指令，Y2 线圈得电，电动机处于反转星启动状态。在 Y2 线圈得电期间，定时器 T0 计时；当定时器 T0 计时满 10 秒时，PLC 执行[RST Y002]指令，Y2 线圈失电，定时器 T0 复位，电动机反转星启动过程结束。由于 Y2 线圈失电，所以 PLC 执行[SET Y003]指令，Y3 线圈得电，电动机处于反转角运行状态。

按下停止按钮 SB3，PLC 执行[ZRST Y000 Y003]指令，Y0 至 Y3 线圈不得电，程序跳转结束，电动机停止运行。

（2）程序范例 2 分析。

电动机星角启动和正反转运行控制程序设计范例 2 的梯形图如图 11-3-2 所示。

程序说明：按下正转按钮 SB1，PLC 执行[SET Y000]指令，Y0 线圈得电。在 Y0 线圈得电期间，PLC 执行[CALL P0]指令，PLC 调用星角启动子程序，子程序的入口地址为 P0。在 M8000 继电器驱动下，PLC 执行[SET Y002]指令，Y2 线圈得电，电动机处于正转星启动状态。在 Y2 线圈得电期间，定时器 T0 计时；当定时器 T0 计时满 10 秒时，PLC 执行[RST Y002]指令，Y2 线圈失电，定时器 T0 复位，电动机正转星启动过程结束。由于 Y2 线圈失电，所以 PLC 执行[SET Y003]指令，Y3 线圈得电，电动机处于正转角运行状态。

按下反转按钮 SB2，PLC 执行[SET Y001]指令，Y1 线圈得电。在 Y1 线圈得电期间，PLC 执行[CALL P0]指令，PLC 调用星角启动子程序，子程序的入口地址为 P0。在 M8000 继电器驱动下，PLC 执行[SET Y002]指令，Y2 线圈得电，电动机处于反转星启动状态。在 Y2 线圈得电期间，定时器 T0 计时；当定时器 T0 计时满 10 秒时，PLC 执行[RST Y002]指令，Y2 线圈失电，定时器 T0 复位，电动机反转星启动过程结束。由于 Y2 线圈失电，所以 PLC 执行[SET Y003]指令，Y3 线圈得电，电动机处于反转角运行状态。

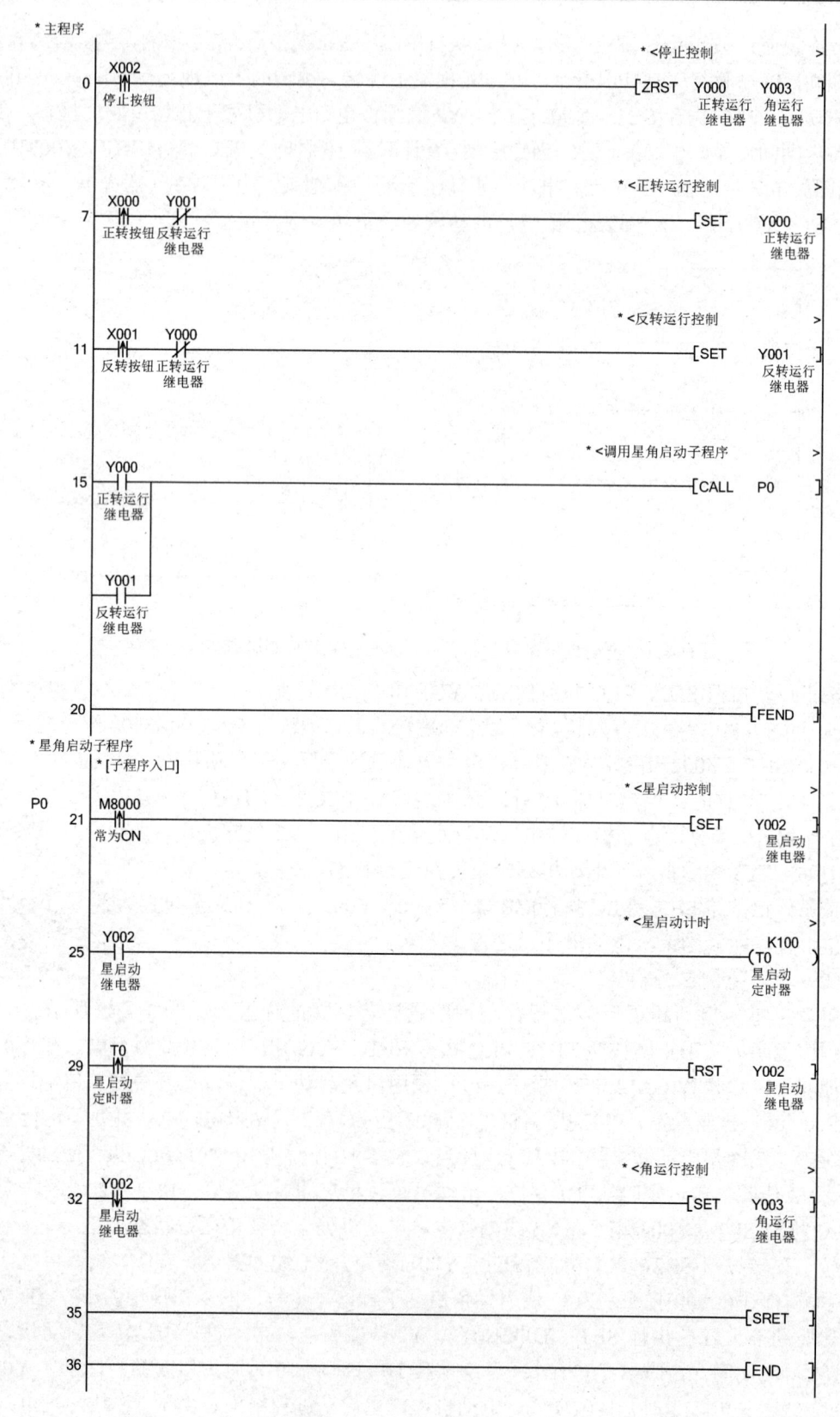

```
* 主程序
                                                              * <停止控制>
       X002
  0    ─┤├──────────────────────────────────[ZRST  Y000   Y003 ]
       停止按钮                                         正转运行  角运行
                                                      继电器    继电器

                                                              * <正转运行控制>
       X000   Y001
  7    ─┤├────┤/├─────────────────────────────────────[SET  Y000 ]
       正转按钮 反转运行                                            正转运行
              继电器                                               继电器

                                                              * <反转运行控制>
       X001   Y000
 11    ─┤├────┤/├─────────────────────────────────────[SET  Y001 ]
       反转按钮 正转运行                                            反转运行
              继电器                                               继电器

                                                              * <调用星角启动子程序>
       Y000
 15    ─┤├──┬──────────────────────────────────────────[CALL  P0 ]
       正转运行 │
       继电器  │
              │
       Y001   │
       ─┤├───┘
       反转运行
       继电器

 20                                                                 [FEND ]

* 星角启动子程序
  * [子程序入口]
                                                              * <星启动控制>
       M8000
 P0 21 ─┤├───────────────────────────────────────────[SET  Y002 ]
       常为ON                                                 星启动
                                                            继电器

                                                              * <星启动计时>
       Y002                                                         K100
 25    ─┤├────────────────────────────────────────────────(T0    )
       星启动                                                      星启动
       继电器                                                      定时器

       T0
 29    ─┤├──────────────────────────────────────────[RST  Y002 ]
       星启动                                                  星启动
       定时器                                                  继电器

                                                              * <角运行控制>
       Y002
 32    ─┤/├─────────────────────────────────────────[SET  Y003 ]
       星启动                                                  角运行
       继电器                                                  继电器

 35                                                                 [SRET ]

 36                                                                 [END ]
```

图 11-3-2　电动机星角启动和正反转运行控制程序设计范例 2 梯形图

按下停止按钮 SB3，PLC 执行[ZRST　Y000　Y003]指令，Y0 和 Y1 线圈不得电，子程序调用结束，电动机停止运行。

实例 11-4　急停控制程序设计

> **设计要求**：按下启动按钮，电动机运行；按下停止按钮，电动机必须经过 5 秒延时后才能停止运行；按下急停按钮，电动机立即停止运行，并发出急停指示，按下停止按钮，解除急停指示。

1. 输入/输出元件及其控制功能

实例 11-4 中用到的输入/输出元件地址如表 11-4-1 所示。

表 11-4-1　实例 11-4 输入/输出元件地址

说　明	PLC 软元件	元件文字符号	元件名称	控制功能
输入	X000	SB1	按钮	急停控制
	X001	SB2	按钮	启动控制
	X002	SB3	按钮	停止控制
输出	Y0	KM1	接触器	正转运行
	Y1	HL1	指示灯	急停指示

2. 控制程序设计

> **【思路点拨】**
> 中断也是一种程序流程转移，但这种转移大都是随机发生的，如故障报警、急停、外部设备动作等，事先并不知道这些事件能在何时发生，可这些事件一旦发生了就必须尽快对其进行相应的处理。

电动机急停控制程序设计范例的梯形图如图 11-4-1 所示。

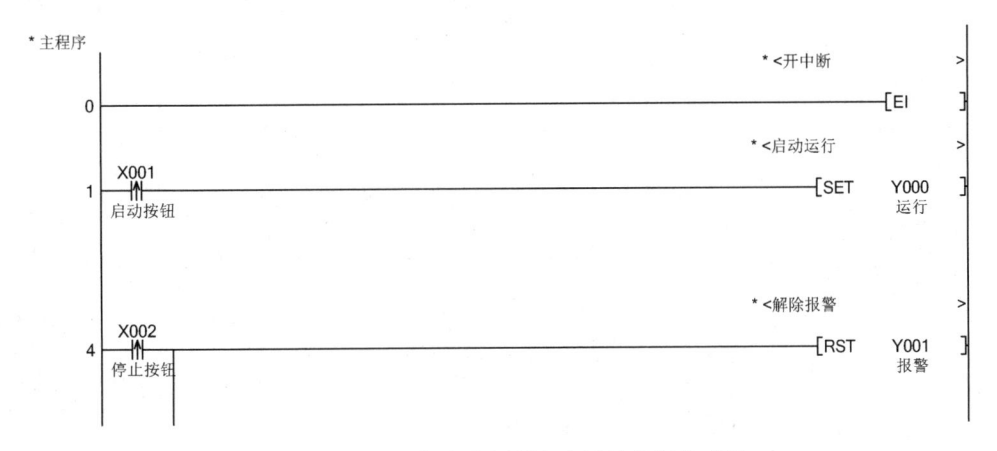

图 11-4-1　电动机急停控制程序设计范例梯形图

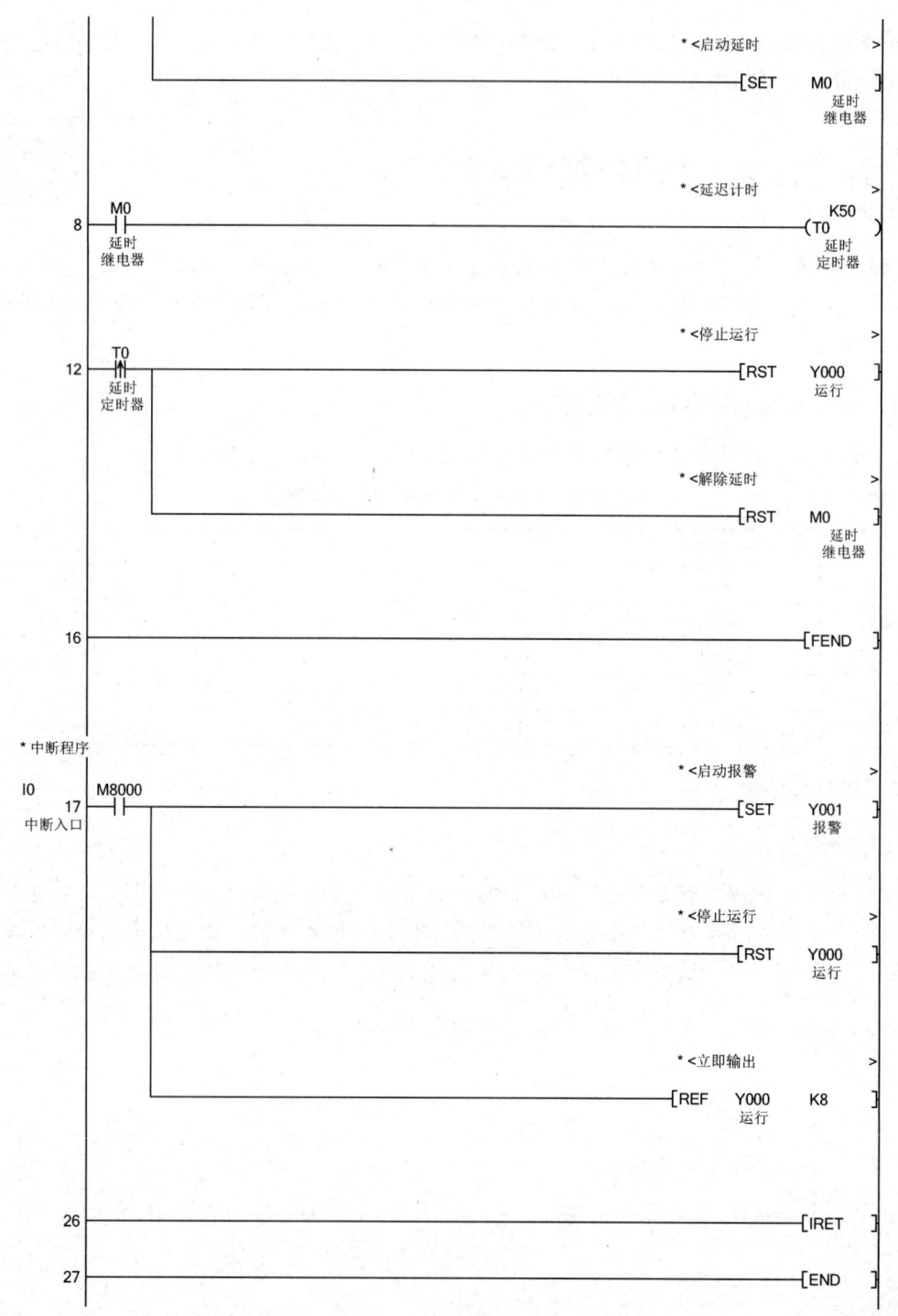

```
                                                       *<启动延时           >
                                              ─[SET    M0        ]
                                                       延时
                                                       继电器

          M0                                           *<延迟计时           >
      8  ─┤ ├────────────────────────────────────────(T0   K50   )
          延时                                          延时
          继电器                                        定时器

          T0                                           *<停止运行           >
     12  ─┤ ├───────────────────────────────────[RST   Y000      ]
          延时                                          运行
          定时器

                                                       *<解除延时           >
                                              ─[RST   M0        ]
                                                       延时
                                                       继电器

     16  ────────────────────────────────────────────[FEND      ]

   *中断程序

          I0   M8000                                   *<启动报警           >
     17  ─┤ ├──┤ ├─────────────────────────────[SET    Y001      ]
          中断入口                                       报警

                                                       *<停止运行           >
                                              ─[RST    Y000      ]
                                                       运行

                                                       *<立即输出           >
                                              ─[REF    Y000  K8  ]
                                                       运行

     26  ────────────────────────────────────────────[IRET      ]

     27  ────────────────────────────────────────────[END       ]
```

图 11-4-1　电动机急停控制程序设计范例梯形图（续）

程序说明：当系统上电后，PLC 执行[EI]指令，允许中断。按下启动按钮 SB2，PLC 执行[SET Y000]指令，Y0 线圈得电，电动机运行。按下停止按钮 SB3，PLC 执行[RST Y001]指令，Y1 线圈失电，报警指示灯熄灭；PLC 执行[SET M0]指令，M0 线圈得电，启动延时。在 M0 线圈得电期间，定时器 T0 计时。当定时器 T0 计时满 5 秒时，PLC 执行[RST Y000]指令,Y0 线圈失电,电动机停止运行;PLC 执行[RST M0]指令,M0 线圈失电,解除延时。

按下急停按钮 SB1,PLC 立即响应外部中断请求,转入执行中断程序,中断程序的入口地址为 I0。在 M8000 继电器驱动下,PLC 执行[SET Y001]指令,报警指示灯被点亮;PLC 执行[RST Y000]指令,电动机停止运行;PLC 执行[REF Y000 K8]指令,PLC 立即刷新对外输出。

实例 11-5 小车 5 位自动循环往返控制程序设计

设计要求:用三相异步电动机拖动一辆小车在 A、B、C、D、E 5 个点位之间自动循环往返运行。小车运行过程示意图如图 11-5-1 所示,小车初始位置在 A 点。

按下启动按钮,小车依次前行到 B、C、D、E 点,并分别停止 2 秒后返回到 A 点停止。

按下停止按钮,不管小车处于何种运行状态,小车都要立即返回到 A 点停止。

按下暂停按钮,小车暂时停止运行,待暂停结束后,小车继续按暂停前的原状态运行。

按下急停按钮,小车在当前位置上立即停止。

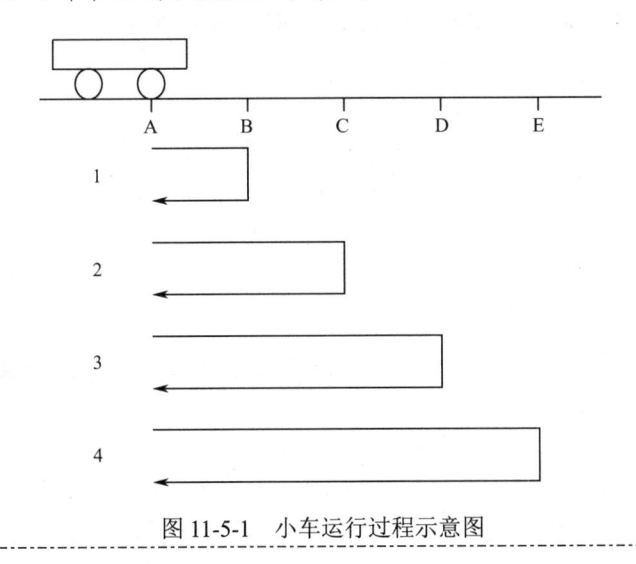

图 11-5-1 小车运行过程示意图

1. **输入/输出元件及其控制功能**

实例 11-5 中用到的输入/输出元件地址如表 11-5-1 所示。

表 11-5-1 实例 11-5 输入/输出元件地址

说 明	PLC 软元件	元件文字符号	元 件 名 称	控 制 功 能
输入	X00	SB1	按钮	急停控制
	X10	SB2	按钮	暂停控制
	X11	SB3	按钮	启动控制
	X12	SB4	按钮	停止控制
	X13	SQ1	行程开关	A 点位置检测

续表

说 明	PLC 软元件	元件文字符号	元 件 名 称	控 制 功 能
输入	X14	SQ2	行程开关	B 点位置检测
	X15	SQ3	行程开关	C 点位置检测
	X16	SQ4	行程开关	D 点位置检测
	X17	SQ5	行程开关	E 点位置检测
输出	Y0	KM1	接触器	正转运行
	Y1	KM2	接触器	反转运行

2. 控制程序设计

【思路点拨】

当系统规模很大、控制要求复杂时,如果将全部控制任务放在主程序中,主程序将会非常复杂,程序既难以调试,也难以阅读。通过程序流程转移,将程序分成容易管理的小块,使程序结构变得简单,易于阅读、调试、查错和修改。

小车在 A、B、C、D、E 5 个点位之间自动循环往返控制程序设计范例的梯形图如图 11-5-2 所示。

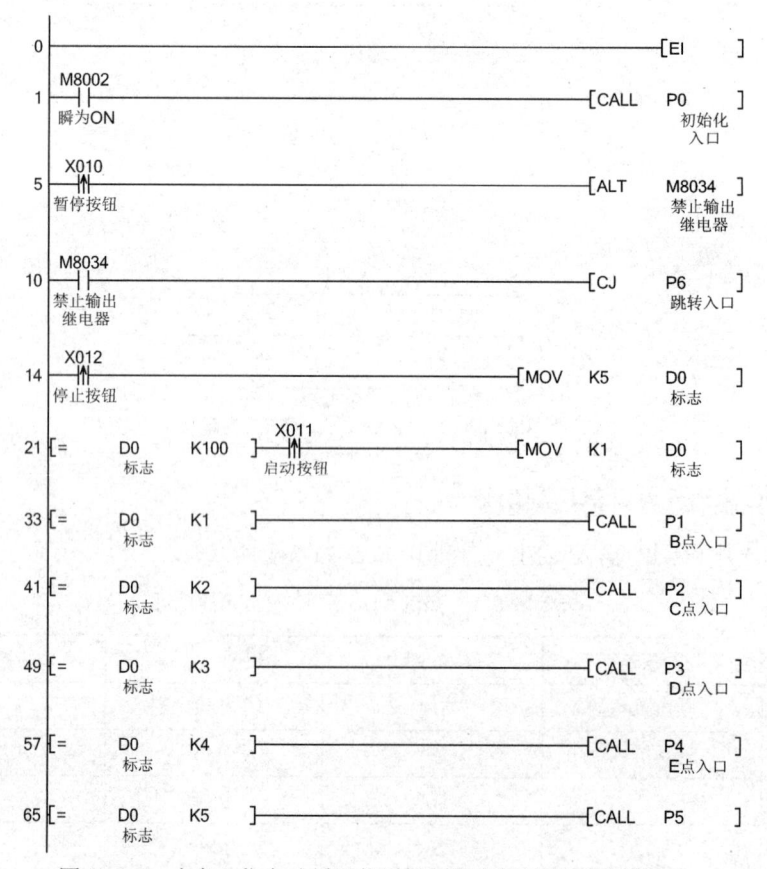

```
 0 ────────────────────────────────────[EI        ]
       M8002
 1 ─────┤├──────────────────────────────[CALL  P0  ]
       瞬为ON                                  初始化
                                               入口
       X010
 5 ─────┤├──────────────────────────────[ALT  M8034]
       暂停按钮                                禁止输出
                                               继电器
       M8034
10 ─────┤├──────────────────────────────[CJ    P6  ]
       禁止输出                                跳转入口
       继电器
       X012
14 ─────┤├───────────────────────[MOV  K5    D0   ]
       停止按钮                                  标志
                          X011
21 ─[= D0  K100]─────┤├────────────[MOV  K1    D0   ]
        标志           启动按钮                    标志

33 ─[= D0  K1 ]────────────────────────[CALL  P1   ]
        标志                                   B点入口

41 ─[= D0  K2 ]────────────────────────[CALL  P2   ]
        标志                                   C点入口

49 ─[= D0  K3 ]────────────────────────[CALL  P3   ]
        标志                                   D点入口

57 ─[= D0  K4 ]────────────────────────[CALL  P4   ]
        标志                                   E点入口

65 ─[= D0  K5 ]────────────────────────[CALL  P5   ]
        标志
```

图 11-5-2 小车 5 位自动循环往返控制程序设计范例梯形图

项目 11　流程转移程序设计

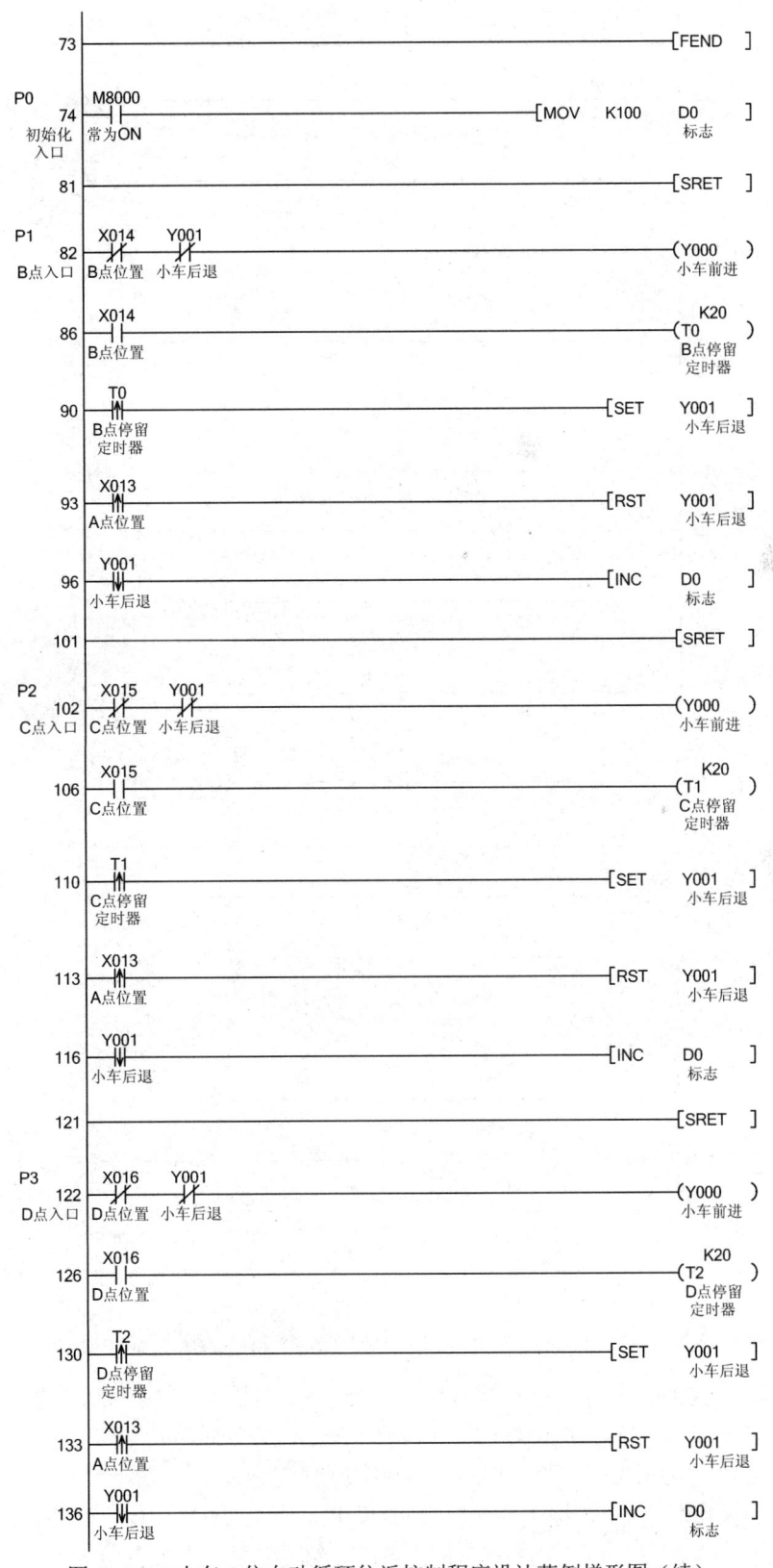

```
 73 ─────────────────────────────────────────[FEND]

    P0    M8000
 74 ├──────┤├────────────────────────[MOV  K100  D0]
   初始化  常为ON                                 标志
   入口

 81 ─────────────────────────────────────────[SRET]

    P1    X014  Y001
 82 ├──────┤/├───┤/├──────────────────────────(Y000)
   B点入口 B点位置 小车后退                      小车前进

        X014                                    K20
 86 ────┤├──────────────────────────────────(T0   )
       B点位置                                 B点停留
                                              定时器

        T0
 90 ────┤├────────────────────────────[SET  Y001]
       B点停留                                小车后退
       定时器

        X013
 93 ────┤├────────────────────────────[RST  Y001]
       A点位置                                小车后退

        Y001
 96 ────┤├────────────────────────────[INC  D0 ]
       小车后退                                标志

101 ─────────────────────────────────────────[SRET]

    P2    X015  Y001
102 ├──────┤/├───┤/├──────────────────────────(Y000)
   C点入口 C点位置 小车后退                      小车前进

        X015                                    K20
106 ────┤├──────────────────────────────────(T1   )
       C点位置                                 C点停留
                                              定时器

        T1
110 ────┤├────────────────────────────[SET  Y001]
       C点停留                                小车后退
       定时器

        X013
113 ────┤├────────────────────────────[RST  Y001]
       A点位置                                小车后退

        Y001
116 ────┤├────────────────────────────[INC  D0 ]
       小车后退                                标志

121 ─────────────────────────────────────────[SRET]

    P3    X016  Y001
122 ├──────┤/├───┤/├──────────────────────────(Y000)
   D点入口 D点位置 小车后退                      小车前进

        X016                                    K20
126 ────┤├──────────────────────────────────(T2   )
       D点位置                                 D点停留
                                              定时器

        T2
130 ────┤├────────────────────────────[SET  Y001]
       D点停留                                小车后退
       定时器

        X013
133 ────┤├────────────────────────────[RST  Y001]
       A点位置                                小车后退

        Y001
136 ────┤├────────────────────────────[INC  D0 ]
       小车后退                                标志
```

图 11-5-2　小车 5 位自动循环往返控制程序设计范例梯形图（续）

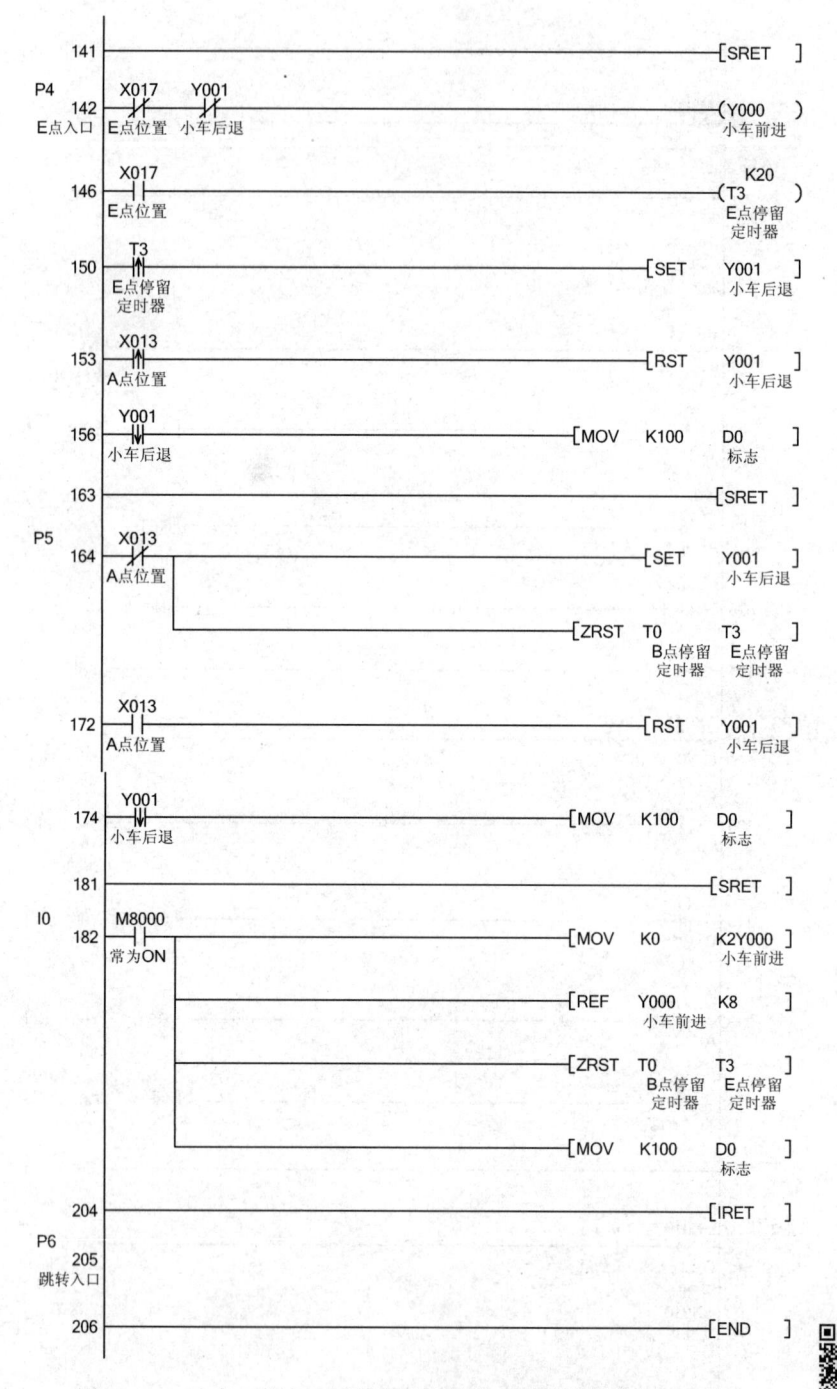

```
      141                                                    ─[SRET  ]
  P4      X017   Y001
      142 ─┤├────┤/├───────────────────────────────────────────(Y000  )
    E点入口 E点位置 小车后退                                      小车前进

          X017                                                   K20
      146 ─┤├──────────────────────────────────────────────────(T3   )
        E点位置                                                E点停留
                                                              定时器

          T3
      150 ─┤├─────────────────────────────────────────[SET   Y001  ]
        E点停留                                              小车后退
        定时器

          X013
      153 ─┤├─────────────────────────────────────────[RST   Y001  ]
        A点位置                                              小车后退

          Y001
      156 ─┤├─────────────────────────────[MOV   K100    D0   ]
        小车后退                                              标志

      163                                                  ─[SRET  ]

  P5      X013
      164 ─┤├─────────────────────────────────────────[SET   Y001  ]
        A点位置                                              小车后退
           │
           │                                   [ZRST   T0     T3   ]
           │                                        B点停留  E点停留
           │                                        定时器   定时器

          X013
      172 ─┤├─────────────────────────────────────────[RST   Y001  ]
        A点位置                                              小车后退

          Y001
      174 ─┤├─────────────────────────────[MOV   K100    D0   ]
        小车后退                                              标志

      181                                                  ─[SRET  ]

  I0      M8000
      182 ─┤├─────────────────────────────[MOV   K0    K2Y000 ]
        常为ON                                             小车前进

           ├──────────────────────────────[REF   Y000    K8   ]
           │                                              小车前进

           ├──────────────────────────────[ZRST   T0      T3   ]
           │                                   B点停留  E点停留
           │                                   定时器   定时器

           └──────────────────────────────[MOV   K100    D0   ]
                                                         标志

      204                                                  ─[IRET  ]

  P6
      205                                                        
    跳转入口

      206                                                  ─[END   ]
```

图 11-5-2　小车 5 位自动循环往返控制程序设计范例梯形图（续）

程序说明：当系统上电后，PLC 执行[EI]指令，允许中断。在 M8002 继电器驱动下，PLC 执行[CALL P0]指令，调用初始化子程序，子程序的入口地址为 P0。在 P0 子程序中，PLC 执行[MOV K100 D0]指令，将（D0）=K100 设为停止标志。

在（D0）=K100 情况下，按下启动按钮 SB3，PLC 执行[MOV K1 D0]指令，使（D0）= K1。在（D0）=K1 期间，PLC 执行[CALL P1]指令，调用小车去 B 点往返子程序，子程序的入口地址为 P1。在 P1 子程序中，由于小车最初停在 A 点，行程开关 SQ2 不受压，PLC 执

· 202 ·

行[OUT Y0]指令，Y0 线圈得电，小车向 B 点方向前进。当小车前进到 B 点时，行程开关 SQ2 受压，Y0 线圈失电，小车停留在 B 点。在行程开关 SQ2 受压期间，定时器 T0 对小车在 B 点的停留时间进行计时；当 T0 计时满 2 秒时，PLC 执行[SET Y1]指令，Y1 线圈得电，小车向 A 点方向后退。当小车后退到 A 点时，行程开关 SQ1 受压，PLC 执行[RST Y1]指令，Y1 线圈失电。由于 Y1 线圈失电，PLC 执行[INC D0]指令，使（D0）=K2。

在（D0）=K2 期间，PLC 执行[CALL P2]指令，调用小车去 C 点往返子程序，子程序的入口地址为 P2。在 P2 子程序中，由于小车停在 A 点，行程开关 SQ3 不受压，PLC 执行[OUT Y0]指令，Y0 线圈得电，小车向 C 点方向前进。当小车前进到 C 点时，行程开关 SQ3 受压，Y0 线圈失电，小车停留在 C 点。在行程开关 SQ3 受压期间，定时器 T1 对小车在 C 点的停留时间进行计时；当 T1 计时满 2 秒时，PLC 执行[SET Y1]指令，Y1 线圈得电，小车向 A 点方向后退。当小车后退到 A 点时，行程开关 SQ1 受压，PLC 执行[RST Y1]指令，Y1 线圈失电。由于 Y1 线圈失电，PLC 执行[INC D0]指令，使（D0）=K3。

在（D0）=K3 期间，PLC 执行[CALL P3]指令，调用小车去 D 点往返子程序，子程序的入口地址为 P3。在 P3 子程序中，由于小车停在 A 点，行程开关 SQ4 不受压，PLC 执行[OUT Y0]指令，Y0 线圈得电，小车向 D 点方向前进。当小车前进到 D 点时，行程开关 SQ4 受压，Y0 线圈失电，小车停留在 D 点。在行程开关 SQ4 受压期间，定时器 T2 对小车在 D 点的停留时间进行计时；当 T2 计时满 2 秒时，PLC 执行[SET Y1]指令，Y1 线圈得电，小车向 A 点方向后退。当小车后退到 A 点时，行程开关 SQ1 受压，PLC 执行[RST Y1]指令，Y1 线圈失电。由于 Y1 线圈失电，PLC 执行[INC D0]指令，使（D0）=K4。

在（D0）=K4 期间，PLC 执行[CALL P4]指令，调用小车去 E 点往返子程序，子程序的入口地址为 P4。在 P4 子程序中，由于小车停在 A 点，行程开关 SQ5 不受压，PLC 执行[OUT Y0]指令，Y0 线圈得电，小车向 E 点方向前进。当小车前进到 E 点时，行程开关 SQ5 受压，Y0 线圈失电，小车停留在 E 点。在行程开关 SQ5 受压期间，定时器 T3 对小车在 E 点的停留时间进行计时；当 T3 计时满 2 秒时，PLC 执行[SET Y1]指令，Y1 线圈得电，小车向 A 点方向后退。当小车后退到 A 点时，行程开关 SQ1 受压，PLC 执行[RST Y1]指令，Y1 线圈失电。由于 Y1 线圈失电，PLC 执行[MOV K100 D0]指令，使（D0）=K100，小车停止运行，驻留在 A 点。

按下急停按钮 SB1，PLC 立即响应外部中断请求，转入执行中断程序，中断程序的入口地址为 I0。在 I0 中断程序中，在 M8000 的驱动下，PLC 执行[MOV K0 K2Y000]指令，小车立即停止运行；PLC 执行[REF Y000 K8]指令，PLC 立即刷新对外输出；PLC 执行[ZRST T0 T3]指令，将定时器 T0～T3 复位；PLC 执行[MOV K100 D0]指令，使（D0）=K100，设置停止标志。

按下暂停按钮 SB2，PLC 执行[ALT M8034]指令，继电器 M8034 为 ON 状态，禁止 PLC 对外输出，小车停止运行。在继电器 M8034 为 ON 期间，PLC 执行[CJ P6]指令，程序流程发生跳转，跳转的入口地址在 P6，PLC 不再扫描程序中第 14 步至第 205 步之间的区域，但该区域中软元件的状态还将得以保持。再次按下暂停按钮 SB2，PLC 又执行[ALT M8034]指令，使继电器 M8034 为 OFF 状态，允许 PLC 对外输出。PLC 不执行[CJ P0]指令，程序流程不再发生跳转，PLC 恢复扫描整个程序步，小车又恢复到暂停前的状态。

按下停止按钮 SB4，PLC 执行[MOV K5 D0]指令，使（D0）=K5。在（D0）=K5 期间，PLC 执行[CALL P5]指令，调用小车停止子程序，子程序的入口地址为 P5。在 P5 子程序中，如果小车不在 A 点，则行程开关 SQ1 不受压，PLC 执行[SET　Y1]指令，Y1 线圈得电，小车向 A 点方向后退。当小车后退到 A 点时，行程开关 SQ1 受压，PLC 执行[RST　Y1]指令，Y1 线圈失电，小车停止运行，驻留在 A 点。同时，PLC 执行[ZRST　T0　T3]指令，将定时器 T0～T3 复位；PLC 执行[MOV　K100　D0]指令，使（D0）=K100，设置停止标志。

实例 11-6　寻找最大数程序设计

设计要求：在寄存器 D0～D9 中存放一组数据，要求找出其中的最大数，并将最大数存放在寄存器 D100 中。

控制程序设计

【思路点拨】

在一些控制系统中，有时需要编写寻找最大数程序。例如，在电梯上行控制过程中，为了使轿厢能够上行到最远端，就需要确定最高目标层站，即寻找电梯上行的最大数。在本实例中，编者提供了 3 种寻找最大数的方法，其中第 3 种方法不仅保留了寄存器中的原数据，而且功能更强，程序的编写也更简洁易懂，这里推荐采用第 3 种方法。

（1）程序范例 1 分析。

寻找最大数程序设计范例 1 的梯形图如图 11-6-1 所示。

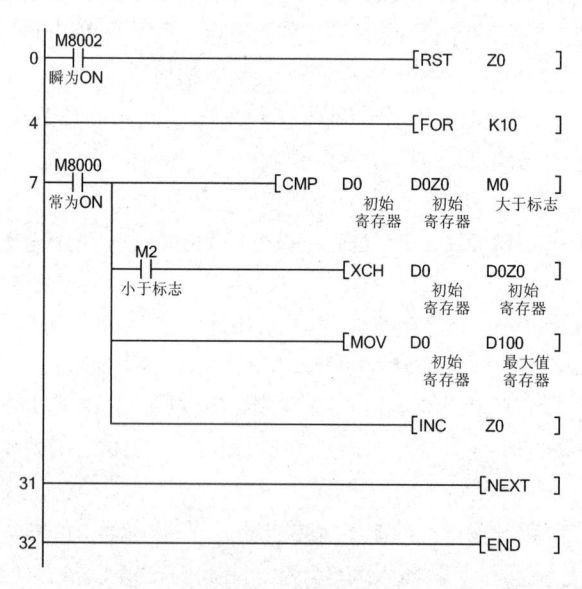

```
  0 ┤├─M8002──────────────────[RST  Z0    ]
     瞬为ON
  4 ────────────────────────────[FOR  K10   ]
  7 ┤├─M8000──────────────────[CMP  D0  D0Z0  M0]
     常为ON                          初始  初始  大于标志
                                    寄存器 寄存器
     ┤├─M2───────────────────[XCH  D0  D0Z0 ]
     小于标志                          初始  初始
                                    寄存器 寄存器
     ─────────────────────────[MOV  D0  D100 ]
                                    初始  最大值
                                    寄存器 寄存器
     ─────────────────────────[INC  Z0    ]
 31 ────────────────────────────[NEXT       ]
 32 ────────────────────────────[END        ]
```

图 11-6-1　寻找最大数程序设计范例 1 梯形图

程序说明：PLC 上电后，在 M8002 继电器驱动下，PLC 执行[RST　Z0]指令，使（Z0）=K0。当 PLC 完成初始化后，PLC 扫描循环体，执行循环体内的程序。在每次执行循环体内的程序期间，PLC 执行[CMP　D0　D0Z0　M0]指令，比较（D0）与（D0Z0）的大小。如果（D0）>（D0Z0），则 M2 的常开触点不闭合，PLC 不执行[XCH　D0　D0Z0]指令；如果（D0）<（D0Z0），则 M2 的常开触点闭合，PLC 执行[XCH　D0　D0Z0]指令，将 D0 中的数据和 D0Z0

中的数据进行交换，使 D0 中存放的数据是本次比较中的大值。最后，PLC 执行[MOV　D0　D100]指令，将 D0 中的数据传送到 D100 中；PLC 执行[INC　Z0]指令，使 Z0 中的数据加 1。当程序执行 10 次循环后，寻找最大数过程结束。

例如，在第 1 次扫描循环体内的程序期间，PLC 执行[CMP　D0　D0Z0　M0]指令，比较（D0）与（D0）的大小。由于（D0）=（D0），M2 的常开触点不闭合，PLC 不执行[XCH　D0　D0Z0]指令，PLC 执行[MOV　D0　D100]指令，将 D0 中的数据传送到 D100 中；PLC 执行[INC　Z0]指令，使（Z0）=K1。

在第 10 次扫描循环体内程序期间，PLC 执行[CMP　D0　D0Z0　M0]指令，比较（D0）与（D9）的大小。如果（D0）>（D9），则 M2 的常开触点不闭合，PLC 不执行[XCH　D0　D0Z0]指令；如果（D0）<（D9），则 M2 的常开触点闭合，PLC 执行[XCH　D0　D0Z0]指令，将 D0 中的数据和 D9 中的数据进行交换，使 D0 中存放的数据是本次比较中的大值。最后，PLC 执行[MOV　D0　D100]指令，将 D0 中的数据传送到 D100 中；PLC 执行[INC　Z0]指令，使（Z0）=K9。

（2）程序范例 2 分析。

寻找最大数程序设计范例 2 的梯形图如图 11-6-2 所示。

程序说明：PLC 上电后，在 M8002 继电器驱动下，PLC 执行[RST　Z0]指令，使（Z0）=K0。在（Z0）<K10 期间，PLC 执行[CMP　D0　D0Z0　M0]指令，比较（D0）与（D0Z0）的大小。如果（D0）>（D0Z0），则 M2 的常开触点不闭合，PLC 不执行[XCH　D0　D0Z0]指令；如果（D0）<（D0Z0），则 M2 的常开触点闭合，PLC 执行[XCH　D0　D0Z0]指令，将 D0 中的数据和 D0Z0 中的数据进行交换，使 D0 中存放的数据是本次比较中的大值。最后，PLC 执行[MOV　D0　D100]指令，将 D0 中的数据传送到 D100 中；PLC 执行[INC　Z0]指令，使 Z0 中的数据加 1。当（Z0）=K10 时，寻找最大数过程结束。

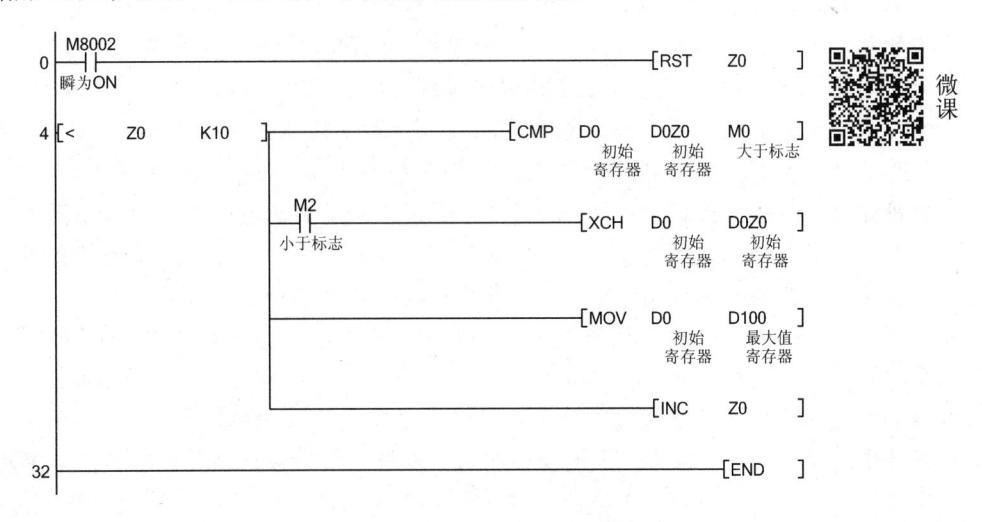

图 11-6-2　寻找最大数程序设计范例 2 梯形图

（3）程序范例 3 分析。

寻找最大数程序设计范例 3 的梯形图如图 11-6-3 所示。

程序说明：在 M8000 继电器驱动下，PLC 执行[SER　D0　K2　D20　K10]指令，将数据检索的结果依次存放在 D20~D24 中，其中最大数最终出现位置编号存放在 D24 中；PLC

执行[MOV D24 Z0]指令，将最大数最终出现位置编号送到 Z0 中；PLC 执行[MOV D0Z0 D100]指令，将 D0Z0 中存放的最大数送到 D100 中。

```
     M8000
0 ────┤├──────────────────────────[SER   D0    K2    D20   K10 ]
     常为ON                              初始
                                         寄存器

     ─────────────────────────────[MOV   D24   Z0 ]
                                         最大数
                                         位置编号
                                         存储单元

     ─────────────────────────────[MOV   D0Z0  D100 ]
                                         初始   最大值
                                         寄存器 寄存器

20   ─────────────────────────────[END ]
```

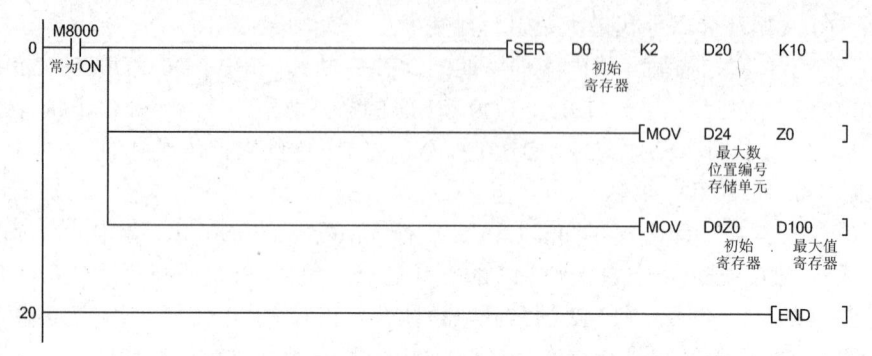

图 11-6-3　寻找最大数程序设计范例 3 梯形图

思政元素映射

输电系统革新发明家

王进，国家电网山东省电力公司检修公司输电检修中心带电班副班长。工作至今，王进始终把确保输电线路可靠供电作为自己的首要责任。他长期扎根特、超高压输电线路带电作业一线，参与 500kV 线路带电作业上百次，累计减少停电时间 200 多个小时。参与执行抗冰抢险等重大任务，实现带电检修"零失误"，为企业和社会创造了巨大的经济价值。

1998 年，王进刚从临沂技校毕业时，一登高就腿软，听到放电就发抖，是一个对带电作业充满了恐惧的"菜鸟"。后来，接触到带电作业后，只要一有时间，他就埋头研究各种输电线路的参考书。从门形塔到酒杯塔，从单回线路到同塔双回，哪种塔形应该怎样攀爬，王进都一一学懂吃透。由于超高压电网塔高、线粗、对作业人员的体力要求很高，为能胜任这项工作，王进常年坚持跑步、登山等体能训练，让身体时刻保持最佳状态。在工作中，王进通过细心观察，摸索出一套"紧凑作业法"，即在线路周期性巡视中加入预试工作，边巡视边对合成绝缘子、直线压接管进行红外测温，从而减少外出作业的次数，节约生产费用。多年来，王进参与线路检修技术改造 30 余项，改造工器具 20 余件，为企业节约资金几十万元。

在王进劳模创新工作室，展示着王进团队的很多发明和创新成果，这其中少有"高大上"，大多数是来源于一线、应用于一线的"小实新"。过去，更换绝缘子是颇伤脑筋的活儿，20 来斤重、圆滚滚的磁质绝缘子不易捆绑，弄不好还会在高空脱落，存在极大的安全隐患。而王进团队发明的绝缘子挂瓶勾，只需把绝缘子的球头卡入挂瓶勾，拆、挂瞬间即可完成，绝对不会中途脱落。还有拇指大小的快速接头，轻轻一按即能解决电位转移棒跟屏蔽服的开合。架空地线飞车，在原有作业工具上新安装了一个支撑板，使作业人员的作业姿势由站姿变为坐姿，提高了安全系数和工作效率。

"也许，你感觉不到我的存在，那是因为我一直都在"，对自己从事的工作，王进这样诗意地概括。他在 660kV 直流输电线路带电作业中一战成名后，"国家电网公司特等劳模""山东省富民兴鲁劳动奖章获得者"等各种荣誉接踵而来，2015 年 1 月 9 日，凭借"±660kW 直流架空输电线路带电作业技术和工器具创新及应用"，35 岁的王进从北京捧回了国家科技进步二等奖。

项目 12

PLC 控制变频器程序设计

在电气传动控制系统中，PLC 和变频器的组合应用最为普遍。PLC 对变频器的控制通常有三种方式：开关量控制、模拟量控制和通信控制。对于以上任何一种方式，PLC 都必须有相应的程序，变频器也要按照控制方式设置相应的参数，缺一不可。

实例 12-1　PLC 以开关量方式控制变频器运行程序设计

设计要求：PLC 以开关量方式控制变频器 3 段速运行的硬件接线如图 12-1-1 所示。按下启动按钮，PLC 控制变频器先以 10Hz 频率正转运行；低速运行 10 秒后，变频器改为 30Hz 频率运行；中速运行 10 秒后，变频器改为 50Hz 频率运行；高速运行 10 秒后，变频器改为 10Hz 频率运行。按下停止按钮，变频器停止运行。

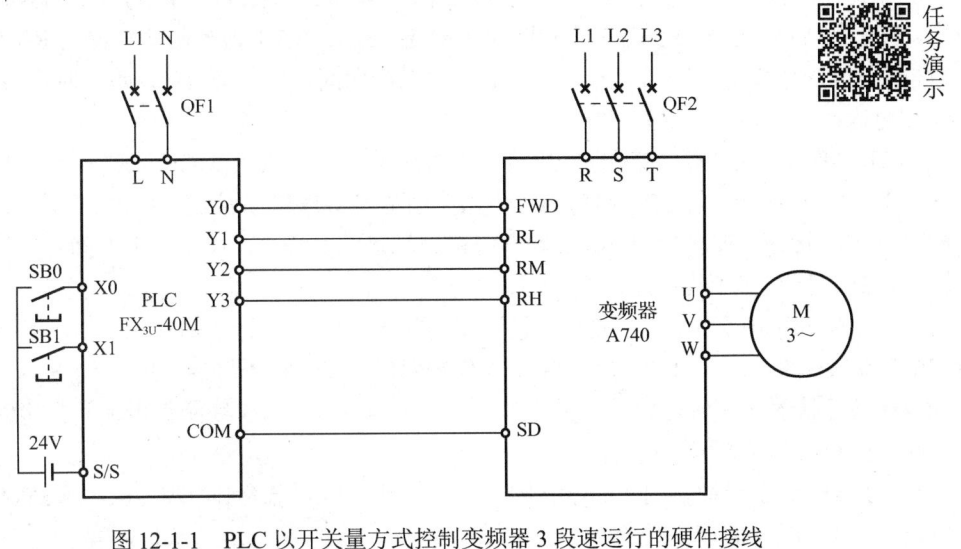

图 12-1-1　PLC 以开关量方式控制变频器 3 段速运行的硬件接线

1. 输入/输出元件及其控制功能

实例 12-1 中用到的输入/输出元件地址如表 12-1-1 所示。

· 207 ·

表 12-1-1　实例 12-1 输入/输出元件地址

说　明	PLC 软元件	元件文字符号	元件名称	控制功能
输入	X0	SB0	按钮	启动控制
	X1	SB1	按钮	停止控制
输出	Y0	FWD	端子	正转控制
	Y1	RL	端子	低速控制
	Y2	RM	端子	中速控制
	Y3	RH	端子	高速控制

2. 控制程序设计

PLC 以开关量方式控制变频器 3 段速运行的程序如图 12-1-2 所示。

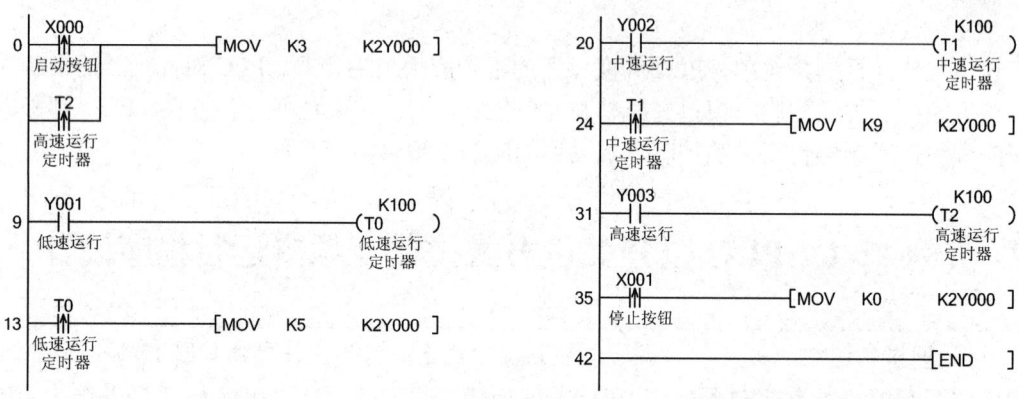

```
 0  ├─X000─┬────────────────────[MOV  K3   K2Y000]
    启动按钮│
        │
        ├─T2──┤
        高速运行
         定时器

 9  ├─Y001─────────────────────────(T0   K100)
    低速运行                        低速运行
                                   定时器

13  ├─T0──────────────────[MOV  K5   K2Y000]
    低速运行
     定时器

20  ├─Y002─────────────────────────(T1   K100)
    中速运行                        中速运行
                                   定时器

24  ├─T1──────────────────[MOV  K9   K2Y000]
    中速运行
     定时器

31  ├─Y003─────────────────────────(T2   K100)
    高速运行                        高速运行
                                   定时器

35  ├─X001──────────────────[MOV  K0   K2Y000]
    停止按钮

42                                       [END]
```

图 12-1-2　PLC 以开关量方式控制变频器 3 段速运行程序

程序说明：按下启动按钮 SB0，PLC 执行[MOV　K3　K2Y000]指令，使 Y0 和 Y1 线圈得电，PLC 的 Y0 端子与变频器的 FWD 端子接通，PLC 的 Y1 端子与变频器的 RL 端子接通，变频器以 10Hz 频率低速正转运行。在 Y1 线圈得电期间，定时器 T0 开始计时，PLC 控制变频器低速运行。

当 T0 计时满 10 秒时，T0 的常开触点变为常闭，PLC 执行[MOV　K5　K2Y000]指令，使 Y0 和 Y2 线圈得电，PLC 的 Y0 端子与变频器的 FWD 端子接通，PLC 的 Y2 端子与变频器的 RM 端子接通，变频器以 30Hz 频率中速正转运行。在 Y2 线圈得电期间，定时器 T1 开始计时，PLC 控制变频器中速运行。

当 T1 计时满 10 秒时，T1 的常开触点变为常闭，PLC 执行[MOV　K9　K2Y000]指令，使 Y0 和 Y3 线圈得电，PLC 的 Y0 端子与变频器的 FWD 端子接通，PLC 的 Y3 端子与变频器的 RH 端子接通，变频器以 50Hz 频率高速正转运行。在 Y3 线圈得电期间，定时器 T2 开始计时，PLC 控制变频器高速运行。

当 T2 计时满 10 秒时，T2 的常开触点变为常闭，PLC 执行[MOV　K3　K2Y000]指令，变频器以 10Hz 频率低速正转运行。

按下停止按钮 SB1，PLC 执行[MOV　K0　K2Y000]指令，使 Y0~Y7 线圈失电，PLC 的 Y0 端子与变频器的 FWD 端子断开，PLC 的 Y1 端子、Y2 端子、Y3 端子分别与变频器的 RL 端子、RM 端子、RH 端子断开，PLC 控制变频器停止运行。

知识准备

由于工艺上的要求，很多生产机械需要在不同的阶段以不同的转速运行。为了方便控制这类负载，变频器提供了多段速运行功能。在 PLC 开关量控制变频器的系统中，PLC 的输出端子直接与变频器的多段速端子连接，通过程序使多段速端子的逻辑组态发生改变，从而实现变频器运行频率的改变。变频器的多段速端子一般含 3 个或 4 个端口，3 个端口可以组成 8 种不同的频率给定，4 个端口可以组成 16 种不同的频率给定。但全部断开时为 0Hz，不算在内，所以通常可以组合出 3 段速、7 段速或 15 段速。

（1）多段速逻辑组态。三菱 FR-A740 系列变频器多段速功能的频率参数设置比较特殊，分为 3 段速、7 段速和 15 段速三种情况，如表 12-1-2～表 12-1-4 所示。

表 12-1-2 3 段速组态表

段号	1	2	3
RL、RM、RH 组态	001	010	100
频率参数	Pr.4	Pr.5	Pr.6

表 12-1-3 7 段速组态表

段号	4	5	6	7
RL、RM、RH 组态	110	101	011	111
频率参数	Pr.24	Pr.25	Pr.26	Pr.27

表 12-1-4 15 段速组态表

段号	8	9	10	11	12	13	14	15
MRS、RL、RM、RH 组态	1000	1100	1010	1110	1001	1101	1011	1111
频率参数	Pr.232	Pr.233	Pr.234	Pr.235	Pr.236	Pr.237	Pr.238	Pr.239

（2）应用说明。

① 各段的输入端逻辑关系是：1 表示接通，0 表示断开。例如，1 段的 001 表示 RL 端子断开、RM 端子断开、RH 端子接通。其余类推。

② 3 段速时规定了 RH 是高速端子、RM 是中速端子、RL 是低速端子。如果同时有两个以上端子接通，则低速优先。7 段速和 15 段速不存在上述问题，每段都单独设置。

③ 频率参数设置范围都为 0～400Hz，但如果是 3 段速，则其他段速参数均要设置为 9999；如果是 7 段速，则 8～15 段速参数要设置为 9999。

④ 实际使用中，不一定非要 3 段、7 段、15 段，也可以是 5 段、6 段、8 段等，这时只要将其他段速参数设置为 9999 即可。

实例 12-2　PLC 以模拟量方式控制变频器运行程序设计

设计要求：PLC 以模拟量方式控制变频器增/减速运行的硬件接线如图 12-2-1 所示。按下启动按钮，变频器从 25Hz 频率开始启动，然后运行频率逐渐增大。当运行频率增大到 50Hz 时，运行频率再重新变为 25Hz，以此循环往复工作。按下停止按钮，变频器停止运行。

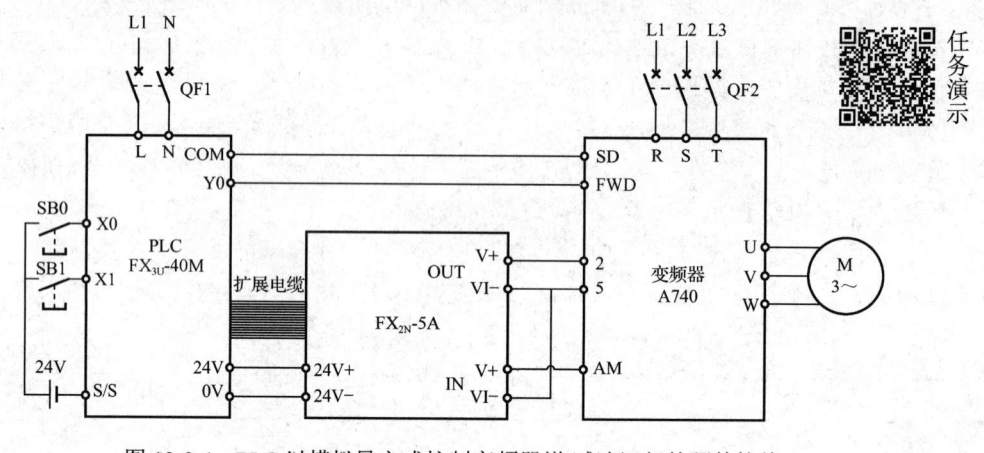

图 12-2-1　PLC 以模拟量方式控制变频器增/减速运行的硬件接线

1. 输入/输出元件及其控制功能

实例 12-2 中用到的输入/输出元件地址如表 12-2-1 所示。

表 12-2-1　实例 12-2 输入/输出元件地址

说　明	PLC 软元件	元件文字符号	元件名称	控制功能
输入	X0	SB0	按钮	正转启动
	X1	SB1	按钮	停止控制
输出	Y0	FWD	端子	正转控制

2. 控制程序设计

PLC 以模拟量方式控制变频器增/减速运行的程序如图 12-2-2 所示。

程序说明：PLC 上电后，在 M8002 继电器驱动下，PLC 执行[TO　K0　K0　H0FF0F　K1]指令，将输入通道字 H0FF0F 写入模块的#0 单元，使输入通道 2 开放，转换标准为#0；PLC 执行[TO　K0　K1　H0FFF0　K1]指令，将输出通道字 H0FFF0 写入模块的#1 单元，使输出通道 1 开放，转换标准为#0。PLC 执行[MOV　K16000　D0]指令，设定变频器的初始运行频率为 25Hz。

按下启动按钮 SB0，PLC 执行[SET　Y000]指令，使 Y0 线圈得电，PLC 的 Y0 端子与变频器的 FWD 端子接通，控制变频器正转输出。

在 Y0 线圈得电期间，PLC 执行[TO　K0　K14　D0　K1]指令，将 D0 单元中的数据写入模块的#14 单元，目的是设定变频器的运行频率，使变频器按照设定频率正转。

在 Y0 线圈得电期间，PLC 执行[>=　D0　K16000]指令，判断 D0 中的数据是否大于或等于 K16000，如果（D0）>= K16000，则 PLC 执行[INC　D0]指令，使 D0 中的数据不断地被加 1。

在 Y0 线圈得电期间，PLC 执行[=　D0　K32000]指令，判断 D0 中的数据是否等于 K32000，如果（D0）= K32000，则 PLC 执行[MOV　K16000　D0]指令，系统重新设定变频器运行频率为 25Hz。

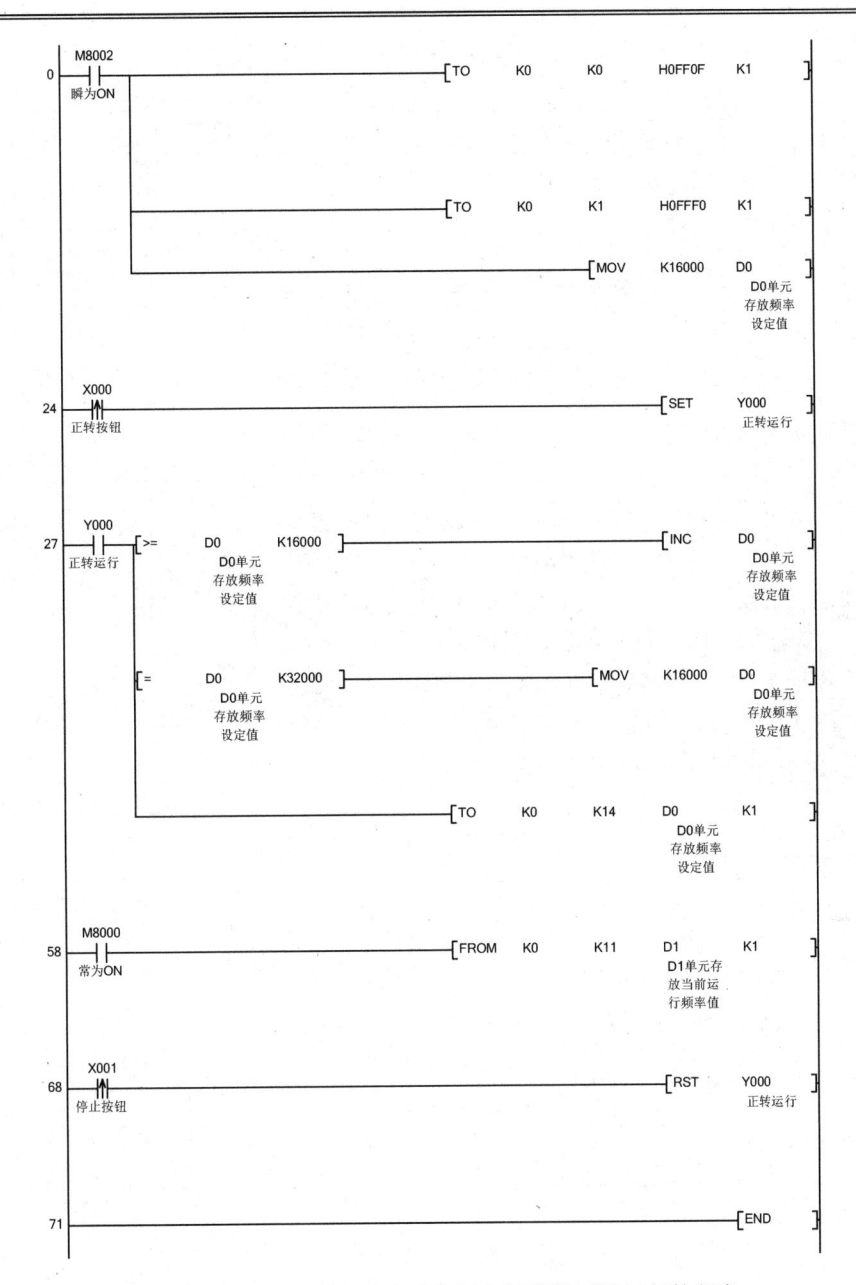

项目 12　PLC 控制变频器程序设计

图 12-2-2　PLC 以模拟量方式控制变频器增/减速运行的程序

在 M8000 继电器驱动下，PLC 执行[FROM　K0　K11　D1　K1]指令，将模块的#11 单元中的数据读到 D1 单元中，监视变频器的运行频率。

按下停止按钮 SB1，PLC 执行[RST　Y000]指令，使 Y0 线圈失电，变频器输出方向控制解除，变频器停止运行。

知识准备

在需要对速度进行精细调节的场合，利用 PLC 模拟量模块的输出来控制变频器是一种既有效又简便的方法，其控制过程如图 12-2-3 所示。该方法的优点是编程简单，调速过程平滑连续，工作稳定，实时性强；缺点是成本较高。

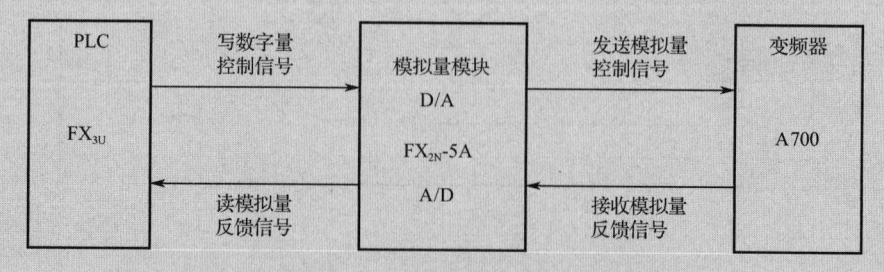

图 12-2-3　PLC 以模拟量方式控制变频器框图

（1）模块编号。为了使 PLC 能够准确地对每个模块进行读/写操作，必须对这些模块进行编号，编号的原则是从最靠近 PLC 基本单元的模块算起，按由近到远的原则，将 0 号到 7 号依次分配给各个模块，如图 12-2-4 所示。

（2）FX$_{2N}$-5A 模块简介。三菱 FX$_{2N}$-5A 模块具有 4 个输入通道和 1 个输出通道，外部结构如图 12-2-5 所示。输入通道用于接收模拟量信号并将其转换成相应的数字量，默认转换关系如图 12-2-6 所示；输出通道用于获取一个数字量并且输出一个相应的模拟量信号，默认转换关系如图 12-2-7 所示。

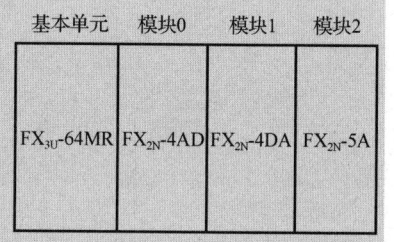

图 12-2-4　模拟量模块位置编号

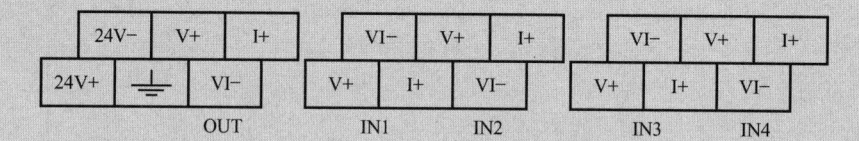

图 12-2-5　FX$_{2N}$-5A 模块外部结构

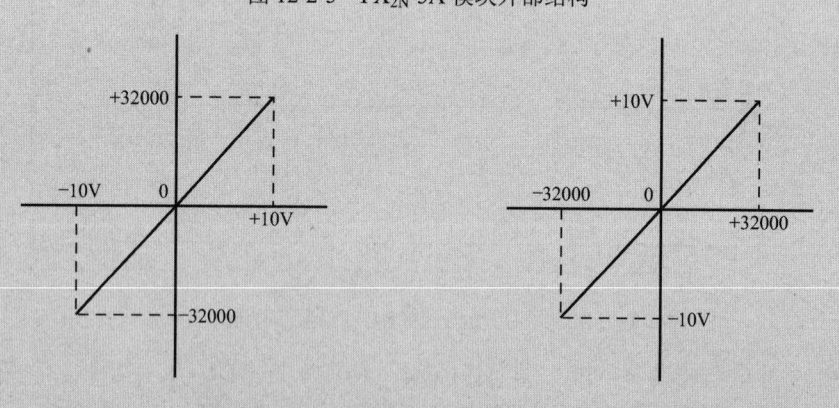

图 12-2-6　A/D 转换标定

图 12-2-7　D/A 转换标定

在变频器的模拟量控制中，PLC 通过对缓冲存储器 BFM 的读/写操作实现对变频器的实时控制。下面针对 FX$_{2N}$-5A 模块，介绍几个常用的缓冲存储器。

① BFM#0——输入通道字。BFM#0 用来对 CH1～CH4 的输入方式进行指定，出厂值为 H000。BFM#0 由一组 4 位的十六进制代码组成，每位代码分别分配给 4 个输入通道，最高位对应输入通道 4，最低位对应输入通道 1，如图 12-2-8 所示。

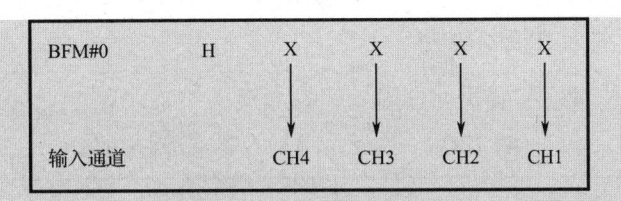

项目 12　PLC 控制变频器程序设计

```
BFM#0    H    X       X       X       X
                      ↓       ↓       ↓       ↓
输入通道       CH4     CH3     CH2     CH1
```

图 12-2-8　输入通道组态

② BFM#1——输出通道字。BFM#1 用来对 CH1 的输出方式进行指定，出厂值为 H000。BFM#1 由一个 4 位的十六进制代码组成，其中最高的 3 位数被模块忽略，只有最低的 1 位数对应输出通道 1，如图 12-2-9 所示。

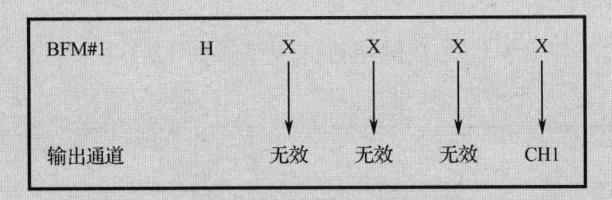

```
BFM#1    H    X       X       X       X
                      ↓       ↓       ↓       ↓
输出通道       无效    无效    无效    CH1
```

图 12-2-9　输出通道组态

③ BFM#10～BFM#13——采样数据（当前值）存放单元。输入通道的 A/D 转换数据（数字量）以当前值的方式存放在 BFM#10～BFM#13 中。BFM#10～BFM#13 分别对应通道 CH1～CH4，具有只读性。

④ BFM#14——模拟量输出值存放单元。BFM#14 接收用于 D/A 转换的模拟量输出数据。在模拟量控制系统中，变频器的给定频率就存放在 BFM#14 中。

实例 12-3　PLC 以通信方式控制变频器运行程序设计

设计要求：PLC 以通信方式控制变频器正/反转运行的硬件接线如图 12-3-1 所示。按下正转启动按钮，变频器以 20Hz 频率正转运行；按下反转启动按钮，变频器以 30Hz 频率反转运行；按下停止按钮，变频器停止运行。

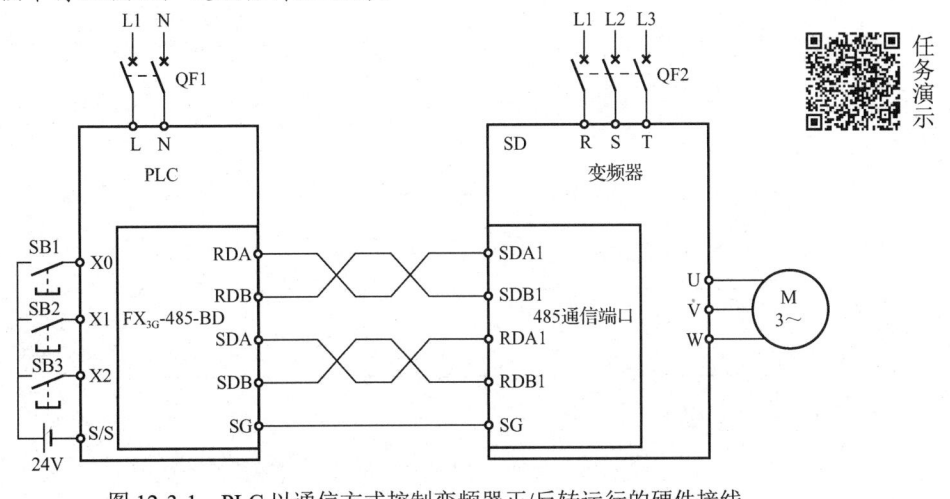

图 12-3-1　PLC 以通信方式控制变频器正/反转运行的硬件接线

1. 输入/输出元件及其控制功能

实例 12-3 中用到的输入/输出元件地址如表 12-3-1 所示。

表 12-3-1　实例 12-3 输入/输出元件地址

说　明	PLC 软元件	元件文字符号	元 件 名 称	控 制 功 能
输入	X0	SB1	按钮	正转启动
	X1	SB2	按钮	反转启动
	X2	SB3	按钮	停止运行

2. 控制程序设计

PLC 以通信方式控制变频器正/反转运行的程序如图 12-3-2 所示。

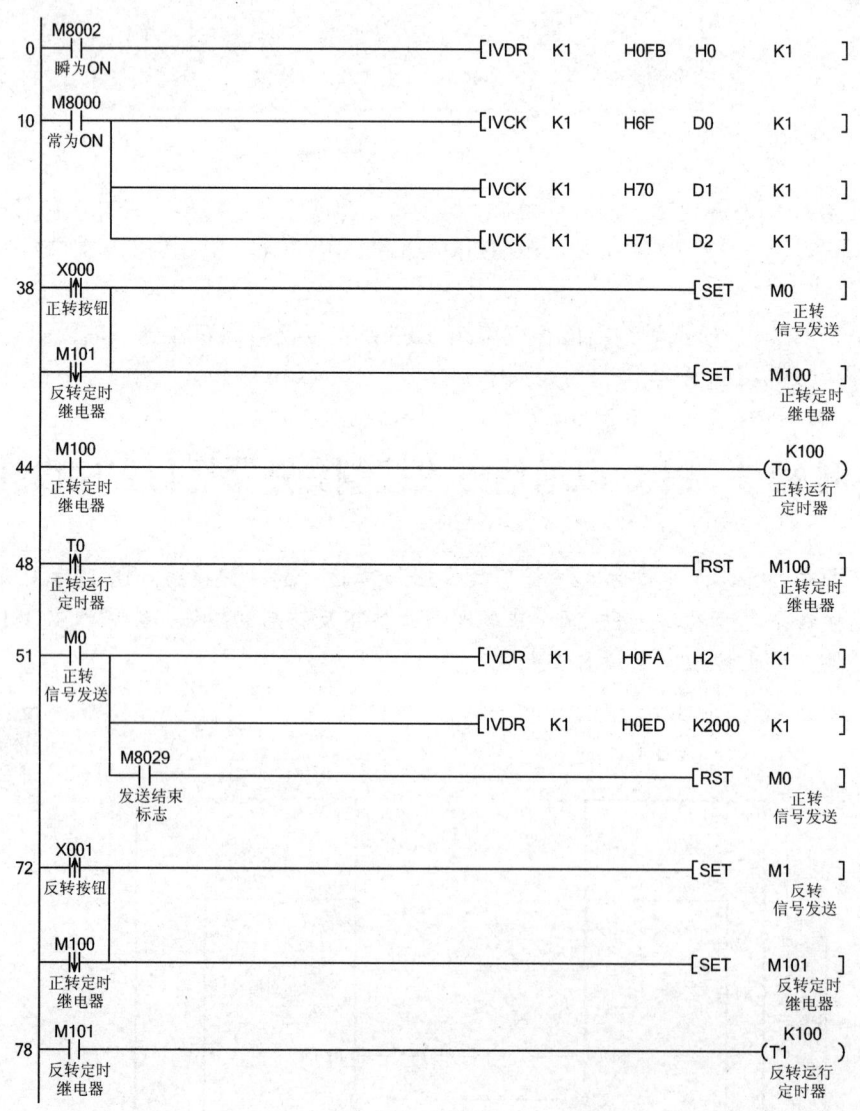

```
 0  ┤├ M8002           ─[IVDR  K1  H0FB  H0    K1]
    瞬为ON

10  ┤├ M8000           ─[IVCK  K1  H6F   D0    K1]
    常为ON
                        ─[IVCK  K1  H70   D1    K1]
                        ─[IVCK  K1  H71   D2    K1]

38  ┤├ X000                              ─[SET  M0]
    正转按钮                              正转信号发送
    ┤├ M101                              ─[SET  M100]
    反转定时继电器                         正转定时继电器

44  ┤├ M100                              (T0  K100)
    正转定时继电器                         正转运行定时器

48  ┤├ T0                                ─[RST  M100]
    正转运行定时器                         正转定时继电器

51  ┤├ M0               ─[IVDR  K1  H0FA  H2    K1]
    正转信号发送
                        ─[IVDR  K1  H0ED  K2000 K1]
    ┤├ M8029                            ─[RST  M0]
    发送结束标志                         正转信号发送

72  ┤├ X001                             ─[SET  M1]
    反转按钮                             反转信号发送
    ┤├ M100                             ─[SET  M101]
    正转定时继电器                        反转定时继电器

78  ┤├ M101                             (T1  K100)
    反转定时继电器                        反转运行定时器
```

图 12-3-2　PLC 以通信方式控制变频器正/反转运行的程序

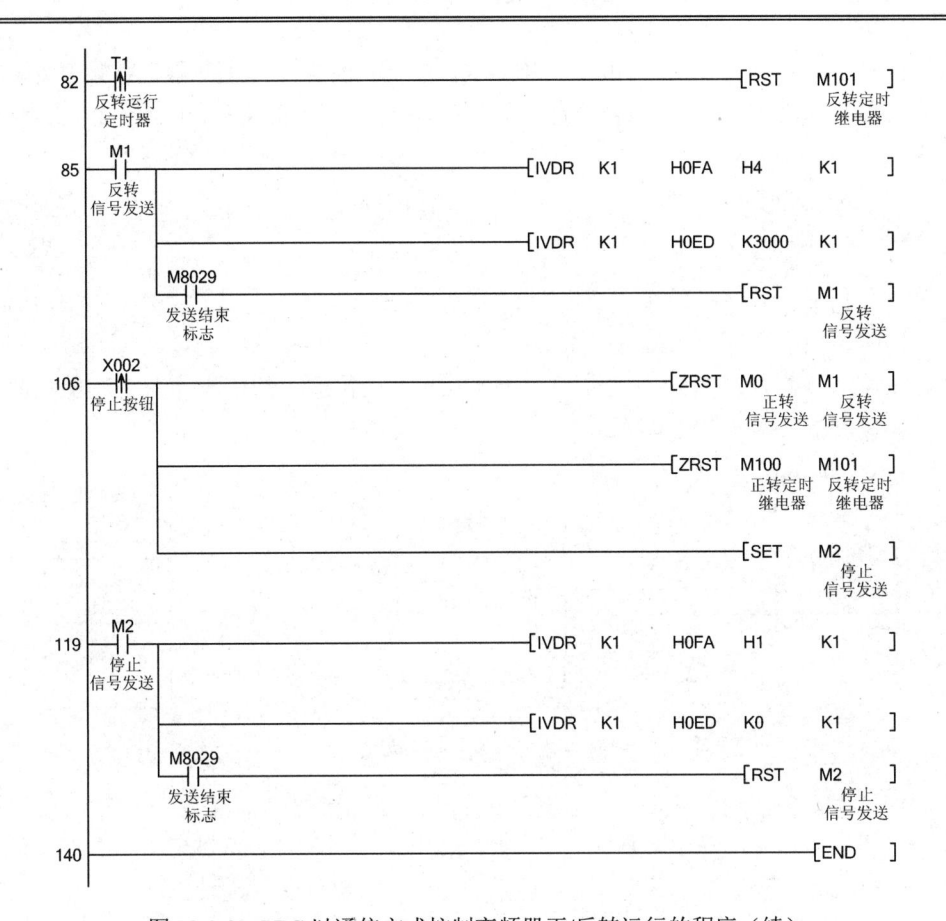

```
 82  ┤T1├                                              ─[RST   M101    ]
     反转运行                                                  反转定时
     定时器                                                    继电器

 85  ┤M1├                              ─[IVDR   K1   H0FA   H4    K1  ]
     反转
     信号发送
                                       ─[IVDR   K1   H0ED   K3000 K1  ]

        ┤M8029├                                         ─[RST    M1   ]
        发送结束                                                  反转
        标志                                                     信号发送

106  ┤X002├                                    ─[ZRST   M0     M1    ]
     停止按钮                                           正转     反转
                                                       信号发送 信号发送

                                               ─[ZRST   M100   M101  ]
                                                       正转定时 反转定时
                                                       继电器   继电器

                                                       ─[SET    M2   ]
                                                               停止
                                                               信号发送

119  ┤M2├                              ─[IVDR   K1   H0FA   H1    K1  ]
     停止
     信号发送
                                       ─[IVDR   K1   H0ED   K0    K1  ]

        ┤M8029├                                         ─[RST    M2   ]
        发送结束                                                  停止
        标志                                                     信号发送

140                                                            ─[END ]
```

图 12-3-2 PLC 以通信方式控制变频器正/反转运行的程序（续）

程序说明：PLC 上电后，在 M8002 继电器驱动下，PLC 执行[IVDR K1 H0FB H0 K1]指令，设置 1 号变频器运行模式为通信控制。

在 M8000 继电器驱动下，PLC 执行[IVCK K1 H6F D0 K1]指令，监视 1 号变频器的运行频率，该参数值存储在 D0 单元中；PLC 执行[IVCK K1 H70 D1 K1]指令，监视 1 号变频器的运行电流，该参数值存储在 D1 单元中；PLC 执行[IVCK K1 H71 D2 K1]指令，监视 1 号变频器的运行电压，该参数值存储在 D2 单元中。

按下正转启动按钮 SB1，PLC 执行[SET M0]指令，使 M0 线圈得电，正转控制信号开始发送。在 M0 线圈得电期间，PLC 执行[IVDR K1 H0FA H2 K1]指令，设定 1 号变频器运行方向为正转；PLC 执行[IVDR K1 H0ED K2000 K1]指令，设定 1 号变频器运行频率为 20Hz。当 M8029 常开触点瞬间闭合时，PLC 执行[RST M0]指令，使 M0 线圈失电，正转控制信号发送过程结束。

按下反转启动按钮 SB2，PLC 执行[SET M1]指令，使 M1 线圈得电，反转控制信号开始发送。在 M1 线圈得电期间，PLC 执行[IVDR K1 H0FA H4 K1]指令，设定 1 号变频器运行方向为反转；PLC 执行[IVDR K1 H0ED K3000 K1]指令，设定 1 号变频器运行频率为 30Hz。当 M8029 常开触点瞬间闭合时，PLC 执行[RST M1]指令，使 M1 线圈失电，反转控制信号发送过程结束。

按下停止按钮 SB3，PLC 执行[SET M2]指令，使 M2 线圈得电，停止控制信号开始发送。在 M2 线圈得电期间，PLC 执行[IVDR K1 H0FA H1 K1]指令，设定 1 号变频器停止运行；PLC 执行[IVDR K1 H0ED K0 K1]指令，设定 1 号变频器运行频率为 0Hz。当 M8029 常开触点瞬间闭合时，PLC 执行[RST M2]指令，使 M2 线圈失电，停止控制信号发送过程结束。

知识准备

小型工业自动化系统一般由 1 台 PLC 和不多于 8 台变频器组成，变频器采用 RS-485 总线控制。如图 12-3-3 所示，PLC 是主站，变频器是从站，主站 PLC 通过站号区分不同从站的变频器，主站与任意从站之间均可进行单向或双向数据传送。通信程序在主站上编写，从站只需设定相关的通信协议参数即可。

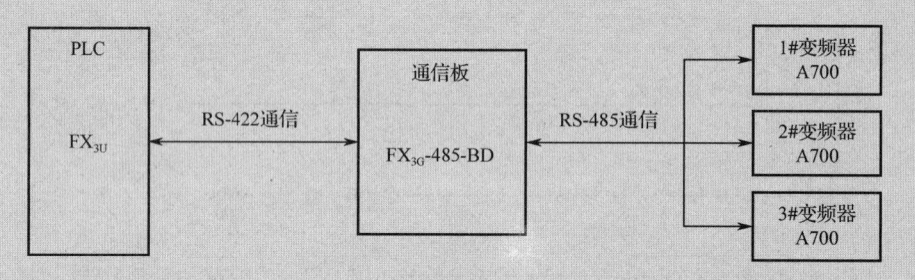

图 12-3-3　变频器 RS-485 总线控制系统

（1）FX$_{3G}$-485-BD 通信板简介。三菱 FX 系列 PLC 通信接口标准是 RS-422，而三菱 A700 系列变频器通信接口标准是 RS-485。由于接口标准不同，它们之间要想实现数据通信，就必须对其中一个设备的通信接口进行转换。通常的做法是对 PLC 的通信接口进行转换，即把 PLC 的 RS-422 接口转换成 RS-485 接口，这种转换所使用的硬件就是三菱 FX 系列 485-BD 通信板。

三菱 FX$_{3G}$-485-BD 通信板如图 12-3-4 所示，板上有 5 个接线端子，它们分别是数据发送端子（SDA、SDB）、数据接收端子（RDA、RDB）和公共端子 SG。另外，板上还设有两个 LED 通信指示灯，用于显示当前的通信状态。当发送数据时，SD 指示灯处于频闪状态；当接收数据时，RD 指示灯处于频闪状态。

通信板与单台变频器的连接如图 12-3-5 所示。

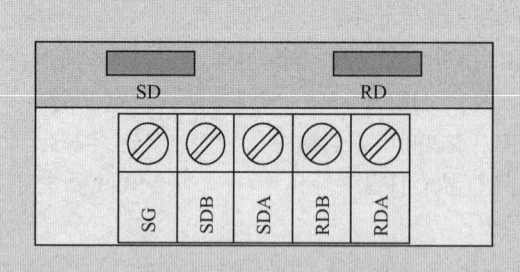

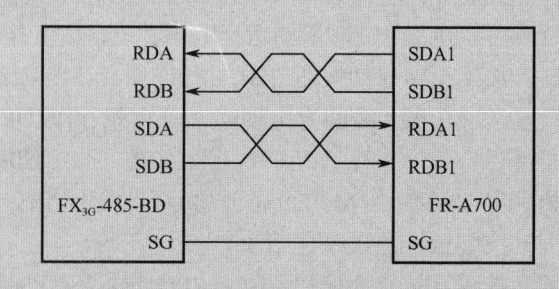

图 12-3-4　通信板接线端子　　　　图 12-3-5　通信板与单台变频器的连接

（2）通信设置。为实现 PLC 和变频器之间的通信，通信双方需要有一个"约定"，使得通信双方在字符的数据长度、校验方式、停止位长和波特率等方面能够保持一致，而进行"约定"的过程就是通信设置。

三菱 FX 系列 PLC 通信参数的设置如图 12-3-6 所示，在"H/W 类型"选项中，选"RS-485"；在"传送控制步骤"选项中，选"格式 4（有 CR、LF）"；其他选项不变。

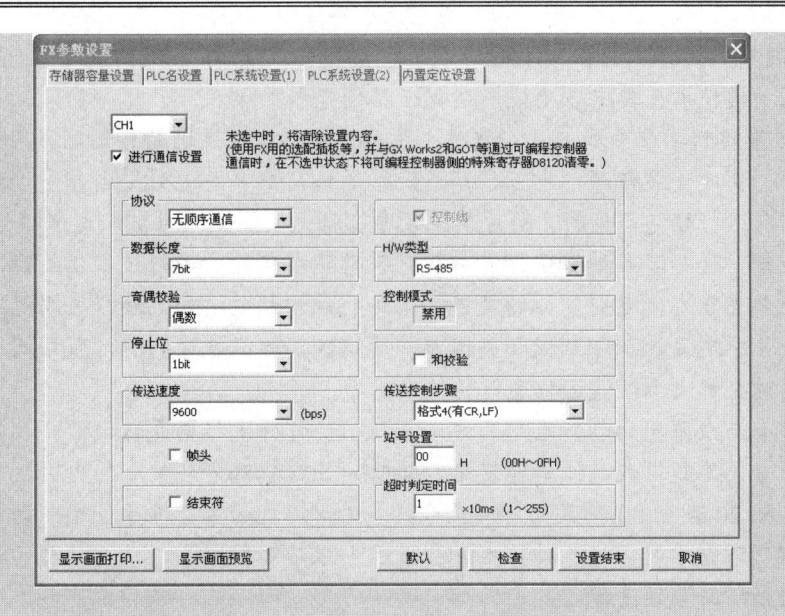

图 12-3-6 三菱 FX 系列 PLC 通信参数的设置

三菱变频器通信参数的设置如表 12-3-2 所示，在功能参数 Pr.331 中，根据实际站号修改参数值；在功能参数 Pr.333 中，将参数值修改为 10；在功能参数 Pr.336 中，将参数值修改为 9999；其他功能参数不需要修改。

表 12-3-2 三菱变频器通信参数设置

参数编号	设定内容	单位	初始值	设定值	数据内容描述
Pr.331	站号选择	1	0	0～31	两台以上需要设站号
Pr.332	波特率	1	96	96	选择通信速率，波特率＝9600bps
Pr.333	停止位长	1	1	10	数据位长＝7 位、停止位长＝1 位
Pr.334	校验方式	1	2	2	选择偶校验方式
Pr.335	再试次数	1	1	1	设定发生接收数据错误时的再试次数容许值
Pr.336	校验时间	0.1	9999	9999	选择校验时间
Pr.337	通信等待	1	9999	9999	设定向变频器发送数据后信息返回的等待时间
Pr.338	通信运行指令权	1	0	0	选择启动指令权通信
Pr.339	通信速度指令权	1	0	0	选择频率指令权通信
Pr.341	CR/LF 选择	1	1	1	选择有 CR、LF

思政元素映射

无线电通信设计大师

张路明，广州海格通信集团股份有限公司无线电通信设计师，2021 年荣获"大国工匠年度人物"称号。

张路明长期扎根专业技术一线，从事无线通信射频电路设计工作，几十年如一日埋头钻研，聚焦军工通信核心关键技术研究、产品研制，先后突破了短波小型化射频信道的"机芯平台"、"高速跳频"软切换技术、"抗强干扰"同轴腔体滤波器、"超宽带大动态"低噪声放大技术等数十项关键技术，其中多项技术达到世界领先水平。

1984年，张路明毕业参加工作。彼时，改革开放的春风拂过南粤大地，为了使产品快速赶上国际水平，突破发展瓶颈，七五〇厂（海格通信前身）决定引进国外先进技术，交由张路明所在的团队进行研究与创新。面对单机频率指标无法满足整机需求这个"卡脖子"问题，张路明日思夜想，进行了多种尝试。有一天，张路明在实验室进行技术攻关时，窗外一群鸟儿自电线杆上忽然飞走，吸引了他的目光。张路明注意到电线和电线杆之间置有一块陶瓷绝缘连接件，他灵感迸发，在印制板和关键器件间增加高性能绝缘材料，瓶颈问题终于得到了完美解决，同时也解决了短波远程通信的技术难题。

张路明常有与众不同的创新思想、方法及技巧。作为无线电通信设计师，张路明的工作是实现承载声音的无线电波高保真地发送和接收，让通信双方即使远隔重山，也能如同近在咫尺般交流。从20世纪80年代初入职至今，本着"以此为生，精于此道"的责任担当和职业精神，张路明不断学习，将各种技术融会贯通。张路明所主导、参与研制的装备实现了从中长波到微波频段的全频段覆盖。

项目 13

FB 控制程序设计

在一些冗繁的程序中，如果其中有一些控制程序是类似的，那么用户可以把这些类似的控制程序定义为"模块"。这样，每次需要实现这些控制功能时，就不用重复写很多条程序，只要调用用户自己定义的"模块"就可以了，这就是 FB 控制程序设计。这种编程方法的优点是逻辑清晰、调试方便、工作量少，还不容易出错。

实例 13-1　电动机"正-停-反"运行控制程序设计

> **设计要求**：用 3 个按钮控制一台三相异步电动机正/反转运行，且正/反转运行状态不可以直接切换，中间需要有停止操作过程，即"正-停-反"控制。

1. 输入/输出元件及其控制功能

实例 13-1 中用到的输入/输出元件地址如表 13-1-1 所示。

表 13-1-1　实例 13-1 输入/输出元件地址

说　明	PLC 软元件	元件文字符号	元件名称	控制功能
输入	X0	SB1	按钮	正转启动控制
	X1	SB2	按钮	反转启动控制
	X2	SB3	按钮	停止控制
输出	Y0	KM1	接触器	正转接通或分断电源
	Y1	KM2	接触器	反转接通或分断电源

2. 控制程序设计

【思路点拨】

电动机正转运行和反转运行是两个类似的控制过程，都属于启保停控制，因此我们把启保停控制程序打包成一个 FB 块。在主程序中两次调用 FB 块，一次调用控制电动机正转运行，另一次调用控制电动机反转运行。

用 FB 块编写的电动机"正-停-反"运行控制程序如图 13-1-1 所示。

（a）工程导航

（b）全局标签

（c）局部标签

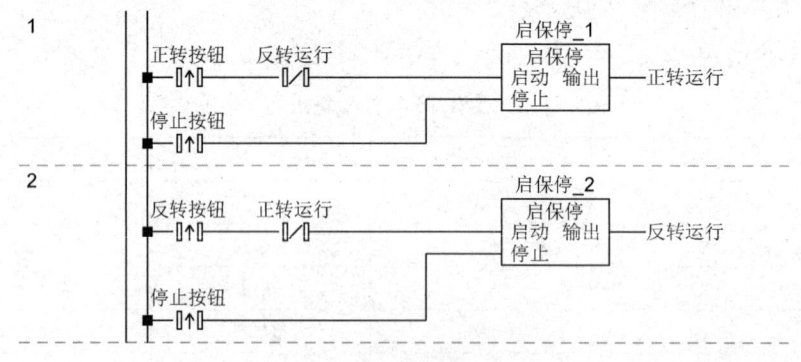

（d）主程序梯形图

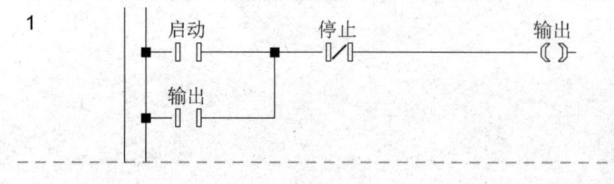

（e）FB 块梯形图

图 13-1-1　用 FB 块编写的电动机"正-停-反"运行控制程序

FB 块程序说明：按下启动按钮，输出继电器得电。按下停止按钮，输出继电器失电。

主程序说明：按下正转按钮，启保停_1 块有输出，正转运行继电器得电，电动机正转。按下停止按钮，启保停_1 块停止输出，正转运行继电器失电，电动机停止运行。按下反转按钮，启保停_2 块有输出，反转运行继电器得电，电动机反转。按下停止按钮，启保停_2 块停止输出，反转运行继电器失电，电动机停止运行。

【课堂讨论】

在简单工程中，我们使用元件的绝对地址来编写程序，而在结构化工程中，我们通常使用元件的标签来编写程序。使用标签编写程序的好处是实现了用户程序（软件）与控制器（硬件）完全脱离，使程序的设计不再依赖外部硬件环境，这就极大地增强了用户程序的灵活性、通用性和适应性。在实例 13-1 中，用于正转启动控制的物理按钮，它的地址被定义为 X0，那么将来在现场接线时，这个按钮就必须接到 PLC 的 X0 端口上；而本实例中的"启动按钮"仅仅是一个输入变量的标签，那么将来在现场接线时，与标签对应的实物按钮具体要接 PLC 哪个端口，可以根据现场设备情况灵活指定。例如，如果想把实物按钮接到 PLC 的 X10 端口上，这时只需要把全局标签中正转按钮的软元件设置为 X10 即可，如图 13-1-2 所示。

	类	标签名	数据类型		常量	软元件
1	VAR_GLOBAL	正转按钮	Bit			X010
2	VAR_GLOBAL	反转按钮	Bit			
3	VAR_GLOBAL	停止按钮	Bit			
4	VAR_GLOBAL	正转运行	Bit			
5	VAR_GLOBAL	反转运行	Bit			

图 13-1-2　修改全局标签

知识准备

在 PLC 的编程语言中，最简单的就是图形语言，如我们所学的梯形图与 SFC，这两者在编程软件中都属于简单工程。顾名思义，简单工程只适用于一般工控要求的程序设计，对于大型复杂控制系统的程序设计，三菱 PLC 另外提供了一个更为好用的工程，即结构化工程。结构化工程使用两种编程语言，一种是功能块（简称 FB）图，另一种是结构化文本（简称 ST）语言。

在结构化工程中，功能块的设计和使用是核心工作，所谓功能块就是可以实现某些特定功能的块。功能块类似于子程序，它将特定的且需要经常使用的功能打包成一个块，在程序中可以多次调用，另外还可以打包成一个库文件，用于在多台计算机上复制使用。这个"经常使用的功能"可以是我们自定义的，也可以是编程软件自带的。功能块的调用、编辑和删除就像对指令的操作一样简单，编辑功能块内部的程序也很简单，只需找到对应的功能块，就可以在"块"内部进行程序的编辑。

FB 控制程序设计使用了全局标签和局部标签，不管是哪一种标签，其本质都是变量的符号名。全局标签类似于 C 语言中的实参，它与控制器关联，作用域在整个程序范围内；而局部标签类似于 C 语言中的形参，它不与控制器关联，作用域只在 FB 块自身范围内，但对于不同的 FB 块，局部标签允许重名。

下面以本实例为例，介绍一下 FB 控制程序设计过程。

(1) 创建结构化工程。

① 打开三菱 GX Works2 软件，创建一个新工程，如图 13-1-3 所示。

② 在工程类型选项中选择"结构化工程"，在 PLC 系列选项中选择"FXCPU"，在 PLC 类型选项中选择"FX3U/FX3UC"，在程序语言选项中选择"结构化梯形图/FBD"，如图 13-1-4 所示。

图 13-1-3　创建一个新工程

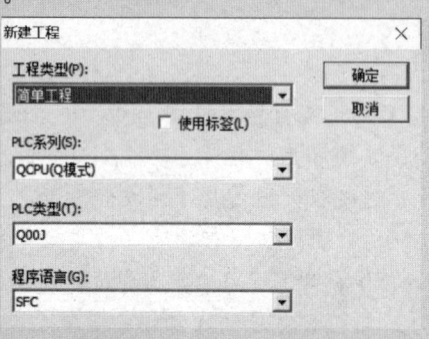

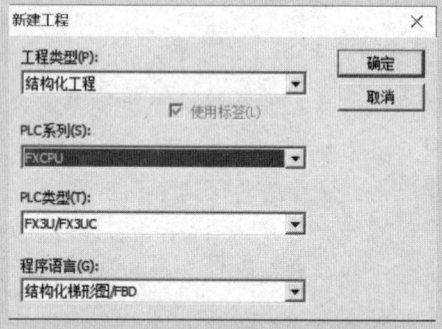

图 13-1-4　设置结构化工程

(2) 程序编辑。

① 用鼠标单击图 13-1-4 中的"确定"按钮，进入编程界面，如图 13-1-5 所示。

② 在工程导航中创建 FB 块，如图 13-1-6 所示。

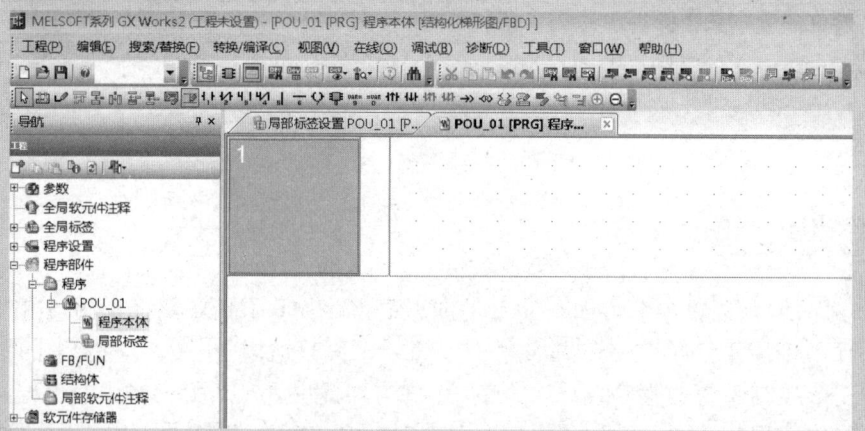

图 13-1-5　编程界面

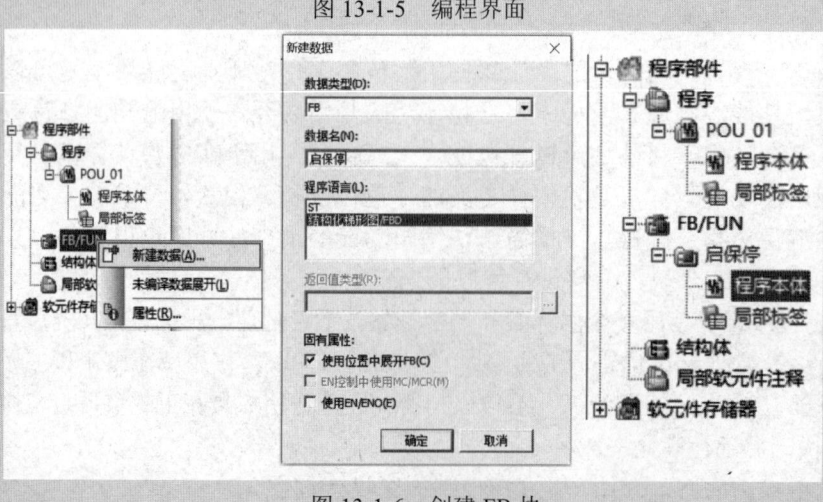

图 13-1-6　创建 FB 块

③ 在全局标签表中添加全局变量，如图 13-1-1（b）所示；在局部标签表中添加局部变量，如图 13-1-1（c）所示。

④ 在 FB 块程序本体中编写梯形图程序，如图 13-1-1（d）所示。

⑤ 在主程序本体中编写梯形图程序，如图 13-1-1（e）所示。在需要调用 FB 块时，用鼠标直接将 FB 块拖拽到主程序即可。在此过程中，为了使 FB 块能够与主程序关联，还需要对 FB 块进行工程实例化，编程软件会自动弹出图 13-1-7 所示的对话框，用鼠标单击图中的"应用"按钮，就完成了被拖拽 FB 块的实例化操作。

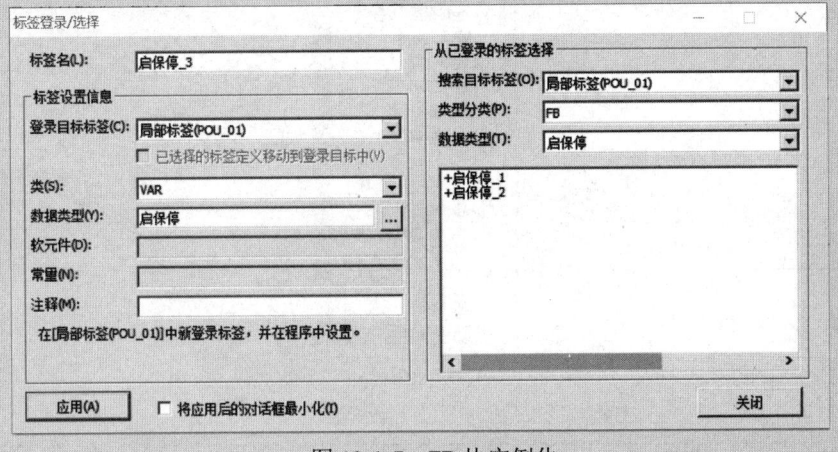

图 13-1-7　FB 块实例化

实例 13-2　定时器控制电动机正/反转程序设计

> **设计要求**：按下启动按钮，电动机先正转运行 10 秒，再反转运行 10 秒，依此顺序循环工作。按下停止按钮，电动机停止运行。

1．输入/输出元件及其控制功能

实例 13-2 中用到的输入/输出元件地址如表 13-2-1 所示。

表 13-2-1　实例 13-2 输入/输出元件地址

说　明	PLC 软元件	元件文字符号	元 件 名 称	控 制 功 能
输入	X0	SB1	按钮	启动控制
	X1	SB2	按钮	停止控制
输出	Y0	KM1	接触器	正转接通或分断电源
	Y1	KM2	接触器	反转接通或分断电源

2．控制程序设计

【思路点拨】

本实例程序设计思路与实例 13-1 相同，只需以实例 13-1 为基础，在原来的 FB 块中加入定时控制，而程序主体结构不需要改动。

（1）程序范例 1 分析。

用 FB 块编写的控制程序范例 1 如图 13-2-1 所示。

FB 块程序说明：按下启动按钮，输出继电器得电。在输出继电器得电期间，定时器 T1 计时，当计时时间满 10 秒时，输出继电器失电。按下停止按钮，输出继电器失电。

(a) 工程向导

	类	标签名	数据类型		常量	软元件
1	VAR_GLOBAL	启动按钮	Bit			X000
2	VAR_GLOBAL	停止按钮	Bit			X001
3	VAR_GLOBAL	正转运行	Bit			Y000
4	VAR_GLOBAL	反转运行	Bit			Y001

(b) 全局标签

	类	标签名	数据类型
1	VAR_INPUT	启动	Bit
2	VAR_INPUT	停止	Bit
3	VAR_OUTPUT	输出	Bit
4	VAR	TON_1	TON

(c) 局部标签

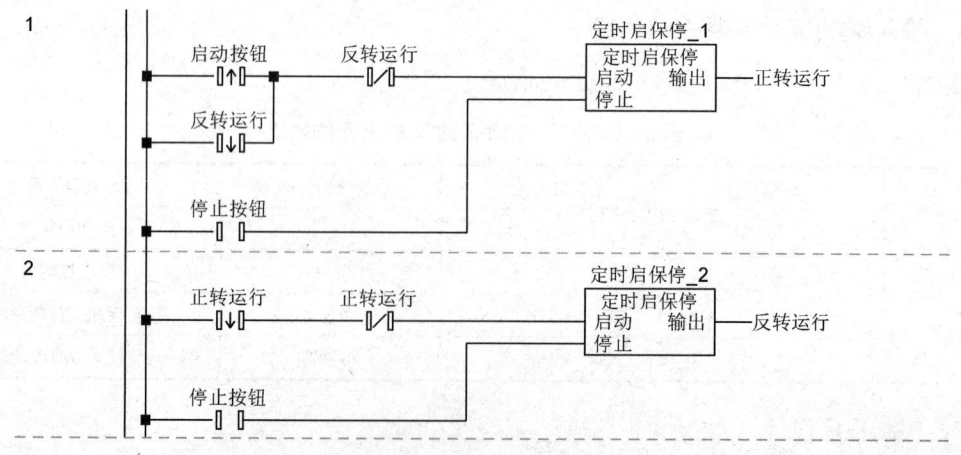

(d) 主程序梯形图

图 13-2-1 用 FB 块编写的控制程序范例 1

项目13 FB控制程序设计

```
1       启动           停止      TON_1.Q          输出
    ├──┤ ├──┬──┤/├────┤/├──────────( )─┤
    │       │
    │   输出│
    ├──┤ ├──┘
    │
    │   输出         TON_1
    └──┤ ├────────┤TON    │
                  │IN    Q│
              t#10s┤PT   ET│
```

(e) FB块梯形图

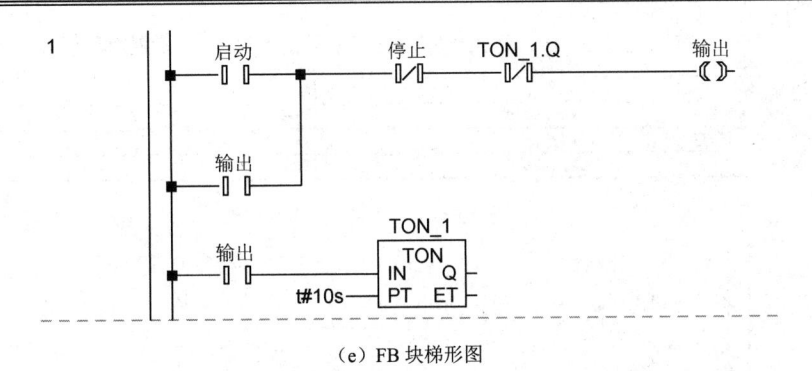

图13-2-1 用FB块编写的控制程序范例1（续）

主程序说明：按下启动按钮，定时启保停_1块有输出，正转运行继电器得电，电动机正转。当电动机正转运行满10秒时，定时启保停_1块停止输出，正转运行继电器失电，电动机停止。在正转运行继电器常开触点下降沿作用下，定时启保停_2块有输出，反转运行继电器得电，电动机反转。当电动机反转运行满10秒时，定时启保停_2块停止输出，反转运行继电器失电，电动机停止。在反转运行继电器常开触点下降沿作用下，定时启保停_1块又有输出，电动机正转。

（2）程序范例2分析。

用FB块编写的控制程序范例2如图13-2-2所示。

FB块程序说明：按下启动按钮，输出继电器得电。在输出继电器得电期间，定时器T1计时，当计时时间达到设定值时，输出继电器失电。按下停止按钮，输出继电器失电。

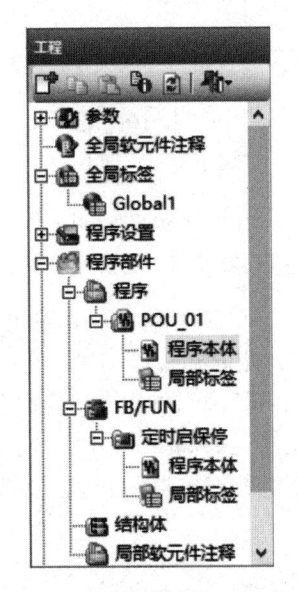

(a) 工程向导

	类	标签名	数据类型	常量	软元件
1	VAR_GLOBAL	启动按钮	Bit	...	X000
2	VAR_GLOBAL	停止按钮	Bit	...	X001
3	VAR_GLOBAL	正转运行	Bit	...	Y000
4	VAR_GLOBAL	反转运行	Bit	...	Y001

(b) 全局标签

图13-2-2 用FB块编写的控制程序范例2

	类	标签名	数据类型
1	VAR_INPUT	启动	Bit
2	VAR_INPUT	停止	Bit
3	VAR_INPUT	设定值	Time
4	VAR_OUTPUT	输出	Bit
5	VAR	TON_1	TON

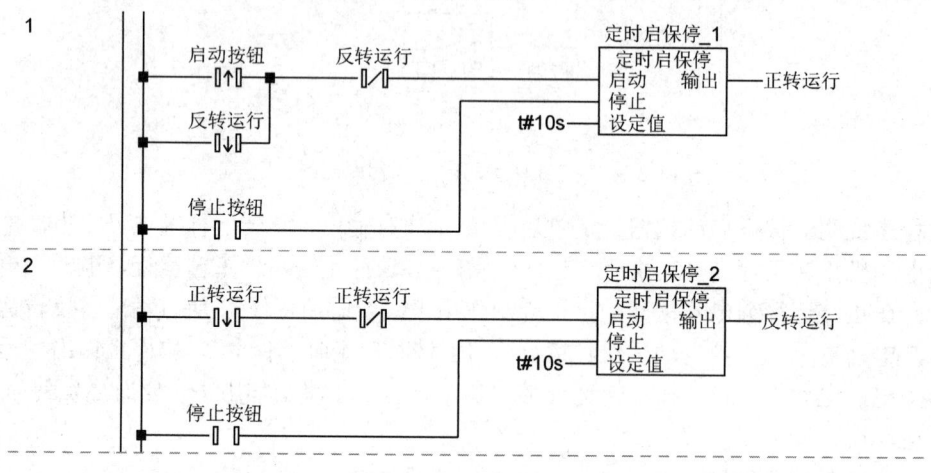

(c) 局部标签

(d) 主程序梯形图

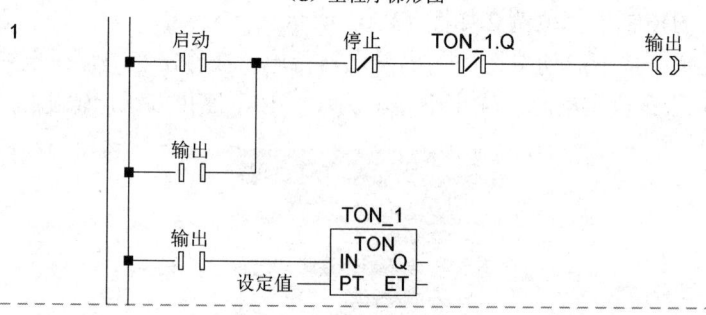

(e) FB 块梯形图

图 13-2-2 用 FB 块编写的控制程序范例 2（续）

主程序说明：按下启动按钮，定时启保停_1 块有输出，正转运行继电器得电，电动机正转。当电动机正转运行满 10 秒时，定时启保停_1 块停止输出，正转运行继电器失电，电动机停止。在正转运行继电器常开触点下降沿作用下，定时启保停_2 块有输出，反转运行继电器得电，电动机反转。当电动机反转运行满 10 秒时，定时启保停_2 块停止输出，反转运行继电器失电，电动机停止。在反转运行继电器常开触点下降沿作用下，定时启保停_1 块又有输出，电动机正转。

【经验体会】

在本实例中，虽然范例 1 和范例 2 都能实现电动机定时正反转控制，但范例 2 的 FB 块比范例 1 的 FB 块多了一个时间设定输入引脚。在某些需要调整定时时间的场合，范例 2 可以在 FB 块外直接调整，而范例 1 则需要修改 FB 块的程序，相对来说，范例 2 的使用灵活性要好于范例 1。在遇到上述控制要求时，建议读者采用范例 2 的形式设计程序。

项目 13　FB 控制程序设计

实例 13-3　定时器控制 3 台电动机顺启顺停程序设计

设计要求：按下启动按钮，第一台电动机启动；第一台电动机运行 5 秒后，第二台电动机启动；第二台电动机运行 5 秒后，第三台电动机启动。按下停止按钮，第一台电动机停止；第一台电动机停止 5 秒后，第二台电动机停止；第二台电动机停止 5 秒后，第三台电动机停止。

1. 输入/输出元件及其控制功能

实例 13-3 中用到的输入/输出元件地址如表 13-3-1 所示。

表 13-3-1　实例 13-3 输入/输出元件地址

说　明	PLC 软元件	元件文字符号	元 件 名 称	控 制 功 能
输入	X0	SB1	按钮	启动控制
	X1	SB2	按钮	停止控制
输出	Y0	KM1	接触器	电动机 1 运行控制
	Y1	KM2	接触器	电动机 2 运行控制
	Y2	KM3	接触器	电动机 3 运行控制

2. 控制程序设计

【思路点拨】

三台电动机分别对应三个 FB 块，通过计时方式控制三个 FB 块按照时间顺序启动，使其依次产生输出，这样就能实现三台电动机顺序启动。同样，再通过计时方式控制三个 FB 块按照时间顺序停止，使其依次关闭输出，这样就能实现三台电动机顺序停止。

定时器控制三台电动机顺启顺停程序如图 13-3-1 所示。

（a）工程导航

图 13-3-1　定时器控制三台电动机顺启顺停程序

	类	标签名	数据类型	常量	软元件
1	VAR_GLOBAL	启动按钮	Bit	...	X000
2	VAR_GLOBAL	停止按钮	Bit	...	X001
3	VAR_GLOBAL	电动机1	Bit	...	Y000
4	VAR_GLOBAL	电动机2	Bit	...	Y001
5	VAR_GLOBAL	电动机3	Bit	...	Y002

(b) 全局标签

	类	标签名	数据类型	
1	VAR_INPUT	启动	Bit	...
2	VAR_INPUT	停止	Bit	...
3	VAR_OUTPUT	输出	Bit	...

(c) 局部标签

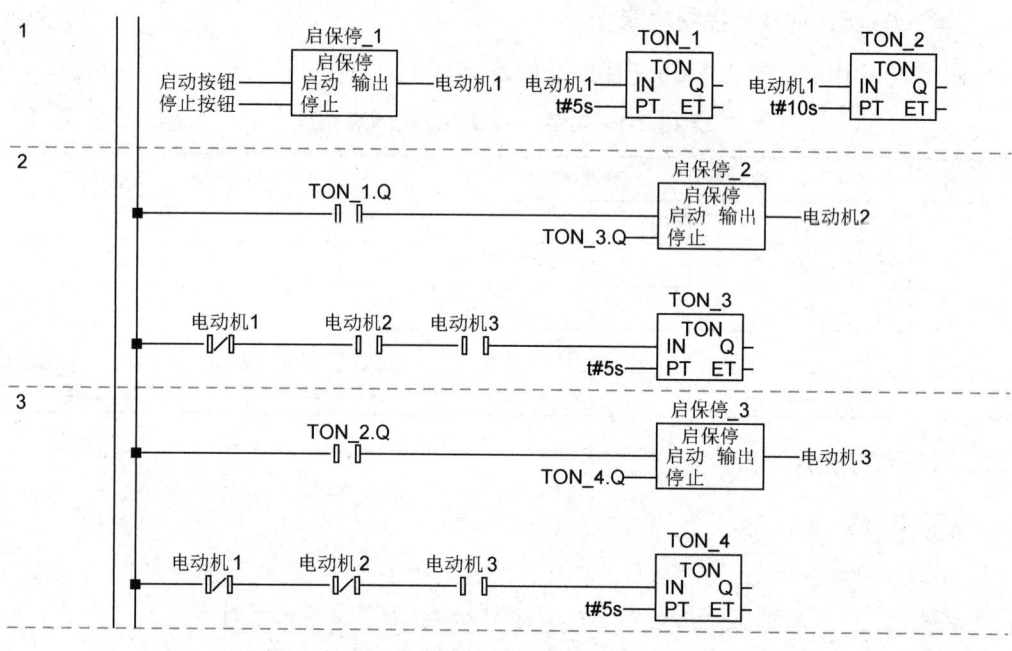

(d) 主程序梯形图

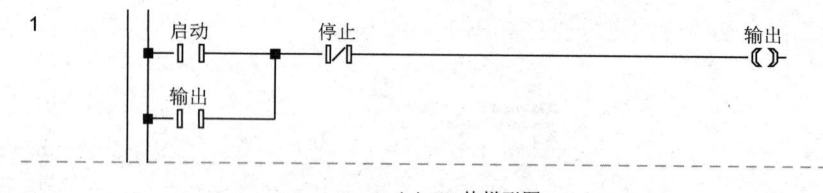

(e) FB 块梯形图

图 13-3-1 定时器控制三台电动机顺启顺停程序（续）

FB 块程序说明：按下启动按钮，输出继电器得电。按下停止按钮，输出继电器失电。

主程序说明：按下启动按钮，启保停_1 块有输出，电动机 1 继电器得电，电动机 1 运行。当电动机 1 运行满 5 秒时，T1 定时器动作，T1 常开触点闭合，启保停_2 块有输出，电动机 2 继电器得电，电动机 2 运行。当电动机 1 运行满 10 秒时，T2 定时器动作，T2 常开触点闭合，启保停_3 块有输出，电动机 3 继电器得电，电动机 3 运行。

按下停止按钮，启保停_1 块停止输出，电动机 1 继电器失电，电动机 1 停止。当电动机 1 停止满 5 秒时，T3 定时器动作，T3 常开触点闭合，启保停_2 块停止输出，电动机 2 继电器失电,电动机 2 停止。当电动机 2 停止满 5 秒时,T4 定时器动作,T4 常开触点闭合,启保停_3 块停止输出,电动机 3 继电器失电,电动机 3 停止。

【经验体会】

本实例的程序实际上是编者在实例 13-1 的基础上修编完成的。因为功能块的调用、编辑和删除就像对指令的操作一样简单,同时,编辑功能块内部的程序也很简单,只需找到相对应的功能块,就可以在"块"内部进行程序的编辑,所以建议读者在编写控制要求相近的程序时,不要从头编写,那样会费时费力,最好能借用手头上已有程序,对其进行修编,这样做会事半功倍。

实例 13-4 定时器控制流水灯程序设计

设计要求:用两个控制按钮控制 8 个彩灯,实现单点左右循环点亮,时间间隔为 1 秒。当按下启动按钮时,彩灯开始循环点亮;当按下停止按钮时,彩灯立即全部熄灭。

1. 输入/输出元件及其控制功能

实例 13-4 中用到的输入/输出元件地址如表 13-4-1 所示。

表 13-4-1 实例 13-4 输入/输出元件地址

说 明	PLC 软元件	元件文字符号	元 件 名 称	控 制 功 能
输入	X0	SB1	启动按钮	启动控制
	X1	SB2	停止按钮	停止控制
输出	Y0	HL1	彩灯 1	状态显示
	Y1	HL2	彩灯 2	状态显示
	Y2	HL3	彩灯 3	状态显示
	Y3	HL4	彩灯 4	状态显示
	Y4	HL5	彩灯 5	状态显示
	Y5	HL6	彩灯 6	状态显示
	Y6	HL7	彩灯 7	状态显示
	Y7	HL8	彩灯 8	状态显示

2. 程序设计

【思路点拨】

依据题意,8 个彩灯单点左右循环点亮全过程可分为 14 个工作进程:

Y0→Y1→Y2→Y3→Y4→Y5→Y6→Y7→Y6→Y5→Y4→Y3→Y2→Y1

14 个工作进程对应 14 个 FB 块,每个 FB 块采用定时启保停控制,利用前一个 FB 块的结束条件自动切入到下一个 FB 块，让 14 个 FB 块依次循环输出，最终带动 8 个彩灯单点左右循环点亮。

采用 FB 块编写的彩灯单点左右循环点亮程序如图 13-4-1 所示。

FB 块程序说明：按下 qi 按钮，sc 继电器得电。在 sc 继电器得电期间，定时器 T1 计时，当计时时间满 1 秒时，sc 继电器失电。按下 ting 按钮，sc 继电器失电。

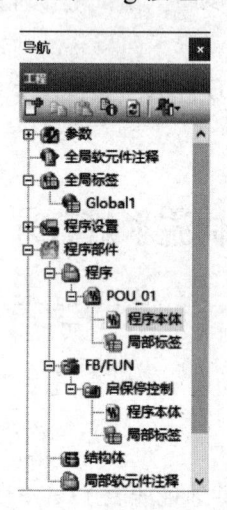

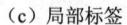

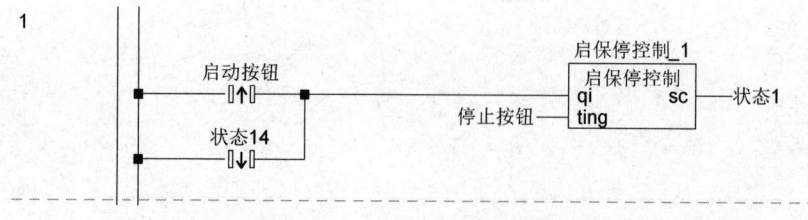

图 13-4-1 采用 FB 块编写的彩灯单点左右循环点亮程序

项目 13 FB 控制程序设计

2
　　状态1　　　　　　　　　　　启保停控制_2
　　─┤↓├──　　　　　　　　　启保停控制
　　　　　　　　　　　　　　　qi　　sc ── 状态2
　　　　　　　　　　　停止按钮 ─ ting

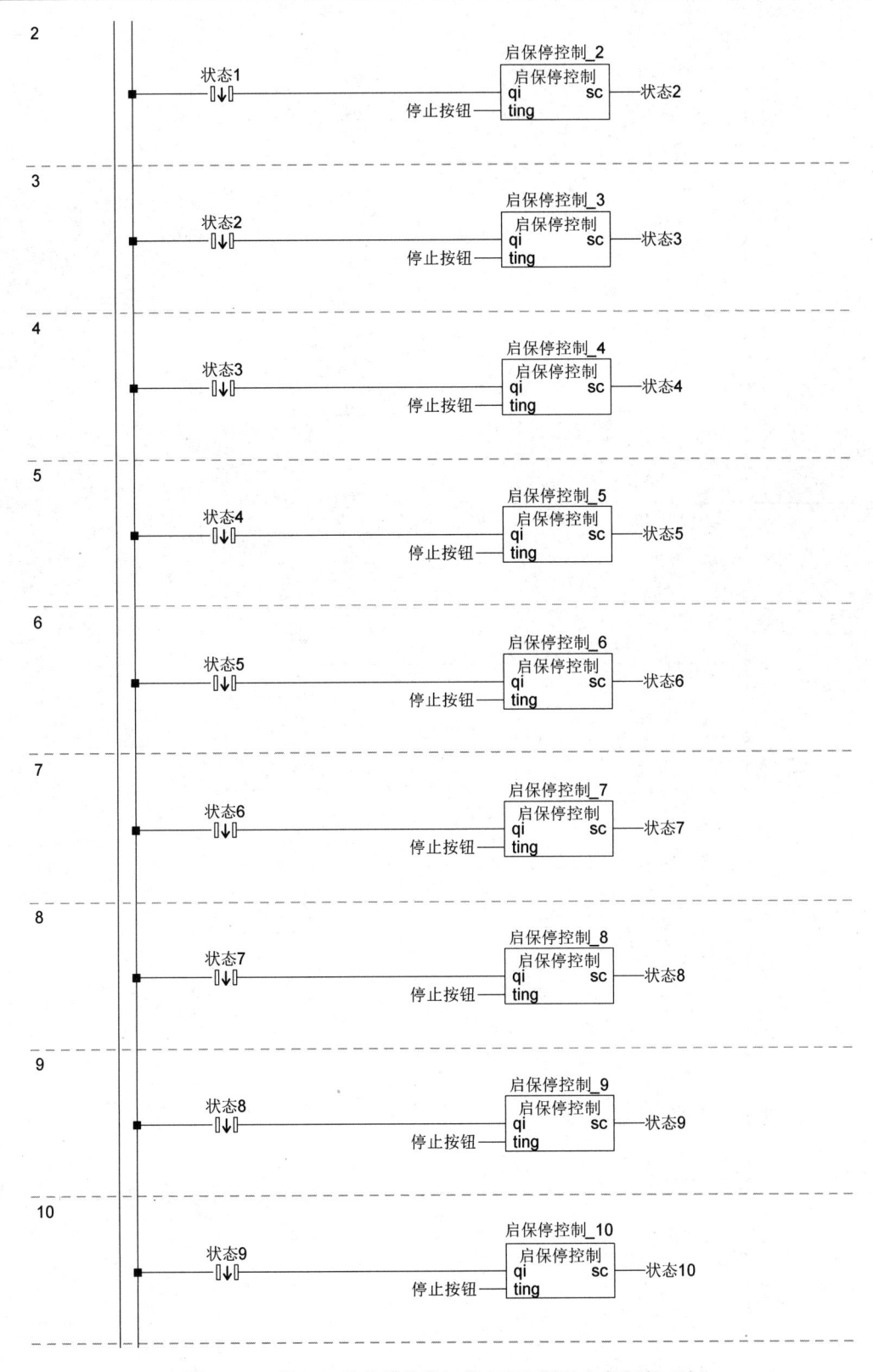

3
　　状态2　　　　　　　　　　　启保停控制_3
　　─┤↓├──　　　　　　　　　启保停控制
　　　　　　　　　　　　　　　qi　　sc ── 状态3
　　　　　　　　　　　停止按钮 ─ ting

4
　　状态3　　　　　　　　　　　启保停控制_4
　　─┤↓├──　　　　　　　　　启保停控制
　　　　　　　　　　　　　　　qi　　sc ── 状态4
　　　　　　　　　　　停止按钮 ─ ting

5
　　状态4　　　　　　　　　　　启保停控制_5
　　─┤↓├──　　　　　　　　　启保停控制
　　　　　　　　　　　　　　　qi　　sc ── 状态5
　　　　　　　　　　　停止按钮 ─ ting

6
　　状态5　　　　　　　　　　　启保停控制_6
　　─┤↓├──　　　　　　　　　启保停控制
　　　　　　　　　　　　　　　qi　　sc ── 状态6
　　　　　　　　　　　停止按钮 ─ ting

7
　　状态6　　　　　　　　　　　启保停控制_7
　　─┤↓├──　　　　　　　　　启保停控制
　　　　　　　　　　　　　　　qi　　sc ── 状态7
　　　　　　　　　　　停止按钮 ─ ting

8
　　状态7　　　　　　　　　　　启保停控制_8
　　─┤↓├──　　　　　　　　　启保停控制
　　　　　　　　　　　　　　　qi　　sc ── 状态8
　　　　　　　　　　　停止按钮 ─ ting

9
　　状态8　　　　　　　　　　　启保停控制_9
　　─┤↓├──　　　　　　　　　启保停控制
　　　　　　　　　　　　　　　qi　　sc ── 状态9
　　　　　　　　　　　停止按钮 ─ ting

10
　　状态9　　　　　　　　　　　启保停控制_10
　　─┤↓├──　　　　　　　　　启保停控制
　　　　　　　　　　　　　　　qi　　sc ── 状态10
　　　　　　　　　　　停止按钮 ─ ting

图 13-4-1 采用 FB 块编写的彩灯单点左右循环点亮程序（续）

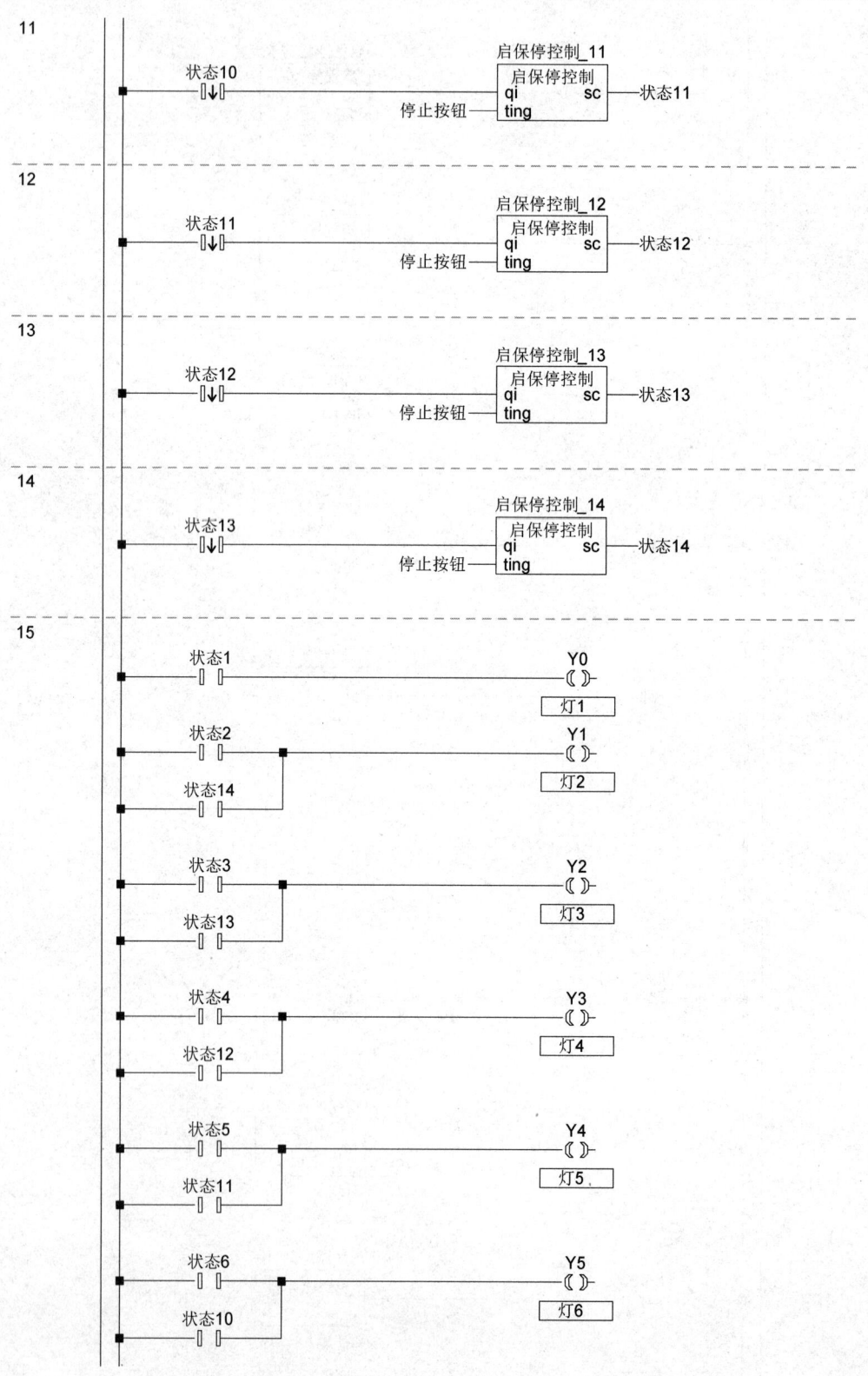

11
状态10 —|↓|— 启保停控制_11 [启保停控制 qi sc] — 状态11
停止按钮 — ting

12
状态11 —|↓|— 启保停控制_12 [启保停控制 qi sc] — 状态12
停止按钮 — ting

13
状态12 —|↓|— 启保停控制_13 [启保停控制 qi sc] — 状态13
停止按钮 — ting

14
状态13 —|↓|— 启保停控制_14 [启保停控制 qi sc] — 状态14
停止按钮 — ting

15
状态1 —| |— (Y0) 灯1

状态2 —| |—┬— (Y1) 灯2
状态14 —| |—┘

状态3 —| |—┬— (Y2) 灯3
状态13 —| |—┘

状态4 —| |—┬— (Y3) 灯4
状态12 —| |—┘

状态5 —| |—┬— (Y4) 灯5
状态11 —| |—┘

状态6 —| |—┬— (Y5) 灯6
状态10 —| |—┘

图 13-4-1 采用 FB 块编写的彩灯单点左右循环点亮程序（续）

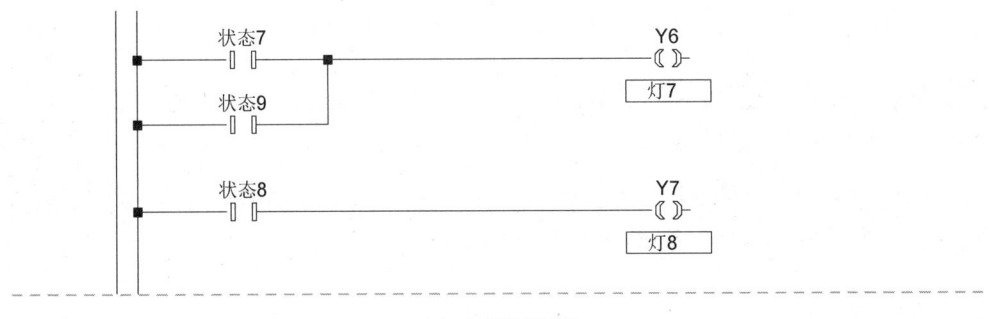

项目 13 FB 控制程序设计

（d）主程序梯形图

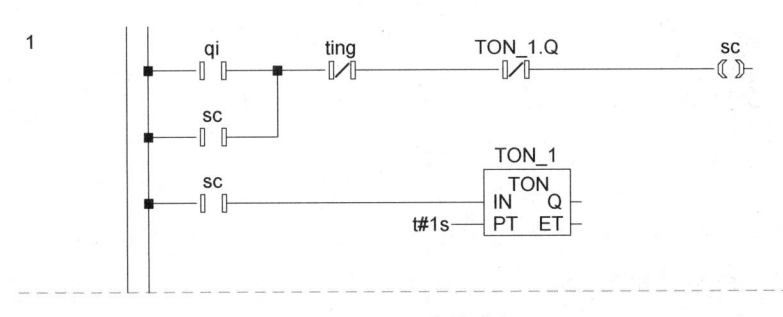

（e）FB 块梯形图

图 13-4-1 采用 FB 块编写的彩灯单点左右循环点亮程序（续）

主程序说明：

① 功能块循环控制。按下正转按钮，启保停控制_1 块有输出，驱动状态 1 继电器得电，当状态 1 继电器得电满 1 秒时，启保停控制_1 块停止输出，状态 1 继电器失电。由于状态 1 继电器失电，启保停控制_2 块有输出，驱动状态 2 继电器得电，当状态 2 继电器得电满 1 秒时，启保停控制_2 块停止输出，状态 2 继电器失电。按照此顺序，状态 1 继电器至状态 14 继电器循环得电。

按下停止按钮，功能块停止输出。

② 彩灯控制。

状态 1 继电器驱动 Y0 灯亮。

状态 2 继电器和状态 14 继电器并联，驱动 Y1 灯亮。

状态 3 继电器和状态 13 继电器并联，驱动 Y2 灯亮。

状态 4 继电器和状态 12 继电器并联，驱动 Y3 灯亮。

状态 5 继电器和状态 11 继电器并联，驱动 Y4 灯亮。

状态 6 继电器和状态 10 继电器并联，驱动 Y5 灯亮。

状态 7 继电器和状态 9 继电器并联，驱动 Y6 灯亮。

状态 8 继电器驱动 Y7 灯亮。

【经验体会】

本实例连续调用了 14 次 FB 块，充分体现了 FB 块编程的优势，这种编程方法大大减轻了程序编辑工作量，也大大降低了编辑出错的可能性，相比简单工程，该程序呈现出来的逻辑结构更清晰，使程序的检查更容易，调试更直观方便。

实例 13-5 定时器控制交通信号灯运行程序设计

设计要求：按下启动按钮，交通信号灯系统按图 13-5-1 所示要求工作，绿灯闪烁的周期为 0.4 秒；按下停止按钮，所有信号灯熄灭。

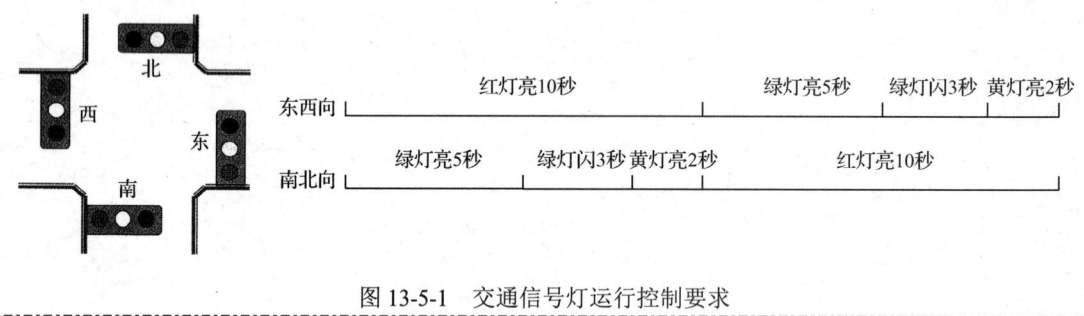

图 13-5-1 交通信号灯运行控制要求

1. 输入/输出元件及其控制功能

实例 13-5 中用到的输入/输出元件地址如表 13-5-1 所示。

表 13-5-1 实例 13-5 输入/输出元件地址

说　明	PLC 软元件	元件文字符号	元 件 名 称	控 制 功 能
输入	X0	SB1	启动按钮	启动控制
	X1	SB2	停止按钮	停止控制
输出	Y0	HL1	东西向红灯	东西向禁行
	Y1	HL2	东西向绿灯	东西向通行
	Y2	HL3	东西向黄灯	东西向信号转换
	Y3	HL4	南北向红灯	南北向禁行
	Y4	HL5	南北向绿灯	南北向通行
	Y5	HL6	南北向黄灯	南北向信号转换

2. 程序设计

【思路点拨】

从图 13-5-1 可以看出，交通信号灯按照时间原则被依次点亮，其运行周期为 20 秒。在每个运行周期内，交通信号灯的控制又被划分为 6 个时间段，即 0～5 秒、5～8 秒、8～10 秒、10～15 秒、15～18 秒和 18～20 秒。因此，我们可以"打包"一个具有定时启保停控制功能的 FB 块，在主程序中连续调用 6 次 FB 块，用 6 个块将一个工作周期划分成 6 个时间段，进而控制交通信号灯按照规定要求点亮。

采用 FB 块编写的交通信号灯运行程序如图 13-5-1 所示。

(a) 工程导航

	类	标签名	数据类型	常量	软元件
1	VAR_GLOBAL	启动按钮	Bit		
2	VAR_GLOBAL	停止按钮	Bit		
3	VAR_GLOBAL	段1	Bit		
4	VAR_GLOBAL	段2	Bit		
5	VAR_GLOBAL	段3	Bit		
6	VAR_GLOBAL	段4	Bit		
7	VAR_GLOBAL	段5	Bit		
8	VAR_GLOBAL	段6	Bit		
9	VAR_GLOBAL	东西向红灯	Bit		Y000
10	VAR_GLOBAL	东西向绿灯	Bit		Y001
11	VAR_GLOBAL	东西向黄灯	Bit		Y002
12	VAR_GLOBAL	南北向红灯	Bit		Y003
13	VAR_GLOBAL	南北向绿灯	Bit		Y004
14	VAR_GLOBAL	南北向黄灯	Bit		Y005
15	VAR_GLOBAL	频闪	Bit		

(b) 全局标签

	类	标签名	数据类型
1	VAR_INPUT	qi	Bit
2	VAR_INPUT	ting	Bit
3	VAR_INPUT	shedingzhi	Time
4	VAR_OUTPUT	sc	Bit
5	VAR	TON_1	TON

(c) 启保停 FB 块局部标签

	类	标签名	数据类型
1	VAR_OUTPUT	脉冲输出	Bit
2	VAR	TON_2	TON

(d) 频闪继电器 FB 块局部标签

图 13-5-1 采用 FB 块编写的交通信号灯运行程序

1

```
启动按钮                    启保停_1
──┤↑├──┬──────────        启保停
       │              停止按钮──qi    sc──段1
  段6   │                    ──ting
──┤↓├──┘              t#5s──shedingzhi
```

2

```
  段1                       启保停_2
──┤↓├──────────────        启保停
                    停止按钮──qi    sc──段2
                          ──ting
                    t#3s──shedingzhi
```

3

```
  段2                       启保停_3
──┤↓├──────────────        启保停
                    停止按钮──qi    sc──段3
                          ──ting
                    t#2s──shedingzhi
```

4

```
  段3                       启保停_4
──┤↓├──────────────        启保停
                    停止按钮──qi    sc──段4
                          ──ting
                    t#5s──shedingzhi
```

5

```
  段4                       启保停_5
──┤↓├──────────────        启保停
                    停止按钮──qi    sc──段5
                          ──ting
                    t#3s──shedingzhi
```

6

```
  段5                       启保停_6
──┤↓├──────────────        启保停
                    停止按钮──qi    sc──段6
                          ──ting
                    t#2s──shedingzhi
```

7

```
              频闪继电器_1
              频闪继电器
              脉冲输出──频闪
```

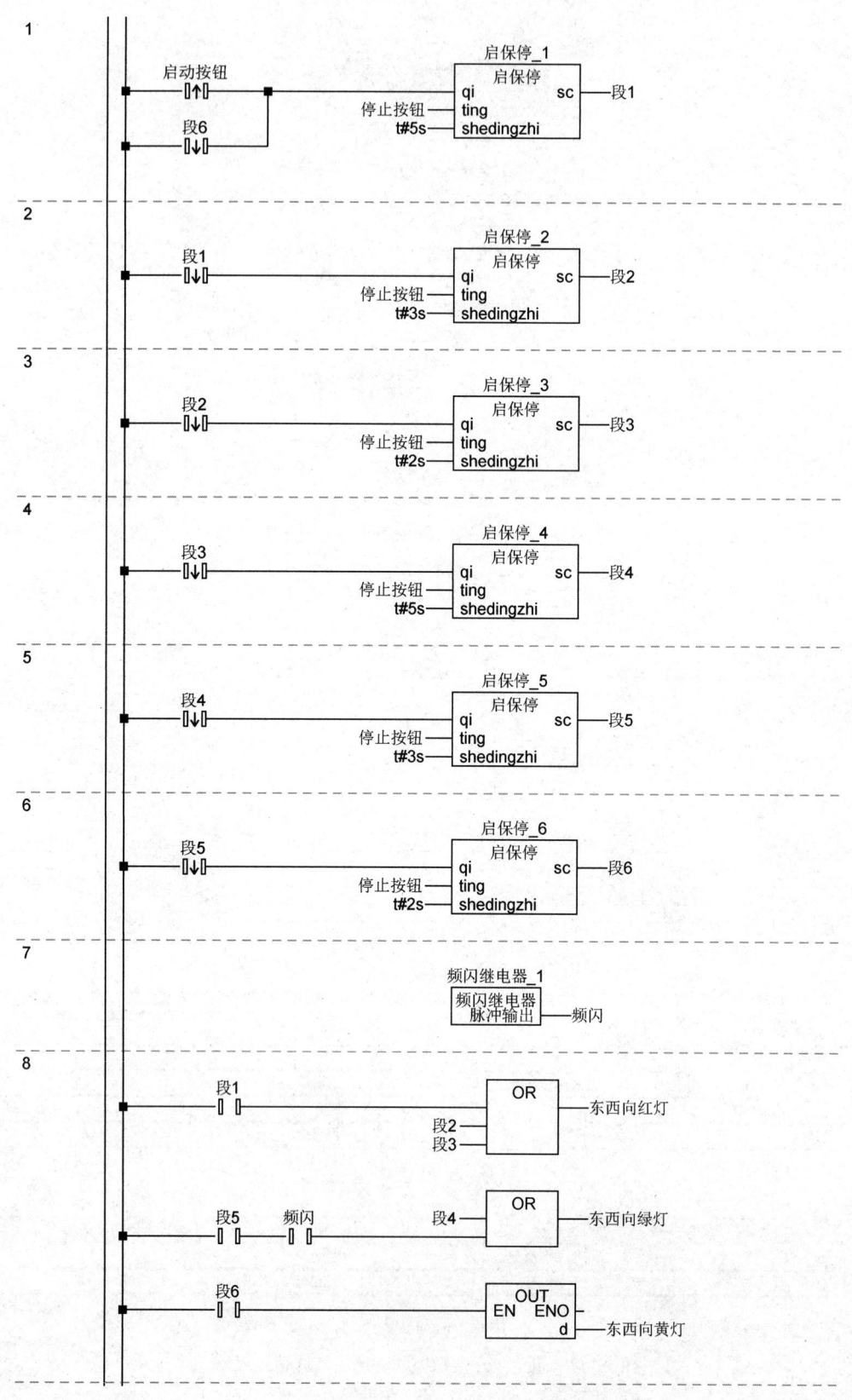

8

```
  段1                OR
──┤ ├──────────┐              ──东西向红灯
               │段2
               │段3

  段5    频闪      段4   OR
──┤ ├──┤ ├─────┐              ──东西向绿灯

  段6              OUT
──┤ ├──────────  EN  ENO
                    d  ──东西向黄灯
```

图 13-5-1 采用 FB 块编写的交通信号灯运行程序（续）

（e）主程序梯形图

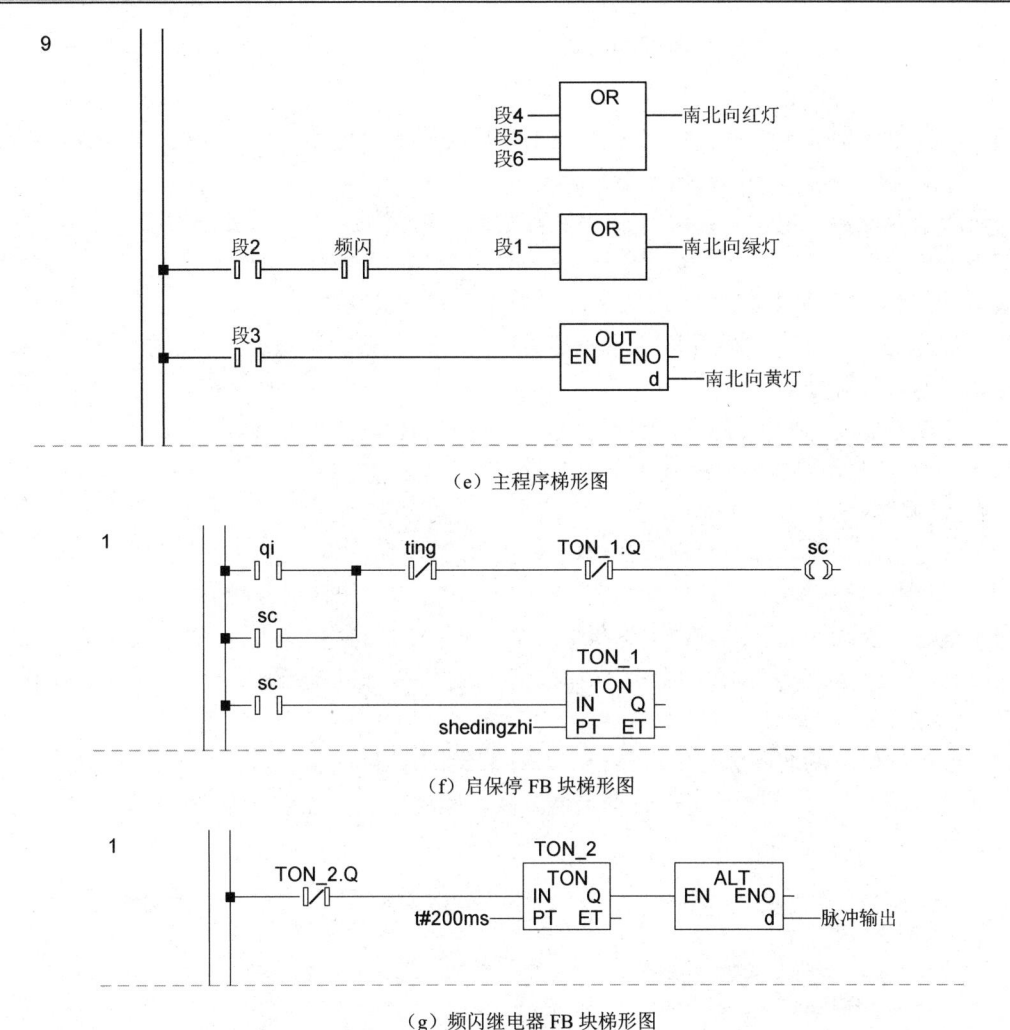

（f）启保停 FB 块梯形图

（g）频闪继电器 FB 块梯形图

图 13-5-1　采用 FB 块编写的交通信号灯运行程序（续）

频闪继电器 FB 块程序说明：PLC 上电后，定时器 T2 开始计时。每当计时时间满 0.2 秒，定时器 T2 就会动作一次，脉冲输出继电器的状态就被取反一次，使脉冲输出继电器在 0.4 秒周期内通 0.2 秒、断 0.2 秒，最终实现频闪效果。

启保停 FB 块程序说明：按下 qi 按钮，sc 继电器得电。在 sc 继电器得电期间，定时器 T1 计时，当计时时间达到设定值时，sc 继电器失电。按下 ting 按钮，sc 继电器失电。

主程序说明：

① 功能块循环控制。按下启动按钮，启保停_1 块有输出，驱动段 1 继电器得电。当段 1 继电器得电满 5 秒时，启保停_1 块停止输出，段 1 继电器失电。

由于段 1 继电器失电，启保停_2 块有输出，驱动段 2 继电器得电，当段 2 继电器得电满 3 秒时，启保停_2 块停止输出，段 2 继电器失电。

由于段 2 继电器失电，启保停_3 块有输出，驱动段 3 继电器得电，当段 3 继电器得电满 2 秒时，启保停_3 块停止输出，段 3 继电器失电。

由于段 3 继电器失电，启保停_4 块有输出，驱动段 4 继电器得电，当段 4 继电器得电满 5 秒时，启保停_4 块停止输出，段 4 继电器失电。

由于段 4 继电器失电，启保停_5 块有输出，驱动段 5 继电器得电，当段 5 继电器得电满 3 秒时，启保停_5 块停止输出，段 5 继电器得电。

由于段 5 继电器失电，启保停_6 块有输出，驱动段 6 继电器得电，当段 6 继电器得电满 2 秒时，启保停_6 块停止输出，段 6 继电器失电。

由于段 6 继电器失电，启保停_1 块再次有输出，功能块进入循环工作状态。

按下停止按钮，功能块停止输出。

② 东西向交通灯控制。

段 1 继电器、段 2 继电器和段 3 继电器并联，驱动东西向红灯继电器得电，即 Y0 继电器得电，东西向红灯被点亮。

段 4 继电器驱动东西向绿灯继电器得电，即 Y1 继电器得电，东西向绿灯被点亮。

段 5 继电器与频闪继电器串联，驱动东西向绿灯继电器间歇得电，即 Y1 继电器间歇得电，东西向绿灯闪烁。

段 6 继电器驱动东西向黄灯继电器得电，即 Y2 继电器得电，东西向黄灯被点亮。

③ 南北向交通灯控制。

段 1 继电器驱动南北向绿灯继电器得电，即 Y4 继电器得电，南北向绿灯被点亮。

段 2 继电器与频闪继电器串联，驱动南北向绿灯继电器间歇得电，即 Y4 继电器间歇得电，南北向绿灯闪烁。

段 3 继电器驱动南北向黄灯继电器得电，即 Y5 继电器得电，南北向黄灯被点亮。

段 4 继电器、段 5 继电器和段 6 继电器并联，驱动南北向红灯继电器得电，即 Y3 继电器得电，南北向红灯被点亮。

【思路点拨】

在实例 13-5 中，编者建议读者在某些需要调整定时时间的场合，一定要创建定时时间在块外可设定的 FB 块。以本实例为例，本实例创建的就是定时时间在块外可设置的 FB 块，并且只需要创建一个这样的 FB 块，该块在主程序中被连续调用了 6 次，这种方法大大降低了程序编辑的工作量，也为后续的调试工作带来了方便。相反，如果创建的是块内设定时间的 FB 块，那么对应本实例 6 个不等长的时间段，就需要创建 6 个 FB 块，而且每个 FB 块在主程序中只被调用了 1 次，显然这种方法失去了利用 FB 块进行程序设计的意义。

思政元素映射

从湘钢走出来的焊接大师

艾爱国是第一位从湘钢走出来的焊接大师。从世界最长跨海大桥——港珠澳大桥，到亚洲最大深水油气平台——南海荔湾综合处理平台，在这些超级工程中，都活跃着他的身影；从助力中国船舶制造业提升国际竞争力，比肩世界一流水平，到突破国外企业"卡脖子"技术，填补国内技术空白，都离不开他的焊接绝活。凭借一身绝技、执着追求，2021 年他被授予"七一勋章"。

艾爱国是爱岗敬业的榜样，从进厂那天起，他白天认真学艺，晚上刻苦学习专业书籍，长期的勤学苦练，使他掌握了扎实的专业理论知识，练就了一手过硬的绝活。1982 年，在湘潭市锅炉合格焊接考核中，他以优异成绩取得气焊、电焊双合格证书，成为全市第一个获得焊接双合格证书者。此后，他带头进行生产技术攻关，克服一个又一个难关，创造了一个又一个奇迹。他在20世纪80年代采用交流氩弧焊双人双面同步焊技术，解决当时世界最大的3万立方米制氧机深冷无泄漏的"硬骨头"问题；20世纪末，他带领团队进行10年攻坚，打破国外技术垄断，实现大线能量焊接用钢国产化；花甲之年他带领团队突破工程机械吊臂用钢面临的"卡脖子"技术，大幅降低中国工程机械生产成本。

他用50多年的时间，实现了自己最初写下的"攀登技术高峰"的目标，将自己活成了一座高峰。他以"当工人就要当好工人"为座右铭，在普通的岗位上勤奋学习、忘我工作，为党和人民作出了重要贡献。

项目 14

ST 语言控制程序设计

ST（Structured Text）是一种应用于工业控制的文本语言，这种编程语言不依赖硬件环境，适用于各种主流品牌的 PLC，在条件判断和运算方面优势突出，非常适合在有复杂逻辑判断或数学运算的程序中应用。

实例 14-1　双按钮控制电动机启停程序设计

设计要求： 按下启动按钮，电动机连续运行；按下停止按钮，电动机停止运行。

1．输入/输出元件及其控制功能

实例 14-1 中用到的输入/输出元件地址如表 14-1-1 所示。

表 14-1-1　实例 14-1 输入/输出元件地址

说　明	PLC 软元件	元件文字符号	元件名称	控 制 功 能
输入	X0	SB1	按钮	启动控制
	X1	SB2	按钮	停止控制
输出	Y0	KM1	接触器	电动机运行控制

2．控制程序设计

【思路点拨】

电动机启停控制属于位逻辑控制。针对位逻辑控制，ST 语言的编程方法有很多，使用赋值、输出、置位/复位、IF 和 CASE 等语句都可以轻松应对。

（1）程序范例 1 分析。

用赋值语句编写的本实例程序范例 1 如图 14-1-1 所示。

```
Y0:= X0 OR Y0  AND NOT X1;
```

图 14-1-1　用赋值语句编写的程序范例 1

项目 14　ST 语言控制程序设计

程序说明：

按下启动按钮 X0，X0 =1，逻辑表达式 X0 OR Y0 AND NOT X1 的值为 1，PLC 执行赋值语句，使 Y0 =1（可理解为 ON、高电平、得电），电动机运行。

按下停止按钮 X1，X1 =1，逻辑表达式 X0 OR Y0 AND NOT X1 的值为 0，PLC 执行赋值语句，使 Y0 =0（可理解为 OFF、低电平、失电），电动机停止运行。

【特别提示】

赋值语句的符号是":="，它的作用类似于梯形图中的 MOV 指令，这里要注意赋值的方向，赋值语句把":="符号右边的值传递给":="符号左边的变量。在实际编程中，赋值语句既可以给开关量赋值，也可以给数字量赋值；既可以给变量赋值，也可以给常量赋值。

（2）程序范例 2 分析。

用输出语句编写的本实例程序范例 2 如图 14-1-2 所示。

OUT(X0 OR Y0 AND NOT X1，Y0);

图 14-1-2　用输出语句编写的程序范例 2

程序说明：

按下启动按钮 X0，X0 =1，逻辑表达式 X0 OR Y0 AND NOT X1 的值为 1，PLC 执行 OUT 语句，使 Y0 =1，电动机运行。

按下停止按钮 X1，X1 =1，逻辑表达式 X0 OR Y0 AND NOT X1 的值为 0，PLC 执行 OUT 语句，使 Y0 =0，电动机停止运行。

【特别提示】

输出语句的符号是"OUT"，输出语句和赋值语句虽然是两个不同的语句，但这两个语句的作用却是完全相同的。在编程过程中具体使用哪一个语句，应根据个人习惯，编者喜欢使用赋值语句，因为赋值语句看起来更直观一点。

（3）程序范例 3 分析。

用置位/复位语句编写的本实例程序范例 3 如图 14-1-3 所示。

SET (X0，Y0);
RST (X1，Y0);

图 14-1-3　用置位/复位语句编写的程序范例 3

程序说明：

按下启动按钮 X0，X0 =1，SET 语句的使能为 TRUE，PLC 执行 SET 语句，使 Y0 =1，电动机运行。

按下停止按钮 X1，X1 =1，RST 语句的使能为 TRUE，PLC 执行 RST 语句，使 Y0 =0，电动机停止运行。

【特别提示】

置位语句的符号是"SET"，指令中逗号前面是使能条件，逗号后面是置位对象。复位语句的符号是"RST"，指令中逗号前面是使能条件，逗号后面是复位对象。这两个语句在使用中优先级没有区别，完全由语句自身在程序中所处的位置决定。

(4)程序范例 4 分析。

用 IF 选择语句编写的本实例程序范例 4 如图 14-1-4 所示。

```
IF X0 =TRUE THEN
    Y0 :=TRUE ;
END_IF;
IF X1 =TRUE THEN
    Y0 :=FALSE ;
END_IF;
```

图 14-1-4　用 IF 选择语句编写的程序范例 4

程序说明：

按下启动按钮 X0，X0 =1，第 1 条 IF 语句的使能为 TRUE，PLC 执行该条语句，使 Y0 =1，电动机运行。

【课堂讨论】

如果启动按钮 X0 松脱了，变为低电平，此时 IF 语句的使能变为 FALSE，PLC 就不能执行 IF 语句，那么电动机会停下来吗？答案是不会，因为 Y0 没有被刷新，Y0 会一直保持当前高电平状态，电动机就一直运行。从作用的角度来看，这条 IF 语句与 SET 语句等效。

按下停止按钮 X1，X1 =1，第 2 条 IF 语句的使能为 TRUE，PLC 执行该条语句，使 Y0 =0，电动机停止运行。

【课堂讨论】

在图 14-1-4 所示的程序中，使用了"="和":="两种符号，这两种符号的含义是完全不同的。在 ST 语言中，"="表示判断，如 X0=TRUE，意思是 X0 的逻辑值与 TRUE 相比较，判断两者是否相等，而不是把 X0 的逻辑值变为 TRUE。而":="表示赋值，如 Y0:=TRUE，意思是让 Y0 的逻辑值变为 TRUE。

【特别提示】

IF 指令用于判断某种条件是否满足，当条件满足时，执行 IF 与 END_IF 之间的程序段。用 ST 语言编程时，经常使用 IF 语句，它可以用来判断开关量、数字量，也可以用来判断逻辑表达式。

【知识准备】

ST 语言是 IEC61131-3 所规定的 PLC 编程语言之一，由于其编写方式与一般的计算机语言相似，采用高度简化的表达形式，使得程序紧凑、结构清晰。ST 带有多种控制语句，多用于复杂的控制逻辑和控制算法中。

(1) 创建 ST 工程。下面以本实例为例，介绍一下 ST 工程的创建过程。

① 打开三菱 GX Works2 软件，创建一个新工程，如图 14-1-5 所示。

② 在工程类型选项中选择"结构化工程",在 PLC 系列选项中选择"FXCPU",在 PLC 类型选项中选择"FX3U/FX3UC",在程序语言选项中选择"ST",如图 14-1-6 所示。

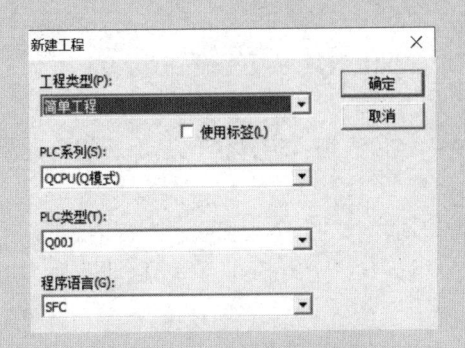

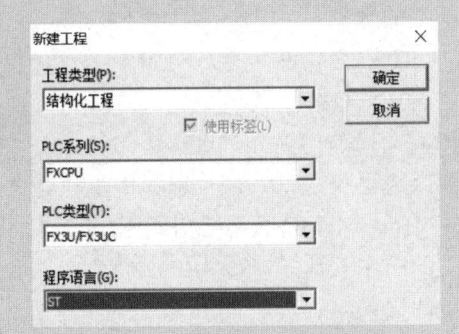

图 14-1-5　创建一个新工程　　　　　图 14-1-6　设置结构化工程

③ 用鼠标单击图 14-1-6 中的"确定"按钮,进入编程界面,如图 14-1-7 所示。

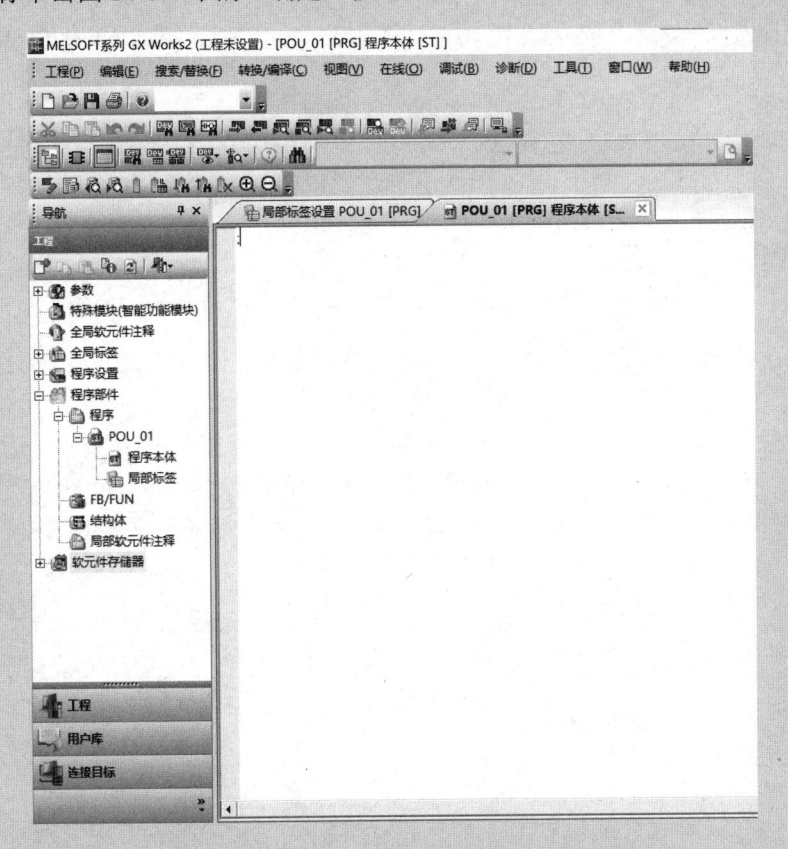

图 14-1-7　编程界面

(2) 编程注意事项。
① 输入法要切换到英文、半角输入模式。
② 在编写过程中要经常进行编译,这样不容易出错。
③ 在一条语句或一个元件输入完成后,要按空格键,表示输入完成。
④ 计算的时候要先做乘法再做除法,这样能减小计算误差。
⑤ 每条语句的最后要加英文分号,类似于梯形图右母线,表示这条语句结束。

⑥ 注释记法:(*注释*)。

⑦ 如果进行 32 位的数据计算,需要新建一个 32 位数据类型的标签,再用 DMOV 指令读写标签的数据。

⑧ ST 语言允许简写,例如,IF　X0 = TRUE　THEN,可以写成 IF　X0 = 1　THEN 或 IF　X0　THEN。

(3) 选择语句简介。选择语句包括 IF 语句和 CASE 语句。选择语句基于所规定的条件,选择其组成语句之一(或一组)用于执行。

① IF 语句。IF 语句结构如图 14-1-8 所示,应用举例如图 14-1-9 所示。IF 语句规定:仅当相关的布尔表达式求值为 1(真)时,才会执行一组语句。如果条件为假,则执行跟着 ELSE 关键字的语句组。

```
IF bool_expression_1 THEN              IF a>b THEN
    <逻辑语句>                              flag:=1;
ELSE IF bool_expression_2 THEN //这两行可选   ELSE IF a<b THEN
    <逻辑语句>                              flag:=2;
ELSE //这两行可选                          ELSE
    <逻辑语句>                              flag:=3;
END_IF;                                END_IF;
```

图 14-1-8　IF 语句结构　　　　　　图 14-1-9　IF 语句应用举例

② CASE 语句。CASE 语句结构如图 14-1-10 所示,应用举例如图 14-1-11 所示。CASE 语句由一个选择符变量求值表达式和一个语句组列表组成,每组都可应用一个或多个直接量或枚举值或范围值来标记。这些标记的数据类型应该与选择符变量的数据类型匹配,选择符变量的值应该可以和标号进行比较。它规定执行第一组语句,其范围之一包含选择符的计算值。如果选择符的值在任何情形的范围中都不出现,则执行跟着关键字 ELSE(若它在 CASE 语句中出现)的语句序列。否则,不执行任何语句序列。

```
CASE numeric_expression OF            CASE num OF
    selector_1:                           1,2,3:
        <逻辑语句>                              a:=10;
    ……                                   4:
    selector_n:                              a:=20;
        <逻辑语句>                          else
    ELSE                                     a:=100;
        <逻辑语句>                       END_CASE;
END_CASE;
```

图 14-1-10　CASE 语句结构　　　　图 14-1-11　CASE 语句应用举例

实例 14-2　定时器控制电动机启停程序设计

设计要求：按下启动按钮，电动机连续运行 10 秒，然后电动机自动停止运行；按下停止按钮，电动机停止运行。

1. 输入/输出元件及其控制功能

【思路点拨】

本实例只是在实例 14-1 的基础上增加了定时控制。因此，只要在语句的使能中增加定时约束条件，就能满足本实例功能要求。

实例 14-2 中用到的输入/输出元件地址如表 14-2-1 所示。

表 14-2-1　实例 14-2 输入/输出元件地址

说　明	PLC 软元件	元件文字符号	元 件 名 称	控 制 功 能
输入	X0	SB1	按钮	启动控制
	X1	SB2	按钮	停止控制
输出	Y0	KM1	接触器	电动机运行控制

2. 控制程序设计

（1）程序范例 1 分析。

用赋值语句编写的本实例程序范例 1 如图 14-2-1 所示。

```
Y0 := X0 OR Y0 AND NOT X1 AND NOT TS0 ;
OUT_T( Y0, TC0 , K100 ) ;
```

图 14-2-1　用赋值语句编写的程序范例 1

程序说明：

按下启动按钮 X0，X0 =1，逻辑表达式 X0 OR Y0 AND NOT X1 AND NOT TS0 的值为 1，PLC 执行赋值语句，使 Y0 =1，电动机运行。

在电动机运行期间，定时器 T0 计时。当 T0 计时满 10 秒时，T0 的常闭触点变常开，逻辑表达式 X0 OR Y0 AND NOT X1 AND NOT TS0 的值为 0，PLC 执行赋值语句，使 Y0 =0，电动机停止运行。

按下停止按钮 X1，X1 =1，逻辑表达式 X0 OR Y0 AND NOT X1 AND NOT TS0 的值为 0，PLC 执行赋值语句，使 Y0 =0，电动机停止运行。

（2）程序范例 2 分析。

用输出语句编写的本实例程序范例 2 如图 14-2-2 所示。

```
OUT( X0 OR Y0 AND NOT X1 AND NOT TS0 ,Y0 );
OUT_T( Y0 , TC0 , K100 ) ;
```

图 14-2-2　用输出语句编写的程序范例 2

程序说明：

按下启动按钮 X0，X0 =1，逻辑表达式 X0 OR Y0 AND NOT X1 AND NOT TS0 的值为 1，PLC 执行 OUT 语句，使 Y0 =1，电动机运行。

在电动机运行期间，定时器 T0 计时。当 T0 计时满 10 秒时，T0 的常闭触点变常开，逻辑表达式 X0 OR Y0 AND NOT X1 AND NOT TS0 的值为 0，PLC 执行 OUT 语句，使 Y0 =0，电动机停止运行。

按下停止按钮 X1，X1 =1，逻辑表达式 X0 OR Y0 AND NOT X1 AND NOT TS0 的值为 0，PLC 执行 OUT 语句，使 Y0 =0，电动机停止运行。

（3）程序范例 3 分析。

用置位/复位语句编写的本实例程序范例 3 如图 14-2-3 所示。

```
SET ( X0 , Y0 );
OUT_T ( Y0 , TC0 , K100 );
RST ( X1 OR TS0 , Y0);
```

图 14-2-3　用置位/复位语句编写的程序范例 3

程序说明：

按下启动按钮 X0，X0 =1，SET 语句的使能为 TRUE，PLC 执行 SET 语句，使 Y0 =1，电动机运行。

在电动机运行期间，定时器 T0 计时。当 T0 计时满 10 秒时，T0 的常开触点变常闭，RST 语句的使能为 TRUE，PLC 执行 RST 语句，使 Y0 =0，电动机停止运行。

按下停止按钮 X1，X1 =1，RST 语句的使能为 TRUE，PLC 执行 RST 语句，使 Y0 =0，电动机停止运行。

（4）程序范例 4 分析。

用 IF 语句编写的本实例程序范例 4 如图 14-2-4 所示。

```
IF X0 THEN
    Y0 := 1;
END_IF;
OUT_T(Y0, TC0 , K100 );
IF X1 OR TS0 THEN
    Y0 := 0;
END_IF;
```

图 14-2-4　用 IF 语句编写的程序范例 4

程序说明：

按下启动按钮 X0，X0 =1，第 1 条 IF 语句的使能为 TRUE，PLC 执行该条语句，使 Y0 =1，电动机运行。

在电动机运行期间，定时器 T0 计时。当 T0 计时满 10 秒时，T0 的常开触点闭合，第 2 条 IF 语句的使能为 TRUE，PLC 执行该条语句，使 Y0 =0，电动机停止运行。

按下停止按钮 X1，X1 =1，第 2 条 IF 语句的使能为 TRUE，PLC 执行该条语句，使 Y0 =0，电动机停止运行。

(5) 程序范例 5 分析。

用 CASE 语句编写的本实例程序范例 5 如图 14-2-5 所示。

```
SET( X0 , M0 );
OUT_T( M0 , TC0 , K1000 );
RST( X1 , M0 );
CASE TN0 OF
  0:
    Y0:= 0 ;
  1:
    Y0:= 1 ;
  100:
    M0 := 0;
END_CASE;
```

图 14-2-5 用 CASE 语句编写的程序范例 5

按下启动按钮 X0，X0 =1，PLC 执行 SET 语句，使 M0 =1，定时器计时，PLC 执行 CASE 语句。

当 TN0 =0 时，PLC 执行 CASE 语句对应的分支程序，使 Y0=0，电动机停止运行。

当 TN0 =1 时，PLC 执行 CASE 语句对应的分支程序，使 Y0=1，电动机运行。

当 TN0 =100 时，PLC 执行 CASE 语句对应的分支程序，使 M0=0、Y0=0，电动机停止运行。

按下停止按钮 X1，X1 =1，PLC 执行 RST 语句，使 M0 =0、Y0 =0，电动机停止运行。

实例 14-3 定时器控制电动机正/反转运行程序设计

设计要求：按下启动按钮，电动机先正转运行 10 秒，再反转运行 10 秒，依此顺序循环工作。按下停止按钮，电动机停止运行。

1. 输入/输出元件及其控制功能

【思路点拨】

本实例只是在实例 14-2 的基础上增加了一个运转方向。因此，只要按照实例 14-2 所示的方法，再重复编辑一遍，就能满足本实例功能要求，但需要注意的是在使能条件中必须加互锁约束。

实例 14-3 中用到的输入/输出元件地址如表 14-3-1 所示。

表 14-3-1 实例 14-3 输入/输出元件地址

说 明	PLC 软元件	元件文字符号	元件名称	控制功能
输入	X0	SB1	按钮	启动控制
	X1	SB2	按钮	停止控制
输出	Y0	KM1	接触器	正转接通或分断电源
	Y1	KM2	接触器	反转接通或分断电源

2. 控制程序设计

（1）程序范例 1 分析。

用赋值语句编写的本实例程序范例 1 如图 14-3-1 所示。

Y0 := X0 OR TS1 OR Y0 AND NOT X1 AND NOT Y1 AND NOT TS0 ;

OUT_T(Y0 , TC0 , K100) ;

Y1 := TS0 OR Y1 AND NOT X1 AND NOT Y0 AND NOT TS1 ;

OUT_T(Y1 , TC1 , K100) ;

图 14-3-1 用赋值语句编写的程序范例 1

程序说明：

按下启动按钮 X0，X0 =1，PLC 执行第 1 条赋值指令，使 Y0 =1，电动机正转运行。

在电动机正转运行期间，定时器 T0 计时。当 T0 计时满 10 秒时，T0 触点动作，PLC 执行第 1 条赋值指令，使 Y0 =0，电动机停止正转；PLC 执行第 2 条赋值指令，使 Y1 =1，电动机反转运行。

在电动机反转运行期间，定时器 T1 计时。当 T1 计时满 10 秒时，T1 触点动作，PLC 执行第 2 条赋值指令，使 Y1 =0，电动机停止反转；PLC 执行第 1 条赋值指令，使 Y0 =1，电动机正转运行。

按下停止按钮 X1，X1 =1，PLC 执行两条赋值指令，使 Y0=0、Y1=0，电动机停止运行。

（2）程序范例 2 分析。

用 OUT 指令编写的本实例程序范例 2 如图 14-3-2 所示。

OUT(X0 OR TS1 OR Y0 AND NOT X1 AND NOT Y1 AND NOT TS0, Y0);

OUT_T(Y0 , TC0 , K100) ;

OUT(TS0 OR Y1 AND NOT X1 AND NOT Y0 AND NOT TS1 , Y1);

OUT_T(Y1 , TC1 , K100) ;

图 14-3-2 用 OUT 指令编写的程序范例 2

程序说明：

按下启动按钮 X0，X0 =1，PLC 执行第 1 条 OUT 指令，使 Y0 =1，电动机正转运行。

在电动机正转运行期间，定时器 T0 计时。当 T0 计时满 10 秒时，T0 触点动作，PLC 执行第 1 条 OUT 指令，使 Y0 =0，电动机停止正转；PLC 执行第 2 条 OUT 指令，使 Y1 =1，电动机反转运行。

在电动机反转运行期间，定时器 T1 计时。当 T1 计时满 10 秒时，T1 触点动作，PLC 执行第 2 条 OUT 指令，使 Y1 =0，电动机停止反转；PLC 执行第 1 条 OUT 指令，使 Y0 =1，电动机正转运行。

按下停止按钮 X1，X1 =1，PLC 执行两条 OUT 指令，使 Y0 =0、Y1 =0，电动机停止运行。

（3）程序范例 3 分析。

用 SET/RST 指令编写的本实例程序范例 3 如图 14-3-3 所示。

程序说明：

按下启动按钮 X0，X0 =1，第 1 条 SET 指令的使能为 TRUE，PLC 执行第 1 条 SET 指令，

· 248 ·

使 Y0 =1，电动机正转运行。

在电动机正转运行期间，定时器 T0 计时。当 T0 计时满 10 秒时，T0 触点动作，PLC 执行第 1 条 RST 指令，使 Y0 =0，电动机停止正转；PLC 执行第 2 条 SET 指令，使 Y1 =1，电动机反转运行。

在电动机反转运行期间，定时器 T1 计时。当 T1 计时满 10 秒时，T1 触点动作，PLC 执行第 2 条 RST 指令，使 Y1 =0，电动机停止反转； PLC 执行第 1 条 SET 指令，使 Y0 =1，电动机正转运行。

按下停止按钮 X1，X1 =1，PLC 执行最后两条 RST 指令，使 Y0=0、Y1=0，电动机停止运行。

```
SET( X0 OR TS1 AND NOT Y1 , Y0 );
OUT_T( Y0 , TC0 , K100 );
RST( TS0 , Y0 );
SET( TS0 AND NOT Y0 , Y1 );
OUT_T( Y1 , TC1 , K100 );
RST( TS1 , Y1 );
RST( X1 , Y0 );
RST( X1 , Y1 );
```

图 14-3-3　用 SET/RST 指令编写的程序范例 3

（4）程序范例 4 分析。

用 IF 指令编写的本实例程序范例 4 如图 14-3-4 所示。

```
IF X0 OR TS1 AND NOT Y1 THEN      (*正转启动*)
Y0 := 1;
END_IF;

OUT_T( Y0 , TC0 , K100);          (*正转定时*)

IF TS0  THEN
Y0 := 0;
END_IF;

IF TS0 AND NOT Y0 THEN            (*反转启动*)
Y1 := 1;
END_IF;

OUT_T( Y1 , TC1 , K100);          (*反转定时*)

IF TS1  THEN
Y1 := 0;
END_IF;

IF X1  THEN                       (*停止控制*)
Y0 := 0;
Y1 := 0;
END_IF;
```

图 14-3-4　用 IF 指令编写的程序范例 4

程序说明：

按下启动按钮 X0，X0 =1，第 1 条 IF 指令的使能为 TRUE，PLC 执行该条指令，使 Y0 =0，电动机正转运行。

在电动机正转运行期间，定时器 T0 计时。当 T0 计时满 10 秒时，T0 触点动作，PLC 执行第 2 条 IF 指令，使 Y0 =0，电动机停止正转；PLC 执行第 3 条 IF 指令，使 Y1 =1，电动机反转运行。

在电动机反转运行期间，定时器 T1 计时。当 T1 计时满 10 秒时，T1 触点动作，PLC 执行第 4 条 IF 指令，使 Y1=0，电动机停止反转；PLC 执行第 1 条 IF 指令，使 Y0=1，电动机正转运行。

按下停止按钮 X1，X1=1，PLC 执行第 5 条 IF 指令，使 Y0=0、Y1=0，电动机停止运行。

（5）程序范例 5 分析。

用 CASE 语句编写的本实例程序范例 5 如图 14-3-5 所示。

```
SET( X0 , M0 );           (*启动控制*)
OUT_T( M0 , TC0 , K1000);
RST( X1 , M0 );
CASE  TN0  OF
    0:                    (*待机状态*)
      Y0:= 1 ;
    1:                    (*电动机正转10秒*)
      Y0:= 1 ;
      Y1:= 0 ;
    100:                  (*电动机反转10秒*)
      Y0:= 0;
      Y1:= 1 ;
    200:                  (*循环控制*)
      TN0 := 0;
END_CASE;
```

图 14-3-5 用 CASE 语句编写的程序范例 5

程序说明：

按下启动按钮 X0，X0=1，PLC 执行 SET 语句，使 M0=1，定时器开始计时，PLC 执行 CASE 语句。

当 TN0=0 时，PLC 执行 CASE 语句对应的分支程序，使 Y0=0、Y1=0，电动机停止运行。

当 TN0=1 时，PLC 执行 CASE 语句对应的分支程序，使 Y0=1、Y1=0，电动机正转 10 秒。

当 TN0=100 时，PLC 执行 CASE 语句对应的分支程序，使 Y0=0、Y1=1，电动机反转 10 秒。

当 TN0=200 时，PLC 执行 CASE 语句对应的分支程序，定时器 T0 复位，程序进入循环执行状态。

按下停止按钮 X1，X1=1，PLC 执行 RST 语句，使 M0=0、Y0=0、Y1=0，电动机停止运行。

【编程经验】

ST 语言是 IEC61131-3 中规定的 5 种标准语言之一，目前常用品牌的 PLC 都支持这种语言，且各家的 ST 语言都很类似，因此用 ST 语言编写的程序可移植性非常好。如果用 ST 语言实现了一个很厉害的算法，就能很容易地在多个品牌的 PLC 上移植。

项目 14　ST 语言控制程序设计

实例 14-4　定时器控制 3 台电动机顺启顺停程序设计

设计要求：按下启动按钮，第一台电动机启动；第一台电动机运行 5 秒后，第二台电动机启动；第二台电动机运行 5 秒后，第三台电动机启动。按下停止按钮，第一台电动机停止；第一台电动机停止 5 秒后，第二台电动机停止；第二台电动机停止 5 秒后，第三台电动机停止。

1. 输入/输出元件及其控制功能

【思路点拨】

本实例是典型的顺序控制程序，在顺启过程中，三台电动机使用同一个定时器计时，利用定时查询方式，当定时器计时时间达到某台电动机的启动时间点时，就控制对应的电动机启动，最终实现三台电动机顺序启动，顺停与顺启控制方法完全相同。

实例 14-4 中用到的输入/输出元件地址如表 14-4-1 所示。

表 14-4-1　实例 14-4 输入/输出元件地址

说　明	PLC 软元件	元件文字符号	元件名称	控　制　功　能
输入	X0	SB1	按钮	启动控制
	X1	SB2	按钮	停止控制
输出	Y0	KM1	接触器	电动机 1 运行控制
	Y1	KM2	接触器	电动机 2 运行控制
	Y2	KM3	接触器	电动机 3 运行控制

2. 控制程序设计

本实例编程使用全局标签，如图 14-4-1 所示。

	类	标签名	数据类型	软元件	地址
1	VAR_GLOBAL	启动按钮	Bit	X000	%IX0
2	VAR_GLOBAL	停止按钮	Bit	X001	%IX1
3	VAR_GLOBAL	电动机1	Bit	Y000	%QX0
4	VAR_GLOBAL	电动机2	Bit	Y001	%QX1
5	VAR_GLOBAL	电动机3	Bit	Y002	%QX2
6	VAR_GLOBAL	启动过程	Bit		
7	VAR_GLOBAL	停止过程	Bit		

图 14-4-1　全局标签

（1）程序范例 1 分析。

用 IF 指令编写的本实例程序范例 1 如图 14-4-2 所示。

```
IF 启动按钮 THEN              (*启动控制*)
启动过程 := TRUE;
END_IF;
OUT_T(启动过程, TC0 , K1000);
IF TN0 >0 THEN               第1台(*电动机启动*)
```

图 14-4-2　用 IF 指令编写的范例 1 程序

```
        电动机1:= TRUE;
        END_IF;
        IF TN0 >50  THEN              第2台(*电动机启动*)
        电动机2 := TRUE ;
        END_IF;
        IF TN0 >100  THEN             第3台(*电动机启动*)
        电动机3 := TRUE ;
        启动过程 := FALSE;
        END_IF;

        IF停止按钮  THEN              停止(*控制*)
        停止过程 := TRUE;
        END_IF;
        OUT_T(停止过程 , TC1 , K1000);
        IF TN1 >0  THEN               第1台(*电动机停止*)
        电动机1 := FALSE ;
        END_IF;
        IF TN1 >50  THEN              第2台(*电动机停止*)
        电动机2 := FALSE ;
        END_IF;
        IF TN1 =100  THEN             第3台(*电动机停止*)
        电动机3 := FALSE ;
        停止过程 := FALSE;
        END_IF;
```

图 14-4-2 用 IF 指令编写的范例 1 程序（续）

程序说明：

① 启动控制。按下启动按钮，启动按钮=1，PLC 执行第 1 条 IF 指令，使启动过程 =1，定时器 T0 计时。

如果 T0 >0，则 PLC 执行第 2 条 IF 指令，使电动机 1 =1，第一台电动机启动。

如果定时器 T0 的经过值 >50，则 PLC 执行第 3 条 IF 指令，使电动机 2 =1，第二台电动机启动。

如果 T0 >100，则 PLC 执行第 4 条 IF 指令，使电动机 3 =1，第三台电动机启动，启动过程 =0，定时器 T0 复位。

② 停止控制。按下停止按钮，停止按钮=1，PLC 执行第 5 条 IF 指令，使停止过程 =1，定时器 T1 计时。

如果 T1 >0，则 PLC 执行第 6 条 IF 指令，使电动机 1 =0，第一台电动机停止。

如果 T1 >50，则 PLC 执行第 7 条 IF 指令，使电动机 2 =0，第二台电动机停止。

如果 T1 =100，则 PLC 执行第 8 条 IF 指令，使电动机 3 =0，第三台电动机停止，停止过

项目 14 ST 语言控制程序设计

程 =0，定时器 T1 复位。

（2）程序范例 2 分析。用 CASE 指令编写的本实例程序范例 2 如图 14-4-3 所示，全局标签如图 14-4-1 所示。

```
SET(启动按钮, 启动过程 );           (*启动控制*)
OUT_C(启动过程AND M8013 , CC0 , K1000 );
CASE  CN0  OF
    0:                            (*待机状态*)
      电动机1 := 0;
      电动机2 := 0;
      电动机3 := 0;
    1:                            (*第1台电动机启动*)
      电动机1 := 1 ;
      电动机2 := 0 ;
      电动机3 := 0 ;
    5:                            (*第2台电动机启动*)
      电动机1 := 1 ;
      电动机2 := 1 ;
      电动机3 := 0 ;
    10:                           (*第3台电动机启动*)
      电动机1 := 1 ;
      电动机2 := 1 ;
      电动机3 := 1 ;
END_CASE;

SET(停止按钮, 停止过程 );          (*停止控制*)
OUT_C(停止过程AND M8013 , CC1, K1000 );
CASE  CN1  OF
    1:                            (*第1台电动机停止*)
      电动机1 := 0 ;
      电动机2 := 1 ;
      电动机3 := 1 ;
    5:                            (*第2台电动机停止*)
      电动机1 := 0 ;
      电动机2 := 0 ;
      电动机3 := 1 ;
    10:                           (*第3台电动机停止*)
      电动机1 := 0 ;
      电动机2 := 0 ;
      电动机3 := 0 ;
      启动过程 := 0;
      停止过程 := 0;
      CN0 := 0;
      CN1 := 0;
END_CASE;
```

图 14-4-3　用 CASE 指令编写的范例 2 程序

程序说明：

① 启动控制。按下启动按钮，启动按钮=1，PLC 执行 SET 指令，使启动过程 =1，计数器 C0 对 M8013 的秒脉冲信号进行计数。在启动控制过程中，PLC 执行第 1 条 CASE 指令。

在启动按钮未按下之前，CN0 =0，PLC 执行 CASE 语句对应的分支程序，使电动机 1 =0、电动机 2 =0、电动机 3 =0，三台电动机停止。

按下启动按钮，CN0 =1，PLC 执行 CASE 语句对应的分支程序，使电动机 1 =1、电动机 2 =0、电动机 3 =0，第一台电动机启动。

当计数器 C0 计时满 5 秒时，CN0 =5，PLC 执行 CASE 语句对应的分支程序，使电动机 1 =1、电动机 2 =1、电动机 3 =0，第二台电动机启动。

当计数器 C0 计时满 10 秒时，CN0 =10，PLC 执行 CASE 语句对应的分支程序，使电动机 1 =1、电动机 2 =1、电动机 3 =1，第三台电动机启动。

② 停止控制。按下停止按钮，停止按钮=1，PLC 执行 SET 指令，使停止过程 =1，计数器 C1 对 M8013 的秒脉冲信号进行计数。在启动控制过程中，PLC 执行第 2 条 CASE 指令。

当按下停止按钮时，CN1 =1，PLC 执行 CASE 语句对应的分支程序，使电动机 1 =0、电动机 2 =1、电动机 3 =1，第一台电动机停止。

当计数器 C1 计时满 5 秒时，CN1 =5，PLC 执行 CASE 语句对应的分支程序，使电动机 1 =0、电动机 2 =0、电动机 3 =1，第二台电动机停止。

当计数器 C1 计时满 10 秒时，CN1 =10，PLC 执行 CASE 语句对应的分支程序，使电动机 1 =0、电动机 2 =0、电动机 3 =0，第三台电动机停止；启动过程 =0，停止过程 =0，计数器 C0 和 C1 复位。

【特别提示】

本实例使用了标签进行编程，标签可以任意起名，三菱 GX Works2 还支持中文标签，但要注意标签名不要与 PLC 的保留字重名，如 bit、int、out、word 等，建议尽量写英文标签名，这样程序看起来整齐而且通用，程序复制到其他品牌的 PLC 上也能运行。

实例 14-5 定时器控制流水灯程序设计

设计要求：用两个控制按钮控制 8 个彩灯，实现单点左右循环点亮，时间间隔为 1 秒。当按下启动按钮时，彩灯开始循环点亮；当按下停止按钮时，彩灯立即全部熄灭。

1. 输入/输出元件及其控制功能

实例 14-5 中用到的输入/输出元件地址如表 14-5-1 所示。

表 14-5-1 实例 14-5 输入/输出元件地址

说 明	PLC 软元件	元件文字符号	元 件 名 称	控 制 功 能
输入	X0	SB1	启动按钮	启动控制
	X1	SB2	停止按钮	停止控制
输出	Y0	HL1	彩灯 1	状态显示
	Y1	HL2	彩灯 2	状态显示
	Y2	HL3	彩灯 3	状态显示
	Y3	HL4	彩灯 4	状态显示
	Y4	HL5	彩灯 5	状态显示
	Y5	HL6	彩灯 6	状态显示
	Y6	HL7	彩灯 7	状态显示
	Y7	HL8	彩灯 8	状态显示

1. 程序设计

【思路点拨】

依据题意，8 个彩灯单点左右循环点亮全过程可分为 14 个工作时段，这 14 个工作时段分别对应 14 个判断，依据判断结果来选择哪一个彩灯点亮，最终形成 8 个彩灯单点左右循环点亮的效果。

（1）程序范例 1 分析。

用 IF 指令编写本实例程序范例 1，全局标签如图 14-5-1 所示，程序如图 14-5-2 所示。

	类	标签名	数据类型
1	VAR_GLOBAL	QI	Bit
2	VAR_GLOBAL	TING	Bit
3	VAR_GLOBAL	SC	Bit
4	VAR_GLOBAL	step1	Bit
5	VAR_GLOBAL	step2	Bit
6	VAR_GLOBAL	step3	Bit
7	VAR_GLOBAL	step4	Bit
8	VAR_GLOBAL	step5	Bit
9	VAR_GLOBAL	step6	Bit
10	VAR_GLOBAL	step7	Bit
11	VAR_GLOBAL	step8	Bit
12	VAR_GLOBAL	step9	Bit
13	VAR_GLOBAL	step10	Bit
14	VAR_GLOBAL	step11	Bit
15	VAR_GLOBAL	step12	Bit
16	VAR_GLOBAL	step13	Bit
17	VAR_GLOBAL	step14	Bit

图 14-5-1　范例 1 全局标签

```
SC :=QI OR SC AND NOT TING;         (*启停控制*)
OUT_T( SC , TC0 , K1000);

IF  0 <TN0  AND TN0 < 10  THEN       (*0~1秒时间段*)
   step1:= TRUE;
ELSE
   step1 := FALSE;
END_IF;

IF  10 <=TN0  AND TN0 < 20  THEN     (*1~2秒时间段*)
   step2 := TRUE;
ELSE
   step2 := FALSE;
END_IF;

IF  20 <=TN0  AND TN0 < 30  THEN     (*2~3秒时间段*)
   step3 := TRUE;
ELSE
   step3 := FALSE;
END_IF;

IF  30 <=TN0  AND TN0 < 40  THEN     (*3~4秒时间段*)
   step4 := TRUE;
ELSE
   step4 := FALSE;
END_IF;
```

图 14-5-2　范例 1 程序

```
IF  40 <TN0  AND TN0 < 50  THEN        (*4~5秒时间段*)
   step5:= TRUE;
ELSE
   step5 := FALSE;
END_IF;


IF  50 <TN0  AND TN0 < 60  THEN        (*5~6秒时间段*)
   step6:= TRUE;
ELSE
   step6 := FALSE;
END_IF;


IF  60 <=TN0  AND TN0 < 70  THEN       (*6~7秒时间段*)
   step7 := TRUE;
ELSE
   step7 := FALSE;
END_IF;


IF  70 <=TN0  AND TN0 < 80  THEN       (*7~8秒时间段*)
   step8 := TRUE;
ELSE
   step8 := FALSE;
END_IF;


IF  80 <=TN0  AND TN0 < 90  THEN       (*8~9秒时间段*)
   step9 := TRUE;
ELSE
   step9 := FALSE;
END_IF;


IF  90 <TN0  AND TN0 < 100  THEN       (*9~10秒时间段*)
   step10:= TRUE;
ELSE
   step10 := FALSE;
END_IF;


IF  100 <=TN0  AND TN0 < 110  THEN     (*10~11秒时间段*)
   step11 := TRUE;
ELSE
   step11 := FALSE;
END_IF;


IF 110 <=TN0  AND TN0 < 120  THEN      (*11~12秒时间段*)
   step12 := TRUE;
ELSE
   step12 := FALSE;
END_IF;


IF 120 <=TN0  AND TN0 < 130  THEN      (*12~13秒时间段*)
   step13 := TRUE;
ELSE
   step13 := FALSE;
END_IF;


IF 130 <=TN0  AND TN0 < 140  THEN      (*13~14秒时间段*)
   step14 := TRUE;
ELSE
   step14 := FALSE;
END_IF;
```

图 14-5-2　范例 1 程序（续）

```
IF  TN0 >= 140 THEN                    (*循环控制1*)
    TN0 := 0;
END_IF;

Y0 := step1;

Y1 := step2 OR step14;

Y2 := step3 OR step13;

Y3 := step4 OR step12;

Y4 := step5 OR step11;

Y5 := step6 OR step10;

Y6 := step7 OR step9;

Y7 := step8;
```

图 14-5-2　范例 1 程序（续）

程序说明：

按下 QI 按钮，QI=1，SC=1，定时器 T0 计时。按下 TING 按钮，TING=1，SC=0，定时器 T0 复位。

PLC 通过 IF 语句判断 T0 经过值是否处在 0～1 秒、1～2 秒、2～3 秒、3～4 秒、4～5 秒、5～6 秒、6～7 秒、7～8 秒、8～9 秒、9～10 秒、10～11 秒、11～12 秒、12～13 秒、13～14 秒工作时段。如果某条 IF 语句的使能为 TRUE，则 PLC 执行该条语句，使对应的 step =1；否则，step =0。当 T0 经过值大于或等于 14 秒时，最后一条 IF 语句的使能为 TRUE，则 PLC 执行该条语句，使 TN0=0，定时器 T0 复位，程序进入循环执行状态。

step1 驱动 Y0，step2 和 step14 并联驱动 Y1，step3 和 step13 并联驱动 Y2，step4 和 step12 并联驱动 Y3，step5 和 step11 并联驱动 Y4，step6 和 step10 并联驱动 Y5，step7 和 step9 并联驱动 Y6，step8 驱动 Y7。

（2）程序范例 2 分析。

用 CASE 指令编写本实例程序范例 2，全局标签如图 14-5-3 所示，程序如图 14-5-4 所示。

	类	标签名	数据类型	软元件
1	VAR_GLOBAL	QI	Bit	
2	VAR_GLOBAL	TING	Bit	
3	VAR_GLOBAL	SC	Bit	
4	VAR_GLOBAL	lamp1_gl	Bit	Y000
5	VAR_GLOBAL	lamp2_gl	Bit	Y001
6	VAR_GLOBAL	lamp3_gl	Bit	Y002
7	VAR_GLOBAL	lamp4_gl	Bit	Y003
8	VAR_GLOBAL	lamp5_gl	Bit	Y004
9	VAR_GLOBAL	lamp6_gl	Bit	Y005
10	VAR_GLOBAL	lamp7_gl	Bit	Y006
11	VAR_GLOBAL	lamp8_gl	Bit	Y007

图 14-5-3　范例 2 全局标签

```
SC :=QI OR SC AND NOT TING;    (*启停控制*)       0:              (*待机状态*)
                                                  lamp1_gl := 0;
OUT_C( SC AND M8013 , CC0 , k1000 );              lamp2_gl := 0;
                                                  lamp3_gl := 0;
RST( TING, CN0 );                                 lamp4_gl := 0;
                                                  lamp5_gl := 0;
                                                  lamp6_gl := 0;
                                                  lamp7_gl := 0;
CASE CN0  OF                                      lamp8_gl := 0;
```

图 14-5-4　范例 2 程序

```
1:                (*第1秒状态*)
  lamp1_gl := 1;
  lamp2_gl := 0;
  lamp3_gl := 0;
  lamp4_gl := 0;
  lamp5_gl := 0;
  lamp6_gl := 0;
  lamp7_gl := 0;
  lamp8_gl := 0;

2:                (*第2秒状态*)
  lamp1_gl := 0;
  lamp2_gl := 1;
  lamp3_gl := 0;
  lamp4_gl := 0;
  lamp5_gl := 0;
  lamp6_gl := 0;
  lamp7_gl := 0;
  lamp8_gl := 0;

3:                (*第3秒状态*)
  lamp1_gl := 0;
  lamp2_gl := 0;
  lamp3_gl := 1;
  lamp4_gl := 0;
  lamp5_gl := 0;
  lamp6_gl := 0;
  lamp7_gl := 0;
  lamp8_gl := 0;

4:                (*第4秒状态*)
  lamp1_gl := 0;
  lamp2_gl := 0;
  lamp3_gl := 0;
  lamp4_gl := 1;
  lamp5_gl := 0;
  lamp6_gl := 0;
  lamp7_gl := 0;
  lamp8_gl := 0;

5:                (*第5秒状态*)
  lamp1_gl := 0;
  lamp2_gl := 0;
  lamp3_gl := 0;
  lamp4_gl := 0;
  lamp5_gl := 1;
  lamp6_gl := 0;
  lamp7_gl := 0;
  lamp8_gl := 0;

6:                (*第6秒状态*)
  lamp1_gl := 0;
  lamp2_gl := 0;
  lamp3_gl := 0;
  lamp4_gl := 0;
  lamp5_gl := 0;
  lamp6_gl := 1;
  lamp7_gl := 0;
  lamp8_gl := 0;

7:                (*第7秒状态*)
  lamp1_gl := 0;
  lamp2_gl := 0;
  lamp3_gl := 0;
  lamp4_gl := 0;
  lamp5_gl := 0;
  lamp6_gl := 0;
  lamp7_gl := 1;
  lamp8_gl := 0;

8:                (*第8秒状态*)
  lamp1_gl := 0;
  lamp2_gl := 0;
  lamp3_gl := 0;
  lamp4_gl := 0;
  lamp5_gl := 0;
  lamp6_gl := 0;
  lamp7_gl := 0;
  lamp8_gl := 1;

9:                (*第9秒状态*)
  lamp1_gl := 0;
  lamp2_gl := 0;
  lamp3_gl := 0;
  lamp4_gl := 0;
  lamp5_gl := 0;
  lamp6_gl := 0;
  lamp7_gl := 1;
  lamp8_gl := 0;

10:               (*第10秒状态*)
  lamp1_gl := 0;
  lamp2_gl := 0;
  lamp3_gl := 0;
  lamp4_gl := 0;
  lamp5_gl := 0;
  lamp6_gl := 1;
  lamp7_gl := 0;
  lamp8_gl := 0;

11:               (*第11秒状态*)
  lamp1_gl := 0;
  lamp2_gl := 0;
  lamp3_gl := 0;
  lamp4_gl := 0;
  lamp5_gl := 1;
  lamp6_gl := 0;
  lamp7_gl := 0;
  lamp8_gl := 0;

12:               (*第12秒状态*)
  lamp1_gl := 0;
  lamp2_gl := 0;
  lamp3_gl := 0;
  lamp4_gl := 1;
  lamp5_gl := 0;
  lamp6_gl := 0;
  lamp7_gl := 0;
  lamp8_gl := 0;

13:               (*第13秒状态*)
  lamp1_gl := 0;
  lamp2_gl := 0;
  lamp3_gl := 1;
  lamp4_gl := 0;
  lamp5_gl := 0;
  lamp6_gl := 0;
  lamp7_gl := 0;
  lamp8_gl := 0;

14:               (*第14秒状态*)
  lamp1_gl := 0;
  lamp2_gl := 1;
  lamp3_gl := 0;
  lamp4_gl := 0;
  lamp5_gl := 0;
  lamp6_gl := 0;
  lamp7_gl := 0;
  lamp8_gl := 0;

15:
  CN0 := 1;       (*循环控制*)
END_CASE;
```

图 14-5-4 范例 2 程序（续）

项目 14　ST 语言控制程序设计

程序说明：

按下 QI 按钮，QI=1，SC=1，计数器 C0 对 M8013 的秒脉冲信号进行计数。按下 TING 按钮，TING=1，SC=0，计数器 C0 复位。

PLC 通过 CASE 语句判断 C0 当前的计数值是否处在 1 秒、2 秒、3 秒、4 秒、5 秒、6 秒、7 秒、8 秒、9 秒、10 秒、11 秒、12 秒、13 秒、14 秒时间点上，如果处在某个时间点上，则 PLC 执行该条语句的对应分支程序，使对应的 lamp_gl =1。否则，lamp_gl =0。当 C0 当前的计数值等于 15 时，PLC 执行赋值语句，使 CN0=1，程序进入循环执行状态。

【个人经验】

本实例有 14 个工作时段，需要进行 14 次判断。如果采用范例 1，需要使用 14 个 IF 指令才能完成 14 次判断；而如果采用范例 2，只需要使用一个 CASE 指令，就能完成 14 次判断。与范例 1 相比，范例 2 的程序结构更简洁、更清晰。因此，在对同一个变量不同的数值（如本实例的 T0）进行多次判断时，建议使用 CASE 指令。

实例 14-6　定时器控制交通信号灯运行程序设计

设计要求：按下启动按钮，交通信号灯系统按图 14-6-1 所示要求工作，绿灯闪烁的周期为 0.4 秒；按下停止按钮，所有信号灯熄灭。

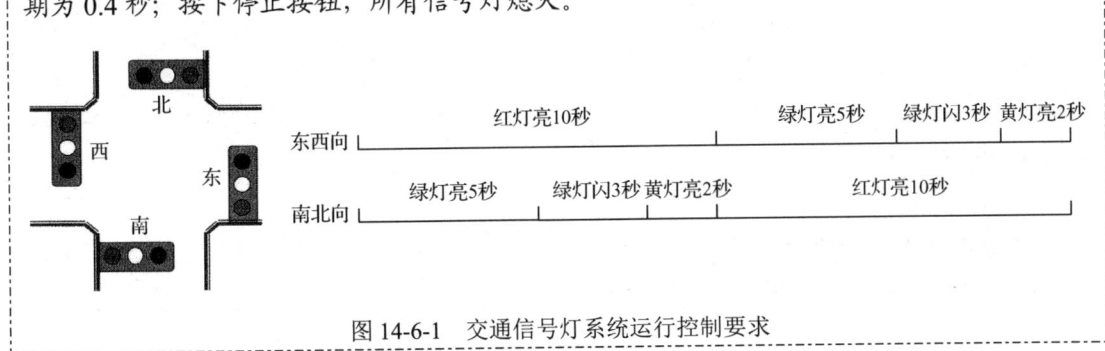

图 14-6-1　交通信号灯系统运行控制要求

1．输入/输出元件及其控制功能

【思路点拨】

本实例使用一个定时器控制交通信号灯周期性点亮，先通过选择语句判断定时器当前所处的工作时段，再依据判断结果控制对应时段的交通信号灯点亮。

实例 14-6 中用到的输入/输出元件地址如表 14-6-1 所示。

表 14-6-1　实例 14-6 输入/输出元件地址

说　明	PLC 软元件	元件文字符号	元件名称	控制功能
输入	X0	SB1	启动按钮	启动控制
	X1	SB2	停止按钮	停止控制
输出	Y0	HL1	东西向红灯	东西向禁行
	Y1	HL2	东西向绿灯	东西向通行

续表

说 明	PLC 软元件	元件文字符号	元件名称	控制功能
输出	Y2	HL3	东西向黄灯	东西向信号转换
	Y3	HL4	南北向红灯	南北向禁行
	Y4	HL5	南北向绿灯	南北向通行
	Y5	HL6	南北向黄灯	南北向信号转换

2. 程序设计

（1）程序范例 1 分析。

用 IF 指令编写本实例程序范例 1，全局标签如图 14-6-1 所示，程序如图 14-6-2 所示。

	类	标签名	数据类型	软元件
1	VAR_GLOBAL	QI	Bit	
2	VAR_GLOBAL	TING	Bit	
3	VAR_GLOBAL	SC	Bit	
4	VAR_GLOBAL	东西向红灯	Bit	Y000
5	VAR_GLOBAL	东西向绿灯	Bit	Y001
6	VAR_GLOBAL	东西向黄灯	Bit	Y002
7	VAR_GLOBAL	南北向红灯	Bit	Y003
8	VAR_GLOBAL	南北向绿灯	Bit	Y004
9	VAR_GLOBAL	南北向黄灯	Bit	Y005
10	VAR_GLOBAL	频闪	Bit	

图 14-6-1 范例 1 全局标签

```
OUT_T( 1 , TC1 , 2 );        (*频闪控制*)
OUT_T( 1 , TC2 , 4 );
频闪 := NOT TS2;
ZRST( TS2, TC1, TC2 );


SC := QI OR SC AND NOT TING;   (*启停控制*)
OUT_T( SC AND NOT TS0 , TC0 , 200);


东西向红灯 := 0 <TN0  AND TN0 < 100 ;        (*东西向红灯控制*)
东西向绿灯 := (100 <TN0  AND TN0 < 150) OR ((150 <TN0  AND TN0 < 180) AND 频闪 );    (*东西向绿灯控制*)
东西向黄灯 := 180 <TN0  AND TN0 < 200 ;       (*东西向黄灯控制*)


南北向绿灯 := (0 <TN0  AND TN0 < 50) OR ((50 <TN0  AND TN0 < 80) AND 频闪 );   (*南北向绿灯控制*)
南北向黄灯 := 80<TN0  AND TN0 < 100 ;       (*南北向黄灯控制*)
南北向红灯 := 100<TN0  AND TN0 < 200 ;      (*南北向红灯控制*)
```

图 14-6-2 范例 1 程序

程序说明：

PLC 上电后，由定时器 T1 和 T2 组成分频电路，使频闪继电器产生周期为 0.4 秒的脉冲信号。按下 QI 按钮，QI=1，SC=1，定时器 T0 计时。按下 TING 按钮，TING=1，SC=0，定时器 T0 复位。在定时器 T0 计时期间，交通信号灯控制过程如下：

① 东西向交通信号灯控制。

如果 0 < T0 < 10 秒，则 PLC 执行东西向红灯对应的赋值语句，使东西向红灯=1，Y0=1，东西向红灯被点亮。

如果 10 秒 < T0 < 15 秒，则 PLC 执行东西向绿灯对应的赋值语句，使东西向绿灯=1，Y1=1，东西向绿灯被点亮。

如果 15 秒 < T0 < 18 秒，则 PLC 执行东西向绿灯对应的赋值语句，在频闪继电器作用下，Y1 间歇式得电，东西向绿灯闪烁。

如果 18 秒 < T0 < 20 秒，则 PLC 执行东西向黄灯对应的赋值语句，使东西向黄灯=1，Y2=1，东西向黄灯被点亮。

如果 T0 = 20 秒，则定时器 T0 复位，程序进入下一次循环。

② 南北向交通信号灯控制。

如果 0 < T0 < 5 秒，则 PLC 执行南北向绿灯对应的赋值语句，使南北向绿灯=1，Y4=1，南北向绿灯被点亮。

如果 5 秒 < T0 < 8 秒，则执行南北向绿灯对应的赋值语句，在频闪继电器作用下，Y4 间歇式得电，南北向绿灯闪烁。

如果 8 秒 < T0 < 10 秒，则执行南北向黄灯对应的赋值语句，使南北向黄灯=1，Y5=1，南北向黄灯被点亮。

如果 10 秒 < T0 < 20 秒，则执行南北向红灯对应的赋值语句，使南北向红灯=1，Y3=1，南北向红灯被点亮。

（2）程序范例 2 分析。

用 IF 指令编写本实例程序范例 2，全局标签如图 14-6-1 所示，程序如图 14-6-3 所示。

```
OUT_T( 1 , TC1 , 2 );
OUT_T( 1 , TC2 , 4 );
频闪 := NOT TS2;
ZRST( TS2, TC1, TC2 );

IF QI THEN
SC:= TRUE;
END_IF;

OUT_T( SC , TC0 , 1000 );

IF TING THEN
SC:= FALSE;
END_IF;

IF  0 <TN0  AND TN0 < 100  THEN          (*东西向红灯控制*)
    东西向红灯:= TRUE;
ELSE
```

图 14-6-3 范例 2 程序

```
        东西向红灯 := FALSE;
    END_IF;

    IF  100 <=TN0  AND TN0 < 150  THEN        (*东西向绿灯控制*)
        东西向绿灯 := TRUE;
    END_IF;

    IF  150 <=TN0  AND TN0 < 180  THEN        (*东西向绿灯闪烁*)
        东西向绿灯 :=频闪;
    END_IF;

    IF   TN0 < 100  OR TN0 > 180  THEN
        东西向绿灯 :=FALSE;
    END_IF;

    IF  180 <=TN0  AND TN0 < 200  THEN        (*东西向黄灯控制*)
        东西向黄灯 := TRUE;
    ELSE
        东西向黄灯 := FALSE;
    END_IF;

    IF  0 <TN0  AND TN0 < 50  THEN            (*南北向绿灯控制*)
        南北向绿灯 := TRUE;
    END_IF;

    IF  50 <=TN0  AND TN0 < 80  THEN          (*南北向绿灯闪烁*)
        南北向绿灯 :=频闪;
    END_IF;

    IF  TN0 >80  THEN
        南北向绿灯 := FALSE;
    END_IF;

    IF  80 <=TN0  AND TN0 < 100  THEN         (*南北向黄灯控制*)
        南北向黄灯 := TRUE;
    ELSE
        南北向黄灯 := FALSE;
    END_IF;

    IF  100 <=TN0  AND TN0 < 200  THEN        (*南北向红灯控制*)
```

图 14-6-3　范例 2 程序（续）

```
            南北向红灯 := TRUE;
        ELSE
            南北向红灯 := FALSE;
        END_IF;
        IF  TN0 >= 200  THEN                    (*循环控制*)
            TN0 := 0;
        END_IF;
```

图 14-6-3　范例 2 程序（续）

程序说明：

PLC 上电后，由定时器 T1 和 T2 组成分频电路，使频闪继电器产生周期为 0.4 秒的脉冲信号。按下 QI 按钮，QI=1，SC=1，定时器 T0 计时。按下 TING 按钮，TING=1，SC=0，定时器 T0 复位。在定时器 T0 计时期间，交通信号灯控制过程如下。

① 东西向交通信号灯控制。

如果 0 < T0 < 10 秒，则 PLC 执行东西向红灯对应的 IF 语句，使东西向红灯=1，Y0=1，东西向红灯被点亮。

如果 10 秒 < T0 < 15 秒，则 PLC 执行东西向绿灯对应的 IF 语句，使东西向绿灯=1，Y1=1，东西向绿灯被点亮。

如果 15 秒 < T0 < 18 秒，则 PLC 执行东西向绿灯对应的 IF 语句，在频闪继电器作用下，Y1 间歇式得电，东西向绿灯闪烁。

如果 18 秒 < T0 < 20 秒，则 PLC 执行东西向黄灯对应的 IF 语句，使东西向黄灯=1，Y2=1，东西向黄灯被点亮。

如果 T0 = 20 秒，则定时器 T0 复位，程序进入下一次循环。

② 南北向交通信号灯控制。

如果 0 < T0 < 5 秒，则 PLC 执行南北向绿灯对应的 IF 语句，使南北向绿灯=1，Y4=1，南北向绿灯被点亮。

如果 5 秒 < T0 < 8 秒，则 PLC 执行南北向绿灯对应的 IF 语句，在频闪继电器作用下，Y4 间歇式得电，南北向绿灯闪烁。

如果 8 秒 < T0 < 10 秒，则 PLC 执行南北向黄灯对应的 IF 语句，使南北向黄灯=1，Y5=1，南北向黄灯被点亮。

如果 10 秒 < T0 < 20 秒，则 PLC 执行南北向红灯对应的 IF 语句，使南北向红灯=1，Y3=1，南北向红灯被点亮。

如果 T0 >= 20 秒，则定时器 T0 复位，程序进入下一次循环。

（3）程序范例 3 分析。

用 CASE 指令编写本实例程序范例 3，全局标签如图 14-6-1 所示，程序如图 14-6-4 所示。

PLC 上电后，由定时器 T1 和 T2 组成分频电路，使频闪继电器产生周期为 0.4 秒的脉冲信号。按下 QI 按钮，QI=1，SC=1，定时器 T0 计时。按下 TING 按钮，TING=1，SC=0，定时器 T0 复位。在定时器 T0 计时期间，交通信号灯控制过程如下。

```
        OUT_T( 1 , TC1 , 2 );              (*频闪控制*)
        OUT_T( 1 , TC2 , 4 );                                          81..100:                      (*第3段时间，8~10秒*)
        频闪 := NOT TS2;                                                  东西向红灯:= 1;
        ZRST( TS2, TC1, TC2 );                                            东西向绿灯:= 0;
                                                                          东西向黄灯:= 0;
        SET( QI , SC );                   (*启停控制*)
        OUT_T( SC , TC0 , K1000 );                                        南北向红灯:= 0;
        RST( TING , SC );                                                 南北向绿灯:= 0;
                                                                          南北向黄灯:= 1;

    CASE TN0 OF                                                        100..150:                     (*第4段时间，10~15秒*)
                                                                          东西向红灯:= 0;
        0:                                (*停止状态*)                   东西向绿灯:= 1;
           东西向红灯:= 0;                                                 东西向黄灯:= 0;
           东西向绿灯:= 0;
           东西向黄灯:= 0;                                                 南北向红灯:= 1;
                                                                          南北向绿灯:= 0;
           南北向红灯:= 0;                                                 南北向黄灯:= 0;
           南北向绿灯:= 0;
           南北向黄灯:= 0;                                              151..180:                      (*第5段时间，15~18秒*)
                                                                          东西向红灯:= 0;
        1..50:                            (*第1段时间，0~5秒*)            东西向绿灯:=频闪；
           东西向红灯:= 1;                                                 东西向黄灯:= 0;
           东西向绿灯:= 0;
           东西向黄灯:= 0;                                                 南北向红灯:= 1;
                                                                          南北向绿灯:= 0;
           南北向红灯:= 0;                                                 南北向黄灯:= 0;
           南北向绿灯:= 1;
           南北向黄灯:= 0;                                              181..200:                      (*第6段时间，18~20秒*)
                                                                          东西向红灯:= 0;
        51..80:                           (*第2段时间，5~8秒*)            东西向绿灯:= 0;
           东西向红灯:= 1;                                                 东西向黄灯:= 1;
           东西向绿灯:= 0;
           东西向黄灯:= 0;                                                 南北向红灯:= 1;
                                                                          南北向绿灯:= 0;
           南北向红灯:= 0;                                                 南北向黄灯:= 0;
           南北向绿灯:= 频闪；
           南北向黄灯:= 0;                                              201:                           (*循环控制*)
                                                                          TN0 := 1;
                                                                       END_CASE;
```

图 14-6-4 范例 3 程序

如果 0 < T0 < 5 秒，则 PLC 执行 CASE 语句对应时段的分支程序，使东西向红灯=1，Y0=1，东西向红灯被点亮；使南北向绿灯=1，Y4=1，南北向绿灯被点亮。

如果 5 秒 < T0 < 8 秒，则 PLC 执行 CASE 语句对应时段的分支程序，使东西向红灯=1，Y0=1，东西向红灯被点亮；在频闪继电器作用下，Y4 间歇式得电，南北向绿灯闪烁。

如果 8 秒 < T0 < 10 秒，则 PLC 执行 CASE 语句对应时段的分支程序，使东西向红灯=1，Y0=1，东西向红灯被点亮；使南北向黄灯=1，Y5=1，南北向黄灯被点亮。

如果 10 秒 < T0 < 15 秒，则 PLC 执行 CASE 语句对应时段的分支程序，使东西向绿灯=1，Y1=1，东西向绿灯被点亮；使南北向红灯=1，Y3=1，南北向红灯被点亮。

如果 15 秒 < T0 < 18 秒，则 PLC 执行 CASE 语句对应时段的分支程序，在频闪继电器作用下，Y1 间歇式得电，东西向绿灯闪烁；使南北向红灯=1，Y3=1，南北向红灯被点亮。

如果 18 秒 < T0 < 20 秒，则 PLC 执行 CASE 语句对应时段的分支程序，使东西向黄灯=1，Y2=1，东西向黄灯被点亮；使南北向红灯=1，Y3=1，南北向红灯被点亮。

如果 T0 > 20 秒，则 PLC 执行赋值指令，使定时器 T0 的经过值变为 1，程序进入下一次循环。

【编程体会】

在使用 ST 语言编程时，如果变量用标签标识，而不是用实参标识，那么程序的设计就可以完全脱离外部硬件，而不必受现场不同的硬件接口限制，这样将极大地增强程序的灵活性和适应性，在编写大型程序时，也便于大家分工协作开发。

实例 14-7 自动售货机控制程序设计

设计要求：自动售货机控制要求如下。

（1）币值可分为 1 元、5 元、10 元，果汁单价为 12 元，咖啡单价为 15 元。投币时，要求系统能自动计算和显示当前投币的总额。消费时，要求系统能自动计算和显示当前余额。

（2）在资费足额的情况下，如果按压购买果汁按钮，则果汁饮料窗口自动出水，出水状态延时 5 秒后停止；如果按压购买咖啡按钮，则咖啡饮料窗口自动出水，出水状态延时 5 秒后停止。

（3）每次购买饮料完成之后可以继续投币进行购买。

（4）如果按压退款按钮，则系统能自动退出当前余款，退款状态延时 3 秒后停止。

1. 输入/输出元件及其控制功能

实例 14-7 中用到的输入/输出元件地址如表 14-7-1 所示。

表 14-7-1 实例 14-7 输入/输出元件地址

说明	PLC 软元件	元件文字符号	元件名称	控制功能
输入	X1	SB1	控制按钮	购买果汁
	X2	SB2	控制按钮	购买咖啡
	X3	SB3	投币传感器	1 元面值投币
	X4	SB4	投币传感器	5 元面值投币
	X5	SB5	投币传感器	10 元面值投币
	X6	SB6	控制按钮	启动退钱
输出	Y0	KV1	电磁阀	果汁出水
	Y1	KV2	电磁阀	咖啡出水
	Y2	HL1	指示灯	购买果汁足额指示
	Y3	HL2	指示灯	购买咖啡足额指示
	Y4	HL3	指示灯	资费不足指示
	Y5	KV3	电磁阀	退钱

2. 控制程序设计

【思路点拨】

自动售货机的控制过程大致可分为四个步骤。第一步记录投币情况，统计总额；第二步判断消费水平；第三步购买饮料，统计余额；第四步退款。

(1) 程序范例 1 分析。

本实例程序范例 1 的全局标签如图 14-7-1 所示，程序如图 14-7-2 所示。

	类	标签名	数据类型	软元件
1	VAR_GLOBAL	购买果汁	Bit	X001
2	VAR_GLOBAL	购买咖啡	Bit	X002
3	VAR_GLOBAL	投币1元	Bit	X003
4	VAR_GLOBAL	投币5元	Bit	X004
5	VAR_GLOBAL	投币10元	Bit	X005
6	VAR_GLOBAL	退款	Bit	X006
7	VAR_GLOBAL	果汁出水	Bit	Y000
8	VAR_GLOBAL	咖啡出水	Bit	Y001
9	VAR_GLOBAL	果汁资费足额	Bit	Y002
10	VAR_GLOBAL	咖啡资费足额	Bit	Y003
11	VAR_GLOBAL	资费不足	Bit	Y004
12	VAR_GLOBAL	退款过程	Bit	Y005
13	VAR_GLOBAL	投币1元次数	Word[Signed]	
14	VAR_GLOBAL	投币5元次数	Word[Signed]	
15	VAR_GLOBAL	投币10元次数	Word[Signed]	
16	VAR_GLOBAL	投币总额	Word[Signed]	
17	VAR_GLOBAL	当前总额	Word[Signed]	
18	VAR_GLOBAL	消费余额	Word[Signed]	

图 14-7-1　范例 1 全局标签

INCP(投币1元 , 投币1元次数);　　　　　　　　　　　　　　(*投币统计*)

INCP(投币5元 , 投币5元次数);

INCP(投币10元 , 投币10元次数);

投币总额 := 投币1元次数*1 + 投币5元次数*5 + 投币10元次数*10;

当前总额 := 投币总额 + 消费余额 ;

CASE 当前总额 OF　　　　　　　　　　　　　　　　　(*购买力判断与指示*)

0..11 :

　咖啡资费足额 :=FALSE;

　果汁资费足额 := FALSE;

　资费不足 := TRUE;

12..14 :

　咖啡资费足额 := TRUE;

　果汁资费足额 := FALSE;

　资费不足 := FALSE;

15..1000 :

　咖啡资费足额 := TRUE;

　果汁资费足额 := TRUE;

　资费不足 := FALSE;

END_CASE;

IF LDP(1 ,购买咖啡) AND 咖啡资费足额 AND NOT 果汁出水 THEN　　(*消费与消费统计*)

咖啡出水:=1;

消费余额 := 当前总额 - 12;

投币1元次数:= 0;

图 14-7-2　范例 1 程序

```
    投币5元次数:= 0;
    投币10元次数:= 0;
  END_IF;
  IF LDP(1 ,购买果汁) AND 果汁资费足额 AND NOT 咖啡出水 THEN
    果汁出水:=1;
    消费余额:= 当前总额 - 15;
    投币1元次数:= 0;
    投币5元次数:= 0;
    投币10元次数:= 0;
  END_IF;

  OUT_T(果汁出水 OR 咖啡出水, TC0 , 50 );

  IF TS0 THEN
    咖啡出水:=0;
    果汁出水:=0;
  END_IF;

  退款过程:= 退款 OR 退款过程AND NOT TS1;            (*退款*)
  OUT_T(退款过程, TC1, 30 );

  IF退款 THEN
    投币1元次数:= 0;
    投币5元次数:= 0;
    投币10元次数:= 0;
    当前总额:= 0;
    消费余额:= 0;
    投币总额:= 0;
  END_IF;
```

图 14-7-2　范例 1 程序（续）

程序说明：

① 投币统计。PLC 先执行三条 INCP 语句，分别统计 1 元面额、5 元面额和 10 元面额的投币次数，再执行两条赋值语句，统计投币总额和当前总额。

② 购买力判断与指示。PLC 执行 CASE 语句判断当前总额，并依据判断结果驱动对应的状态指示灯点亮。

如果当前总额在 0 至 11 元之间，则 PLC 执行第一条分支程序，使资费不足 =1，资费不足指示灯被点亮。

如果当前总额在 12 至 14 元之间，则 PLC 执行第二条分支程序，使咖啡资费足额 =1，咖啡资费足额指示灯被点亮。

如果当前总额在 15 至 1000 元之间，则 PLC 执行第三条分支程序，使果汁资费足额 =1，果汁资费足额指示灯被点亮。

③ 消费与消费统计。

按下购买咖啡按钮，PLC 执行购买咖啡对应的 IF 语句，使咖啡出水 =1，咖啡供出；使投币 1 元次数 =0、投币 5 元次数 =0、投币 10 元次数 =0；统计消费余额，消费余额等于当前总额减去 12 元。

按下购买果汁按钮，PLC 执行购买果汁对应的 IF 语句，使果汁出水 =1，果汁供出；使投币 1 元次数 =0、投币 5 元次数 =0、投币 10 元次数 =0；统计消费余额，消费余额等于当前总额减去 15 元。

在机器供出饮料期间，定时器 T0 计时。当定时器 T0 计时满 5 秒时，PLC 执行停供对应的 IF 语句，使咖啡出水 =0，果汁出水 =0，定时器 T0 复位。

④ 退费。按下退款按钮，定时器 T1 计时；PLC 执行投币清零对应的 IF 语句，使退款过程 =1，机器退款；使投币 1 元次数 =0、投币 5 元次数 =0、投币 10 元次数 =0、当前总额 =0、消费余额 =0、投币总额 =0，投币清零。

当定时器 T1 计时满 3 秒时，定时器 T1 触点动作，使退款过程 =0，退款结束。

【编程体会】

梯形图在处理四则运算时，一般需要编写多行程序才能完成，要是碰到复杂的计算，那编写起来更是困难。但如果改用 ST 语言编写，就会轻松很多，因为 ST 语言可以直接使用 "+" "-" "*" "/" 等数学运算符号，对于复杂公式的计算用几行程序就能搞定，计算过程也很直观。

（2）程序范例 2 分析。

本实例程序范例 2 的全局标签如图 14-7-1 所示，程序如图 14-7-3 所示。

```
    IF LDP( 1 ,投币1元 )  THEN ;                    (*投币统计*)
      投币总额 := 投币总额+1;
    END_IF;
     IF  LDP( 1 ,投币5元 ) THEN
      投币总额 := 投币总额+5;
    END_IF;
     IF  LDP( 1 ,投币10元 )  THEN
      投币总额 := 投币总额+10;
    END_IF;
   当前总额 := 投币总额 + 消费余额;

   IF当前总额 < 12 THEN                            (*购买力判断与指示*)
      资费不足 := 1;
    ELSE
      资费不足 := 0;
    END_IF;
   IF当前总额 >11 THEN
```

图 14-7-3　范例 2 程序

项目 14 ST 语言控制程序设计

```
    咖啡资费足额 := 1;
ELSE
    咖啡资费足额 := 0;
END_IF;
IF 当前总额 > 14 THEN
    果汁资费足额 := 1;
ELSE
    果汁资费足额 := 0;
END_IF;

IF LDP(1, 购买咖啡) AND 咖啡资费足额 AND NOT 果汁出水 THEN        (*消费与消费统计*)
    咖啡出水 := 1;
    消费余额 := 当前总额 - 12 ;
    投币总额 := 0 ;
END_IF;
IF LDP(1, 购买果汁) AND 果汁资费足额 AND NOT 咖啡出水 THEN
    果汁出水 := 1;
    消费余额 := 当前总额 - 15 ;
    投币总额 := 0 ;
END_IF;

OUT_T(果汁出水 OR 咖啡出水, TC0, 100 );

IF TS0 = 1 THEN
    咖啡出水 := 0;
    果汁出水 := 0;
END_IF;

IF LDP(1, 退款) THEN
    退款过程 := 1;
    当前总额 := 0;
    消费余额 := 0 ;
    投币总额 := 0 ;
END_IF;

OUT_T(退款过程, TC1 , 30 );        (*退款*)

IF TS1 THEN
    退款过程 := 0;
END_IF;
```

图 14-7-3 范例 2 程序（续）

程序说明：

① 投币统计。PLC 先执行三条 IF 指令，统计在投 1 元币、5 元币和 10 元币三种情况下的投币总额，再执行赋值指令，统计当前总额。

② 购买力判断与指示。

PLC 执行 IF 指令判断当前总额是否 <12 元，如果使能条件满足，则 PLC 执行该条语句，使资费不足 =1，资费不足指示灯被点亮。

PLC 执行 IF 指令判断当前总额是否 >11 元，如果使能条件满足，则 PLC 执行该条语句，使咖啡资费足额 =1，咖啡资费足额指示灯被点亮。

PLC 执行 IF 指令判断当前总额是否 >14 元，如果使能条件满足，则 PLC 执行该条语句，使果汁资费足额 =1，果汁资费足额指示灯被点亮。

③ 消费与消费统计。

按下购买咖啡按钮，PLC 执行购买咖啡对应的 IF 语句，使咖啡出水 =1，咖啡供出；使投币总额=0；统计消费余额，消费余额等于当前总额减去 12 元。

按下购买果汁按钮，PLC 执行购买果汁对应的 IF 语句，使果汁出水 =1，果汁供出；使投币总额=0；统计消费余额，消费余额等于当前总额减去 15 元。

在机器供出饮料期间，定时器 T0 计时。当定时器 T0 计时满 5 秒时，PLC 执行停供对应的 IF 指令，使咖啡出水 =0、果汁出水=0，定时器 T0 复位。

④ 退款。按下退款按钮，定时器 T1 计时；PLC 执行投币清零对应的 IF 语句，使退款过程 =1，机器退款；使投币总额 =0，投币清零。当定时器 T1 计时满 3 秒时，定时器 T1 触点动作，使退款过程 =0，退款结束。

（3）程序范例 3 分析。

本实例程序范例 3 的工程导航如图 14-7-4 所示，全局标签如图 14-7-1 所示，主程序如图 14-7-5 所示；投币统计 FB 块的局部标签如图 14-7-6 所示，块程序如图 14-7-7 所示；消费与消费统计 FB 块的局部标签如图 14-7-8 所示，块程序如图 14-7-9 所示；购买力判断与指示 FB 块的局部标签如图 14-7-10 所示，块程序如图 14-7-11 所示；退款 FB 块的局部标签如图 14-7-12 所示，块程序如图 14-7-13 所示。

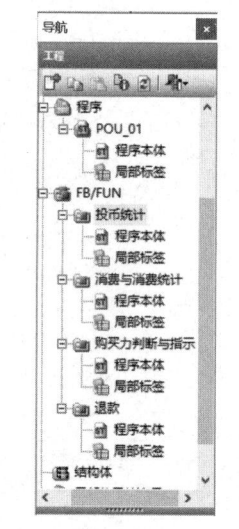

图 14-7-4　工程导航

投币统计_1(tou1:= 投币1元 , tou5:=投币5元 ,tou10:= 投币10元);

购买力判断与指示_1(zifeibuzu:= 资费不足 , guozizifeizue:= 果汁资费足额 , kafeizifeizue:= 咖啡资费足额);

消费与消费统计_1(goumaikafei:= 购买咖啡 , goumaiguozi:= 购买果汁 , kafeichuishui:= 咖啡出水 , guozichushui:= 果汁出水);

退款_1(tuikuan:= 退款, tuikuanguocheng:= 退款过程);

图 14-7-5　范例 3 主程序

	类	标签名	数据类型
1	VAR_INPUT	tou1	Bit
2	VAR_INPUT	tou5	Bit
3	VAR_INPUT	tou10	Bit

图 14-7-6　投币统计 FB 块局部标签

项目 14 ST 语言控制程序设计

  IF LDP(1 , tou1)　THEN ;　　　　　　(*投币1元统计*)

   投币总额 := 投币总额+1;

  END_IF;

  IF　LDP(1 , tou5) THEN　　　　　　　(*投币5元统计*)

   投币总额 := 投币总额+5;

  END_IF;

  IF　LDP(1 , tou10)　THEN　　　　　　(*投币10元统计*)

   投币总额 := 投币总额+10;

  END_IF;

  当前总额 := 投币总额 + 消费余额;

图 14-7-7　投币统计 FB 块程序

	类	标签名	数据类型
1	VAR_INPUT	goumaikafei	Bit
2	VAR_INPUT	goumaiguozi	Bit
3	VAR_OUTPUT	kafeichuishui	Bit
4	VAR_OUTPUT	guozichushui	Bit

图 14-7-8　消费与消费统计 FB 块局部标签

IF LDP(1，goumaikafei) AND 咖啡资费足额 AND NOT guozichushui THEN　　(*购买咖啡*)

 kafeichuishui := 1;

 消费余额 := 当前总额 - 12；

 投币总额 := 0；

END_IF;

IF LDP(1，goumaiguozi) AND 果汁资费足额 AND NOT kafeichuishui THEN　　(*购买果汁*)

 guozichushui:= 1;

 消费余额 := 当前总额 - 15；

 投币总额 := 0；

END_IF;

OUT_T(guozichushui OR kafeichuishui, TC0, 50);　　　　(*饮料出水控制*)

IF　TS0 =1　THEN

 kafeichuishui := 0;

 guozichushui := 0;

END_IF;

图 14-7-9　消费与消费统计 FB 块程序

	类	标签名	数据类型
1	VAR_OUTPUT	zifeibuzu	Bit
2	VAR_OUTPUT	guozizifeizue	Bit
3	VAR_OUTPUT	kafeizifeizue	Bit

图 14-7-10　购买力判断与指示 FB 块局部标签

```
IF 当前总额 < 12 THEN            (*判断资费是否不足*)
   zifeibuzu := 1;
ELSE
   zifeibuzu := 0;
END_IF;

IF 当前总额 >11 THEN            (*判断咖啡资费是否不足*)
   kafeizifeizue :=1;
ELSE
   kafeizifeizue := 0;
END_IF;

IF 当前总额 >14 THEN            (*判断果汁资费是否不足*)
   guozizifeizue := 1;
ELSE
   guozizifeizue := 0;
END_IF;
```

图 14-7-11 购买力判断与指示 FB 块程序

	类	标签名	数据类型
1	VAR_INPUT	tuikuan	Bit
2	VAR_OUTPUT	tuikuanguocheng	Bit

图 14-7-12 退款 FB 块局部标签

```
IF  LDP(1 , tuikuan)  THEN
   退款过程 := 1;
   当前总额 := 0;
   消费余额 := 0;
   投币总额 := 0;
END_IF;

OUT_T( tuikuanguocheng, TC1 , 30 );

IF  TS1  THEN
   tuikuanguocheng := 0;
END_IF;
```

图 14-7-13 退款 FB 块程序

① 主程序说明。

在主程序中，调用投币统计 FB 块，用于统计当前总额；调用购买力判断与指示 FB 块，用于判断当前总额，并依据判断结果驱动对应的状态指示灯点亮；调用消费与消费统计 FB 块，用于购买饮料和消费后的统计；调用退款 FB 块，用于消费后的退款。

② 投币统计 FB 块程序说明。

PLC 先执行三条 IF 指令，统计在投 1 元币、5 元币和 10 元币三种情况下的投币总额，再执行赋值指令，统计当前总额。

③ 购买力判断与指示 FB 块程序说明。

PLC 执行 IF 指令判断当前总额是否 <12 元，如果使能条件满足，则 PLC 执行该条指令，使资费不足 =1，资费不足指示灯被点亮。

PLC 执行 IF 指令判断当前总额是否 >11 元，如果使能条件满足，则 PLC 执行该条指令，使咖啡资费足额 =1，咖啡资费足额指示灯被点亮。

PLC 执行 IF 指令判断当前总额是否 >14 元，如果使能条件满足，则 PLC 执行该条指令，使果汁资费足额 =1，果汁资费足额指示灯被点亮。

④ 消费与消费统计 FB 块程序说明。

按下购买咖啡按钮，PLC 执行购买咖啡对应的 IF 指令，使咖啡出水 =1，咖啡供出；使投币总额=0；统计消费余额，消费余额等于当前总额减去 12 元。

按下购买果汁按钮，PLC 执行购买果汁对应的 IF 指令，使果汁出水 =1，果汁供出；使投币总额=0；统计消费余额，消费余额等于当前总额减去 15 元。

在机器供出饮料期间，定时器 T0 计时。当定时器 T0 计时满 5 秒时，PLC 执行停供对应的 IF 指令，使咖啡出水 =0、果汁出水=0，定时器 T0 复位。

⑤ 退款 FB 块程序说明。按下退款按钮，定时器 T1 计时；PLC 执行投币清零对应的 IF 指令，使退款过程=1，机器退款；使投币总额=0，投币清零。当定时器 T1 计时满 3 秒时，定时器 T1 触点动作，使退款过程=0，退款结束。

（4）程序范例 4 分析。

本实例程序范例 4 的主程序如图 14-7-14 所示，其他所有图与范例 3 相同，程序说明也与范例 3 相同。

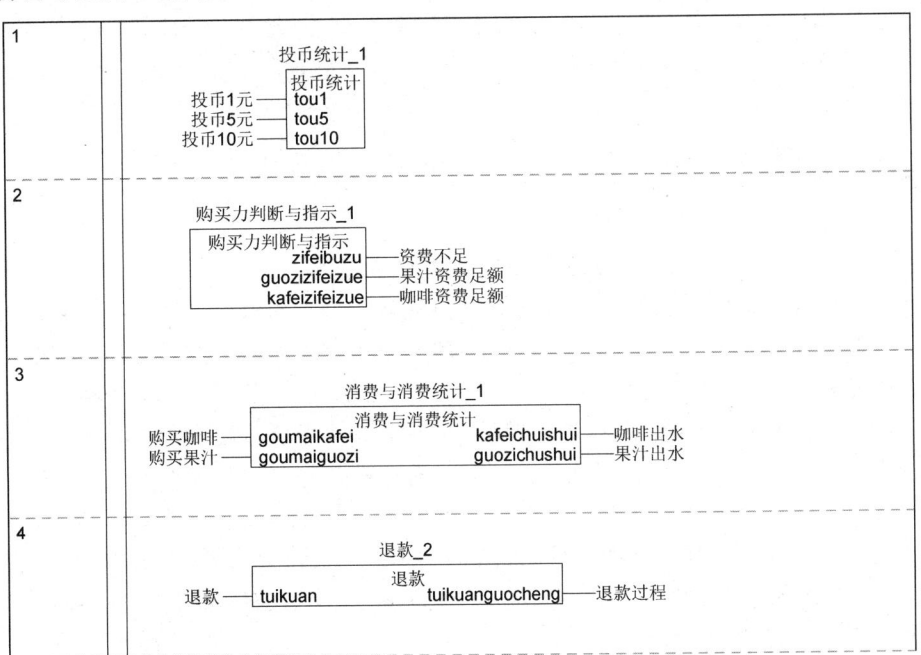

图 14-7-14 范例 4 主程序

【编程体会】

以范例 2 程序为例,由于范例 2 程序较多,所以该程序的开发、阅读、查找、修改和调试都不方便。为了克服这些问题,可以将范例 2 程序拆解,把程序的每一部分打包成 FB 块,再用 FB 块把程序"组装"起来,即范例 3 和范例 4 所示的方法。请读者注意,这里使用 FB 块的目的并不是为了反复调用 FB 块,仅仅是为了改善程序结构,程序经"模块化"整理后,条理更清晰。虽然范例 3 和范例 4 都使用了 FB 块,而且块程序也都是用 ST 语言编写的,但范例 3 主程序的编写语言是 ST,范例 4 主程序的编写语言是结构化梯形图,两者相比较,范例 4 直观性更强,更符合电气工程师的专业习惯。

【编后总结】

本书通过 14 个项目详细介绍了梯形图、SFC、功能图和 ST 语言等编程语言。

梯形图是 PLC 编程最常用的编程语言,这种语言具有上手容易、逻辑处理能力强、符合电路控制逻辑等优点,梯形图最适合在简单逻辑控制场合使用。

SFC 依据生产工艺流程编制程序,具有逻辑简单、流程清晰、调试方便等优点,SFC 最适合在顺序流程控制场合使用。

功能图是将所需要的功能做成功能块,在主程序中调用功能块,相比梯形图和 SFC,功能图大大减轻了程序编辑工作量,也大大降低了编辑出错的可能性,程序呈现出来的逻辑结构也更清晰,程序检查更容易,调试更直观方便,功能图最适合在大型复杂控制场合使用。

ST 语言是一种以文本进行记叙的高级语言,在条件判断和数学运算方面优势明显,但这种语言入门难,逻辑控制力弱,ST 语言最适合在有复杂工艺计算和复杂控制场合使用。

对于大型复杂程序,最好不要用一种编程语言包打天下,而是要发挥每种语言的长处,尽可能采用混合方式编写程序。例如,在结构化梯形图中嵌入 ST 语言编写的 FB 块,用梯形图去处理程序中的逻辑问题,用 ST 语言解决工艺运算问题,这样编程效率会显著提高,程序结构也更合理,修改和调试也更方便。

思政元素映射

站在巅峰之上的中国技师

高凤林是航天科技集团一院 211 厂特种熔融焊接工,是为长征火箭焊接发动机的国家高级技师。自 1980 年技校毕业后,高凤林一直从事火箭发动机焊接工作,先后获得全国劳动模范、全国道德模范、全国技术能手等荣誉称号,也是全国五一劳动奖章获得者。

高凤林先后为 90 多个火箭焊接过发动机,占到我国发射火箭总数的近四成。他参与完成了我国主力运载火箭——长三甲系列火箭、新一代运载火箭——长征五号火箭氢氧发动机的研制。同时,他积极开展技术创新,攻克多项难题,如成功解决某型号发动机推力室生产难题,突破十多年未解决的技术瓶颈。他还大胆运用新的工艺措施,解决了久攻不下的难关;在新一代长征五号火箭研制中,他面对极其困难的操作环境,高空焊接,成功修复发动机内壁,避免上百万元的经济损失。

高凤林认为,工匠精神应该具备五个特点:一是爱岗敬业,无私奉献;二是持续专注,开拓创新；三是精益求精，追求极致；四是推陈出新，薪火相传；五是不忘初心，继续前进。"2016 年，我最骄傲的事就是我们国家的长征五号发射成功，那里面最关键的芯一级、芯二级，都是由我及我带领的团队制造的，其中的很多核心关键技术，还是由我来突破的。"高凤林自豪地说。在 2017 年全国硕士研究生考试中，高凤林的工匠事迹作为案例被写入了政治试卷中，对此，高凤林风趣地说道："我入行的时候是技校水平，但现在是研究生水平了，这也印证了工匠精神已经成为全社会推崇的精神。"

附录 A

FX 系列 PLC 常用指令详解

为方便读者理解本书内容,我们把在实例中用到的一些指令进行归纳总结,以供查询参考。

1. 逻辑取、取反、输出及结束指令

逻辑取、取反、输出及结束指令的助记符与梯形图如表 A-1 所示。

表 A-1 逻辑取、取反、输出及结束指令的助记符与梯形图

助记符	名称	梯形图表示
LD	取	─┤ ├─
LDI	取反	─┤/├─
OUT	输出	─( )─
END	结束	─┤ END ├─

逻辑取和取反指令可用软元件说明如表 A-2 所示。

表 A-2 逻辑取和取反指令可用软元件说明

操作数	位元件				字元件								常数	
	X	Y	M	S	KnX	KnY	KnM	KnS	T	C	D	V	Z	K	H
S	·	·	·	·					·	·					

输出指令可用软元件说明如表 A-3 所示。

表 A-3 输出指令可用软元件说明

操作数	位元件				字元件								常数	
	X	Y	M	S	KnX	KnY	KnM	KnS	T	C	D	V	Z	K	H
S		·	·	·					·	·					

LD 功能:取常开触点与左母线相连。
LDI 功能:取常闭触点与左母线相连。

OUT 功能：使指定的继电器线圈得电，继电器触点产生相应的动作。
END 功能：表示程序结束，返回起始地址。

> **编程规定：**
> 在梯形图中，每一梯级的第一个触点必须用取指令 LD（常开）或取反指令 LDI（常闭），并与左母线相连。

2. 触点串/并联指令

触点串/并联指令的助记符与梯形图如表 A-4 所示。

表 A-4 触点串/并联指令的助记符与梯形图

助记符	名称	梯形图表示
AND	与	—┤├—┤├—
OR	或	┤├ 并联 ┤├

触点串/并联指令可用软元件说明如表 A-5 所示。

表 A-5 触点串/并联指令可用软元件说明

操作数	位元件				字元件								常数	
	X	Y	M	S	KnX	KnY	KnM	KnS	T	C	D	V	Z	K	H
S	·	·	·	·					·	·					

AND 功能：将触点串联，进行逻辑与运算。
OR 功能：将触点并联，进行逻辑或运算。

> **编程规定：**
> 触点串/并联指令仅用来描述单个触点与其他触点的电路连接关系，串/并联的次数不受限制，可以反复使用。

3. 置位/复位指令

置位/复位指令的助记符与梯形图如表 A-6 所示。

表 A-6 置位/复位指令的助记符与梯形图

助记符	名称	梯形图表示
SET	置位	┤├—[SET S]
RST	复位	┤├—[RST S]

置位指令可用软元件说明如表 A-7 所示。

表 A-7　置位指令可用软元件说明

操作数	位元件				字元件									常数	
	X	Y	M	S	KnX	KnY	KnM	KnS	T	C	D	V	Z	K	H
S		·	·	·											

复位指令可用软元件说明如表 A-8 所示。

表 A-8　复位指令可用软元件说明

操作数	位元件				字元件									常数	
	X	Y	M	S	KnX	KnY	KnM	KnS	T	C	D	V	Z	K	H
S		·	·	·					·	·	·	·	·		

SET 功能：强制操作元件置"1"，并具有自保持功能，即驱动条件断开后，操作元件仍维持接通状态。

RST 功能：强制操作元件置"0"，并具有自保持功能。RST 指令除了可以对位元件进行置"0"操作，还可以对字元件进行清零操作，即把字元件数值变为"0"。

使用要点：

① 对于同一操作元件可以多次使用 SET、RST 指令，顺序也可以任意，但以最后执行的一条指令为有效。

② 在实际使用时，尽量不要对同一位元件进行 SET 和 OUT 操作。因为这样使用，虽然不是双线圈输出，但如果 OUT 的驱动条件断开，则 SET 的操作不具有自保持功能。

4. 交替输出指令

交替输出指令的助记符与梯形图如表 A-9 所示。

表 A-9　交替输出指令的助记符与梯形图

助记符	名称	梯形图表示
ALT	交替输出	─┤├──[ALT　S]

交替输出指令可用软元件说明如表 A-10 所示。

表 A-10　交替输出指令可用软元件说明

操作数	位元件				字元件									常数	
	X	Y	M	S	KnX	KnY	KnM	KnS	T	C	D	V	Z	K	H
S		·	·	·											

ALT 功能：用于对指定的位元件执行 ON/OFF 反转一次，也就是对指定的位元件执行逻辑取反一次。

5. 传送指令

传送指令的助记符与梯形图如表 A-11 所示。

表 A-11 传送指令的助记符与梯形图

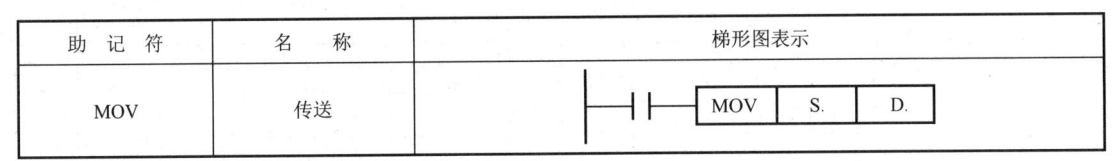

助记符	名称	梯形图表示
MOV	传送	─┤ ├─[MOV | S. | D.]

传送指令可用软元件说明如表 A-12 所示。

表 A-12 传送指令可用软元件说明

操作数	位元件				字元件								常数	
	X	Y	M	S	KnX	KnY	KnM	KnS	T	C	D	V	Z	K	H
S					·	·	·	·	·	·	·	·	·	·	·
D						·	·	·	·	·	·	·	·		

传送指令的操作数内容说明如表 A-13 所示。

表 A-13 传送指令的操作数内容说明

操作数	内容说明
S	进行传送的数据或数据存储字软元件地址
D	数据传送目标的字软元件地址

MOV 功能：当驱动条件成立时，将源址 S 中的二进制数据传送至终址 D。传送后，S 中的内容保持不变。

> **使用要点：**
> 传送指令 MOV 是应用最多的功能指令之一。其实质是一个对位元件进行置位和对字元件进行读/写操作的指令。应用组合位元件也可以对位元件进行复位和置位操作。

6. 多点传送指令

多点传送指令的助记符与梯形图如表 A-14 所示。

表 A-14 多点传送指令的助记符与梯形图

助记符	名称	梯形图表示
FMOV	多点传送	─┤ ├─[FMOV | S. | D. | n]

多点传送指令可用软元件说明如表 A-15 所示。

表 A-15　多点传送指令可用软元件说明

操作数	位元件				字元件								常数	
	X	Y	M	S	KnX	KnY	KnM	KnS	T	C	D	V	Z	K	H
S					·	·	·	·	·	·	·	·	·	·	·
D						·	·	·	·	·	·	·	·		
n														·	·

多点传送指令的操作数内容说明见表 A-16。

表 A-16　多点传送指令的操作数内容说明

操作数	内容说明
S	进行传送的数据或数据存储字软元件地址
D	数据传送目标的字软元件地址
n	传送的字软元件的点数

FMOV 功能：当驱动条件成立时，将源址 S 中的二进制数据传送至以 D 为首址的 n 个寄存器中。

> **使用要点：**
> 多点传送指令的作用就是一点多传，它的操作数把同一个数传送到多个连续的寄存器中，传送的结果是在所有寄存器中都存有相同数据。

7. 区间复位指令

区间复位指令的助记符与梯形图如表 A-17 所示。

表 A-17　区间复位指令的助记符与梯形图

助记符	名称	梯形图表示
ZRST	区间复位	─┤├─[ZRST　D1　D2]

区间复位指令可用软元件说明如表 A-18 所示。

表 A-18　区间复位指令可用软元件说明

操作数	位元件				字元件								常数	
	X	Y	M	S	KnX	KnY	KnM	KnS	T	C	D	V	Z	K	H
D1		·	·	·		·	·	·	·	·	·				
D2		·	·	·		·	·	·	·	·	·				

ZRST 指令的操作数内容说明如表 A-19 所示。

附录A FX系列PLC常用指令详解

表 A-19 ZRST 指令的操作数内容说明

操作数	内容说明
D1	进行区间复位的软元件首址
D2	进行区间复位的软元件终址

ZRST 功能：当驱动条件成立时，将首址 D1 和终址 D2 之间的所有软元件进行复位处理。

使用要点：

D1 和 D2 必须是同一类型软元件，且软元件编号必须为 D1≤D2。区间复位指令是 16 位处理指令，不能对 32 位软元件进行区间复位处理。区间复位指令在对定时器、计数器进行区间复位时，不但将 T 和 C 的当前值写入 K0，还将其相应的触点全部复位。

能够完成对位元件置 OFF 和对字元件写入 K0 的复位处理的指令有 RST、MOV、FMOV 和 ZRST，它们的功能是有差别的，具体如表 A-20 所示。

表 A-20 RST、MOV、FMOV 和 ZRST 指令的功能比较

指令符	名称	功能特点
RST	复位	①只能对单个位软元件复位；②在对T和C复位时，其触点也能同时复位
ZRST	区间复位	①可对位和字软元件进行区间复位；②在对T和C复位时，其触点也能同时复位
MOV	传送	①只能对单个字软元件复位；②在对T和C复位时，其触点不能同时复位
FMOV	多点传送	①能对多个字软元件复位；②在对T和C复位时，其触点不能同时复位

8. 位左/右移指令

位左/右移指令的助记符与梯形图如表 A-21 所示。

表 A-21 位左/右移指令的助记符与梯形图

助记符	名称	梯形图表示
STFR	位右移	─┤├─[SFTR S. D. n1 n2]
STFL	位左移	─┤├─[SFTL S. D. n1 n2]

位左/右移指令的可用软元件说明如表 A-22 所示。

表 A-22 位左/右移指令的可用软元件说明

操作数	位元件				字元件								常数	
	X	Y	M	S	KnX	KnY	KnM	KnS	T	C	D	V	Z	K	H
S	•	•	•	•											
D		•	•	•											
n1														•	•
n2														•	•

位左/右移指令的操作数内容说明如表 A-23 所示。

· 281 ·

表 A-23　位左/右移指令的操作数内容说明

操 作 数	内 容 说 明
S	移入移位元件组成的位元件组合首址，占用 n2 个位
D	移位元件组合首址，占用 n1 个位
n1	移位元件组合长度，n1 ≤ 1024
n2	移位的位数，n2 ≤ n1

SFTR 功能：当驱动条件成立时，将以 D 为首址的位元件组合向右移动 n2 位，其高位由 n2 位的位元件组合 S 移入，移出的 n2 个低位被舍弃，而位元件组合 S 保持原值不变。

SFTR 指令图示如图 A-1 所示。

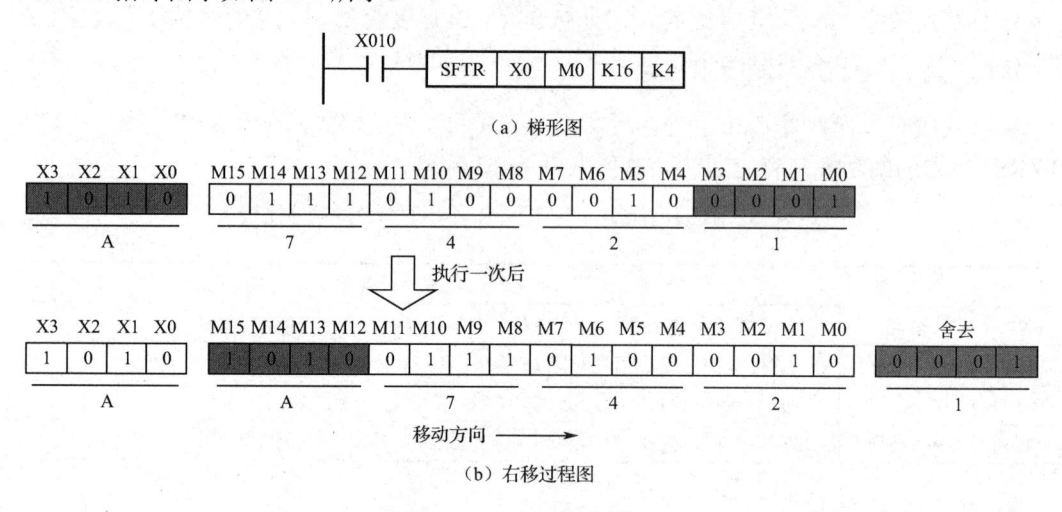

图 A-1　SFTR 指令图示

SFTL 功能：当驱动条件成立时，将以 D 为首址的位元件组合向左移动 n2 位，其高位由 n2 位的位元件组合 S 移入，移出的 n2 个低位被舍弃，而位元件组合 S 保持原值不变。

SFTL 指令图示如图 A-2 所示。

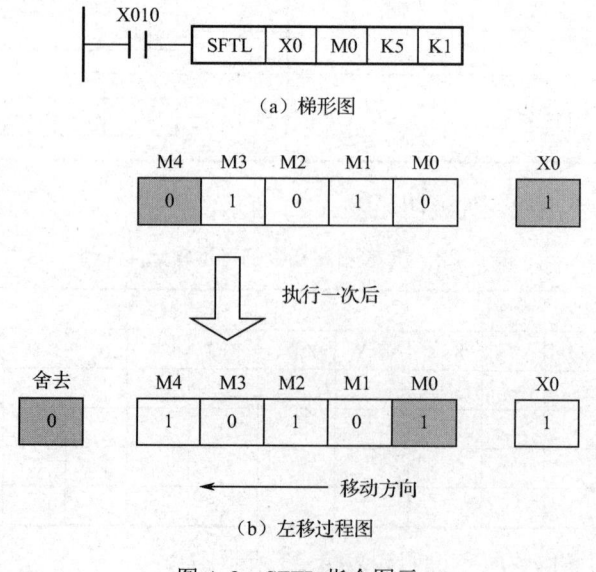

图 A-2　SFTL 指令图示

9. 比较指令

比较指令的助记符与梯形图如表 A-24 所示。

表 A-24　比较指令的助记符与梯形图

助 记 符	名 称	梯形图表示
CMP	比较	─┤├─ CMP S1 S2 D

比较指令可用软元件说明如表 A-25 所示。

表 A-25　比较指令可用软元件说明

操作数	位元件				字元件								常数	
	X	Y	M	S	KnX	KnY	KnM	KnS	T	C	D	V	Z	K	H
S1					·	·	·	·	·	·	·	·	·	·	·
S2					·	·	·	·	·	·	·	·	·	·	·
D		·	·	·											

比较指令的操作数内容说明如表 A-26 所示。

表 A-26　比较指令的操作数内容说明

操 作 数	内 容 说 明
S1	比较值一或数据存储字软元件地址
S2	比较值二或数据存储字软元件地址
D	比较结果的位元件首址，占用 3 个点

CMP 功能：当驱动条件成立时，将源址 S1 和 S2 按代数形式进行大小的比较，如果 S1>S2，则位元件 D 为 ON；如果 S1=S2，则位元件 D+1 为 ON；如果 S1<S2，则位元件 D+2 为 ON。

使用要点：

执行 CMP 指令以后，即使驱动条件断开，D、D+1、D+2 仍会保持当前的状态，不会随驱动条件断开而改变，如果需要清除比较结果，可使用 RST 或 ZRST 指令进行复位处理。在实际应用中，可能只需要其中一个判别结果，另外两个判别结果可以不在程序中体现，D、D+1、D+2 一旦被指定，它们就不能再用作其他控制。

10. 触点比较指令

触点比较指令的助记符与梯形图如表 A-27 所示。

表 A-27　触点比较指令的助记符与梯形图

助 记 符	名 称	梯形图表示
LD=	判断 S1 是否等于 S2	─[= S1 S2]─

续表

助记符	名 称	梯形图表示
LD >	判断 S1 是否大于 S2	─[> S1 S2]─
LD <	判断 S1 是否小于 S2	─[< S1 S2]─
LD <>	判断 S1 是否不等于 S2	─[<> S1 S2]─
LD <=	判断 S1 是否小于或等于 S2	─[<= S1 S2]─
LD >=	判断 S1 是否大于或等于 S2	─[>= S1 S2]─

触点比较指令可用软元件说明如表 A-28 所示。

表 A-28　触点比较指令可用软元件说明

操作数	位元件				字元件								常数	
	X	Y	M	S	KnX	KnY	KnM	KnS	T	C	D	V	Z	K	H
S1					•	•	•	•	•	•	•	•	•	•	•
S2					•	•	•	•	•	•	•	•	•	•	•

触点比较指令的操作数内容说明如表 A-29 所示。

表 A-29　触点比较指令的操作数内容说明

操作数	内容说明
S1	比较值一或数据存储字软元件地址
S2	比较值二或数据存储字软元件地址

使用要点：

触点比较指令等同于一个常开触点，但这个常开触点的 ON/OFF 是由指令的两个字元件 S1 和 S2 的比较结果决定的。当参与比较的源址同为计数器时，这两个计数器的位数必须一致。

11. 区间比较指令

区间比较指令的助记符与梯形图如表 A-30 所示。

表 A-30　区间比较指令的助记符与梯形图

助记符	名 称	梯形图表示
ZCP	区间比较	─┤ ├─[ZCP S1. S2. S. D]─

区间比较指令可用软元件说明如表 A-31 所示。

表 A-31　区间比较指令可用软元件说明

操作数	位元件				字元件								常数	
	X	Y	M	S	KnX	KnY	KnM	KnS	T	C	D	V	Z	K	H
S1					·	·	·	·	·	·	·	·	·	·	·
S2					·	·	·	·	·	·	·	·	·	·	·
S					·	·	·	·	·	·	·	·	·	·	·
D	·	·	·												

区间比较指令的操作数内容说明如表 A-32 所示。

表 A-32　区间比较指令的操作数内容说明

操 作 数	内 容 说 明
S1	比较区域下限值数据或数据存储字软元件地址
S2	比较区域上限值数据或数据存储字软元件地址
S	比较值数据或数据存储字软元件地址
D	比较结果的位元件首址,占用 3 个点

ZCP 功能：当驱动条件成立时，将源址 S 与源址 S1 和源址 S2 分别进行比较，如果 S<S1，则位元件 D 为 ON；如果 S1≤S≤S2，则位元件 D+1 为 ON；如果 S>S2，则位元件 D+2 为 ON。

> **使用要点：**
>
> 执行 ZCP 指令以后，即使驱动条件断开，D、D+1、D+2 仍会保持当前的状态，不会随驱动条件断开而改变。D、D+1、D+2 一旦被指定，它们就不能再用作其他控制。

12. 步进/步进结束指令

步进/步进结束指令的助记符与梯形图如表 A-33 所示。

表 A-33　步进/步进结束指令的助记符与梯形图

助 记 符	名 称	梯形图表示
STL	步进	[STL　S]
RET	步进结束	[RET　]

步进指令可用软元件说明如表 A-34 所示。

表 A-34　步进指令可用软元件说明

操作数	位元件				字元件								常数	
	X	Y	M	S	KnX	KnY	KnM	KnS	T	C	D	V	Z	K	H
S				·											

STL 功能：将步进接点接到左母线位置。
RET 功能：将子母线返回到左母线位置。

📝 **编写问题：**

在三菱 FXGP-WIN-C 和 GX Developer 编程软件中都可以使用步进指令编写顺序控制程序，但两者的编程方式有所不同。图 A-3 为 FXGP-WIN-C 和 GX Developer 编程软件编写的功能完全相同的梯形图，虽然两者的语句表完全相同，但梯形图却有所区别，用 FXGP-WIN-C 软件编写的步进程序段开始有一个 STL 触点（编程时输入[STL S0]即能生成 STL 触点），而用 GX Developer 编程软件编写的步进程序段无 STL 触点，取而代之的程序段开始是一个独占一行的[STL S0]指令。

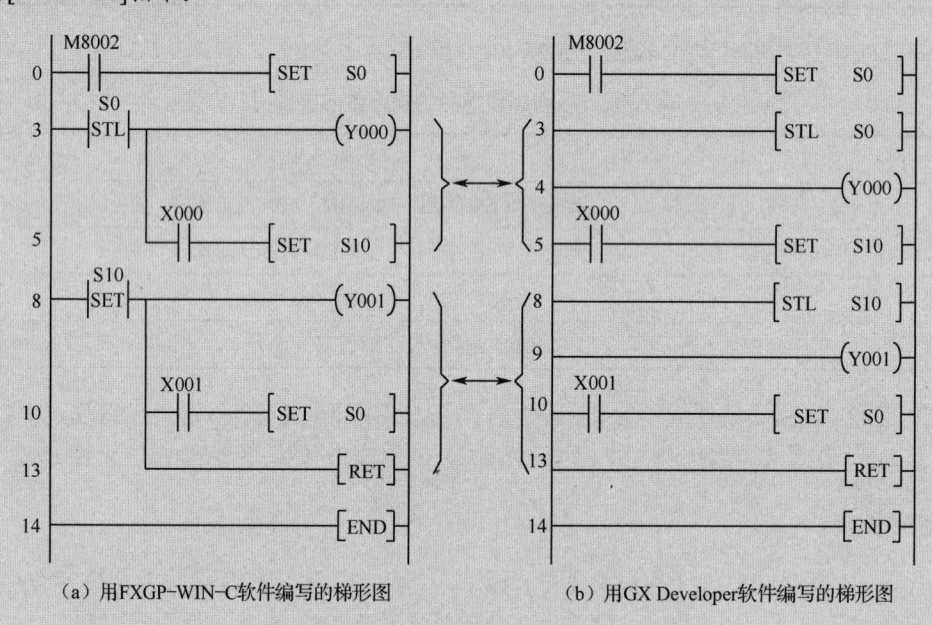

（a）用FXGP-WIN-C软件编写的梯形图　　　（b）用GX Developer软件编写的梯形图

图 A-3　不同编程软件编写的功能相同的程序

13. 时钟数据读出指令

时钟数据读出指令的助记符与梯形图如表 A-35 所示。

表 A-35　时钟数据读出指令的助记符与梯形图

助 记 符	名 称	梯形图表示
TRD	读时钟数据	─┤├──[TRD　D]

时钟数据读出指令可用软元件说明如表 A-36 所示。

表 A-36　时钟数据读出指令可用软元件说明

操作数	位元件				字元件								常数	
	X	Y	M	S	KnX	KnY	KnM	KnS	T	C	D	V	Z	K	H
S									·	·	·				

TRD 功能：将 PLC 中的特殊寄存器 D8013～D8019 的实时时钟数据传送到指定的数据寄存器中。

实时时钟数据与传送终址的对应关系如表 A-37 所示。

表 A-37　实时时钟数据与传送终址的对应关系

内　容	设定范围	特殊寄存器	传送终址
年	0～99	D8018	D
月	1～12	D8017	D+1
日	1～31	D8016	D+2
时	0～23	D8015	D+3
分	0～59	D8014	D+4
秒	0～59	D8013	D+5
星期	0～6	D8019	D+6

14．时钟数据写入指令

时钟数据写入指令的助记符与梯形图如表 A-38 所示。

表 A-38　时钟数据写入指令的助记符与梯形图

助记符	名　称	梯形图表示
TWR	写时钟数据	─┤├──[TWR　S]

时钟数据写入指令可用软元件说明如表 A-39 所示。

表 A-39　时钟数据写入指令可用软元件说明

操作数	位元件				字元件								常数	
	X	Y	M	S	KnX	KnY	KnM	KnS	T	C	D	V	Z	K	H
S									·	·	·				

TWR 功能：将设定的时钟数据写入 PLC 的特殊寄存器 D8013～D8019 中，执行该指令后，PLC 的实时时钟数据立刻被更改，其对应关系也如表 A-37 所示。

15．时钟数据比较指令

时钟数据比较指令的助记符与梯形图如表 A-40 所示。

表 A-40　时钟数据比较指令的助记符与梯形图

助记符	名　称	梯形图表示
TCMP	时钟数据比较	─┤├──[TCMP　S1　S2　S3　S　D]

时钟数据比较指令可用软元件说明如表 A-41 所示。

表 A-41 时钟数据比较指令可用软元件说明

操作数	位元件				字元件								常数	
	X	Y	M	S	KnX	KnY	KnM	KnS	T	C	D	V	Z	K	H
S1					•	•	•	•	•	•	•	•	•	•	•
S2					•	•	•	•	•	•	•	•	•	•	•
S3					•	•	•	•	•	•	•	•	•	•	•
S									•	•	•				
D		•	•	•											

时钟数据比较指令的操作数内容说明如表 A-42 所示。

表 A-42 时钟数据比较指令的操作数内容说明

操作数	内容说明
S1	指定比较基准时间的"时"或其存储字元件地址，取值范围为 0~23
S2	指定比较基准时间的"分"或其存储字元件地址，取值范围为 0~59
S3	指定比较基准时间的"秒"或其存储字元件地址，取值范围为 0~59
S	指定时间数据（时、分、秒）的字元件首地址，占用 3 个点
D	根据比较结果 ON/OFF 位元件首地址，占用 3 个点

TCMP 功能：当驱动条件成立时，将指定的时间数据 S（时）、S+1（分）、S+2（秒）与基准时间 S1（时）、S2（分）、S3（秒）进行比较，如果指定的时间>基准时间，则位元件 D 为 ON；如果指定的时间=基准时间，则位元件 D+1 为 ON；如果指定的时间<基准时间，则位元件 D+2 为 ON。

使用要点：

执行 TCMP 指令以后，即使驱动条件断开，D、D+1、D+2 仍会保持当前的状态，不会随驱动条件断开而改变，如果需要清除比较结果，可使用 RST 或 ZRST 指令进行复位处理。在实际应用中，可能只需要其中一个判别结果，另外两个判别结果可以不在程序中体现，D、D+1、D+2 一旦被指定，它们就不能再用作其他控制。

16．时钟数据区间比较指令

时钟数据区间比较指令的助记符与梯形图如表 A-43 所示。

表 A-43 时钟数据区间比较指令的助记符与梯形图

助记符	名称	梯形图表示
TZCP	时钟数据区间比较	─┤├─ TZCP S1 S2 S D

时钟数据区间比较指令可用软元件说明如表 A-44 所示。

表 A-44　时钟数据区间比较指令可用软元件说明

操作数	位元件				字元件								常数	
	X	Y	M	S	KnX	KnY	KnM	KnS	T	C	D	V	Z	K	H
S1									•	•	•				
S2									•	•	•				
S									•	•	•				
D	•	•	•	•											

时钟数据区间比较指令的操作数内容说明如表 A-45 所示。

表 A-45　时钟数据区间比较指令的操作数内容说明

操作数	内容说明
S1	指定时间比较的下限时间的"时"的字元件地址，占用 3 个点
S2	指定时间比较的上限时间的"时"的字元件地址，占用 3 个点
S	指定时间数据"时"的字元件地址，占用 3 个点
D	根据比较结果 ON/OFF 位元件首址，占用 3 个点

TZCP 功能：当驱动条件成立时，将指定的时间数据 S（时）、S+1（分）、S+2（秒）与上、下限比较基准时间 S1（时）、S1+1（分）、S1+2（秒）及 S2（时）、S2+1（分）、S2+2（秒）进行比较，如果指定的时间>上限时间，则位元件 D 为 ON；如果下限时间≤指定的时间≤上限时间，则位元件 D+1 为 ON；如果指定的时间<下限时间，则位元件 D+2 为 ON。

使用要点：

执行 TZCP 指令以后，即使驱动条件断开，D、D+1、D+2 仍会保持当前的状态，不会随驱动条件断开而改变，如果需要清除比较结果，可使用 RST 或 ZRST 指令进行复位处理。在实际应用中，可能只需要其中一个判别结果，另外两个判别结果可以不在程序中体现，D、D+1、D+2 一旦被指定，它们就不能再用作其他控制。

17．四则运算指令

四则运算指令的助记符与梯形图如表 A-46 所示。

表 A-46　四则运算指令的助记符与梯形图

助记符	名称	梯形图表示
ADD	加法运算	─┤├── [ADD S1 S2 D]
SUB	减法运算	─┤├── [SUB S1 S2 D]
MUL	乘法运算	─┤├── [MUL S1 S2 D]
DIV	除法运算	─┤├── [DIV S1 S2 D]

四则运算指令可用软元件说明如表 A-47 所示。

表 A-47　四则运算指令可用软元件说明

操作数	位元件				字元件								常数	
	X	Y	M	S	KnX	KnY	KnM	KnS	T	C	D	V	Z	K	H
S1					•	•	•	•	•	•	•	•	•	•	•
S2					•	•	•	•	•	•	•	•	•	•	•
D						•	•	•	•	•	•	•	•		

ADD 功能：当驱动条件成立时，源址 S1 和 S2 内容相加，并将运算结果存放在终址 D 中。
SUB 功能：当驱动条件成立时，源址 S1 和 S2 内容相减，并将运算结果存放在终址 D 中。
MUL 功能：当驱动条件成立时，源址 S1 和 S2 内容相乘，并将运算结果存放在终址 D 中。
DIV 功能：当驱动条件成立时，源址 S1 和 S2 内容相除，并将运算结果存放在终址 D 中。

使用要点：

在驱动条件得到满足的情况下，在 PLC 每个扫描周期，四则运算指令都将被执行一次。如果源址内容没有改变，则运算结果就没有改变；如果源址内容发生了改变，则运算结果就会改变。

18. 加 1 与减 1 指令

加 1 与减 1 指令的助记符与梯形图如表 A-48 所示。

表 A-48　加 1 与减 1 指令的助记符与梯形图

助记符	名称	梯形图表示
INC	加 1 运算	─┤├─── [INC D]
DEC	减 1 运算	─┤├─── [DEC D]

加 1 与减 1 指令可用软元件说明如表 A-49 所示。

表 A-49　加 1 与减 1 指令可用软元件说明

操作数	位元件				字元件								常数	
	X	Y	M	S	KnX	KnY	KnM	KnS	T	C	D	V	Z	K	H
D						•	•	•	•	•	•	•	•		

INC 功能：当驱动条件成立时，将终址 D 中的内容进行 BIN 加 1 运算，并将运算结果存放在终址 D 中。

DEC 功能：当驱动条件成立时，将终址 D 中的内容进行 BIN 减 1 运算，并将运算结果存放在终址 D 中。

使用要点：

当驱动条件成立时间较长且大过扫描周期时，就很难预料指令的执行结果，因此，建议这时采用脉冲执行型。

19. 位"1"总和指令

位"1"总和指令的助记符与梯形图如表 A-50 所示。

表 A-50 位"1"总和指令的助记符与梯形图

助记符	名称	梯形图表示
SUM	位"1"总和	─┤├── SUM S. D.

位"1"总和指令可用软元件说明如表 A-51 所示。

表 A-51 位"1"总和指令可用软元件说明

操作数	位元件				字元件								常数	
	X	Y	M	S	KnX	KnY	KnM	KnS	T	C	D	V	Z	K	H
S					·	·	·	·	·	·	·	·	·	·	·
D						·	·	·	·	·	·	·	·		

位"1"总和指令的操作数内容说明如表 A-52 所示。

表 A-52 位"1"总和指令操作数内容说明

源址和终址	内容说明
S	被统计的二进制数或其存储字元件地址
D	统计结果存储字元件地址

SUM 功能：当驱动条件成立时，对源址 S 表示的二进制数中为"1"的个数进行统计，并将结果送到终址 D。当驱动条件不成立时，虽然指令不能执行，但已经执行的程序结果输出会保持。

使用要点：

当源址为组合位元件时，对位元件为"ON"的个数进行统计；当源址为字元件或常数（K、H）时，对其二进制数表示的位值为"1"的个数进行统计，计算结果以二进制数的形式传送到终址。

20. 译码指令

译码指令的助记符与梯形图如表 A-53 所示。

表 A-53 译码指令的助记符与梯形图

助记符	名称	梯形图表示
DECO	译码	─┤├── DECO S D n

译码指令可用软元件说明如表 A-54 所示。

表 A-54　译码指令可用软元件说明

操作数	位元件				字元件								常数	
	X	Y	M	S	KnX	KnY	KnM	KnS	T	C	D	V	Z	K	H
S	•	•	•	•	•	•	•	•	•	•	•	•	•	•	•
D		•	•	•		•	•	•	•	•	•				
n														•	•

译码指令的操作数内容说明如表 A-55 所示。

表 A-55　译码指令的操作数内容说明

源址和终址	内　容　说　明
S	译码输入数据，或其存储字元件地址，或其位元件组合首址
D	译码输出数据存储字元件地址，或其位元件组合首址
n	S 中数据的位点数，$n=1\sim 8$

DECO 功能：源址 S 所表示的二进制数为 m，当驱动条件成立时，使终址 D 中编号为 m 的元件或字元件中 b_m 位置 ON。D 的位数由 2^m 确定。

使用要点：

执行 DECO 指令以后，即使驱动条件断开，已经在运行的译码输出仍会保持当前的状态，不会随驱动条件断开而改变。如果需要清除比较结果，可使用 RST 或 ZRST 指令进行复位处理。

21．编码指令

编码指令的助记符与梯形图如表 A-56 所示。

表 A-56　编码指令的助记符与梯形图

助 记 符	名　称	梯形图表示
ENCO	编码	─┤├── [ENCO │ S │ D │ n]

编码指令可用软元件说明如表 A-57 所示。

表 A-57　编码指令可用软元件说明

操作数	位元件				字元件								常数	
	X	Y	M	S	KnX	KnY	KnM	KnS	T	C	D	V	Z	K	H
S	•	•	•	•					•	•	•	•	•		
D									•	•	•	•	•		
n														•	•

编码指令的操作数内容说明如表 A-58 所示。

表 A-58 编码指令的操作数内容说明

源址和终址	内 容 说 明
S	编码输入数据存储字元件地址，或其位元件组合首址
D	编码输出数据存储字元件地址
n	S 中数据的位点数，$n=1\sim 8$

ENCO 功能：当驱动条件成立时，把源址 S 中置 ON 的位元件或字元件中置 ON 的 bit 的位置值转换成二进制数传送到终址 D。S 的位数由 2^m 确定。

使用要点：

如果源址中有多个"1"，则只对最高位的"1"位进行编码，其余的"1"位被忽略。执行 ENCO 指令以后，即使驱动条件断开，已经在运行的编码输出仍会保持当前的状态，不会随驱动条件断开而改变。如果需要清除比较结果，可使用 RST 或 ZRST 指令进行复位处理。

22. 数据检索指令

数据检索指令的助记符与梯形图如表 A-59 所示。

表 A-59 数据检索指令的助记符与梯形图

助 记 符	名 称	梯形图表示
SER	数据检索	─┤├─ SER S1 S2 D n

数据检索指令可用软元件说明如表 A-60 所示。

表 A-60 数据检索指令可用软元件说明

操作数	位元件				字元件								常数	
	X	Y	M	S	KnX	KnY	KnM	KnS	T	C	D	V	Z	K	H
S1					·	·	·	·	·	·	·				
S2					·	·	·	·	·	·	·			·	·
D						·	·	·	·	·	·				
n											·			·	·

数据检索指令的操作数内容说明如表 A-61 所示。

表 A-61 数据检索指令的操作数内容说明

源址和终址	内 容 说 明
S1	要检索的 n 个数据存储字元件首址，占用 S1～S1+n 个寄存器
S2	检索目标数据或其存储字元件地址
D	检索结果存储字元件首址，占用 D～D+5 个寄存器
n	要检索数据的个数，16 位：$n=1\sim 256$；32 位：$n=1\sim 128$

SER 功能：当驱动条件成立时，从源址 S1 为首址的 n 个数据中检索出符合条件 S2 的数据的位置值，并把它们存放在以 D 为首址的 5 个寄存器中。

使用要点：

如果源址中有多个"1"，则只对最高位的"1"位进行编码，其余的"1"位被忽略。执行 ENCO 指令以后，即使驱动条件断开，已经在运行的编码输出仍会保持当前的状态，不会随驱动条件断开而改变。如果需要清除比较结果，可使用 RST 或 ZRST 指令进行复位处理。

23. 七段译码指令

七段译码指令的助记符与梯形图如表 A-62 所示。

表 A-62 七段译码指令的助记符与梯形图

助记符	名称	梯形图表示
SEGD	七段译码	─┤ ├─[SEGD | S | D]

七段译码指令可用软元件说明如表 A-63 所示。

表 A-63 七段译码指令可用软元件说明

操作数	位元件				字元件								常数	
	X	Y	M	S	KnX	KnY	KnM	KnS	T	C	D	V	Z	K	H
S	·	·	·	·	·	·	·	·	·	·	·	·	·	·	·
D						·	·	·	·	·	·	·	·		

七段译码指令的操作数内容说明如表 A-64 所示。

表 A-64 七段译码指令的操作数内容说明

源址和终址	内容说明
S	存放译码数据或其存储字元件地址，其低 4 位存一位十六进制数 0~F
D	七段码存储字元件地址，其低 8 位存七段码，高 8 位为 0

SEGD 功能：当驱动条件成立时，把源址 S 中所存放的低 4 位十六进制数编译成相应的七段码，并将七段码保存在 D 的低 8 位中。

使用要点：

执行 SEGD 指令以后，即使驱动条件断开，已经在运行的七段码输出仍会保持当前的状态，不会随驱动条件断开而改变。如果需要清除比较结果，可使用 RST 或 ZRST 指令进行复位处理。

24. 脉冲密度指令

脉冲密度指令的助记符与梯形图如表 A-65 所示。

表 A-65 脉冲密度指令的助记符与梯形图

助记符	名称	梯形图表示
SPD	脉冲密度	─┤ ├─[SPD | S1 | S2 | D]

脉冲密度指令可用软元件说明如表 A-66 所示。

表 A-66 脉冲密度指令可用软元件说明

操作数	位元件				字元件								常数	
	X	Y	M	S	KnX	KnY	KnM	KnS	T	C	D	V	Z	K	H
S1	•														
S2					•	•	•	•	•	•	•	•	•	•	•
D									•	•	•				

脉冲密度指令的操作数内容说明如表 A-67 所示。

表 A-67 脉冲密度指令的操作数内容说明

源址和终址	内容说明
S1	计数脉冲输入口地址，X0~X5
S2	测量计数脉冲规定时间数据或其存储字元件，单位为 ms
D	在 S2 时间里测量计数脉冲的存储首址，占用 3 个点

SPD 功能：当驱动条件成立时，把在 S2 时间里对 S1 输入的脉冲的计量值送到 D 中保存。

25. 条件转移指令

条件转移指令的助记符与梯形图如表 A-68 所示。

表 A-68 条件转移指令的助记符与梯形图

助记符	名称	梯形图表示
CJ	条件转移	─┤ ├─[CJ | S]

条件转移指令可用软元件说明如表 A-69 所示。

表 A-69 条件转移指令可用软元件说明

操作数	位元件				字元件								常数	指针
	X	Y	M	S	KnX	KnY	KnM	KnS	T	C	D	V	Z	K	P
S															•

CJ 功能：当驱动条件成立时，主程序转移到指针为 S 的程序段往下执行。当驱动条件不成立时，主程序按顺序执行指令的下一行程序并往下继续执行。

使用要点：

利用 CJ 指令转移时，可以向 CJ 指令的后面程序进行转移，也可以向 CJ 指令的前面程序进行转移。虽然转移的标号具有唯一性，但多个 CJ 指令使用同一个标号，这样主程序就能够跳转到同一个程序转移入口地址。

26．子程序调用/子程序返回指令

子程序调用/子程序返回指令的助记符与梯形图如表 A-70 所示。

表 A-70 子程序调用/子程序返回指令的助记符与梯形图

助 记 符	名 称	梯形图表示
CALL	子程序调用	─┤ ├─[CALL S]
SRET	子程序返回	─┤ ├─[SRET]

子程序调用指令可用软元件说明如表 A-71 所示。

表 A-71 子程序调用指令可用软元件说明

操作数	位元件				字元件							常数		指针
	X	Y	M	S	KnX	KnY	KnM	KnS	T	C	D	V	Z	K	P
S															●

CALL 功能：当驱动条件成立时，调用程序入口地址标号为 S 的子程序，即转移到标号为 S 的子程序去执行。在子程序中，执行到子程序返回指令 SRET 时，立即返回到主程序调用指令的下一行继续往下执行。

使用要点：

标号不能重复使用，也不能与 CJ 指令使用同一个标号，但一个标号可以被多个子程序调用指令调用。子程序必须放在主程序结束指令 FEND 后面，子程序必须以子程序返回指令 SRET 结束。

27．中断指令

中断指令的助记符与梯形图如表 A-72 所示。

表 A-72 中断指令的助记符与梯形图

助 记 符	名 称	梯形图表示
EI	中断允许	─┤ ├─[EI]
DI	中断禁止	─┤ ├─[DI]
IRET	中断返回	─┤ ├─[IRET]

EI 功能：允许中断。执行 EI 指令后，在其后的程序直到出现中断禁止指令 DI 之间均允许去执行中断服务程序。

DI 功能：禁止中断。执行 DI 指令后，在其后的程序直到出现中断允许指令 EI 之间均不

允许去执行中断服务程序。

IRET 功能：中断返回。在中断服务程序中，执行到 IRET 指令，表示中断服务程序执行结束，无条件返回到主程序继续往下执行。

FX 系列 PLC 有三种中断源：外部中断、内部定时器中断和高速计数器中断，其中外部中断最为常用。外部中断指针有 6 个，对应的输入端口为 X0～X5，如表 A-73 所示。

表 A-73 外部中断指针

外部输入端口	下降沿中断	上降沿中断	禁止中断继电器
X0	I000	I001	M8050
X1	I100	I101	M8051
X2	I200	I201	M8052
X3	I300	I301	M8053
X4	I400	I401	M8054
X5	I500	I501	M8055

使用要点：

当系统上电后，FX 系列 PLC 默认工作在中断禁止状态，如果需要中断处理，则必须在程序中设置中断允许。当有多个中断请求时，中断指针编号越小，其优先级越高。

28．循环指令

循环指令的助记符与梯形图如表 A-74 所示。

表 A-74 循环指令的助记符与梯形图

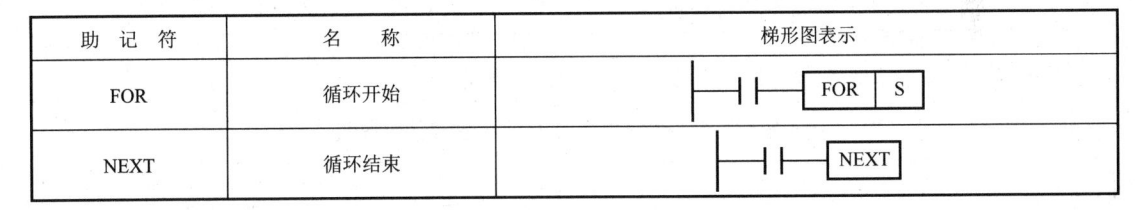

助记符	名称	梯形图表示
FOR	循环开始	─┤├─[FOR S]
NEXT	循环结束	─┤├─[NEXT]

循环指令可用软元件说明如表 A-75 所示。

表 A-75 循环指令可用软元件说明

操作数	位元件				字元件									常数	
	X	Y	M	S	KnX	KnY	KnM	KnS	T	C	D	V	Z	K	H
S					·	·	·	·	·	·	·	·	·	·	·

FOR/NEXT 功能：在程序中扫描到 FOR/NEXT 指令时，对 FOR 和 NEXT 指令之间的程序重复执行 S 次。当循环执行 S 次后，PLC 转入执行 NEXT 指令的下一行程序。

使用要点：

FOR/NEXT 指令必须成对出现在程序中，不要出现图 A-4 所示的错误。

图 A-4 循环指令使用错误类型

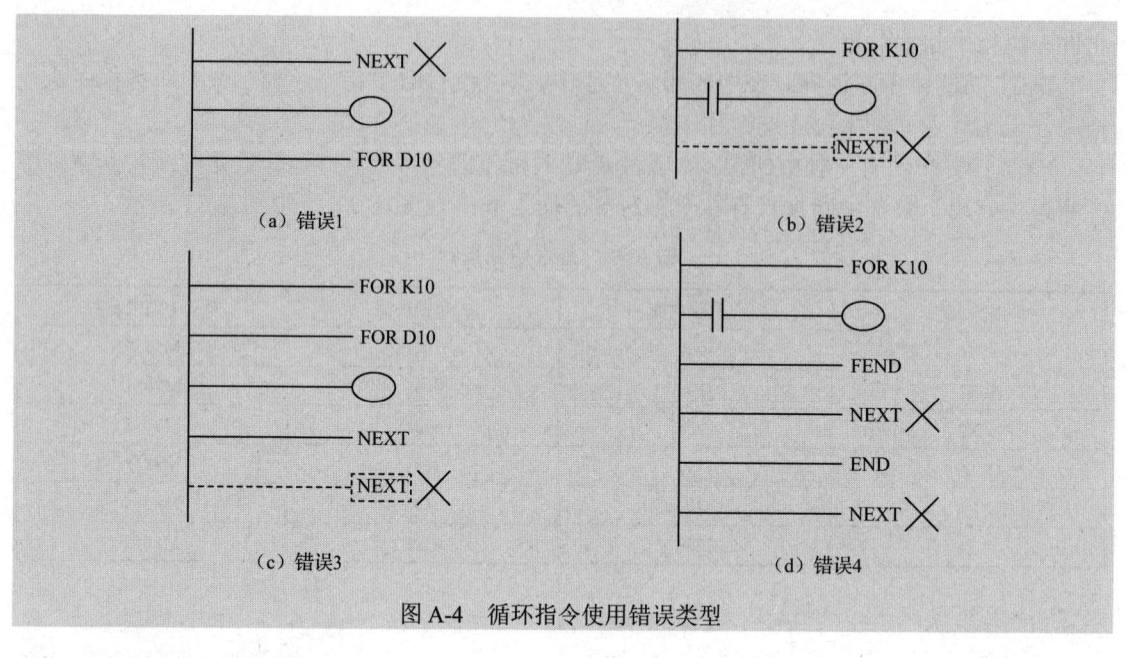

29．特殊功能模块读指令

特殊功能模块读指令的助记符与梯形图如表 A-76 所示。

表 A-76 特殊功能模块读指令的助记符与梯形图

助记符	名称	梯形图表示
FROM	读特殊功能模块	⊢⊢ FROM m1 m2 D n

特殊功能模块读指令可用软元件说明如表 A-77 所示。

表 A-77 特殊功能模块读指令可用软元件说明

操作数	位元件				字元件									常数	
	X	Y	M	S	KnX	KnY	KnM	KnS	T	C	D	V	Z	K	H
m1														•	•
m2														•	•
D						•	•	•	•	•	•	•	•		
n														•	•

特殊功能模块读指令的操作数内容说明如表 A-78 所示。

表 A-78 特殊功能模块读指令的操作数内容说明

操作数	内容说明
m1	特殊功能模块位置编号，m1=0～7
m2	被读出数据的 BFM 首址，m2=0～32765
D	存储 BFM 数据的字元件首址
n	传送数据个数，n=1～32765

FROM 功能：当驱动条件成立时，把 m1 模块中的以 m2 为首址的 *n* 个缓冲存储单元的内容，读到 PLC 的以 D 为首址的 *n* 个数据单元当中。

30．特殊功能模块写指令

特殊功能模块写指令的助记符与梯形图如表 A-79 所示。

表 A-79　特殊功能模块写指令的助记符与梯形图

助 记 符	名　　称	梯形图表示
TO	写特殊功能模块	─┤├──[TO | m1 | m2 | S | n]

特殊功能模块写指令可用软元件说明如表 A-80 所示。

表 A-80　特殊功能模块写指令可用软元件说明

操作数	位元件				字元件								常数	
	X	Y	M	S	KnX	KnY	KnM	KnS	T	C	D	V	Z	K	H
m1														•	•
m2														•	•
D					•	•	•	•	•	•	•	•	•		
n														•	•

特殊功能模块写指令的操作数内容说明如表 A-81 所示。

表 A-81　特殊功能模块写指令的操作数内容说明

操 作 数	内 容 说 明
m1	特殊功能模块位置编号，m1=0～7
m2	被写入数据的 BFM 首址，m2=0～32765
S	写入到 BFM 数据的字元件首址
n	传送数据个数，*n*=1～32765

TO 功能：当驱动条件成立时，把 PLC 中以 S 为首址的 *n* 个数据单元中的内容写入到 m1 模块的以 m2（BFM#）为首址的 *n* 个缓冲存储单元当中。

31．变频器运行监视指令

变频器运行监视指令的助记符与梯形图如表 A-82 所示。

表 A-82　变频器运行监视指令的助记符与梯形图

助 记 符	名　　称	梯形图表示
IVCK	变频器运行监视	─┤├──[IVCK | S1 | S2 | D | n]

变频器运行监视指令可用软元件说明如表 A-83 所示。

表 A-83　变频器运行监视指令可用软元件说明

操作数	位元件				字元件								常数	
	X	Y	M	S	KnX	KnY	KnM	KnS	T	C	D	V	Z	K	H
S1											•			•	•
S2											•			•	•
D						•	•	•			•				
n														•	

变频器运行监视指令的操作数内容说明如表 A-84 所示。

表 A-84　变频器运行监视指令的操作数内容说明

操 作 数	内 容 说 明
S1	变频器站号或站号存储地址，m1=0～7
S2	功能操作指令代码或代码存储地址，十六进制表示
D	PLC 从变频器读出的监视数据字元件地址
n	信道号

IVCK 功能：当驱动条件成立时，按照指令代码 S2 的要求，把通道 n 所连接的 S1 号变频器的运行监视数据读（复制）到 PLC 的数据存储单元 D 中。

IVCK 指令的使用说明如表 A-85 所示。

表 A-85　IVCK 指令的使用说明

读取内容（目标参数）	指令代码	操作数释义	通信方向	操作形式	通道号
输出频率值	H6F	当前值；单位 0.01Hz	变频器↓PLC	读操作	CH1↓K1
输出电流值	H70	当前值；单位 0.1A			
输出电压值	H71	当前值；单位 0.1V			
运行状态监控	H7A	b0＝1，H1；正在运行 b1＝1，H2；正转运行 b2＝1，H4；反转运行			

32. 变频器运行控制指令

变频器运行控制指令的助记符与梯形图如表 A-86 所示。

表 A-86　变频器运行控制指令的助记符与梯形图

助 记 符	名　称	梯形图表示
IVDR	变频器运行控制	┤├──[IVCR │ S1 │ S2 │ S1 │ n]

变频器运行控制指令可用软元件说明如表 A-87 所示。

表 A-87　变频器运行控制指令可用软元件说明

操作数	位元件				字元件									常数	
	X	Y	M	S	KnX	KnY	KnM	KnS	T	C	D	V	Z	K	H
S1											·			·	·
S2											·			·	·
S3					·	·	·	·			·			·	·
n														·	

变频器运行控制指令的操作数内容说明如表 A-88 所示。

表 A-88　变频器运行控制指令的操作数内容说明

操作数	内 容 说 明
S1	变频器站号或站号存储地址，m1=0~7
S2	功能操作指令代码或代码存储地址，十六进制表示
S3	PLC 向变频器写入的运行数据字元件地址
n	信道号

IVDR 功能：当驱动条件成立时，按照指令代码 S2 的要求，把通道 n 所连接的 S1 号变频器的运行设定值 S3 写（复制）入该变频器当中。

IVDR 指令的使用说明如表 A-89 所示。

表 A-89　IVDR 指令的使用说明

读取内容（目标参数）	指令代码	操作数释义	通信方向	操作形式	通道号
设定频率值	HED	设定值 单位 0.01Hz	PLC ↓ 变频器	写操作	CH1 ↓ K1
设定运行状态	HFA	H1 → 停止运行			
		H2 → 正转运行			
		H4 → 反转运行			
		H8 → 低速运行			
		H10 → 中速运行			
		H20 → 高速运行			
		H40 → 点动运行			
设定运行模式	HFB	H0 → 网络模式			
		H1 → 外部模式			
		H2 → PU 模式			

参 考 文 献

[1] 李金城. 三菱 FX_{2N} PLC 功能指令应用详解[M]. 北京：电子工业出版社，2011.
[2] 王阿根. PLC 控制程序精编 108 例[M]. 北京：电子工业出版社，2014.
[3] 傅钟庆. 跟我学 PLC 编程仿真和调试[M]. 北京：中国电力出版社，2013.
[4] 高安邦，冉旭. 例说 PLC[M]. 北京：中国电力出版社，2015.
[5] 蔡杏山. 三菱 FX 系列 PLC 技术一看就懂[M]. 北京：化学工业出版社，1996.
[6] 阳胜峰. 视频学工控三菱 FX 系列 PLC[M]. 北京：中国电力出版社，1996.
[7] 马宏骞. 变频器应用与实训教学做一体化教程[M]. 北京：电子工业出版社，2016.
[8] 卓建华，叶焕锋. PLC 基础及综合应用教程[M]. 成都：西南交通大学出版社，2015.
[9] 三菱通用变频器 FR-A700 使用手册（应用篇）.
[10] 三菱 FX_{3U} PLC 编程手册.
[11] 三菱 FX_{3U} PLC 操作手册.

反侵权盗版声明

电子工业出版社依法对本作品享有专有出版权。任何未经权利人书面许可,复制、销售或通过信息网络传播本作品的行为,歪曲、篡改、剽窃本作品的行为,均违反《中华人民共和国著作权法》,其行为人应承担相应的民事责任和行政责任,构成犯罪的,将被依法追究刑事责任。

为了维护市场秩序,保护权利人的合法权益,我社将依法查处和打击侵权盗版的单位和个人。欢迎社会各界人士积极举报侵权盗版行为,本社将奖励举报有功人员,并保证举报人的信息不被泄露。

举报电话:(010)88254396;(010)88258888
传　　真:(010)88254397
E-mail:　dbqq@phei.com.cn
通信地址:北京市海淀区万寿路173信箱
　　　　　电子工业出版社总编办公室
邮　　编:100036